U0381265

长距离调水工程安全监测、检测技术与信息融合

程德虎 王媛 任杰 苏霞 郝泽嘉◎主编

河海大学出版社
HOHAI UNIVERSITY PRESS
·南京·

内容简介

本书以长距离调水工程安全监测与检测多源信息融合理论为基础,以典型长距离调水工程实践为重点,深入介绍安全监测、检测新仪器以及多源信息融合新理论和新方法,并结合多年研究成果,系统总结工程安全监测与检测多源信息融合理论和方法的建立与运用。《长距离调水工程安全监测、检测技术与信息融合》分第一、二篇共5章,内容全面、系统、丰富,前沿性强,实用性强,具有较高的理论水平和学术价值。《长距离调水工程安全监测、检测技术与信息融合》对从事长距离调水工程设计、施工、监理、运行管理的工作人员及水利工程安全评价专业人员具有重要参考价值,也可作为短训班和相关专业大学生、研究生教材。

图书在版编目(CIP)数据

长距离调水工程安全监测、检测技术与信息融合 / 程德虎等主编. -- 南京 : 河海大学出版社,2024.9
ISBN 978-7-5630-8963-5

Ⅰ. ①长… Ⅱ. ①程… Ⅲ. ①长距离-调水工程-安全监测②长距离-调水工程-检测③长距离-调水工程-信息融合 Ⅳ. ①TV221

中国国家版本馆 CIP 数据核字(2024)第 080745 号

书　名	长距离调水工程安全监测、检测技术与信息融合
书　号	ISBN 978-7-5630-8963-5
责任编辑	彭志诚
特约编辑	史　婷　汤思语
特约校对	曹　阳　薛艳萍
装帧设计	徐娟娟
出版发行	河海大学出版社
地　址	南京市西康路1号(邮编:210098)
电　话	(025)83737852(总编室)　(025)83722833(营销部)
	(025)83787769(编辑室)
经　销	江苏省新华发行集团有限公司
排　版	南京布克文化发展有限公司
印　刷	广东虎彩云印刷有限公司
开　本	787 毫米×1092 毫米　1/16
印　张	22.25
字　数	530 千字
版　次	2024 年 9 月第 1 版
印　次	2024 年 9 月第 1 次印刷
定　价	98.00 元

前言

随着全球气候变化和人口增长，水资源日益短缺，长距离调水工程成为保障水资源安全的重要手段。长距离调水工程涉及输水线路及水库、泵站等多种设施，其安全运行对保障水资源供应和生态安全具有重要意义。

长距离调水工程安全监测、检测技术与信息融合是保障工程安全运行的重要基础。安全监测技术通过对工程各部位进行实时监测，获取工程运行状态信息，为工程安全预警和故障诊断提供依据。检测技术通过对工程进行定期或不定期的检测，评估工程结构安全性和耐久性。信息融合技术将来自不同监测、检测系统的信息进行综合分析处理，提高信息利用效率和决策准确性。

长距离调水工程安全监测、检测技术与信息融合相关研究具有重要意义：通过安全监测、检测技术，能够及时发现工程运行中的问题，并采取相应的措施，防止事故发生；通过信息融合技术，将来自不同系统的信息进行综合分析处理，为工程管理提供更全面、准确的信息，提高工程运行效率；通过安全监测、检测技术，减少工程故障发生，降低维修成本。

近年来，长距离调水工程安全监测、检测技术与信息融合研究取得了显著进展，但仍存在一些问题，需要进一步研究解决，例如：安全监测技术如何更加精准、实时，能够及时发现工程运行中的微小变化；检测技术如何更加全面、准确，能够全面评估工程结构安全性和耐久性；信息融合技术如何更加智能化，能够根据工程运行情况自动生成预警和诊断报告等。

《长距离调水工程安全监测、检测技术与信息融合》一书将系统介绍长距离调水工程安全监测、检测技术与信息融合相关研究，包括安全监测技术、检测技术、信息融合技术等方面的基本原理、应用现状和发展趋势。本书的出版将为长距离调水工程安全监测、检测技术与信息融合研究的发展提供理论基础和技术支撑。

本书相关工作得到了国家重点研发计划(2018YFC0406906)的支持。

本书由原南水北调中线干线工程建设管理局程德虎总工程师组织撰写，河海大学的王媛教授负责拟定大纲和撰写，由河海大学的任杰、中国南水北调集团中线有限公司的苏霞与郝泽嘉负责撰写和修订。在本书编写过程中得到了魏志坚、王佟童、陶蒙蒙、祁天、李奕函、孙雅倩、程一林、金天喆、金浩哲、束乔洁、李昌坤、王凯凯、高志鹏、宋程锦等同学的帮助。在此，向所有为本书的出版做出贡献的人们表示衷心的感谢！

尽管作者做出了最大的努力，但限于自身水平，错误和不妥之处在所难免，恳请各位专家和读者批评指正，以期再版更正。

2023 年 12 月

南京

目录

第一篇　长距离调水工程安全监测与检测体系

第一篇

长距离调水工程安全监测与检测体系

本篇深入梳理并介绍了南水北调中线干线工程安全监测和检测现状,包括现有典型建筑物及其重点监测部位与关键监测断面的测点布置、监测物理量类型,收集并汇总了南水北调已有的监测与检测技术、资料。

在南水北调中线干线工程中,监测和检测目的都是为了工程安全,因而称为工程安全监测和工程安全检测。工程安全监测是为了工程安全提前布置的一种空间固定、时间连续的数据采集方式;工程安全检测是当工程安全出现风险前兆或已发生风险,为探寻风险出现的原因而采取的一种时间固定、空间连续的数据采集方式。

第1章

绪论

新中国成立以来,中国共产党领导中国人民开展了波澜壮阔的水利建设,建成了世界上规模最大、范围最广、受益人口最多的水利基础设施体系,成功战胜了数次特大洪水和严重干旱,为保障人民群众生命财产安全、促进经济社会平稳健康发展提供了重要支撑。河湖水系是水流的载体,具有行蓄洪水、排水输沙、供水灌溉、内河航运、水力发电、维护生态等多种功能。2013年,水利部、国家统计局正式对外发布《第一次全国水利普查公报》,查清我国流域面积50平方公里及以上河流45 203条,常年水面面积1平方公里及以上湖泊2 865个。河湖水系相互交织,形成复杂多样的河网格局和生态系统。中国已基本建成防洪减灾、城乡供水、农田灌溉等水利工程体系,水利基础设施网络基本形成,三峡工程、南水北调工程等国之重器发挥巨大效益。截至2023年中国已建成各类水库9.8万多座,总库容9 000多亿立方米,水资源调控能力约30%;5级及以上堤防约32万公里,保护了全国大部分人口和经济区;建成大中型灌区7 330多处,农田有效灌溉面积10.37亿亩①。各类水利工程逐步由点向网、由分散向系统发展。

中国基本水情一直是夏汛冬枯、北缺南丰,水资源时空分布极不均衡。全国人均、亩均水资源占有量分别仅为世界平均水平的1/4和1/2。形成全国统一大市场和畅通国内大循环,促进南北方协调发展,迫切需要加强水资源跨流域跨区域科学配置,解决水资源空间失衡问题,增强水资源调控能力和供给能力,保障经济社会高质量发展。长期以来,一些地区经济社会用水超过水资源承载能力,导致水质污染、河道断流、湿地萎缩、地下水超采等生态问题。目前,全国仍有3%国控断面地表水水质为Ⅴ类、劣Ⅴ类,全国地下水超采区面积28万平方公里,年均超采量158亿立方米。河湖水域空间保护、生态流量水量保障、水质维护改善、生物多样性保护等面临严峻挑战,迫切需要系统谋划水资源优化配置网络,发挥水资源综合效益,既保障经济社会用水需求,又实现"还水于河",复苏河湖生态环境。中国水旱灾害频发,大江大河中下游地区易受流域性洪水、强台风等冲击,中西部地区易受强降雨、山洪灾害等威胁,400毫米降水线西侧区域大多干旱缺水、生态脆弱。随着全球气候变化影响加剧,需要加快完善水利基础设施网络,提升洪涝干旱

---

① 1亩≈666.67平方米。

防御工程标准。

2023年5月,中共中央、国务院印发《国家水网建设规划纲要》(简称《纲要》),明确提出要完善水资源配置和供水保障体系。《纲要》指出,针对我国夏汛冬枯、北缺南丰的水资源分布特点,聚焦国家发展战略和现代化建设目标,坚持节水优先、量水而行、开源节流并重,采取"控需、增供"相结合的举措,在深度节水控水前提下,科学规划建设水资源配置工程和水源工程,依托纵横交织的天然水系和人工水道,完善水资源配置格局,实现水资源互济联调,推进科学配水、合理用水、优水优用、分质供水,全面增强水资源总体调配能力,提高缺水地区供水保障程度和抗风险能力。具体措施包括:

(1) 实施重大引调水工程建设

坚持先节水后调水、先治污后通水、先环保后用水,聚焦流域区域发展全局,兼顾生态、航运、发电等用水保障,推进南水北调后续工程高质量发展,实施一批重大引调水工程,加强互联互通,加快形成战略性输水通道,优化水资源宏观配置格局,增强流域间、区域间水资源调配能力和城乡供水保障能力,促进我国人口经济布局和国土空间利用格局优化调整。

(2) 完善区域水资源配置体系

加强国家重大水资源配置工程与区域重要水资源配置工程的互联互通,开展水源工程间、不同水资源配置工程间水系连通,提升区域水资源调配保障能力。完善城市供水网络布局,加强饮用水水源地长效管护,改善供水水质,加快城市应急备用水源工程建设,形成多水源、高保障的供水格局。优化农村供水工程布局,强化水资源保护和水质保障,提升农村供水标准和保障水平。统筹用好当地水、外调水,强化地表水、地下水联调联供,加强再生水、淡化海水、集蓄雨水、矿井水、苦咸水等非常规水源利用,提高水资源循环和安全利用水平。在易旱地区,加强抗旱引调提水工程和水库连通工程建设,提高水源调配和抗旱供水保障能力,保障干旱期城乡用水需求。

(3) 推进水源调蓄工程建设

充分挖掘现有水源调蓄工程供水潜力,加快推进已列入规划的骨干水源工程建设,提升水资源调蓄能力。加快欠发达地区、革命老区、民族地区和海岛地区、国家乡村振兴重点帮扶县中小型水源工程建设,增强城乡供水保障能力。

在全球范围内,长距离调水工程已成为解决水资源分布不均问题的主要手段。在美国,中央河谷工程是其中一例,该工程通过从北部地区向南部的中央河谷调水来解决该地区的水资源短缺问题。此外,加利福尼亚州的北水南调工程也是美国一个著名的长距离调水工程,该工程旨在将北部富裕的水资源南调,以满足南部地区日益增长的水需求。澳大利亚的雪山工程也是一个重要的长距离调水项目,这个工程从雪山地区向澳大利亚西部输送大量的水,为该地区提供宝贵的水资源。西班牙的南水北调工程是欧洲一个著名的长距离调水工程,该工程将水资源从南部富裕的地区调配到北部干旱的地区,为西班牙全国的水资源均衡分配做出了重要的贡献。此外,亚洲的一些国家如中国和印度也正在积极推进长距离调水工程的建设。中国的南水北调工程是一个世界级的大型调水工程,旨在将南方的水资源调配到北方地区,其中包括东线、中线和西线三条线路,已建成的东线工程为沿途的城市和农田提供了稳定的水源。这些长距离调水工程的建设不仅需要巨额的投资和复杂的工程技术,还需要对环境、生态和社会的深远影响进行全面的评估和管理。在建设过程中,必须考虑到各种因素如地形、气候、人口分布等的影响,以确保工程的成功和可持续发展。同时,随着科技的不断进步,越来越多的先进技术被应用到长距离调水工程中,包括自动化监测、先进检测技术、大数据和人工智能等,以提高工程的效率和可持续性。

【背景知识】

美国中央河谷工程:中央河谷工程是美国为解决加利福尼亚州中部和南部干旱缺水及城市发展需要而兴建的 4 项调水工程之一,1937 年开工,1982 年大部分工程竣工。共建成水库 19 座,总库容 154 亿 m^3;输水渠道 8 条,总长 986 km,总引水能力 636 m^3/s;水电站 11 座,总装机容量 163 万 kW。工程平均年可供水 134 亿 m^3,其中满足原有水权要求 45 亿 m^3,兴利水量为 89 亿 m^3。预计完成全部已批准的工程后,尚可增加供水 7 亿 m^3。工程对发展河谷地区农业灌溉起到很大作用,对水力发电、城市生活及工业供水、防洪、抵御河口盐水入侵和发展旅游等都有相当大的效益。

加利福尼亚州北水南调工程:美国加利福尼亚州(后简称加州)具有得天独厚的气候条件,非常合宜人类居住和生活,但水资源分布不均。北加州气候湿润,雨季常有洪灾发生;南加州却雨量很少、干旱而阳光充沛。经过近几十年来的改造和开发,加州人口已居美国各州之冠,更成为农业生产的阳光土地,加州的水果、农产品和副食品为全美国最丰富、价钱最便宜。加州的发展,解决水问题是最关键的,于是就有了给南加州调水的"北水南调"工程(图 1-1)。第一期工程建于 1960—1973 年,从北加州多水的山地集水、调水南下,使洛杉矶成长为全美国第三大都市,又让南加州发展出丰富的农业经济作物。加利福尼亚州北水南调工程,输水线路长 900 km,调水总扬程 1 151 m,年调水量 52 亿 m^3。

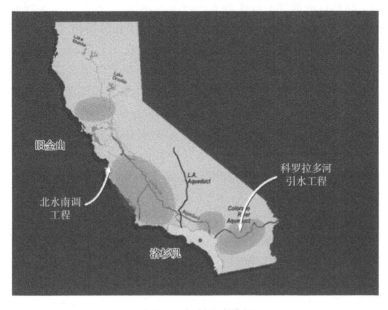

图 1-1　加州北水南调

澳大利亚雪山工程：该工程位于澳大利亚大陆东南部，主要目的是将东部的水调至西部干旱地区引水灌溉和发电，是世界上大型跨流域、跨地区调水工程之一。工程跨雪河流域和墨累河流域，涉及澳大利亚的 2 个州和 1 个特区，即维多利亚州、新南威尔士州和堪培拉特区。其主体工程位于澳大利亚东南部新南威尔士州的科修斯科（Kosciuszko）国家公园内。整个工程覆盖范围达 3 200 km，输水干线长 224 km，年调水量可达 30 亿 m³，于 1949 年开工。

印度的一些调水工程：截至 2021 年 9 月，印度也已经实施了一些长距离调水工程，并计划了一些未来的项目。法拉卡—瓦拉纳西泵引水项目（Farakka-Varanasi Pumped Storage Project）位于印度的法拉卡和瓦拉纳西之间，旨在将水从法拉卡引到瓦拉纳西以供应水资源和发电，这是一个以泵引水为主要方式的工程。高韦里河-杜蒂戈林港水路工程（Kaveri River-Tuticorin Waterway Project）旨在连接高韦里河（Kaveri River）和杜蒂戈林（Tuticorin Port）之间的水路，以供应水资源和促进内陆水运。恒河—格恩加水路项目（Ganges—Ganga Canal Waterway Project）旨在建立一条水路，将恒河（Ganges River）与格恩加运河（Ganga Canal）连接起来，以改善水资源和运输。班加罗尔—古尔冈水道项目（Bengaluru—Gurugram Waterway）规划了一条水道，连接印度的班加罗尔（Bengaluru）和古尔冈（Gurugram），以便供应水资源和促进货物运输。

我国水资源总量不足，南北分布不均，人口基数大，导致水资源供需矛盾呈区域化、两极化分布的特点，尤其是华北、西北区域矛盾凸显，缺水问题极为严重。建设长距离、跨流域调水工程是解决中国水资源分布与社会经济发展需求不匹配，提升国家重大战略水资源保障能力的重要措施。据统计，全球已有 40 多个国家和地区建成了 350 余项调水工程。中国已建、拟建大中型调水工程近 50 项，年调水量逾 $9 \times 10^{10}\,\mathrm{m^3}$。

南水北调工程是目前世界上规模最大的跨流域调水工程，是为了实现我国水资源合理配置的战略性工程，分为东、中、西三条线路，东线起于江苏扬州江都水利枢纽，干线全长 1 467 km；中线起于汉江中上游丹江口水库，干线全长 1 432 km，为沿途的河南省、河北省、北京市、天津市四个省市供水。目前西线还处于论证阶段尚未进行建设。当西线工程竣工后，东、中、西三条大型调水路线将长江、黄河、淮河和海河流域勾连，构成"四横三纵"总体布局，以实现中国水资源的南北调配、东西互济的配置格局，有效缓解我国部分地区水资源匮乏的状况。南水北调工程预计年调水总量为 $4.48 \times 10^{10}\,\mathrm{m^3}$，其中，东线 $1.48 \times 10^{10}\,\mathrm{m^3}$、中线 $1.3 \times 10^{10}\,\mathrm{m^3}$、西线 $1.7 \times 10^{10}\,\mathrm{m^3}$，已建东线一期工程干线全长 1 467 km、中线一期工程干线全长 1 432 km，在调水距离、影响人口、工程复杂性和安全控制难度等多方面均居世界之最。

南水北调中线工程，是国家南水北调工程的重要组成部分，是缓解我国黄淮海平原水资源严重短缺、优化配置水资源的重大战略性基础设施，是关系受水区河南、河北、天津、北京等省市经济社会可持续发展和子孙后代福祉的百年大计。目前已建成的中线工程没有东线工程的天然水道优势，需要从调水工程的起点开始修筑输水建筑物，一路北上直至输水终点。南水北调中线一期工程从加坝扩容后的丹江口水库陶岔渠首闸引水，沿线开挖渠道，经唐白河流域西部过长江流域与淮河流域的分水岭方城垭口，沿黄淮海平原西部边缘,在郑州以西李村附近穿过黄河,沿京广铁路西侧北上,可基本自流到北京、天津(图1-2)。输水干线全长1 432 km(其中天津输水干线156 km)。规划分两期实施,先期实施中线一期工程,多年平均年调水量95亿 m³,向华北平原包括北京、天津在内的19个大中城市及100多个县(县级市)提供生活、工业用水,兼顾农业用水。中线总干渠特点是规模大,渠线长,建筑物样式多,交叉建筑物多。总干渠呈南高北低之势,具有自流输水和供水的优越条件。以明渠输水方式为主,局部采用管涵过水。渠首设计流量350 m³/s,加大流量420 m³/s。

第 2 章

长距离调水工程安全监测

2.1 概述

中线工程的安全监测对象包括：渠道工程、输水建筑物、控制性建筑物、左排建筑物和其他建筑物。渠道工程又可分为高填方渠道、深挖方渠道、半填半挖渠道、中强膨胀土渠道及高地下水渠道。输水建筑物一般包括输水倒虹吸和输水渡槽；控制性建筑物包括检修闸、节制闸、控制闸、退水闸、分水口门和事故闸；左排建筑物有排水倒虹吸、排水涵洞、排水渡槽等。工程安全监测对象还包括跨渠桥梁、渠渠交叉建筑物、公路桥、生产桥等其他建筑物。其中，渠道工程和输水建筑物是中线工程的重点监测对象。

渠道工程的可能破坏模式包括：高填方渠道的沉降变形、深挖方渠道的滑动变形，高地下水渠道的渗透变形，以及膨胀土渠道的膨胀/收缩变形。输水倒虹吸渐变段可能会因为下部土体的不均匀沉降以及混凝土结构的水平位移、沉降变形而发生破坏。输水渡槽渐变段沉降、水平变形、渗流，闸室不均匀沉降、水平位移，槽身不均匀沉陷、接缝开合变形、混凝土和钢筋应力破坏、支座处压力增大等都是可能的破坏模式。

根据监测对象的破坏模式即可梳理出不同建筑物的监测指标。渠道工程的监测指标包括：表面垂直位移、表面水平位移、渗压水位、渠道水位、内部水平位移、内部分层沉降、内部垂直位移。输水倒虹吸的监测指标包括：土压力、混凝土应变、渗压水位、钢筋应力、内部垂直位移、内部水平位移、表面垂直位移、接缝开合度。输水渡槽的监测指标包括：渗压水位、土压力、钢筋应力、混凝土应变、内部垂直位移、内部水平位移、表面垂直位移、接缝开合度。

2.2 长距离调水工程安全监测技术

2.2.1 监测仪器及原理

安全监测技术是多学科交叉的综合应用型技术。随着通信、计算机等技术的飞速发展,安全监测技术在理论与实际应用上得到了长足的发展。常规的监测方法逐渐成熟,监测设施的精度与性能不断提高。安全监测技术逐渐向多元化、三维立体化、自动化、智能化发展,形成了空中、地表、建筑物内部立体化的监测网络。安全监测技术对建筑物的变化趋势预测越来越精准,对建筑物的灾害预警能力也越来越强。

安全监测方法可大致分为宏观地质观测法、简易观测法、设站观测法、仪表观测法、远程观测法等。

宏观地质观测法就是巡查人员利用常规地质调查方法进行巡查,主要调查内容为地表裂缝的发展变化、沉降变化,建筑物的变形、地面径流、泉眼等。这种方法获取的信息直观、可靠,是工程上发现异常现象的主要方法之一。

简易观测法也是依靠巡查人员观察地表的裂缝、径流等。巡查人员除了肉眼观察外还可以借助简易的工具,如用钢尺测量裂缝的宽度,或者在裂缝处设置标记后对裂缝进行定期测量来观察其变化。

设站观测法是在拟定的监测区域设置变形监测点,同时在监测区域外的相对稳定的区域设置固定观测点进行观测。实际工程中这种方法应用最广泛,其中常用的方法有大地测量法(视准线法、小角度法等)、GPS测量法、近景摄影测量法。

仪表观测法是将相关监测仪器设备(如渗压计、钢筋计等)埋设或安装到建筑物所需监测的部位,对监测部位的位移、应力、渗压等物理量的变化进行监测并实时传输。通过对测得的数据进行处理分析便可得到建筑物的安全状态及其动态变化。

远程观测法主要的特点是可以实现全天候连续观测并存储数据,而且能够实现高度的自动化与远距离的传输,如"3S"技术(包括 GIS、RS、GPS)等。因此,远程观测法在工程中已经开始广泛应用。

由于其他领域的技术不断融入安全监测领域,如今出现了许多新兴安全监测技术,例如,声发射方法、时域反射法(Time Domain Reflectometry,TDR)、光时域反射法(Optical Time Domain Reflectometry,OTDR)、全球导航卫星系统(GNSS)监测技术、干涉雷达(InSAR)技术等。

时域反射法(TDR)监测原理是当建筑物产生变形时,由同轴电缆中产生的信号差异能够实时监测出电缆发生变形的位置。目前 TDR 法不仅可对岩土体变形、结构变形等进行监测,还可用于测量土体含水量。

光时域反射法(OTDR)监测原理是利用光的后向传播特性来测量事件(如光缆弯曲等)发生的位置,即用探测头来检测和观测从光纤中反射回来的光的强弱变化,考虑光波的传输速度,即可确定事件发生的位置。OTDR 法不仅可用于边坡监测中,还可进行结构健康监测,如可在结构表面布设传感光纤或者埋入受环境影响较小的混凝土内,由此获取结构应变信息。

分布式光纤传感技术(Distributed Optical Fiber Sensing,DOFS)是在 OTDR 的基础上发展起来的,其监测原理是通过分析光纤变化后散射光的分布来对光纤周围的物理量变化进行监测,如温度、应变等。其中应用较广的是布里渊散射光时域反射法(Brillouin Optical Time Domain Reflectometry,BOTDR)与光纤布拉格光栅法(Fiber Bragg Grating,FBG),可应用于结构裂缝监测、结构应力应变监测、岩土体位移监测等。目前 FBG 监测仪器已应用于千岛湖配水工程的长距离输水隧洞进行压力、位移、倾斜及应力等多元化监测。

2.2.1.1　无人机安全监测技术

1)倾斜摄影技术

近年来,无人机(UAV)技术发展迅速,体现在飞行平台的轻型化、智能化,以及无人机传感器的多样化、精细化。无人机类型以固定翼和多旋翼为主,其中多旋翼无人机由于其稳定性、可操控性及便捷性,在小范围的测绘、电力、水利、农业、公安等部门都有着广泛应用。

基于无人机的倾斜摄影测量技术,可通过高效的数据采集设备及专业的数据处理技术生成高精度的实景真三维表面模型,然后通过人工目视解译判读的方式,对关键要素进行提取和分析。

倾斜摄影技术是国际测绘遥感领域近年发展起来的一项高新技术,通过在同一飞行平台上搭载多台传感器,同时从垂直、倾斜等不同角度采集影像,获取地面物体更为完整准确的信息。这种摄影测量技术称为倾斜摄影测量技术。倾斜影像具备以下特点:

• 反映地物周边真实情况;

• 相对于正射影像,倾斜影像能让用户从多个角度观察地物,更加真实地反映地物的实际情况,极大程度上弥补了基于正射影像应用的不足;

• 倾斜影像可实现单张影像量测。

通过专业软件的应用,可直接基于倾斜摄影所重建的实景真三维模型成果进行包括高度、长度、面积、角度、坡度等的量测,结合无人机技术的应用,可实现远距离、非接触条件下的大坝渗漏安全监测,将传统的室外巡查作业转化为室内的数据分析作业。

2)滑坡实时监测预警

该方法通过 Acute3D Viewer 软件可以展示无人机倾斜摄影获取的三维模型,实现多角度全方位的浏览,还可以切换照片贴图、三角网和点云,多层次展示三维模型,方便用户更好地理解三维场景。这种浏览方式需要用户的计算机上有三维模型数据并安装相应的软件(Acute3D Viewer),这些模型数据容量随模型精度的不同而不同,动辄几个 G[①] 到几百个 G,给大众用户的浏览带来了极大的不便。为了方便用户在线查看三维模型而不需要事先下载庞大的模型数据和安装软件,将这些实景三维模型集成到滑坡实时监测预警系统,实现数据统一管理与展示,用户通过浏览器进入系统就可以查看三维模

①　容量单位,1GB 简称 1G。

型。在线展示三维模型，WebGL技术给我们提供了多种解决方案：

　　• 用JavaScript脚本基于WebGL技术进行二次开发，直接在HTML5的canvas标签里展示三维模型。这种方式，会打开一个新网页展示三维模型，整个网页界面只有三维模型，不能与现有三维数字地球融合在一起，无法叠加其他地图，如断层、地层等。

　　• 采用无人机的正射影像+DEM（Digital Elevation Model，数字高程模型）数据，在三维数字地球表面动态生成三维模型。这可以将三维模型与三维数字地球有机结合起来，弥补三维数字地球底图精度较低的不足，还可以叠加其他类型的地图进行综合分析。但是三维模型展示的效果受制于DEM的精度，只有在拥有较高精度DEM数据的区域，才有较好的显示效果，而一般情况下，滑坡三维模型都在山区，其DEM精度较低，所以其三维展示效果并不理想。

　　• 还有一种方案是，直接将三维模型加载到三维数字地球上。Cesium框架提供了相应的接口，Cesium3D Tileset允许用户在三维数字地球上加载三维切片数据集，动态生成三维模型。

　　3）基于无人机航测技术在尾矿库的监测

　　无人机航测系统主要是以无人机作为飞行平台，通过搭载的航测相机或一般相机采集航测像片并由计算机快速处理系统对航测像片进行处理，生成数字正射影像（DOM）、数字高程模型（DEM）等测绘产品。它集合了无人飞行器技术、遥感传感器技术、POS定位姿态技术、通信技术、GPS差分定位技术、遥测遥控技术和遥感应用技术等高新技术。最近几年，小型无人机迅速发展，技术逐渐成熟，小型无人机航测技术呈现作业速度快、受地形影响小、成本低、工作量小等特点。随着技术的成熟，无人机在三维可视化方面的应用也越来越多，广泛应用于建筑建模、森林监测、大比例地形图绘制等方面。

　　基于无人机航测技术在尾矿库监测的工作原理是以无人机航测技术获取航测像片，通过无人机数据处理软件制作数字表面模型（DSM）和数字正射影像（DOM），通过纹理映射技术将DOM贴合在DSM上制作成具有真实纹理结构的三维影像，并通过三维影像对尾矿库进行监测分析。

　　在地形三维可视化方法中，通常采用纹理映射技术来显示真实三维地形。本文以DSM作为地形数据，DOM作为影像数据，通过纹理映射技术将DOM数据贴合在DSM上，形成三维影像。本文采用的三维可视化分析软件是ArcGIS，ArcGIS是ESRI公司开发的具有强大功能的地理信息系统软件。ArcGIS软件具有影像三维可视化系统及3D分析、空间分析等强大的分析功能，能够满足三维影像的各种分析需求。

　　随着科技的发展，测绘行业将不再仅仅以传统测绘方式进行数据的获取，无人机航测是现阶段最热门的测绘技术手段，如何将航测数据进行测绘上的应用是研究的热点。使用无人机进行数据采集具有快速、方便、精度高等特点，特别适用于应急测绘、资源调查、灾害监测等领域。基于无人机数据生成的DOM和DSM通过纹理映射技术建立的三维影像模型，影像精度高，能够清楚分辨地物；可量测性好，能够进行地物的坐标、面积、体积等的量测；兼容性好，能够在各大遥感和GIS软件平台上进行可视化和分析应用。

　　4）大型水利工程中无人机航测的应用

　　大型水利工程中使用无人机作为航测系统，在测量和测绘等任务中，设置平台系统，使无人机实现连续通信,确保空中监视以及通信。对于处理软件的使用,以 Pix4D mapper 软件为主,该软件不仅操作便捷,而且能够制作数字地图以及数据模型。

利用无人机航测技术开展外业航测工作,主要包括像控点布设以及航线规划、飞行作业内容。

在水利工程测量中应用无人机航测技术,内业处理具体包括数据准备以及数据解算。在数据准备环节,完成无人机航测飞行作业后,要做好位置和姿态的全面处理,尤其是航拍位置以及航向等,做好数据对比工作。对于参数的设计,注重参数改正,明确独立坐标,做好设置像控点的影像标识工作。对于数据的解算,具体包括新建项目、添加控制点、数据处理和数据导出。对于新建项目,要导入图像数据信息,构建图像设计坐标,保证位置信息的有效匹配,通过参数设计,实现数据高效处理。使用编辑器,设置像控点。选择合适的坐标系,导入定义文件。接着导入布设控点数据,进行有效航片标记工作。对于数据的处理,要做好勾选初始化的精度处理,利用有效像控点位置,达到精度要求。对于加密点,将相关元素通过实际测量和线段测绘等方法,添加到 Auto CAD Civil 3D 影像中。添加的元素均经过数字分析,保证测量成果的真实性。

在大型水利工程施工作业中应用无人机航测技术,为了保证技术应用效果,要做好质量检查工作。以 DEM 成果检查为例,在具体操作的过程中,要做好以下要点的把控:

• 飞行质量检查。在检查的过程中,要从比例尺选择、测量分区合理性、航测敷设方法的选择等方面入手,做好逐项检查工作。

• 影像质量检查。为了保证测量作业的质量,要保证色彩反差适中、色调柔和等,强化影像质量的把控。

• 其他要素。除了进行上述检查外,还需要做好像控点的把控。从影响 DOM 的因素角度来说,要注意像控点位置的选择、野外采集精度等。要从 DEM 制作和航测等环节,做好严格的把控,最大程度上保证航测结果的真实性和有效性。

开展大型水利工程测量工作,若想获得不错的无人机航测结果,要严格遵守航测作业流程,执行具体工作。对于航测作业流程的制定,要从水利工程设计的需求角度出发,确定测量工作内容。基于现有的航测技术和设备,制定航测作业方法,保证测量作业顺利开展。除此之外,在具体实施的过程中,需要做好外业测量和内业作业的有效配合,保证高效快速完成航测作业。通过严格执行作业流程,来强化航测结果的把控。

在大型水利工程中,应用无人机航测技术,对比传统的测量方法,有利于全面开展测量作业。通过做好质量检查工作,严格遵守航测作业流程,强化无人机航测工作质量和效率把控,进而保证水利工程高质量建设。

5)基于无人机贴近摄影测量的边坡安全监测

该方法的核心为基于无人机贴近摄影技术,通过无人机对监测目标进行无限接近扫描式拍摄,将采集到的影像进行处理,得到监测目标的高精度影像和三维模型,再通过人工判读的方式对边坡表面状态进行分析,从而评价目标是否存在安全隐患。近年来,无人机技术发展迅速,贴近摄影测量是利用无人机贴近物体表面(<20 m)摄影获取高清影像,从而得到被摄物体精确坐标、精细形状。该技术具有"巡航导弹式"摄影模式、无限近

距离（最近可达 5 m）、超高分辨率（毫米级）等特点，加上飞行平台的轻型化、智能化，以及无人机传感器的多样化、精细化效果，实现了无人机贴近摄影技术的高性能。

6）基于无人机图像拼接技术的大坝健康监测

图像拼接是一种将重叠部分的多个图像融合在一起，以产生高分辨率全景图像的技术。该技术已在土木工程领域得到了一定的应用。

算法的实现步骤如图 2-1 所示，共分为 3 个部分：图像采集，采用 UAV 作为图像采集工具，以获取损伤图像；图像配准，应用尺度不变特征变换算法，提取图像中的关键点，并对其进行匹配；图像融合，根据每幅图像间的匹配点，对采集到的损伤图像进行拼接，当图像过多时，则采用分组拼接的形式。

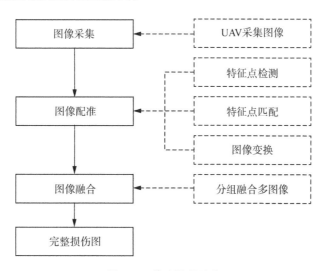

图 2-1　算法流程示意

（1）图像采集

为了更安全、高效地获取坝体表面图像，以无人机作为图像采集工具，通过控制无人机的飞行轨迹拍摄不同区域坝体表面的损伤图像。

（2）图像配准

图像配准是将同一场景的两张或多张图像转换至同一个坐标系的过程，包括特征点检测、特征点匹配和图像变换。

• 特征点检测，即检测图像中的控制点。比如，一些独特的对象、边缘、线的相交点和角点等。目前，尺度不变特征变换（SIFT）特征点检测算法应用最为广泛，其检测的特征点不随比例和旋转的变化而变化，具有很高的辨识度，对图像噪声具有鲁棒性，因此，更适合于无人机采集到的图像处理。SIFT 算法通过在图像的尺度空间中找到局部极值来识别特征点；然后，对每个极值点一定邻域内的像素点计算梯度直方图；最终，通过梯度直方图生成一个由 128 个数据组成的特征向量来描述特征点。

• 当提取 SIFT 的特征描述符后，需要在参考图像和待配准图像中提取正确的匹配特征点。首先，根据描述符的欧氏距离来判断特征点是否匹配。然后，采用如下 2 个步骤来对特征匹配点对进行筛选，以消除特征点的误匹配，保证关键点匹配的准确性。步骤1：基于Lowe提出的比较某个特征点E与其最近邻点P和次近邻点P'之间的欧氏距离比率的匹配策略进行筛选。即计算EP和EP'之间的距离比率R，如果R值比某一阈值T小，则认为$(E，P)$作为匹配点对匹配成功，反之，则为匹配失败。步骤2：使用随机抽样一致性算法进一步删除错误匹配点对。计算2幅图像之间的单应性以及查找异常值（即不正确的匹配点），来提高图像特征点匹配率。

• 图像变换，在获得2幅图像的精确匹配特征点对后，可根据下式的图像变换关系求解出单应性矩阵H。通过H，可将待配准图像I'变换至与参考图像I相同的坐标系下。

$$\begin{bmatrix} x' \\ y' \\ 1 \end{bmatrix} = H \begin{bmatrix} x \\ y \\ z \end{bmatrix} = \begin{bmatrix} h_{11} & h_{12} & h_{13} \\ h_{21} & h_{22} & h_{23} \\ h_{31} & h_{32} & 1 \end{bmatrix} \begin{bmatrix} x \\ y \\ 1 \end{bmatrix}$$

（3）图像融合

将待配准图像I'与参考图像I转换至同一坐标系后，需选择适当的图像融合方法来完成图像拼接。为了克服在拼接多幅图像时产生累积误差，可选用中间图像作为最佳参考图像，通过分组拼接实现多图像拼接。即先对组内的图像进行拼接，再进行组间图像的拼接。在组间图像拼接过程中，重新计算相邻2组图像的配准参数，并以组的方式进行图像变化，从而减少图像的变换次数，进而降低拼接误差的累积。根据经验，当拼接图像数量不大于4张时，拼接结果未呈现出拼接错误及明显变形；当拼接图像数量多于4张时，拼接结果易出现明显的拼接错误和图像变形。

7）长距离输水渠道无人机巡检

无人机、建筑信息模型（Building Information Modeling，BIM）及图像识别等新兴技术的发展，为长距离输水渠道巡检和险情识别手段的创新提供了可能。无人机具有机动灵活、视野开阔、适应高空作业的优点，可解决传统人工巡检效率低、长距离无人区交通不便等弊端；BIM以可视化的方式综合集成多源信息，可为渠道安全诊断提供信息辅助；图像识别对无人机巡检航拍图像进行自动批处理，可实现渠道全程险情的无盲区覆盖。

针对当前长距离输水渠道巡检和险情识别的不足，基于无人机、建筑信息模型和机器学习等新兴技术，研究耦合BIM的长距离输水渠道无人机巡检技术和冰凌拥堵、异物入侵、边坡破坏等险情类型的图像智能识别方法具有重要意义。

长航程航拍无人机的应用，实现了复杂环境下长距离输水渠道巡检的高效全覆盖，大大提高了巡检的效率，确保了后续险情识别的时效性。

将无人机获取的巡检航拍视频回传至后方，使得后方管理人员足不出户就能全面、真实地掌握前方巡检过程，提高了信息协同和传递的效率。

通过输水渠道BIM模型动态集成安全监测等多源信息，进而耦联回传至后方的巡检航拍视频，以BIM模型内集成的"虚"拟信息来增强航拍视频的"实"景记录，实现了长距离输水渠道的"增强现实"巡检，提高了信息的集成度和调用的便捷性，有助于支撑全面、科学的险情评估和安全诊断。

通过机器学习智能算法，从航拍视频等图像数据中自动识别各类渠道险情，在提高图像数据处理和识别效率的同时,实现了险情识别的渠道全程覆盖和异物入侵、冰凌拥堵等非结构类险情的快速自动识别。

【案例分享】

动态 BIM 辅助的无人机增强现实巡检技术方案如图 2-2 所示。增强现实(Augmented Reality,AR)是近年来兴起的一种可视化和交互技术,从广义上讲,凡是通过虚拟信息和现实的交互联动来辅助人类更好地理解现实世界的系统、方法和技术均可认为是增强现实。

动态 BIM 辅助的无人机巡检方案,利用航拍影像对应的飞行记录信息(坐标、姿态、视场角等)来实现动态 BIM 模型(虚拟空间)与航拍视频(现实空间)的同屏联动,以 BIM 模型之"虚"拟信息来增强航拍视频之"实"景记录,增强了信息的集成度和调用的便捷性,有利于辅助支撑风险评估和安全诊断,是增强现实技术在输水工程巡检领域的外延和应用创新。

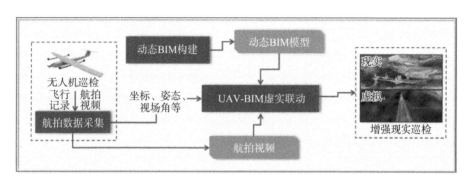

图 2-2 耦合动态 BIM 的无人机增强现实巡检技术方案

方案主要由 3 个步骤构成,分别为航拍数据采集、动态 BIM 构建以及 UAV-BIM 虚实联动。

(1)航拍数据采集

如图 2-3 所示,利用工业级固定翼无人机进行远距离沿渠巡检,现场巡检人员通过地面站及遥控器对飞机进行航线规划,并在必要时介入,实时调整飞机坐标和姿态。在巡检过程中,航拍视频图像实时回传地面站。由于输水工程所穿越的个别地区不覆盖4G 移动网络,或即便覆盖 4G 信号也存在传输延迟的问题,航拍视频难以在线从地面站回传后方营地。故采用"本地存储+数据上传"的模式,具体来说,现场人员巡检完成后,将保存下来的巡检航拍视频和飞行记录(包括坐标、姿态、视场角等数据)通过系统数据接口上传至后方数据库服务器。随后,后方管理人员通过开发的 BIM 辅助的无人机巡检Web 客户端可查看巡检过程视频,并结合同步漫游的渠道 BIM 模型进行决策判断。

(2)动态 BIM 构建

自动化安全监测、定期水质抽检、重点部位的人工巡检记录等安全监测信息是工程管理人员对渠道运行状态进行诊断评估的重要依据。将这些在工程运行中动态产生的安全监测信息集成到渠道 BIM 模型中,构建安全监测动态 BIM,可以对动态安全监测进行可

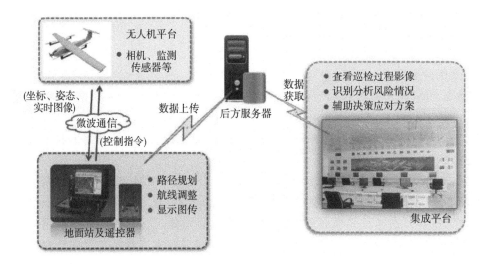

图 2-3　无人机巡检航拍数据采集流程

视化的管理和呈现,有助于信息的高效获取和调用,进而在险情发生时快速地辅助决策。

安全监测动态 BIM 的构建包括 3 个步骤。首先,采用 Revit 或 Power Civil 等软件建立长距离输水工程的 BIM 模型;其次,通过元数据描述和结构化存储的方法,实现安全监测信息到 BIM 模型的动态映射集成;最后,对建模成果进行轻量化处理,将其转换为适合互联网传输并可被浏览器引擎解析的数据格式,进而实现动态 BIM 的网络可视化发布。

（3）UAV-BIM 虚实联动

UAV 是无人机(Unmanned Aerial Vehicle)的英文缩写。在 UAV 航拍视频和动态 BIM 都具备的情况下,通过动态 BIM 随航拍视频在同一个页面的联动来实现所谓的"增强现实"巡检。通过视频流的方式实现航拍巡检视频在浏览器页面显示,调用位置坐标、云台姿态、相机焦距等飞行状态数据,进行坐标转换和虚实相机参数匹配,实现动态 BIM 虚拟场景与航拍视频实景的匹配,最终达到虚拟动态 BIM 随航拍视频同步漫游的效果。

通过上述方式,将构建好的输水工程安全监测动态 BIM 模型与无人机巡检航拍视频耦合,实现二者的虚实同步匹配(虚实联动),利用动态 BIM 的信息对巡检视频实景进行信息增强。这可以方便管理人员在查看巡检视频的同时,快速地调取动态 BIM 中的多源信息,从而对风险状况做出全面科学的诊断评价,有助于决策分析和应急方案制定。

8）高陡边坡危岩体调查

遥感技术以其快速、宏观、高分辨率等特点,在自然地质灾害调查领域具有独特的优势。随着无人机遥感系统的迅猛发展,其凭借机动灵活、成本低廉、风险小、实时性强等特点,已被广泛深入地应用于各种环境条件下的地质灾害调查。

无人机摄影测量系统主要由空中部分、地面部分和数据处理部分 3 个部分组成。空中部分包括遥感传感器系统、无人机空中控制系统及无人机平台。遥感传感器系统主要指无人机搭载的各种遥感设备;无人机空中控制系统主要作用是对传感器系统进行稳定和拍摄任务的控制。地面部分包括航迹规划、无人机地面控制系统以及数据接收显示。

航迹规划是在航飞前按照任务要求、环境特点、无人机性能参数等规划出飞行区域和航线;无人机地面控制系统与无人机平台相互配合实现对飞行状态的精确控制。数据处理部分包括影像数据预处理和数据成果处理,目的是对影像数据进行加工,以提取有效信息。

倾斜摄影测量技术是测绘遥感领域近年来快速发展起来的一项高新技术。它打破了以往只能从正摄角度拍摄影像的局限,通过在同一飞行器上搭载多台传感器,可以同时从一个正摄、四个倾斜等五个不同的角度采集影像数据,将用户引入符合人眼视觉习惯的真实且直观的世界。传统的遥感影像数据主要来源于垂直或倾角很小的卫星影像或航空影像,这些影像数据仅能获得部分地物的高度信息和顶部纹理信息,难以满足三维真实场景的建立要求,并且由于外界环境影响,导致这些影像上地物产生变形及遮挡压盖问题,不利于后期的数据处理。而倾斜影像可以真实地反映出地物的侧面详细轮廓及纹理信息,为三维实体模型的构建提供了数据基础。相对于正射影像,倾斜影像能让用户从多个角度观察地物,更加真实地反映地物的实际情况,极大地弥补了基于正射影像应用的不足。

根据无人机遥感调查工作的需要,首先,进行前期准备工作,包括收集研究区资料、定点勘查和确定飞行区域;其次,在此基础上进行航线设计和控制点布设,之后开始无人机航拍摄影;再次,摄影完成后利用航拍数据进行内业处理,获得密集点云数据,生成地质灾害三维模型和DOM(数字正射影像);最后,基于数据成果进行分析,对地质灾害体进行遥感解译,获取地质灾害的空间属性数据,建立地质灾害空间属性数据库。综上所述,整个无人机遥感调查技术流程可分为数据获取、数据处理以及成果分析3个阶段。无人机遥感调查流程如图2-4所示。

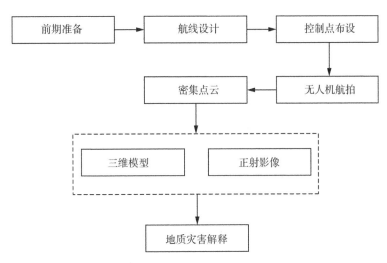

图2-4　无人机遥感调查流程

9) 高精度边坡变形监测

常规渠道坡面变形监测主要有点式监测和面状监测。点式监测主要采用全站仪、水准仪和GPS等设备。通过在坡面上建造观测墩,使用全站仪或水准仪等测量离散点的变形代替坡面整体变形,这种方式测量结果精确、变形部位表达明确,但存在野外工作劳动强度大、周期长且耗时耗力、连续性不足、细节性缺乏和接触式不便等缺点。GPS的优点在于监测自动化程度高,但其设备昂贵且测量精度相对较低。面状监测主要有近景摄影测量法、地面三维激光扫描法和地基合成孔径雷达(SAR)干涉测量法等。近景摄影测量法成本低,但由于渠坡表面纹理不足,容易受到距离和环境的限制,难以获得较好的精度和较全面的信息。地面三维激光扫描法和地基SAR干涉测量法虽然测量结果精度较高,但由于设备附件多,价格昂贵,运输、安装和迁站困难,也难以在南水北调这样的大型线性工程中实施。近年来,随着无人机技术的快速发展,为智能化监测解决方案提供了可能性。

目前无人机摄影测量的精度较低,通常为厘米级精度,达不到变形监测的精度要求。影响其精度的原因主要有以下四点:

- 无人机上GPS的定位精度低,相机的位置误差对测量精度产生影响;
- 无人机搭载的普通相机在成像时存在着较大畸变和较多噪点,对后期图像处理造成影响;
- 容易受拍摄对象的纹理丰富程度以及影像匹配精度的影响;
- 无人机影像图片后处理算法的优劣直接影响测量的精度。

结合无人机技术和高精度工业摄影测量的优势,放弃GPS全局坐标系,采用地面高精度局部坐标系,并在渠道坡面布设标志点,然后利用无人机搭载高分辨率工业相机对监测区域进行自动化影像采集,再利用工业摄影测量算法将标志点位置的测量精度提升至毫米级。

【案例分享】

在南水北调中线干线渠道位移监测中,针对无人机上GPS定位精度低的问题,放弃全局GPS坐标系,采用地面高精度局部坐标系,从根本上提高摄影测量的精度。针对普通相机在成像时存在较大畸变和较多噪点问题,采用无畸变、低噪点的工业相机,提高采集影像的质量。针对边坡区域表面特征不明显、纹理不丰富的情况,采取在边坡区域布设标志点的方式,为特征匹配提供高精度连接点以及为影像概略定向提供前提条件,从而实现高精度的边坡变形监测。针对边坡区域开发一套能够对照片中标志点进行快速识别和精准定位的高效算法,可实现三维变形量的高精度测量。

(1)标志点的布设

在边坡上布设人工标志达到亚像素级的定位精度,是获取监测区域高精度三维坐标的前提。数字图像通常是被离散化成像素形式,每个像素对应一个整数坐标位置,直接用整数坐标位置表示人工标志中心并不精确。亚像素定位能够计算人工标志中心在图像中的精确位置,而精确位置通常在像素的内部。采用圆形标志点,圆心的位置可以通过灰度加权质心法达到亚像素级定位。此外,人工标志点由回光反射材料加工而成,能将入射光线按原路反射回光源处,在近轴光源照射下能在像片上形成灰度反差明显的"准二值"图像,特别适合用作摄影测量中的高精度特征点。

(2)无人机影像采集

针对普通相机在成像时存在较大畸变和较多噪点问题,方案采用无畸变、低噪点的工业相机,提高采集影像的质量。如图2-5所示,该工业相机为德国制造的高信噪比

CMOS 相机,分辨率为 1 200 万像素,像元尺寸为 3.45 m,快门时间最快可达 2 s,噪声低于 7.5e-,另外配备了焦距为 50 mm 的镜头。

图 2-5　工业相机外观

采用 F790_ A3 无人机搭载工业相机,其外观如图 2-6 所示。

图 2-6　无人机外观

相机参数设计完成后,在地面站软件上对航线进行规划,并对飞行参数进行设置。在项目实施过程中,飞行检查完毕后,点击一键起飞,无人机便按照规划的航线进行自主飞行,并在飞行过程中控制工业相机拍照,任务结束后自动降落到起飞点,完成图像的自动化采集。

(3)影像数据处理

影像采集完成后,可通过一系列图像算法处理获得监测点的三维坐标,主要涉及的算法有标志点识别和定位、三维点云生产、光束法平差等,各算法具体如下:

将影像进行标志点识别和定位,提取各个监测标志点的信息。从影像中识别出圆形标志点,并确定圆形标志包含的像素,是进行标志中心定位的前提。一般采用边缘检测算法寻找其边缘像素,判断其是否符合圆形或椭圆形标志图像特点,再确定整个标志包含的所有像素。常用的标志图像识别算法有边缘算子检测法、递归填充法、形态学方法等。其中 Canny 边缘检测算子是一种只产生单像素边缘的检测算法,适合提取圆形人工标志图像边缘。经 Canny 算子检测后的图像是由离散的标志边缘像素和噪声组成的二值图像,需再利用边缘跟踪算法或边界闭合算法得到封闭的标志边缘,并通过椭圆检验剔除虚假的标志边缘。确定标志边缘后,利用标志包含的像素计算标志中心在像平面坐标系内的坐标。当标志位置发生微小变化(小于 0.5 个像素)时,标志图像包含的像素可能相同,但其灰度值已经随之改变,利用算法仍能准确计算出标志中心。

利用标志点将影像进行三维建模,生成监测区域的三维点,再通过对监测区域标志点进行光束法平差、空三交互等算法处理,得到标志点高精度三维坐标。高精度摄影测量数据处理的核心算法是光束法平差,即以像点坐标为观测值,利用平差方式同时计算物方点三维坐标和摄站参数,使得所有物方点重新投影在由摄站参数估计的像平面上的像点坐标与其在影像上的真实像点坐标的误差最小。

通过对同一区域不同时间采集得到的两组数据对比分析得到该区域的三维变形量。通过对算法不断地优化,最终实现采集图像和数据处理的高效性,得到边坡毫米级精度的三维变形量。

2.2.1.2　变形监测仪器及原理

根据监测仪器所要实现的功能,进行仪器机械结构、光学系统和硬件电路部分的设计。设计时应充分考虑如何将光、机、电的一体化设计应用到监测仪器中,使得仪器的性能指标达到相关要求。

➢ 引张线仪及监测技术

引张线仪是用来测量坝体的水平位移的仪器。其测量方便、精度较高、测量速度快、成本低,在我国大坝安全监测中起着很重要的作用。早期安装在坝上的引张线仪,由人工来读取标尺上的位移数据,这种方法的工作量很大,获取的数据的可靠性也较差。随着传感技术和电子技术的发展,国内已研制出步进电机光电跟踪式引张线仪、电容感应式引张线仪、电磁感应式引张线仪和光电式(CCD)引张线仪。

➢ 垂线坐标仪及监测技术

垂线坐标仪除可以进行大坝水平位移监测外,还可以进行挠度的监测。主要有感应式垂线坐标仪与 CCD 式垂线坐标仪。采用差动电容感应原理的传统电容感应式垂线坐标仪,当被测对象在垂直方向有位移变化时,则差动电容比值将相应地发生变化,通过测量此时的比电容进而测出垂直方向的位移。该类仪器测量精度较高,技术较为先进,长期稳定性也较好。采用 CCD 技术的垂线坐标仪,利用测点在 CCD 上的投影变化,应用数字图像处理技术,计算垂直方向的位移。该类垂线坐标仪具有更高的测量精度,抗电磁干扰能力强,长期稳定性好,适用于环境较恶劣的大坝。

➢ 静力水准仪及监测技术

静力水准仪用于大坝基础沉降、倾斜监测。为满足测量仪器精度高、量程小、长期测量性能稳定可靠的要求,国内外在该领域都投入了较大的力量,开发了技术先进、性价比高的仪器,主要有步进马达式静力水准仪、高精度水管式静力水准仪和钢弦式静力水准仪等。国内生产的电容感应式静力水准仪是与连通管配合使用的,主要用于测量测点垂直位移。其中浮子式静力水准仪(武汉地震工程研究院有限公司研制)利用差动变压器式位移传感器测量测点的垂直位移,该类仪器的测量精度高,稳定性好。

> 光纤传感监测仪器及技术

采用光纤技术的传感监测仪可以测量压力、位移、流量、温度以及液面等。光导纤维是以不同折射率的石英玻璃包层及石英玻璃细芯组合而成的一种新型纤维。它使光线的传播以全反射的形式进行,能将光曲折传递到所需要的任意空间。自20世纪80年代中后期美国、加拿大、德国、日本等国开始了将此种技术应用于测量领域的理论研究,该技术陆续在大坝的裂缝、应力、应变和振动等观测上得到了应用。

> 激光准直监测仪器及监测技术

激光准直监测仪器由发射端设备、真空管道、接收端设备、测点设备和真空泵等组成。该设备可以测量大坝的水平位移和垂直位移。真空激光准直系统是将三点法激光准直与一套适用于大坝外部变形监测的动态软连接真空管道相连接起来的系统。因为各个测量点仪器都放在真空管道中,其受到外部温湿度的影响很小,从而提高了测量的精度。但该设备也有局限性,其要求用于直线型、可通视的环境,一般安装在水平廊道或直线坝的坝面,对于曲线坝、拱坝则无能为力。

> GPS仪器及监测技术

GPS接收机测量精度较高,体积较小,适合野外工作。该类仪器在潮湿、闷热或严寒的环境下也能正常工作。GPS卫星定位技术已经渗透到科学技术的许多领域,其对测量界也产生了深刻影响。在国内,GPS技术已开始运用到混凝土坝和土石坝的变形监测中,并取得了很好的监测效果。三峡工程在1998年8月水库蓄水达百年一遇的洪水水位,采用GPS监测系统对其监测,系统一直安全可靠地运行。其能够快速反应大坝在超高蓄水下的3D变形,抗干扰能力强、数据分析处理及时,不仅实现了坝体的安全监测,也成功地实现了洪水错峰。但该技术也存在缺点,为了继续提高测量精度、扩大测量量程,还需要进行仪器硬件的改进和软件解算算法的优化。

1. 引张线仪

1)概况

引张线法是大坝水平位移监测方法中应用比较广泛的一种,其测量重点在于读取数据。早期形式为由人工读取设置于观测点的读数尺对应数值,人工读数精度一般在0.2～0.3 mm。

随着安全监测的发展,自动化技术的广泛应用,基于引张线测量法的自动测量仪器种类逐渐增多,读数转变为实时自动化形式。目前国内外使用的主流引张线仪主要有以下三种:光电式测量仪、电容感应式测量仪、步进电机光电跟踪式测量仪。

早期人工测量精度低、误差大。随着测量自动化发展,自动化测量仪精度逐渐提高,自动测量仪测量精度优于±0.1 mm。

(1)光电式测量仪

光电式测量仪以线阵CCD为传感器,以电荷为信号进行信号传输。光源照射到引张线钢丝上,使其在CCD传感器上形成暗带,在暗带两侧形成亮带。再利用图像处理方法对暗带位置进行计算,从而获得钢丝的位置,以获得测点相对于引张线的位移量。光电式测量仪精度较好,但光学元件容易受潮,且成本较高。

（2）电容感应式测量仪

电容感应式测量仪主要利用电容传感器来进行测量工作。即在测点处安装数组平行极板，平行极板与其垂线中间极之间会由于距离不同而形成不同的电容值，于是位移量转换为电容值被采集并计算，得到最终的水平位移量。该测量仪不含光学元件，精度较高，稳定性较好，但受湿度及空气灰尘影响。

（3）步进电机光电跟踪式测量仪

步进电机光电跟踪式测量仪工作原理为根据驱动脉冲的个数计算电机转动的圈数，再通过丝杆导程计算测点相对引张线的位移量。步进电机光电跟踪式测量仪主要由两部分组成：一部分是机械传动机构，主要由基座、丝杆、导杆和步进电机组成；另一部分为光电测量机构，主要由底板、基准杆座、基准杆及探头组成。该测量仪特点为防水防潮，低成本且为全数字化测量。

2）基本原理

引张线法测量大坝水平位移属于机械电测法，是我国大坝水平位移测量重要手段。在我国混凝土大坝上应用非常广泛，多用于直线型大坝水平位移的测量。引张线法具有低成本、高精度的优点，且该种测量方法受外界因素影响小。

基本原理：使用直径为 1.2 mm 的不锈钢钢丝，于大坝顶部或廊道中两固定点间张拉，作为基准线。为确保引张线端点稳定可靠，应将端点设置于两岸的岩洞中。否则在计算水平位移时需校正和改正端点变位。在测量时，引张线视为稳定不动，作为准直线，通过测量廊道中设置的各测点相对于引张线的位移来确定大坝的水平位移量。

步进电机光电跟踪式测量仪采用激光扫描原理来实现引张线法测量大坝水平位移。图 2-7 为测量仪基本原理图。

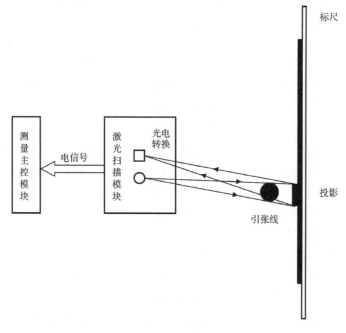

图 2-7　测量仪基本原理图

在大坝廊道中各测点处安装一个标尺,大坝在水流的作用下会沿着上下游方向产生水平位移,标尺会随着大坝一起移动。而引张线由于固定在两岸岩洞中,可视作固定不动。因此标尺与引张线之间的相对位置会因为水流作用而改变。激光扫描模块发出激光并在标尺上形成扫描线,引张线挡住部分激光,会在标尺上形成一条投影。当大坝水平方向上发生变形产生位移时,引张线在标尺上的投影位置会发生变化。激光扫描模块接收到引张线投影位置信号,并进行光电转换,将电信号传给测量主控模块,测量主控模块计算出投影在标尺上的位置。当投影位置变化时,便可获得标尺相对于引张线的位移,从而获得大坝水平方向的变形量。

3)光纤传感引张线仪

坝体和坝基的变形观测对了解大坝的状态、及时评价其安全性具有重要意义。大坝安全监测的常规仪器已有百年历史,实用经验多,应用范围广,并与现行规范配套,现阶段仍是大坝安全监测的基本手段之一。但其存在若干缺陷,如受测点物性影响、耐久性较差、易受恶劣环境干扰、信息量有限等。随着光通信技术的发展,光纤传感检测技术以其独特优势而处于大坝工程安全监测高新技术研究的中心地位。下面介绍光纤传感检测技术中的一项新技术——光纤传感引张线仪。

(1)系统组成及原理

如图2-8所示,光纤传感监测系统由信号传输光纤、叉指、编码板、引张线及主机5个部分组成。

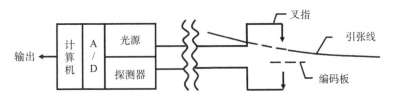

图2-8　光纤传感监测系统示意图

光源发出的光经传输光纤送入位于观测廊道测点上的叉指内。叉指为可扫描部件,它可以相对于编码板做平行于板平面的往复运动。编码板位于引张线下。叉指的扫描方向垂直于引张线,位于水平面内。编码板可为一维编码板,亦可为二维编码板,它们分别可监测坝体的水平一维移动或二维移动。编码板固定在测点墩子上,引张线端点固定于两边的坎肩上。从叉指发出的红外光扫过引张线及编码板后,携带着编码板与引张线相对位置关系信息的调制光信号,经返回光纤送到中央监测室内主机的探测器上,然后将经过处理的信号做A/D变换再送入计算机,进行解码后输出监测点的变形参数。视不同的硬件及软件组合,测量分辨率可达到$5×10^{-3}$~$6×10^{-3}$ mm。整个系统工作稳定、快捷,适应廊道内的恶劣环境并且适用于直径小于1 mm的引张线,为不用浮托机构的引张线创造了条件。

(2)传感器整体构造及设计

输出光纤和返回光纤长度可为数百米甚至1 000米以上,构成耦合镜对的准直镜和接收镜相互隔开数十毫米,位于耦合镜对之间的编码板和测量标志杆(引张线)均由低膨胀系数的材料构成,编码板和测量标志杆相对位置构成编码板模式。耦合镜对分别固定于叉指的两端,通过电磁驱动叉指带动耦合镜对着光束扫描,完成关于坝体移动信息的拾取。

（3）电磁驱动系统

为从根本上杜绝因恶劣的廊道环境引起的电子元器件失效导致的测量故障,科研人员研究出采用电磁直接驱动的光纤扫描驱动器。通常的工业用电磁驱动都是针对较短运动距离,而该系统要求光纤扫描单向运动达到 40 mm 以上,因此此驱动磁路系统形式选择了螺管式,衔铁运动方式选择了直动式,衔铁相对于线圈位置选择了吸入式,线圈供电的电源选择了直流,线圈连接方式选择了串联线圈。

螺管式电磁系统的螺管力为：

$$F = \frac{B_\delta \pi \gamma_c^2}{2\mu_0}(1 + k_l)$$

式中：B_δ 为工作气隙磁通密度；γ_c 为铁芯半径；μ_0 为真空磁导率；k_l 为螺管力对表面吸力的比值系数。

据上式可导得线圈高度 h、线圈匝数 N、线圈导线直径 d 等基本参数。

经计算得线圈约为 2 万匝时制作出来的电磁驱动器,推动力和行程、热情况均能很好满足要求,符合长行程、小体积的设计要求。

（4）编码板

传感器组件中的编码板承担对光信号进行调制的任务,这个构思采用了外调制的概念,即在激光光源外部对激光信号进行调制。编码板在传感器的光路气隙段中对激光信号进行调制。依据调制的概念,为了能用光波传递信息则需以此信息的信号对光波的某种性质进行调制。这种调制在该仪器系统中即是让引张线在编码板上形成一光学标志（影像）,以便知道固定在测点上的编码板相对于过该点的引张线的空间关系发生的变化。若要记录空间的二维信息则编码板板面就设置在这二维平面上。故只要能获得留有引张线标志的编码板的影像,则测点相对于引张线所发生的二维移动数据就可被提出。本系统采取的方法是光学编码方法,其数学模型如下。

在光学编码的信号探测系统中假设要获取一幅二维坐标信息,其目的就是获取光强信号的空间分布和信息量的大小。设 (x, y) 为一幅二维的空间坐标,$\phi(x, y)$ 为 x、y 的函数,其大小对应于该坐标处码元的强度,测量的目的就是确定 $\phi(x, y)$ 的分布。将它划分为 $m \times n$ 个码元,m 和 n 分别为划分的行数和列数,则一幅二维信息可表示为：

$$\begin{bmatrix} \phi(x_1, y_1) & \phi(x_1, y_2) & \cdots & \phi(x_1, y_n) \\ \phi(x_2, y_1) & \phi(x_2, y_2) & \cdots & \phi(x_2, y_n) \\ \vdots & \vdots & & \vdots \\ \phi(x_m, y_1) & \phi(x_m, y_2) & \cdots & \phi(x_m, y_n) \end{bmatrix}$$

此时共有 $m \times n$ 个未知数需要进行 $m \times n$ 次组合测量。

假设第 i 次测量中编码板的构型为 $W_{i1}, W_{i2}, \cdots, W_{i \times (m \times n)}$,则相应的测量值为：

$$Y_i = \sum_{j=1}^{m} \sum_{s=1}^{n} W_i \times (j \times s) \phi(x_j, y_s) + e_i$$
$$1 \leqslant j \leqslant m, 1 \leqslant s \leqslant n$$

式中：x_j, y_s 是目标上某一个单元的中心坐标；$\phi(x_j, y_s)$ 是该坐标处单元的强度；e_i 为该次测量的探测器噪声。

用矩阵表示上述的测量结果为

$$\boldsymbol{Y} = \boldsymbol{W} \times \phi(x, y) + \boldsymbol{E}$$

编码板图形单元的尺寸与大坝变形测量所希望的精度应一致，即精度决定编码板单元的尺寸。无论是要求 0.1 mm 或是 0.01 mm 的观测精度，利用光刻技术都不难得到相应的编码板。

（5）叉指

叉指是固定两"光纤/透镜"耦合系统的部件。由于它应能使来自两透镜间的气隙光路切割编码板栅格，因此它必然具有音叉似的外形，故称叉指。叉指的两臂需有一定厚度以便稳定地固定透镜光纤耦合器。叉指是一个极为精确的元件，由于其处于运动状态中才能工作，因此它的根部要既能和驱动电磁铁芯相连，又能稳定地支持两臂工作。叉指提供编码板与测点标杆（引张线）的生存空间，保证光信号与编码板的调制实现，使测点标杆位置被调制的光信号记录。

2. 静力水准仪

1）结构

其结构如图 2-9 所示。仪器由主体容器、连通管、差动变压器式传感器等部分组成。当仪器主体安装墩发生高程变化时，主体容器产生液面变化，引起装有铁芯的浮子与固定在容器顶的两组线圈间的相对位置发生变化，通过测量装置测出电压的变化即可计算得出测点的相对沉降变化。这种仪器的特点是测量精度高、测量范围大、测值稳定可靠、不受外界干扰等，能适应大坝监测环境，已在大坝安全自动化监测中大量推广应用。

2）工作原理

静力水准仪依据连通管原理，测量每个测点容器内液面的相对变化，再通过计算求得各点相对于基点的相对沉陷量。

如图 2-10 所示，假设共布设有 n 个测点，1 号点为相对基准点，初始状态时，各测量安装高程相对于（基准）参考高程面 H_0 间的距离则为 $Y_{01}, Y_{02}, \cdots, Y_{0i}, \cdots, Y_{0n}$（$i$ 为测点代号，$i = 0, 1, \cdots, n$）；各测点安装高程与液面间的距离则为 $h_{01}, h_{02}, \cdots, h_{0i}, \cdots, h_{0n}$，则有：

$$Y_{01} + h_{01} = Y_{02} + h_{02} = \cdots = Y_{0i} + h_{0i} = \cdots = Y_{0n} + h_{0n} \tag{1}$$

当发生不均匀沉陷后，设各测点安装高程相对于（基准）参考高程面 H_0 的变化量为 $\Delta h_{j1}, \Delta h_{j2}, \cdots, \Delta h_{ji}, \cdots, \Delta h_{jn}$（$j$ 为测次代号，$j = 1, 2, 3, \cdots, n$）；各测点容器内液面相对于安装高程的距离为 $h_{j1}, h_{j2}, \cdots, h_{ji}, \cdots, h_{jn}$。由图 2-10 可得：

$$(Y_{01} + \Delta h_{j1}) + h_{j1} = (Y_{02} + \Delta h_{j2}) + h_{j2} = (Y_{0i} + \Delta h_{ji}) + h_{ji} = (Y_{0n} + \Delta h_{jn}) + h_{jn} \tag{2}$$

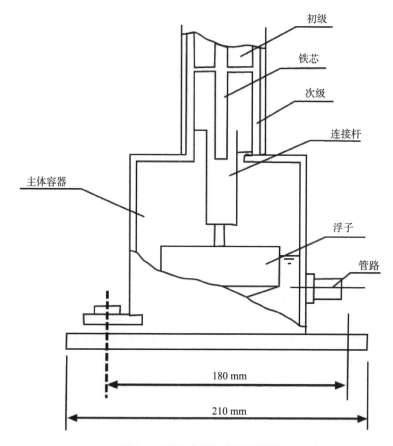

图 2-9　静力水准仪结构示意图

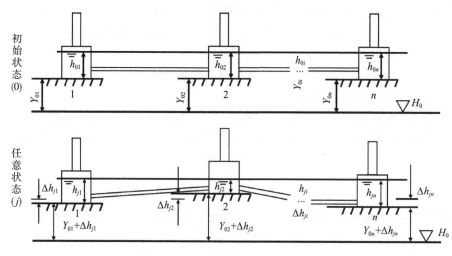

图 2-10　静力水准仪测量原理示意图

则 j 次测量 i 点相对于基准点 1 的相对沉陷量为 H_{i1}：

$$H_{i1} = \Delta h_{ji} - \Delta h_{j1} \tag{3}$$

由(2)得 $\rightarrow \Delta h_{j1} - h_{ji} = (Y_{0i} + h_{ji}) - (Y_{01} + h_{j1}) = (Y_{0i} - Y_{01}) + (h_{ji} - h_{j1})$ (4)

由(1)得 $\rightarrow Y_{0i} - Y_{01} = -(h_{0i} - h_{01})$ (5)

将(5)代入(4)得 $H_{i1} = (h_{ji} - h_{j1}) - (h_{0i} - h_{01})$

3) 分类

目前常用的静力水准仪主要有差动变压器式静力水准仪、光电式(CCD)静力水准仪、磁致式静力水准仪、振弦式静力水准仪、电容式静力水准仪、超声波式静力水准仪以及压差式静力水准仪。各类静力水准仪的原理基本相同,按照传感器中是否有浮子可以分为接触式传感器和非接触式传感器两类。静力水准仪传感器的分类如图 2-11 所示。

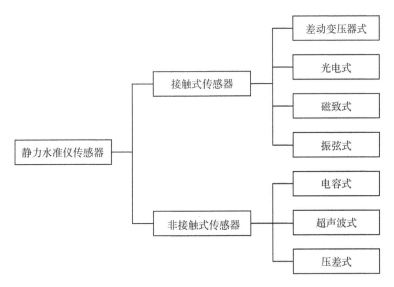

图 2-11 静力水准仪传感器的分类

(1) 差动变压器式静力水准仪

差动变压器式静力水准仪(图 2-12)由主体容器、通液管、差动变压器式传感器等部分组成。当待测点发生高度变化时,主体容器与液面的相对高度随之发生变化,引起装有铁芯的浮子与固定在容器顶的两组线圈间的相对位置发生变化,利用电磁感应中的互感现象,将浮子变化的位移转换成线圈互感的变化。在两个副边线圈上分别感应出交流电压,经过检波和差动电路,产生差动直流电压输出,此电压与铁芯的位置呈线性关系,通过测量装置测出电压的变化即可计算得测点的相对沉降。

该静力水准仪的测量精度和稳定性较好,但量程较小,仅有 2~20 mm,在实际工程中应用很少。

(2) 光电式(CCD)静力水准仪

光电式静力水准仪(图 2-13)是一种采用 CCD(电荷耦合器件)实现非接触式高精度

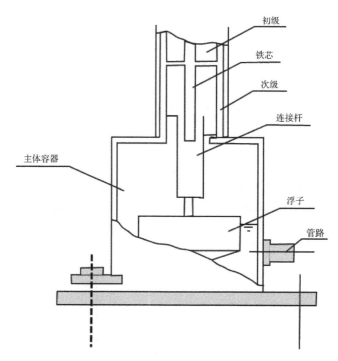

初级

铁芯

次级

连接杆

主体容器

浮子

管路

图 2-12 差动变压器式静力水准仪结构图

自动化位移测量的设备,根据连通管内液面保持自然水平的原理,能够通过浮子标杆的上下相对移动在 CCD 上产生投影而测出各测点液面垂直位移变化,经与参考点液面位移变化的比较,计算出各测点的相对垂直位移。CCD 静力水准仪的基本测量原理:当一束光照向 CCD 时,CCD 静力水准浮子标杆在 CCD 上产生一个投影,CCD 的像元将光强转换成电荷量存储。CCD 驱动器产生相应逻辑时序将电荷信息移出,输出信号经过处理后,算出 CCD 驱动静力水准仪浮子标杆的准确位置,据此得到测点液面的位移值,结果由通信接口发送到监测计算机或其他外接设备。

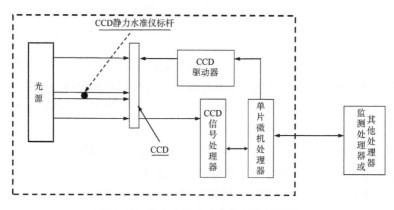

图 2-13 光电式静力水准仪结构示意图

(3)磁致式静力水准仪

磁致伸缩位移传感器是基于某些材料的维德曼(Wiedemann)效应、维拉里

(Viuary)效应及超声效应制成的,例如铁和镍在磁场的作用下会发生材料变形。磁致伸缩效应的大小可由磁致伸缩系数表示,即:

$$\lambda_s = \frac{\Delta L}{L}$$

式中:ΔL 为物体长度变形量;L 为受外磁场作用的物体总长。

通常条件下铁、镍以及铁镍合金的磁致伸缩系数是很小的,在磁性材料中加入稀土超磁材料会使材料的磁致伸缩系数显著增大。在测量位移、长度方面,磁致伸缩效应被人们广泛应用,但磁致伸缩效应用于液位测量仅有几十年的历史。

如图 2-14 所示,磁致伸缩液位传感器是由位于测杆端部的信号测试系统、磁致伸缩波导丝、波导管以及内含磁铁的浮子组成。

磁致伸缩传感器的原理是利用两个不同磁场相交时产生一个应变脉冲信号,然后计算这个信号被探测所需的时间周期,从而算出准确的位置。工作时,由电子仓内电子电路产生一个起始脉冲,此起始脉冲在波导丝中传输时,同时产生了一个沿波导丝方向前进的旋转磁场,当这个磁场与磁环中的永久磁场相遇时,产生磁致伸缩效应,使波导丝发生扭动,这一扭动被安装在电子仓内的拾能机构所接收并转换成相应的电流脉冲,通过电子电路计算出两个脉冲之间的时间差,即可精确地测出被测介质的液位高度。

磁致式静力水准仪传感器如图 2-15 所示,该液位传感器是利用磁致伸缩原理研发出的一种新型的高精度液位传感器,此传感器是一种非接触式液位传感器,磁致式静力水准仪具有使用寿命长、稳定性好、精度高、重复性好、性价比高等众多特点。

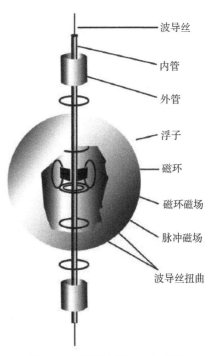

图 2-14 磁致伸缩液位传感器
结构示意图

（4）振弦式静力水准仪

振弦式传感器的敏感组件是一根张紧的金属丝,称为振弦。在电激励下,振弦按其固有频率振动。振弦式静力水准仪传感器下挂有一个浮筒,当容器液位发生变化时,浮筒所受到的浮力改变振弦的张力,从而改变其振动频率,通过传感器感应振动频率得到测点液位的高度。钢弦的振动频率与弦的张力之间的关系为:

$$f = \frac{T}{4Lm}$$

式中:f 为钢弦的自振频率,Hz,;L 为钢弦的长度,m;m 为单位长度钢弦的质量,kg;T 为钢弦的张力,N。

图 2-15　磁致式静力水准仪传感器外观图

振弦式静力水准仪的优点为精度高、受外界环境影响小、结构简单,以及对电缆要求低。但是其长期稳定性一直存在争议,此外其价格较高。

(5) 电容式静力水准仪

此类传感器最早由 ESRF(欧洲同步辐射实验室)研发,电容式静力水准仪广泛应用于世界各大加速器实验室。它利用液体表面作为电容器的一极,电容器的另一极采用特定材料做成,当液面高度变化时静力水准仪传感器内的液位也会随之发生改变,从而引起电容传感器检测到的电容值改变,通过电容值改变的大小可知液位变化的大小,从而测得各测点的高程变化。电容式传感器原理如图 2-16 所示,目前改变电容大小主要有两种方式,一种是改变极板间距离 δ,另外一种是改变极板间的覆盖面积 S。电容式静力水准仪结构原理图如图 2-17 所示。

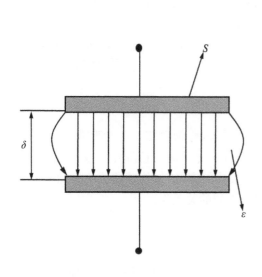

图 2-16　电容式传感器原理

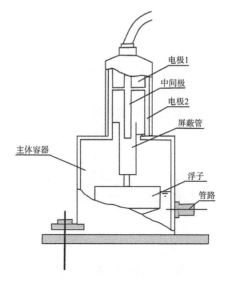

图 2-17　电容式静力水准仪结构原理图

电容值计算公式为：

$$C = \frac{\varepsilon S}{\delta} = \frac{\varepsilon_0 \varepsilon_r S}{\delta}$$

式中：S 为极板间的覆盖面积（m^2）；δ 为极板间距离（m）；ε_r 为极板间介质的相对介电常数；ε_0 为真空介电常数；ε 为两极板间介质的介电常数。

各个传感器的电容值通过导线和数据采集系统被记录、放大、滤波和 A/D 转化，输入计算机进行处理，就能得到各个参考点的相对高度变化情况。测量精度主要取决于 A/D 转换器，目前最高标称精度可达 $\pm 0.15~\mu\text{m}$，但易受环境的影响。

（6）超声波式静力水准仪

如图 2-18 所示，超声波传感器一般采用时间差的方法进行距离测量。已知超声波在介质中的传播速度，超声波发射器向某一方向发射超声波，在发射时刻开始计时，超声波经反射面反射回来，在超声波接收器收到反射波的时刻停止计时。测出时间差 t，则：

$$S = \frac{1}{2} \times c \times t$$

即可得超声波接收器与反射点间的距离 S，从而得到：

$$L = \sqrt{S^2 - \left(\frac{h}{2}\right)^2}$$

一般情况下超声波传感器采用收发同体，即 $h = 0$，则：

$$L = S = \frac{1}{2} \times c \times t$$

式中：c 为超声波的传播速度，m/s；t 为测量时间差，s；S 为超声波接收器与反射点间的距离，m；L 为测量的距离长度，m。

其中超声波在固体中的传播速度最快，在气体中传播速度最慢，声速受温度影响较大，超声波在空气中的传播速度为：

$$c = 331.4 \times \sqrt{1 + \frac{T}{273}}$$

式中，T 为环境摄氏温度（℃）。

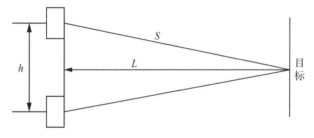

图 2-18 超声波的测距原理

超声波式静力水准仪测量范围大,受外界环境的影响比较小,机械部件少,安装、维护简便,精度高。

（7）压差式静力水准仪

如图 2-19 所示,压差式静力水准仪根据液面高度的不同,其对变形传感器的压力也不同,通过测量液面对变形传感器的压力得到待测点的高程。本传感器采用压电式力传感器,利用压电效应（Piezoelectricity）,以压电组件为转换组件,将机械量输出为相应的电荷量,从而获得各测点高程的变化。压电式传感器具有灵敏度高、频率宽、质量轻、体积小、工作可靠等特点,在各种动态力、机械冲击与振动的测量以及声学、医学、力学、宇航等方面都得到了非常广泛的应用。但该传感器的误差较大,精度只能达到毫米级。

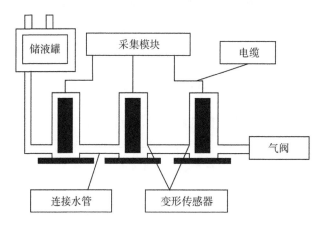

图 2-19　压差式静力水准仪原理图

3. 垂线坐标仪

垂线坐标仪是一种用于测量垂线的仪器。它由一个垂线装置和一个测量装置组成。垂线装置用于产生垂线,测量装置用于测量垂线的位置。

垂线坐标仪可用于多种测量应用,包括:建筑测量,用于测量建筑物垂直度、挠度等;桥梁测量,用于测量桥梁垂直度、沉降等;水利测量,用于测量水库、堤坝等的垂直度和位移等;地质测量,用于测量地质断层、变形等。

垂线坐标仪的种类繁多,根据垂线装置的不同,可分为以下几种类型:光学垂线坐标仪;激光垂线坐标仪;电磁垂线坐标仪。

1）光学垂线坐标仪

光学垂线坐标仪使用光学原理产生垂线。其原理是利用两束平行光在垂直线上的交点来产生垂线。光学垂线坐标仪的装置主要包括以下几部分:垂线装置,用于产生垂线,常用的垂线装置有光学棱镜、光学纤维等;测量装置,用于测量垂线的位置,常用的测量装置有光学望远镜、光电传感器等。光学垂线坐标仪如图 2-20 所示。

光学垂线坐标仪的测试方法主要包括:水平度测试,使用水平仪或水准仪测量垂线装置的水平度;垂直度测试,使用垂直仪测量垂线装置的垂直度;精度测试,使用精密测量仪器测量垂线坐标仪的测量精度。

图 2-20　光学垂线坐标仪

2）激光垂线坐标仪

激光垂线坐标仪使用激光原理产生垂线。其原理是利用激光束的直线传播特性来产生垂线。激光垂线坐标仪的装置主要包括以下几部分：激光发射器，用于产生激光束；激光接收器，用于接收激光束；测量装置，用于测量激光束的位置。

3）电磁垂线坐标仪

电磁垂线坐标仪使用电磁原理产生垂线。其原理是利用电磁波的直线传播特性来产生垂线。电磁垂线坐标仪的装置主要包括以下几部分：电磁波发射器，用于产生电磁波；电磁波接收器，用于接收电磁波；测量装置，用于测量电磁波的位置。

各类垂线坐标仪的优缺点见表 2-1。

表 2-1　各类垂线坐标仪的比较

类型	原理	装置	优点	缺点
光学垂线坐标仪	光学原理	光学棱镜、光学纤维、光学望远镜、光电传感器	结构简单，价格便宜	精度不高，受环境光影响
激光垂线坐标仪	激光原理	激光发射器、激光接收器、测量装置	精度高，不受环境光影响	价格较高，结构复杂
电磁垂线坐标仪	电磁原理	电磁波发射器、电磁波接收器、测量装置	精度高，不受环境光影响	价格较高，结构复杂

4）CCD 式垂线坐标仪

智能 CCD 式垂线坐标仪运用微处理器及以太网接口，不需要接入其他采集设备，可直接接入软件系统，解决了仪器集成复杂、传统通信方式不稳定等问题；并运用蓝牙通信和智能手机 APP，解决了现场参数配置、采集数据实时读取的问题；同时使用反馈式自适应调光技术，提高了仪器的自适应能力和稳定性。

智能 CCD 式垂线坐标仪与专用的垂线配套使用，可对大坝、船闸、高层建筑等不同高程的水平位移变化进行精密测量。

仪器运用微处理器及多个功能模块，实现了光源自动调节、线阵 CCD 信号采集、信号处理、数据存储和通信交互的一体化设计，仪器智能化程度高，改变了传统监测仪器需与专用采集单元配合使用的模式,便于快速集成到工程安全监测自动化系统中。仪器利用投影原理,通过平行光照射将垂线在相互垂直的两个线阵CCD器件上各自产生一个投影,依据线阵CCD器件不同像素点感光度的差异性,通过对应像素点输出值的不同判断垂线被遮挡的像素点,确定阴影的位置。

光路投影原理虽已应用于市面上大多数CCD式引张线仪和垂线坐标仪,但本文在原有技术的基础上,提出了一种反馈式自动调节光照强度的方法,可显著提升光源的自适应性,提高采集数据的稳定性,垂线坐标仪的光路原理和结构如图 2-21 和图 2-22 所示。

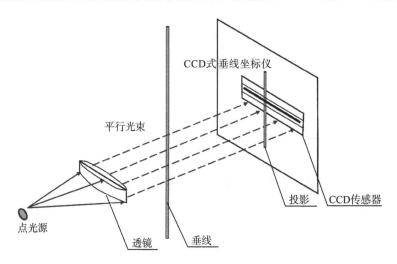

图 2-21　垂线坐标仪的光路原理示意图

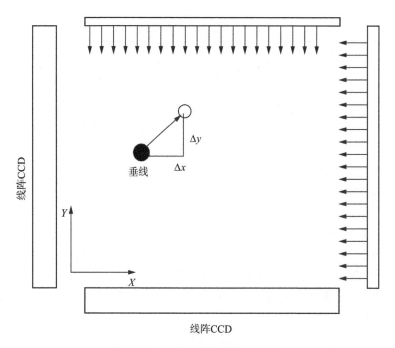

图 2-22　垂线坐标仪结构示意图

由于工程应用环境湿度较高,仪器采用 ABS 密封防潮结构进行封装,包括电源板、主控板、LED 显示板,以及 X 轴和 Y 轴分别对应的点光源板、透镜板、线阵 CCD 采集板。点光源板的光源位于透镜的焦点处,光线通过菲涅尔透镜后形成平行光,照射到垂线上后再照到线阵 CCD 上,依据线阵 CCD 所有像素点的输出电压进行滤波、阈值设置、区间判断等,计算垂线在单轴上的水平位置,两个轴的原理一致。

根据计算垂线在两个轴投影位置的具体值,定位垂线的平面坐标 (x, y),将垂线坐标仪安装完毕的首次测值 (x_0, y_0) 作为初始测值,当垂线坐标仪所在测点观测墩相对于垂线变化时,垂线坐标仪的测值将发生变化,变化后的测值为 (x_i, y_i),变化量 Δx 和 Δy 为该测点观测墩相对垂线的位移变化量。

$$\Delta x = k_x(x_i - x_0)$$
$$\Delta y = k_y(y_i - y_0)$$

其中,k_x、k_y 为位置关系系数,为 1 或者 -1。k_x、k_y 的取值以及每个测点的绝对位移量,将根据正垂、倒垂的类型和垂线坐标仪的安装位置确定。

4. 相对位置测量仪

1) 基于光发射接收的相对位置测量方法

如图 2-23 所示,假定 A 点为基准钢丝横截面,B 点为测量钢丝横截面,那么确定测量钢丝与基准钢丝的相对位置只需要测量 B 点相对于 A 点的横纵坐标 Δx 和 Δy 两个值即可。

如图 2-23 所示,T_1、T_2 是激光发射头,R_1、R_2 是激光接收器,它们都安装在可沿着 x 方向运动的测量台上。测量时,测量台沿着 x 方向进行运动,如图 2-24 所示,当接收器检测到光束经过 A、B 两点的时候,光线被挡住,通过接收器的状态变化可以检测出这个位置,此时记录测量台的运动距离,通过下面的计算便可得到 A、B 两点的相对位置 Δx 和 Δy。

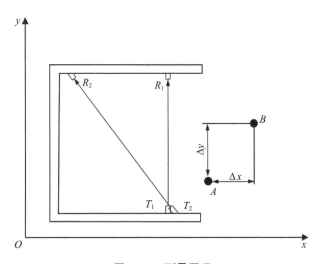

图 2-23　测量原理

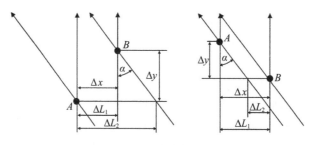

图 2-24　测量光线图

假设激光接收器 R_1 检测到 A、B 位置时机架运动距离分别为 L_{x1} 和 L_{x2}，接收器 R_2 检测到 A、B 位置时机架运动的距离分别为 L_{y1} 和 L_{y2}，那么：

$$\Delta L_1 = L_{x2} - L_{x1}$$
$$\Delta L_2 = L_{y2} - L_{y1}$$

再根据图 2-24 中的图像的几何关系，容易得到：

$$\Delta x = \Delta L_1$$

$$\Delta y = \frac{\Delta L_2 - \Delta L_1}{\tan\alpha}$$

因此，只要能够检测到两束光线经过 A、B 两点的机架运动距离，便可计算出 A、B 两点的相对位置。检测光束经过 A、B 两点时的机架位置有多种方法，可以使用步进电机与丝杆配合的方法，也可以使用光栅尺或者其他传感器来检测。

2) 测量仪器机械结构设计

为提高测量准确性、增加测量速度，在仪器的机械结构上，把同步带和测量台固定，采用直流电机带动同步带的方式进行测量台的驱动，利用激光发射头和接收头进行位置检测，采用光栅尺进行距离测量。

测量仪器的机械结构如图 2-25 所示，激光发射器和激光接收器安装在测量台上，测量台在直流电机驱动下可以沿着导轨来回运动。

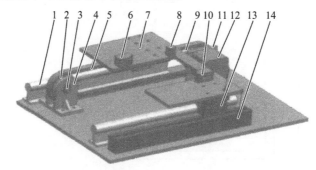

1-导轨；2、9-网步带轮；3-轴承；4、11-支座；5-同步带；6、8-光敏三极管安装座；
7-测量台；10-激光头安装座；12-直流电机；13、14-光栅尺

图 2-25　仪器机械结构示意图

5. 全站仪

全站仪又称全站型速测仪,是一种兼有电子测距、电子测角、计算和数据自动记录及传输功能的自动化、数字化的三维坐标测量与定位仪器,广泛应用于控制测量、地形测量、工程测量等方面,二十世纪九十年代开始已得到了实际应用。目前全站仪一般采用红外光按相位法进行测距,其精度高、稳定性好。如 Leica TCA2003 全站仪其标称测距精度为 1 mm±1 ppm*,在 150 m 范围内,测距精度为 0.5 mm;200 m 范围内,测距精度为 1.0 mm。按电子经纬仪测角原理进行测角,TCA2003 的标称测角精度为 0.5″。全站仪的诞生,开辟了大地测量法应用的新途径,采用边角交会法、三维坐标法等进行变形测量已越来越被人们接受,其实际效果亦得到了可靠的验证。

1) 全站仪的特性及原理

(1) 全站仪的特性

在全站仪中使用了观测数据自动显示、计算及记录等功能,消除了观测中的读数误差。自动跟踪型全站仪可自动进行目标跟踪,不需人工照准,减小了照准误差,大大提高了观测速度和精度。采用多测回测角(测边)程序仪器能按设定要求完成所有测回的边角全自动观测,其一测站水平方向自动观测速度约为 0.5 min/测回方向。在一些全站仪(如 Leica TCA2003/1800)中使用静态编码度盘,使仪器在转动中仍能显示角度值。在度盘上分布多个读数探测器加上专用的装配方法和读数方法,尽可能地消除了度盘的刻划误差和偏心误差,使一测回测量也可获得小于秒级的测角精度。采用三轴自动补偿解决了以往常规经纬仪等仪器无法消除的系统误差,提高了观测精度,尤其在大坝变形观测中,可使因仪器垂直轴倾斜对倾角较大的测点导致的测角系统误差基本消除。仪器各种轴系检测、校正快速方便,读数稳定,几乎无跳动现象。气泡采用了电子气泡,突破了传统的水准气泡原理,其气泡偏移量为仪器垂直轴倾斜液体补偿器实时感应量的直接反映,气泡工作稳定、仪器易整平。采用了激光对点器,提高了仪器安置的效率,当仪器高为 1.5 m 时它的对中精度约为 0.8 mm。

(2) 全站仪的三轴补偿

全站仪采用了三轴补偿,包括因垂直轴倾斜引起的视准轴方向和水平轴方向的读数误差补偿(即包括垂直轴倾斜引起的垂直、水平度盘读数误差补偿的双轴补偿),仪器水平轴误差和视准轴误差引起的水平度盘读数误差以及竖盘指标差补偿。

如图 2-26,仪器补偿器存在着纵向指标差 l,仪器垂直轴纵向(视准轴向)向前倾斜 V,望远镜视准轴与水平轴的夹角在竖直面上的投影为 τ,设垂直度盘指标差为 0。

盘左时仪器补偿器处于"补偿器轴 1"位置,仪器水平气泡(纵向)显示为:$L_左 = l + V$;垂直角为:$\tau_左 = 90° - (垂直度盘本身的测读值 + L_左) = \tau + V - L_左 = \tau - l$。

盘右时仪器补偿器处于"补偿器轴 2"位置,仪器水平气泡(纵向)显示为:$L_右 = l - V$;垂直角为:$\tau_右 = (垂直度盘本身的测读值 + L_右) - 270° = \tau + V + L_右 = \tau + l$。

实际上,仪器补偿器存在着指标差相当于水平气泡也有等量的误差,水平气泡(纵向)在盘左位置的正确值应为:$L = (L_左 - L_右)/2 = V$,垂直角的正确值应为:$\tau = (\tau_左 +$

---

* 1 ppm＝1×10^{-6}。

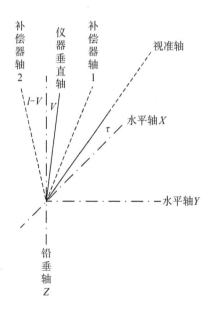

图 2-26 全站仪垂直轴倾斜补偿分析示意图

$\tau_右)/2$,补偿器横向指标差(t)对仪器的影响基本类同。

综上所述,垂直轴倾斜中由于存在纵向补偿指标差l,其在垂直角观测时对盘左、盘右观测值的补偿误差(即指标差l导致的误差)是等量异号的,其中盘左补偿误差为$-l$、盘右补偿误差为l,只要在补偿范围内,补偿值与垂直轴倾斜量无关。其补偿值即为当时该位置的水平气泡显示值L,符号与盘左、盘右位置有关。

当全站仪按几何水准法进行一测站高差测量(一测站中从后视至前视仅转动照准部)时,仪器垂直轴不完全处于铅垂,其视准轴的倾角在变化,但由于存在纵向补偿指标差l导致其所测垂直角的误差始终是一致的,故做水准测量时应按三角高程法计算一测站高差。只有当仪器在前后视垂直角测读数相等时(也可转动望远镜设置成相等),才能采用前后视标尺读数法计算高差。

垂直轴倾斜中由于存在横向补偿指标差t,在水平方向观测时其对盘左、盘右观测值的补偿误差也是等量异号的,只要在补偿范围内,补偿值与垂直轴倾斜量无关。其补偿值为当时该位置的水平气泡显示值T的函数($T\cos\tau$,τ为观测点之垂直角),符号与盘左、盘右位置有关。

全站仪的补偿改正是通过补偿器自动测定垂直轴倾斜的瞬时值补偿垂直轴倾斜引起的垂直、水平度盘读数误差的,同时基于已被确定并存储在仪器里的最新水平轴误差、视准轴误差以及竖盘指标差等,用仪器内计算软件来改正仪器轴系误差引起的水平及垂直度盘读数误差。故仪器补偿器本身的误差、仪器轴系误差中的水平轴误差a、视准轴误差c及竖盘指标差i等,应通过定期的检测进行修正以使仪器达到最佳工作状态。尽管上述误差不能调整到零,但通过盘左及盘右观测取均值的方法均能消除上述补偿及各项轴系误差。

应当注意到,全站仪中的"三轴自动补偿"功能只是在度盘读数中自动加入改正,并非物理上的轴系改平,所以如果全站仪做视准线法观测要发挥其"补偿"功能,则只能采用"小角度法",而不应采用"活动觇牌法"。再者,全站仪望远镜的放大倍率均不高,用人工照准觇牌的照准误差较大,TCA全站仪无水平制动设施。

采用"小角度法"观测,同时观测目标点(采用棱镜)的垂直角和距离,即可进行位移测点的三维坐标观测。

2)全站仪实际应用中的几个问题

(1)自动跟踪型全站仪进行精密水平角观测时,可采用方向观测法

自动跟踪型全站仪采用多测回测边测角程序,其观测都是自动完成的,由于其观测速度较快而大大降低了环境误差的影响,无须人工调焦照准观测目标而不存在成像不清晰、不稳定等问题,一测站上同组的观测方向数可适当增多。在工程测量中,只要采用一定的测回数并分时段按"方向观测法"进行水平角观测,一般均能达到预期目标。再者仅靠提高测角精度来提高点位的观测精度已极为困难(如大气折光的影响难以消除),尤其是距离较长时,可采用高精度的边角观测来达到目的。

(2)自动跟踪型全站仪进行水平角方向法观测时,各测回零方向度盘读数不进行配置

对某些高精度全站仪来说,由于其度盘读数设备的特殊性,在每次读数中已经基本上消除了度盘的刻划误差和偏心误差。实际上,即使采用不同的零方向度盘配置,对于其度盘来说仍然处于原来位置而并不像光学经纬仪那样变更了度盘的实际位置,所以在这种情况下进行各测回零方向度盘配置无实际意义。为此,与之相适应的有关国家规范宜尽快出台。自动跟踪型全站仪观测速度较快、环境误差影响小,且少有人工参与操作而基本避免了人为碰动仪器的可能,所以有的不进行归零,每个方向的观测值"等权"。但考虑到野外观测的诸多因素,如环境误差、观测误差、仪器轴系的传动误差等,为衡量并削弱这些误差对观测值的影响,建议在多方向观测中进行半测回归零。

(3)自动跟踪型全站仪照准目标时,可不采用"双照准法"

采用"双照准法"的应用软件进行自动跟踪测角,仪器采用自动目标识别(ATR)照准目标时将(不进行重新照准)再次计算仪器十字丝与棱镜中心的相对位置而测量到方向值,提高了照准精度(理论上提高到 $2^{1/2}$ 倍,ATR照准精度也取决于大气成像的稳定性,如TCA2003水平、垂直方向单次照准偶然中误差可在 $\pm 0.3''\sim 1.4''$ 之间)。实际上对于精密自动跟踪型全站仪可采用增加测回的方法来代替"双照准法",在削弱照准误差的同时,也削弱了环境误差(如大气折光、温度变化)等影响,提高了观测精度。

(4)全站仪观测中的目标照准

从棱镜本身结构来讲,观测时仪器十字丝与棱镜中心存在偏移量不会给斜距观测带来影响,但此时由于目标的垂直角有偏差,故为了得到精确的水平方向和平距等必须使仪器十字丝照准棱镜中心。

对于有自动目标识别(ATR)的全站仪(如Leica TCA系列),只要粗略照准棱镜后,仪器会自动搜索,一般情况下十字丝位于棱镜中心附近,便能测定棱镜中心位置。虽然十字丝与棱镜中心间存在着水平向和垂直向的偏移量,但这些偏移量能自动被用来改正仪器上所显示的水平和垂直角,实质上已相当于精确定位。

很重要的一点,ATR 照准差即视准线(十字丝)和 CCD 相机中心之间的水平和垂直方向上的偏差的检校是提高 ATR 精度的重要一环,在精密测量前或仪器经长途运输等情况下必须进行检校,定期进行 ATR 方式与人工方式比较检测也是十分必要的。

为削弱仪器基座扭转及位移带来的误差,自动跟踪型全站仪在进行自动观测前,人工定向时必须使照准部按规定方向先行转动到照准目标,自动观测过程中每半测回开始观测前,照准部自动按规定的旋转方向先转动仪器半周。ATR 照准时亦需目标在仪器中的成像有一定的轮廓,故仪器在零方向定向后要将焦距调在适中的位置,TCA 全站仪采用程序自动观测时各方向的视距不要相差太大。

(5) 全站仪用于视准线观测

使用传统的光学经纬仪,因其没有垂直轴倾斜自动补偿功能,一旦工作基点与位移测点有较大高差,则因经纬仪垂直轴倾斜引起的系统误差将无法消除。如 T3 经纬仪气泡偏离一格时,对于相对其高差为 30 m 的位移测点可产生 1 mm 的系统误差。而 Leica 全站仪由于其具有"三轴自动补偿"功能,可完全消除这种系统误差。

(6) 定期进行仪器的检定

采用"三轴自动补偿"的全站仪,在精密测量前、仪器经长途运输等情况下应进行仪器的检测和校正,以便将各种误差补偿到最小,尤其是在仪器采用单面(仅做盘左或盘右)观测及衡量观测精度时必须进行上述各项检校。

全站仪的测距误差与仪器本身的质量直接相关,其各项测距参数亦会时常发生变化,故必须定期进行仪器加常数、乘常数、周期误差等参数的测定,以便进行距离观测成果改正,尤其在控制网等精密工程观测前。

(7) 在高精度测量中,全站仪仪器高量取应制作专用工具

高精度全站仪的仪器高量取时因仪器两侧支架结构(外弧形且支架超出观测墩基座直径)的影响,需采用专用的可直读到 0.1 mm 的卡尺(类似于深度卡尺),以保证方便可靠地测读到仪器高度。

6. CCD 监测仪

基于 CCD 技术的大坝变形智能监测仪主要包括引张线仪、垂线坐标仪和静力水准仪。引张线仪可测量坝体沿上下游方向的水平位移;垂线坐标仪除进行垂直位移观测和水平位移观测外,还能进行挠度观测;静力水准仪是测量两点或多点间相对高度变化的精密仪器。三种仪器皆采用 CCD 传感器进行被测对象的监测,通过被测对象在 CCD 传感器上的投影,利用图像处理的方法进行位移的分析计算。下面以引张线仪为例说明应用线阵 CCD 传感器测量物体位移的原理,测量系统见图 2-27。

仪器测量原理:点光源通过光学系统形成平行光,当有光照射到 CCD 芯片上的时候,CCD 器件上的微光敏元阵列会根据光线的强弱转换成相应的离散分布电荷存储在势阱中。在驱动脉冲电压的作用下,存储电荷通过 CCD 器件中模拟移位寄存器输出,由输出电路形成时间离散电压信号。由于被测物体为不透明物体,引张线仪的测量对象为 0.8～1.2 mm 的不锈钢丝,不锈钢丝直径所在的像会在 CCD 光敏阵列面中间部分形成暗带,两侧形成亮带。亮带是传感器有光的部分,这个部分对应的脉冲是正常输出的,暗带的宽度就是不锈钢丝直径所成像的大小。所以只要得到暗带中包含的光敏元个数和

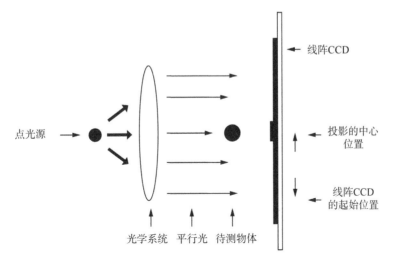

点光源

光学系统　平行光　待测物体

线阵CCD

投影的中心位置

线阵CCD的起始位置

图 2-27　测量系统结构图

暗带边缘距起点的光敏元个数,则可以得到计算位移的公式为:

$$d = a \times (\Delta N/2 + N)/\beta$$

式中:d 为被测物体到 CCD 起点的位移;a 为 CCD 光敏元的物理尺寸;ΔN 为不锈钢丝直径所成的像在 CCD 传感器光敏阵列面中遮挡的光敏元数量;β 为光学成像系统的放大率,因为系统采用的是平行光,所以 $\beta = 1$;N 为不锈钢丝直径在 CCD 光敏阵列面中暗带边缘(靠近 CCD 起点的边缘)距离起点的光敏元个数。垂线坐标仪与引张线仪的测量原理相似,但其要测量被测物体在两个相互垂直 CCD 上投影的位移情况。静力水准仪被测对象为浮子连杆,只要直接测量浮子连杆在 CCD 上投影的长度即可,其计算位移的公式为:

$$d' = a \times N'/\beta$$

式中:d' 为浮子连杆顶部到 CCD 起点的位移;a 为 CCD 光敏元的物理尺寸;N' 为浮子连杆的像在 CCD 传感器光敏阵列面中遮挡的光敏元数量;β 为光学成像系统的放大率。CCD 系列高精度智能大坝变形监测仪选用的 CCD 是具有 7 500 个光敏单元的线阵 CCD 器件 TCD1703C,其光敏单元尺寸为 7 μm,阵列总长为 52.5 mm,从而使设计的产品的分辨率可达 0.007 μm(因为 CCD 器件一个像素尺寸为 7 μm),量程可达 50 mm 以上。

1) 仪器的总体设计方案

监测仪器主要由光学系统、CCD 传感器、驱动模块、数据处理模块、控制模块和通信模块等几部分组成。三种仪器所采用的设计方案基本相似,图 2-28 以引张线仪为例说明 CCD 系列高精度智能大坝变形监测仪的整体设计方案。引张线仪中的线阵 CCD 传感器在 CPLD 形成的驱动脉冲的作用下,将采集到的光信号转换成电信号输出,图像信号经过二值化处理后送入数据采集模块。经二值化处理后,被测物体在 CCD 传感器上的投影部分输出为低电平,有光照射的部分输出为高电平。CPU 控制模块对二值化的输出信号进行数据采集,并将采集到的一帧图像信号送到微处理器的内部存储器中,微处理器将根据一帧采集到的二值化图像数据及阴影在图像中的信息,通过相关算法计算被测物体在 CCD 传感器上的位置。处理结果可以通过 LCD 显示,也可以存储在控制模块的铁电存储器中。同时仪器也可以与上位机进行通信,便于实现远程监测。

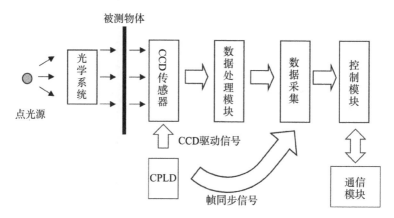

图 2-28　智能引张线仪整体方案图

垂线坐标仪需要测量两个方向被测物体的位移,与引张线仪相比需要多加一组光学系统、一个 CCD 传感器和一个 LCD 器件。仪器要对两路图像数据进行采集和处理,设计方案比引张线仪要复杂一些。静力水准仪与引张线仪和垂线坐标仪的主要不同之处是:静力水准仪被测对象为杆状的浮子,引张线仪和垂线坐标仪被测对象为直径为 0.8~1.2 mm 左右的不锈钢丝。浮子连杆在 CCD 传感器上的投影不同,对 CCD 采集到的图像数据的处理也不同,静力水准仪需要计算浮子连杆在 CCD 上产生的阴影的长度,从而分析位移变化情况。

2) 智能监测仪软件功能

基于 CCD 技术的大坝变形监测仪主要实现以下的软件功能。

•驱动软件设计,采用 Verilog 语言编程产生线阵 CCD 的驱动时序信号,实现线阵 CCD 的正常工作。

•系统初始化功能,实现微处理器以及外设的初始化过程,读取相应设置参数,使仪器进入正常的工作状态,进而处理相应的子程序。

•数据采集测量功能,大坝变形监测仪的数据采集测量分为以下两种方式:①手动测量,通过手动按键实现每一次的位移测量,并把测量结果显示在 LCD 上。②远程测量,通过现场总线,使用安装在远程监控计算机中的大坝变形监测仪数据采集软件,获取指定仪器的位移测量结果,将测量结果显示在计算机上并可以将测量数据存储在上位机的数据库中。

•通信功能,测控装置通过 RS485 分布式网络与中央监控主机进行双向数据通信。监控主机向测控装置发送修改测量参数、修改时钟、进行测量等命令,测控装置则接收监控主机的命令,进行相应测控操作,并按监控主机的要求向上传输相应数据。

•定时测量功能,通过设定仪器的起始测量时间和测量时间间隔实现自动测量,并将测量结果存入仪器的存储器中(存储容量为 32 KB),时间间隔从 1 分钟到 1 个月,测量时可任意设定。

7. 步进式变形监测仪器

1) 仪器简介

该仪器为步进电机式智能型,可用 PSM-S 型便携式检测仪直接进行测量(图 2-29),并将测值储存于检测仪中以便输入计算机,也可接入 DG 型分布式大坝安全自动化监测系统,由 CCU 中央控制装置(控制室)命令 MCU-30 型或 MCU-30A 型测量控制装置(现场)进行各种方式的自动测量,并由计算机绘图制表,实现大坝变形自动化监测。

2) 工作原理

仪器由螺旋传动机构、光电测量部件及壳体三部分构成。螺旋传动机构包括机座、螺旋副、平衡导向部件以及步进电机等,测量部件由含光电照准器的探头、基准杆、测量线路的外接插座组成。外壳除底板和铝合金壳体外,还装有温控继电器、加热元件等。其中,电机的步距角为 1.5°。电机轴每转一周共发出 240 个脉冲信号,而丝杆的矩形牙距为 2.5 mm,即电机轴转动,每发出 1 个脉冲信号,固定在螺旋副活动螺母上的探头相应地产生 0.010 4 mm 的平行直线移动距离。当仪器接收到开始测量的信号后,电机轴旋转带动探头先后扫描第一基准杆、垂线或引张线及第二基准杆,并记录下各自的脉冲数,从而得到垂线或引张线的坐标位置和基准长度值(因两根基准杆和仪器底板是固定在测点墩上永远不动的)以便进行自校。

垂线坐标仪的探头除与引张线仪一样含有一组与丝杆轴线垂直的光电照准器外,还另设有一组与丝杆成 45°方向的光电照准器。根据等腰三角形原理,仪器每测量一次就可得到 X 和 Y 两个方向的坐标值。

3) 主要性能和特点

• 线性好。对机械结构进行了优化设计,不但可以保证精度,而且消除了累积误差,其测量精度优于 0.1 mm。

• 测值直观可靠,具有自校功能。仪器设有两根固定在观测墩上不动的基准杆,作为测量原点及终点,从而使每台仪器都有一个固定的测量基准长度,并能在每次测量时自动进行校核,保证测值准确可靠(专利技术)。

• 具有永久固定的不锈钢制作的仪器底板和基准杆,可保证测量资料的连续性,不会因仪器维修、拆卸或更新而中断。

• 采用双重光电照准器,增加了备份(专利技术),并采用了高密封电路、恒温加热等措施,可避免测值丢失并保证仪器在潮湿环境里长期稳定运行。

• 电路抗干扰能力强,配有专用 LSP 防雷电流保护器。

4) 主要技术指标

• 测量范围:垂线坐标仪的 X 方向为 30、50、100 mm,Y 方向为 20、30、50 mm;引张线仪的 X 方向为 30、50、100 mm。

• 测量精度:≤0.1 mm。

• 分辨率:0.01 mm。

• 遥测距离:150 m。

• 工作环境温度:-10℃～40℃。

• 工作环境湿度：≤95％。

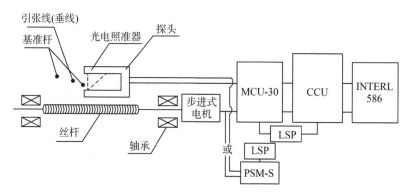

图 2-29　步进式仪器工作原理示意图

8. 柔性测斜仪

1）柔性测斜仪基本原理

阵列式位移计 SAA（Shape Accel Array，俗称柔性测斜仪），它由多段连续节（segment）串接而成，内部由微电子机械系统（MEMS）加速度计组成。每段节为一个固定的长度，一般为 50 cm、100 cm。柔性测斜仪的刚性传感阵列被柔性接头分开，含有一个绳状阵列式的传感器和微处理器，阵列中所有的微处理器共用同一条数字通信线路（图 2-30）。

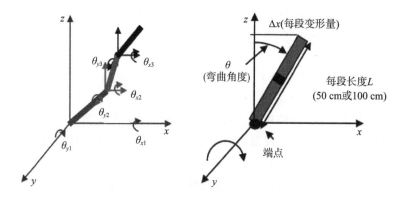

图 2-30　柔性测斜仪原理图

柔性测斜仪是一种可以被放置在一个钻孔嵌入结构内的变形监测传感器，通常安装在一个小套管中，只要使套管发生移动的任何变形，都能够通过测量阵列式位移计的形状变化准确得到。

柔性测斜仪基本原理是通过检测各部分的重力场，计算出各段轴之间的弯曲角度 θ，利用计算得到的弯曲角度和已知各段轴长度 L（50 cm 或 100 cm），每段 SAA 的变形 Δx 便可完全确定出来，即 $\Delta x = \theta \cdot L$，再对各段算术求和 $\sum \Delta x$，可得到距固定端点任意长度的变形量 χ。

柔性测斜仪具有 3D 测量、大量程、精度高、稳定性高、可重复利用、自动实时采集等特点，被广泛应用于边坡、隧道、路基、桥梁、大坝等结构物的变形监测中。

2）柔性测斜仪关键技术指标

（1）适应大变形、不均匀变形方面

柔性测斜仪各传感器节点之间采用可自由弯曲的柔性万向节连接,因而可以适应监测界面的较大变形,同时由于各柔性节点可360°自由弯曲,因而各传感器能很好地适应大坝的不均匀沉降。在美国明尼苏达州克鲁士顿路基沉降监测中,柔性测斜仪监测记录到近2 m的路基沉降变形,此时测斜仪仍正常工作,如图2-31所示。

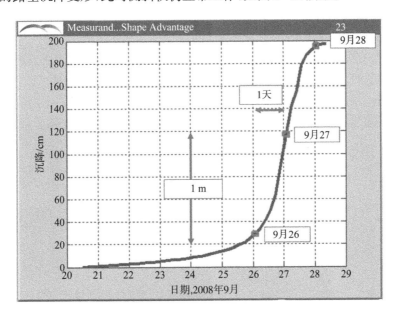

图2-31　路基沉降变形监测实例图

（2）高耐水压力方面

目前各仪器厂家柔性测斜仪标称最大耐水压为2 MPa(北京基康科技有限公司耐水压试验能达4 MPa,其他厂家认为仪器实际可承受水压大于2 MPa)。针对300 m级高土石坝,在2/3坝高(坝体中上部)范围内,仪器耐水压基本满足要求,但在1/3坝高(坝体中下部)范围内,仪器应用仍受到一定限制。高土石坝一般在1/2坝高处沉降变形最大,因此仪器标称耐水压基本满足要求,但建议厂家仍须尽快研制和验证耐水压为3 MPa的仪器产品。

（3）高耐土压力方面

针对300 m级高土石坝,要求心墙内柔性测斜仪最大耐土压超过6 MPa,而目前各厂家仪器最大耐土压力技术参数均未予以明确(还未有高土石坝应用实例),因此后续需进一步开展相关性能测试试验。

（4）仪器最大长度方面

实际应用中,目前各厂家柔性测斜仪仅北京博安达测控科技有限责任公司的SAA单组最大实际安装长度达到150 m,北京盛科瑞仪器有限公司及北京基康科技有限公司柔性测斜仪单组最大实际安装长度均未超过100 m。博安达SAA柔性测斜仪可以定制加长至300 m(适用于水平安装,倾角不宜大于35°),北京盛科瑞及北京基康柔性测斜仪可以定制加长至 150 m。

（5）应用经济性方面

鉴于柔性测斜仪为新型设备，成本较高。目前博安达 SAA 和盛科瑞柔性测斜仪已有 0.5 m、1 m 测点间距的成型产品，2 m 测点间距的产品还处在研制阶段，但目前还未有工程应用；北京基康暂无法生产 2 m 测点间距的柔性测斜仪。因此不建议采用 2 m 测点间距的柔性测斜仪。考虑到土石坝内各测点布置的经济性，建议采用 1 m 间距柔性测斜仪，既可以满足工程需要，同时也大大降低成本。

9. TSJ 型三向测缝装置

TSJ 型三向测缝装置是针对混凝土面板堆石坝周边缝变形监测研发的三向位移监测装置，在周边缝监测中取得了良好的应用效果，为面板坝周边缝监测所常用。

1）TSJ 型三向测缝装置的结构

TSJ 型三向测缝装置由 3 支 TS 型位移计组装而成，其构造和安装示意见图 2-32。

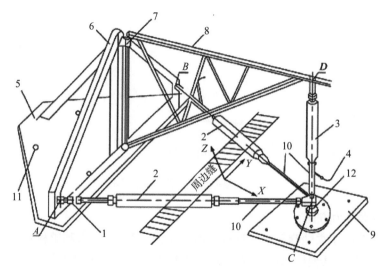

1-万向轴节；2-监测趋向河谷位移的位移计；3-监测面板沉降的位移计；4-输出电缆；5-趾板上的固定支座；
6-支座；7-不锈钢活动铰；8-三支架；9-面板上的固定支座；10-调整螺杆；11-固定螺孔；12-位移计支座

图 2-32　TSJ 型三向测缝装置构造和安装示意图

由图 2-32 可见，TSJ 型三向测缝装置跨周边缝安装。安装基本要求为：趾板上固定支座和面板上固定支座的安装基座位于平行于面板的同一平面内；趾板上固定支座的基线 AB 与周边缝走向平行。由此，监测面板沉降的位移计主要监测面板相对于趾板的垂直于面板（Z 方向）的沉降变形，2 支监测趋向河谷位移的位移计主要监测面板相对于趾板的在面板平面内（X 方向）的开合度和剪切错动（Y 方向）的变形。

2）简化的三向位移计算原理

为便于计算公式的推导和变形分析，将图 2-32 抽象为图 2-33 所示的三向位移计算原理图。图中，A、B、D 为固定不动点，C 为面板上被测动点，安装时被监测点的初始位置坐标为 $C(x_0, y_0, z_0)$，并设 $z_0=0$，$AB=c$，$AC=b$，$BC=a$，$DC=d$。C'' 点为 C 点变位后的位置，其坐标为 $C''(x_1, y_1, z_1)$。当 C 点移动到 C'' 点后，3 支位移计发生拉伸或压缩变形，设 $AC''=b''$，$BC''=a''$，$DC''=d''$。将 C'' 投影到平面 XAY 得到 C' 点，设 $AC'=b'$，$BC'=a'$，$DC'=d'$。

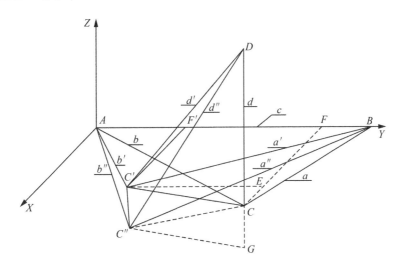

图 2-33　TSJ 型三向测缝装置计算原理

传统 TSJ 型三向测缝装置的三向位移计算采用的是一种简化方法，该方法将与面板垂直的位移计相对于安装初始值的位移增量作为垂直于面板的变形 Δz，C'' 点的坐标中的 x、y，可表示为：

$$x_1=\sqrt{a''^2-(d''-d)^2-y_1^2}$$

$$y_1=\frac{c^2+a''^2-b''^2}{2c}$$

于是，三向位移可进行简单的计算，如下：

$$\Delta x=x_1-x_0$$

$$\Delta y=y_1-y_0$$

$$\Delta z=-(d''-d)-z_0=-d''+d\,(\text{视}\ z_0=0)$$

但面板上动点 C 的任何变化都将引起装置的空间变化，即使 C 点没有发生垂直于面板的位移，垂直于面板的位移计仍将发生伸缩变化，即 Δz 并不是该传感器的伸长或压缩量。因此，简化方法的计算结果与实际发生的三向位移之间存在误差。

【案例分析】

1. 葛洲坝水利枢纽二江泄水闸

葛洲坝水利枢纽位于宜昌市境内的长江干流上，枢纽大坝长 2 606.5 m，最大坝高 53.8 m。1994 年 10 月在二江泄水闸安装了 DG-94 型分布式大坝安全自动监测系统。该系统包含泄水闸闸尾廊道内 18 台 SWT-50 型步进式引张线仪、2 台 STC-50 型步进式垂线坐标仪和 100 余支内观仪器。它们由 CCU 型中央控制装置控制 MCU 测量控制装置进行测量并存储数据。该系统于 1996 年 3 月通过了水利部科技司组织的技术鉴定。鉴定意见认为,葛洲坝二江泄水闸的 DG-94 型分布式自动化监测系统的总体水平达到了国际先进水平,其中的变形监测仪器采用双照准装置,使变形测量技术有所突破。

步进式引张线仪及垂线坐标仪安装运行后,从 1994 年 11 月至 1995 年 10 月每月都进行一次现场人工比测,以检验自动化仪器的性能是否优越可靠。比测结果表明,自动化仪器测量精度为 0.038 mm,优于人工观测精度 0.064 mm,也优于设计精度 0.1 mm。测量数据连续可靠,引张线仪的故障率为 0.6%,垂线坐标仪的故障率为 0。运行单位认为利用这两种仪器进行自动化监测足以信赖,因此自 1996 年 7 月起取消了人工观测,使葛洲坝二江泄水闸的变形监测真正实现了自动化。现将 1995 年 1 月—1999 年 5 月接入 1 号 MCU 有代表性的垂线坐标仪和引张线仪的测值过程线示于图 2-34。

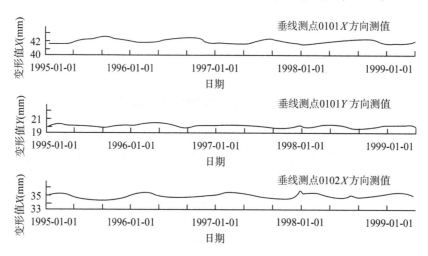

图 2-34 葛洲坝二江泄水闸安全监测自动化系统部分测点测值过程线

2. 碧口水电厂

碧口水电厂位于甘肃省文县白龙江干流上。拦河大坝为壤土心墙土石坝,最大坝高 105.3 m,坝顶长 297.4 m。1996 年 1 月安装了水利部南京水利水文自动化研究所研制的 DG-95 型分布式大坝安全自动化监测系统。其中,在大坝下游坡的 670、691 m 高程马道上,安装了 2 条引张线和 12 台 SWT-100 型步进式引张线仪、4 条倒垂线和 4 台 STC-50 型步进式垂线坐标仪以及 2 台 MCU-30 测控装置,由 CCU 中央控制装置进行测量控制,实现无人值守。1996 年 10 月,甘肃省电力局组织有关专家进行现场精度测试,用偏离值与理论值之差进行误差计算。计算结果表明,引张线仪的监测精度为 ±0.039 mm,复位试验的最大偏差为 0.04 mm,完全满足测量精度的要求。该系统于 1996 年 12 月通过验收并正式投入运行,这是我国首次在土石坝上实现了垂线及引张线的自动化监测。

3. 陈村水电站

陈村水电站位于安徽省泾县长江支流青弋江上。大坝为混凝土重力拱坝,最大坝高 76.3 m,坝顶弧长 419 m,共分 28 个坝段,1978 年大坝基本完工。由于大坝在施工期受到某些因素影响,坝体存在大规模的水平裂缝,且基础地质条件复杂,断层、裂隙及层间错动面纵横交错,尤其是河床 18 坝段以左被 3 条大断层切割,致使左半部基础刚度受到明显削弱。为了加强监测,1998 年对原有的大坝监测系统进行了更新改造,安装了 DG-97 型分布式大坝安全自动化监测系统。其中,在 16 条正、倒垂线不同高程的测点上安装了 19 台 STC-50 型步进式垂线坐标仪。经过 1 个冬季低温和 2 个夏季高温高湿环境的考验,其监测数据精确可靠,故障率很低。实测精度(测距中误差)最大为 ±0.10 mm,最小为 0.02 mm,平均为 ±0.05 mm,自动化与人工比测(限差为 ±0.28 mm)超限率为 3.7%;局部故障率、数据缺失率均为 0.61%。自动化仪器实测的坝体变形规律与理论分析完全相同。该系统已于 1999 年 9 月由安徽省电力工业局组织专家进行验收,一致认为该系统达到国际先进水平。现将典型坐标仪测得的位移测值及人工位移测值过程线示于图 2-35。

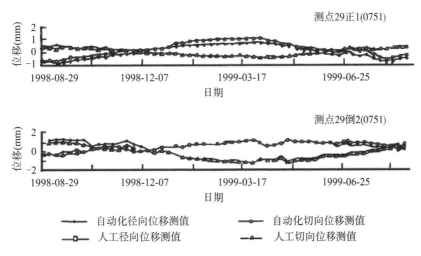

图 2-35　陈村水电站大坝安全监测自动化系统部分变形测点测值过程线

4. 柔性测斜仪在高砾石土心墙坝沉降监测中的应用

以柔性测斜仪在两河口水电站心墙沉降监测中的应用为例,两河口水电站为一等大(1)型工程,挡水建筑物为砾石土心墙堆石坝,坝高 295 m,坝顶高程 2 875 m,河床部位心墙底高程 2 580 m。挡水大坝坝体共分为防渗体、反滤层、过渡层和坝壳四大部分。防渗体采用砾石土直心墙型式,坝壳采用堆石填筑,心墙与上、下游坝壳堆石之间均设有反滤层、过渡层,心墙与两岸坝肩接触部位的岸坡表面设厚度为 1 m 的混凝土盖板;心墙与盖板连接处铺设水平厚度 4 m 的接触黏土。

1) 监测设计布置

技施图设计阶段,根据当时仪器设备发展水平对柔性测斜仪进行监测设计布置,具体如下:沿坝轴线监测纵断面,在左右岸心墙混凝土板 2 775.00 m,2 742.00 m 和 2 675.00 m 三个高程,沿纵向、水平各布设 1 套柔性测斜仪。柔性测斜仪端点布设在左右岸盖板与心墙结合部位。共布置柔性测斜仪 6 套,每套长度为 50 m。技施阶段参建各方明确先在大坝心墙左、右岸混凝土盖板 2 641.00 m 高程部位,沿心墙坝轴线各布置 1 套柔性测斜仪,长度 40 m,测点间距 1 m,开展监测仪器性能测试和埋设试验,为后续柔性测斜仪安装埋设及保护积累经验,具体布置见图 2-36。

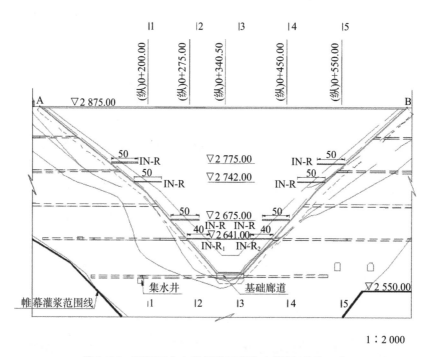

图 2-36 两河口水电站柔性测斜仪布置图(单位:m)

2) 安装埋设技术要点

(1) 混凝土盖板预埋钢管

为方便柔性测斜仪电缆牵引保护和仪器安装,需提前在混凝土盖板处预埋钢管(作为仪器固定点)以便与仪器安装连接(图 2-37)。预埋保护管采用镀锌钢管,镀锌钢管外

图 2-37 混凝土盖板预埋钢管(作为仪器固定点)

径 50 mm,壁厚 5 mm。在钢管端头的混凝土盖板表面预留大小为 30 cm×30 cm×10 cm 的孔,用于后期仪器固定端与钢管端头连接,钢管在混凝土盖板表面外露长度不小于 10 cm。预埋管两端用土工布包裹封闭,防止损坏和堵塞。

（2）仪器安装要点

• 待心墙填筑至 2 642 m 高程时,在两岸盖板预埋管保护位置沿心墙坝轴线开挖长×宽×高=40 m×1.3 m×1.2 m 的沟槽。整平沟槽基床,沟槽内回填 20 cm 厚的接触黏土,人工夯实均匀。

• 将柔性测斜仪穿 50 mm PE 保护管,PE 管长不小于 42 m 且整管无接头,PE 管内外壁涂抹黄油(或润滑油),PE 管材料采用柔性 PE100 级 SDR11 管。

3）将已穿好 PE 管的柔性测斜仪平整放入沟槽内。在柔性测斜仪端头安装活动铰接头(加工定制),铰接头另一端与镀锌钢管固定端焊接,见图 2-38。

图 2-38　柔性测斜仪与钢管固定端采用活动铰接头连接

4）在仪器端头与钢管连接部位采用专用保护装置,见图 2-39。专用保护装置如下:在固定端与仪器连接段加装高压风管进行加强保护,高压风管长度不小于 2 m,外径 65 mm、壁厚 7 mm;然后在高压风管外侧仪器连接部位安装 φ110 mm 钢筒保护,避免监测仪器被剪切损坏;钢筒下方开槽,以便柔性测斜仪能适应心墙土体沉降变形。

5）仪器电缆穿入预埋钢管牵引至高程 2 640.00 m 灌浆平洞内进行集中保护观测。

6）在高程 2 640.00 m 灌浆平洞内进行仪器性能检查,检查正常后对 PE 管底进行加盖密封,采用锚固剂等对镀锌钢管固定端管口进行封闭,采用水泥砂浆对混凝土盖板预留孔进行全管灌浆封堵。

7）沟槽回填。仪器周边 20 cm 内回填接触黏土,人工夯实均匀,再回填剔除 5 cm 以上粒径的原坝料,用小型碾压设备静碾,在填筑面高于仪器埋设高程 1 m 后恢复大坝正常填筑。

图 2-39　仪器固定端安装专用保护装置

2.2.1.3　渗流监测仪器及原理

传统渗漏监测技术直接以渗漏水为量测对象,包括利用测压管和渗压计测量渗透压力、采用量水堰测量渗漏量等,具有成本低、设备简单、监测结果易于解释等优点,目前仍是坝工渗流监测的主要手段。

1. 测压管

测压管用于测量液体相对压强,一般连通于被测液体的开口管,可以用来监测坝体浸润线、渗透压力、地下水位以及绕坝渗流等,较普遍地使用于水利、石油、煤矿、造船等行业。测压管分为有压测压管和无压测压管(图 2-40)。无压测压管坝基直通至坝顶,通过电测水位计测量管中水头高度,测尺长度的最小刻度为 1 mm,应带有不锈钢温度测头,且耐用、防腐蚀;当管水位高于管口高程时,采用压力表测量测压管水头,这种方式即所谓的有压测压管,一般有压测压管均布设在坝基廊道中,应根据管口可能产生的最大压力值,选用量程合适的精密压力表,使读数在 1/3～2/3 量程范围内,精度不得低于0.4 级,测读压力值时应读到最小估读单位。

测压管水头主要由位置水头和压强水头两部分构成。测压管水头表达式为:

$$H = Z + \frac{P}{\gamma}$$

式中:H 为测压管水头;Z 为位置水头;P 为压强;γ 为水的容重。

测压管的优点为:结构简单、取材方便、技术性要求低、便于制造和安装、价格便宜等,测压管监测可精确到±1 mm 水头。缺点为:易受降雨量、人为破坏、化学沉淀物和固

图 2-40　无压与有压测压管

体淤堵的影响,长时间监测比较浪费时间,不能实现实时观测,且滞后时间长。

2. 孔隙水压力计(渗压计)

孔隙水压力计(渗压计)适用于建筑物基础扬压力、渗透压力、孔隙水压力和水位监测。孔隙水压力计一般分为竖管式、水管式、电测式及气压式四大类。电测式孔隙水压力计又依传感器不同分为钢弦式、差动电阻式、光纤光栅式、电感式、压阻式和电阻应变片式等。在国内水工建筑物中多采用竖管式、钢弦式和差动电阻式孔隙水压力计;气压式孔隙水压力计在美国和英国应用很广泛;电阻应变片式孔隙水压力计在日本和东南亚国家应用较多。各种孔隙水压力计的优缺点见表 2-2。

表 2-2　孔隙水压力计技术性能表

类型	优点	缺点
竖管式、测压管式	构造简单;观测方便,测值可靠,无需复杂的终端监测设备;使用耐久,无锈蚀问题,有长期运行记录	安装埋设复杂,钻孔费用高,易受施工干扰破坏;存在冰冻问题;竖管套管竖直放置,存在堵塞失效问题,灵敏度相对低
水管式、双水管式	观测直观可靠,灵敏度高,能利用观测井集中测量,双管式还可测出负孔隙压力;相对竖管式不易受施工干扰破坏,有长期使用记录	存在冰冻及与水有关的微生物滋生堵塞问题,要用脱气水定期排气,长期运行失效率30%;须设置观测井,费用高,存在施工干扰,高程不能高过测头位置5~6 m
钢弦式	测读(四芯输出可兼测温度)及维护简便,灵敏度高;能监测负孔隙水压力,实现自动化遥测;输出频率信号可长距离传输,电缆要求较低,使用寿命长,有长期使用记录	存在零点漂移及停振现象,大气压力对测量精度有一定影响
差动电阻式	测读方便并可兼测温度,便于维护,长期稳定性较好;能实现自动化遥测	内阻小,对电缆长距离传输要求高,一般按全桥原理采用五芯接法消除电缆电阻对测值的影响;制造工艺要求高,小量程的精度低,无气压补偿,温度修正系数稳定性较差

类型	优点	缺点
电阻应变片式	测读及维护简便,灵敏度高;可长距离传输;易实现自动化遥测;加工制作简单,能测负孔隙压力,有长期运行记录	对温度相对敏感,存在零点漂移问题;存在温度、电缆长度和连接方式改变的误差影响;长期稳定性相对较差
气压式	测读及维护简便,灵敏度高,费用低,可直测孔隙压力值	必须防止湿气进入管内;使用寿命较短,需要观测人员熟练操作

振弦式和差动电阻式仪器都是由感受压力的弹性薄膜和密封腔内的电气感应组件组成。差别主要在电气感应组件不同,前者是利用钢弦的振动频率来感知压力,后者是利用电阻比的变化来感知压力。

1)振弦式渗压计的输出特性

渗压计算公式可用下式表示:

$$P = G(R_0 - R_1) + K(T_1 - T_0) - (S_1 - S_0)$$

式中:P 为渗透压力;G 为最小读数;K 为温度修正系数;R_0 为初始频率的平方;R_1 为频率平方;T_0 为基准温度值;T_1 为温度值;$(S_1 - S_0)$ 为对基准值的大气压力增量,式中,对于密封腔与大气沟通的仪器,$(S_1 - S_0)$ 恒为 0。

假设不考虑大气压力影响,当温度恒定时,渗压与频率平方差成正比。假设不考虑大气压力影响,当输入恒定,即渗压增量 $P = 0$ 时,输出与频率平方差成正比,这个输出的变化是温度变化引起的,与温度增量呈线性关系,其值为:

$$G(R_0 - R_1) = -K(T_1 - T_0)$$

于是,有温度修正系数 $K = -G(R_0 - R_1)/(T_1 - T_0)$,如果不考虑温度增量的影响,这个输出的变化就是温度变化引起的系统误差。

2)差动电阻式渗压计的输出特性

渗压计算公式可用下式表示:

$$P = f(Z_1 - Z_0) - b(T_1 - T_0)$$

式中:f 为最小读数;b 为温度修正系数;$(Z_1 - Z_0)$ 为电阻比增量;$(T_1 - T_0)$ 为温度增量。

3. 大坝小流量在线监测渗流量仪

大坝渗流量直接反映了大坝结构体内的安全状况,当渗流量达到一定量时,会直接影响到大坝的安危。因此大坝渗流量是大坝及其水工建筑物安全运行监测的重要物理量之一。目前,对于 1～300 L/s 大流量的渗流量自动化测量主要采用量水堰法间接实现,但是对于小于 1 L/s 的流量主要是通过人工进行监测,人工监测劳动强度大、工作效率低、实时性差,且坝体及建筑物内渗析出来的流体内含有呈粉末状杂质,极其细小,用过滤网根本无法将其挡住,小流量渗流经过一段时间后,流经表面会大量积敷这种水垢物质,普通的测量仪器无法长期进行自动化监测。

基于容积式测量原理的大坝小流量在线监测渗流量仪,采用待测流体随时测量、即时流走的流体测量控制原理,不会产生污垢沉积而影响测量精度的问题,适用于大坝管口渗流小流量、多杂质及潮湿等监测环境,能够长期可靠地进行渗流量自动化监测。

1)仪器工作原理

目前,大坝小渗流量($Q \leqslant 1$ L/s)的测量主要采用人工的方法,即人工用一个量杯去接待测流体,并记录流体充满量杯所用的时间,进而计算出流体的流量。这种方法测量精度相对较高,但需要大量的人力,效率太低,无法实现远程实时在线监测,不能满足现代水利工程渗流量监测的实际需求。大坝小流量在线监测渗流量仪采用与人工测量一样的容积式测量原理,确保了测量精度,即将待测流体引入一定容器内,计量流体充满容器所用的时间,则待测流体的流量为:

$$Q = V/T$$

式中:V 为容器体积,L;T 为充满该容器所用的时间,s。

同时,测量装置与引流装置分离设计,创造性地设计了一种即时测量、即时流走的流量容积测量机构,使容器仅在测量的短暂时间内有流体,在不进行测量时容器内没有流体,从而避免了容器长期盛装流体导致的结垢现象。

2)传感器结构设计

渗流量仪整体结构如图 2-41 所示,主要由容器、电动机、液位开关、进水管及排水阀等组成。电动机驱动连接引水部件和排水阀的联动机构。液位开关感应容器内水位变化,控制电动机的启动及停止。平时不测量时,电动机驱动引水部件,使直排引水管与出水管相通,将大坝内待测的渗水由出水管直接排出仪器,实现此功能的部件被称为引流子部件;当需要测量时,由测控模块发出测量命令,电机带动转动杆、引水部件及排水阀转动,将引水部件的引水弯管接头转至引水管下方,关闭排水阀,待测的渗水经引水管、引水部件流至容器内,模块开始计时,当流体达到容器内某一固定的位置时,液位开关给出信号,计时结束,电机反转,转动杆带动引水部件将直排管转至引水管下方,待测渗水直接排出流量计,同时排水阀打开,放空容器中的水,完成此测量功能的部件被称为测量子部件。为了简化结构,引流子部件与测量子部件内零部件相互共用、统一协作以实现大坝渗水测量的目的。待测渗水的流量可以通过仪器有效容积除以灌满有效容积花费的时间得到。

大坝内渗水含有许多游离的杂质,呈粉末状,无法用设备过滤,时间一长就会积敷在流经的物体表面。一般的流量仪用在此处测量流量时,短时间内

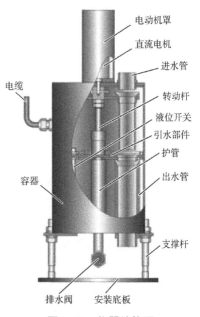

电动机罩
直流电机
进水管
转动杆
液位开关
引水部件
护管
出水管
电缆
容器
支撑杆
排水阀　安装底板

图 2-41 仪器结构图

就会产生堵塞,导致测值不准确或不能正常测量。这也是为什么至今还没有一种有效的可以自动化测量流量小于1 L/s大坝渗水的原因。本流量仪采用模仿人工测量的方式,在结构设计时将测量部件与引流部件进行分离设计,测量时将水引至测量容器,不测量时,水直接引走,不经过测量容器,有效避免测量容器内产生大量积垢现象。即使存在积垢也是经过较长时间的运行,而且本仪器拟设计有清洗孔,只要定期对其进行清洗,就能保证该监测仪器长期稳定运行及测量精确。

为了使引水部件与容器下方的排水阀达到同步,设计了一种机构使引水部件与排水阀一致。当测量时,引水部件将水引至容器中,同时排水阀关闭,测量完毕,引水部件将水直接排出仪器外部,使水不经过容器,另外排水阀打开,放空容器的水。由于排水阀计划采用直接购买的成品,因此,电机的旋转角度为90°。而引水部件必须根据容器实际形状的大小及空间以及旋转90°的要求来设计其结构。电机旋转90°靠两个微动开关来定位,设计时计算好微动开关的尺寸确保转动的角度准确。影响流量仪测量精度的另一个重要因素是测量时水流入容器所产生的波浪,当波浪较大时,测量精度就会达不到要求。根据设计经验,采用过的消波浪方法有:水从底部流出、水从容器壁流入、水经过消能再流出等。为了尽量减小波浪对测量精度的影响,本设计采用多种方式组合,首先在入水口加装一消能装置,减小波浪的产生,同时在液位开关周围增加一保护管,波浪影响测量精度的原因主要是波浪会使液位开关的浮子产生剧烈晃动,特别是流量稍大时,晃动更剧烈,致使起始测量点和结束测量点不准确而影响测量精度,在液位开关周围增加一保护管,使水从底部涌入,这样可以使浮子在保护管内缓慢地上升,而不受波浪的影响,另外,自主设计了一套浮子结构,在满足浮力的基础上增加了浮子的质量,使其受波浪影响相对减弱。经过一系列设计,提高了仪器的测量精度,满足了仪器的设计要求。

2.2.1.4 人工巡视检查

人工巡视检查是安全监测的重要环节,应定期由熟悉工程并具有实践经验的工程技术人员负责进行。

(1)检查要求

为掌握南水北调中线一期工程总干渠叶县段渠道表面状况变化情况,除了对特殊渠段采用仪器进行安全监测外,还必须经常对整个渠道工程进行巡视检查。巡视检查原则上从施工期就须进行,总干渠通水初期观察次数多而密,经过一段时间运行后,各种观测、监测数据趋于稳定,巡视检查次数可适当减少。在初期通水过程中,要对总干渠全程进行人工巡视检查,特殊渠段更应重点检查,以便及时发现渠坡变化情况。对发现的小问题就地处理,并要做详细记载。对可能产生严重后果的问题,应向上一级管理部门报告,并及时采取应急措施。随着通水时间延长,可控制每月巡查4次,但不能少于每月2次。在汛期特别是大暴雨期要加强巡视检查,暴雨过后也要进行巡查。渠道水位高于正常运行水位时要重视及加强对该渠段的巡查,当仪器监测和巡视检查中发现不正常情况时,应加强观测,必要时应对可能出现险情的渠段进行昼夜不间断检查。对在观测中发现的不正常情况应做详细记载,及时分析研究并进行处理,对比较复杂或正在发展中的问题应继续观察或用仪器观测。

（2）检查项目

特殊渠段的人工巡视检查项目有：

• 渠道有无裂缝，出现裂缝时要注意观察有无滑坡迹象，对裂缝要注意观察是否能形成漏水通道。如果裂缝宽、条数多，要进行专题观察、实地测量、分析研究。

• 背水坡、外堤脚及排水沟一带有无散浸、渗水、鼓泡、跌窝、管涌等现象，并分析出现以上现象的原因，及时进行处理。

• 有无滑坡、塌陷、冲刷、鼓肚等现象。

• 护坡有无裂缝、错位、坍塌、悬空等现象。

• 有无灌窝、白蚁、鼠洞等隐患痕迹。

• 渠道水流是否正常、有无异常水流现象出现。

• 渠道两岸防护堤是否损坏，排水沟是否堵塞，岸坡是否有鱼鳞坑。

• 位于特殊渠段的建筑物外观有无损害、有无明显变形、有无裂缝等。

• 位于特殊渠段的建筑物机电设备以及金属结构有无损坏、锈蚀，配电、通信、监控线路有无损坏等。

• 沿途观测标点、观测站、水尺等监测设施有无破坏。

（3）主要检查设施

一般的巡视检查可使用铁铲、米尺、小刀等简易工具，采取眼看、尺量、手锤敲打、耳听的简易方法进行，并随时记录。专门的巡视检查可用照相机、摄像机及各类专用设备对已发现问题的部位进行较全面的信息采集，并快速编写专项检查报告。

【案例分析——混凝土坝安全人工巡查】

大量实践证明大坝安全监测是保证大坝安全的重要措施，是坝工建设和运行管理中非常必要、不可或缺的工作。大坝安全监测的主要目的之一是掌握坝的实际工作性态，为判断大坝安全提供必要信息并充分发挥工程效益和提高管理水平。巡视检查的目的就在于从巡视的角度全面地了解和掌握水工建筑物运行性状，及时发现异常情况和安全隐患，确保大坝安全。

仪器监测和巡视检查是大坝安全监测的两个不同的重要部分，两者组成一个有机的整体，互为补充，缺一不可。在实际工程中应从仪器监测和巡视检查两方面全面监视大坝的安全状况。仪器监测是大坝安全监测的主要方法，巡视检查是大坝安全监测的重要手段，两者对确保大坝安全具有同等重要的意义。

混凝土建筑物巡视检查的内容主要包括混凝土建筑物的坝顶、坝面、廊道、消能设施等处的裂缝、渗漏、表面脱落、侵蚀等现象。

（1）巡视检查内容

➢ 坝体

坝体为挡水建筑物的主要组成部分。巡视检查时应检查相邻坝段之间有无错动情况；伸缩缝开合情况及止水的工作状况是否正常，有无损坏情况；检查坝顶、坝面和廊道内有无裂缝，并定期观测裂缝长度、宽度和深度的变化；检查上下游坝面、溢流面、廊道及坝后地基表面有无渗水现象，必要时定期进行渗流量观测，若发现渗水出逸点，经分析怀疑上游面有漏水洞时应查明处理；坝面有无脱壳、剥落、松软、侵蚀等现象；坝体混凝土有无破损溶蚀及水流侵蚀或冻融现象；坝体排水设施（如集水井、排水管）是否正常工作，有无堵塞或恶化现象，渗水水量和水质有无异常变化；在严寒地区的混凝土坝，冬季结冰期间要注意观察库面冰盖对坝体影响及渗水的结冰情况；坝顶防浪墙有无开裂和损坏等等。

➢ 坝基和坝肩

重力坝的失事有 40％ 是地基问题造成的，坝肩岩体稳定是拱坝安全的根本保证。检查坝基和坝肩岩体有无挤压、错动、松动、鼓出和风化现象；坝体与基岩（或岸坡）结合处有无错动、开裂、脱开及漏水等情况；两岸坝肩区岩体有无裂缝、滑坡、溶蚀、绕渗等情况；坝基基础排水及渗流监测设施工作是否正常，渗水水量及浑浊度有无显著变化等。

坝体的反常现象往往是基础变化的一种反映。伸缩缝发生的错距可以反映坝基的变化和缺陷，大坝附属设施的下沉或倾斜则表明其基础部分有过度的变形。所以巡视检查时应对一些反常现象进行详细分析。

➢ 引水和泄水建筑物

引水建筑物是为灌溉、发电、供水和专门用途的取水而设。对于引水建筑物应检查进水设施（如进水口、进水渠）有无淤堵；进水口、拦污栅有无损坏。泄水建筑物是为宣泄洪水或放空水库而设。对于泄水建筑物通常是检查溢洪道（或泄洪洞）的闸墩、边墙、胸墙、溢流面等处有无裂缝及损伤；消能设施有无磨损；冲蚀下游河床及岸坡冲刷和淤积情况，上游拦污埂的情况等。在泄洪期间应注意观察水力学流态。泄洪当年汛后还应组织对泄水建筑物泄流后的有关情况进行检查，对溢流面或泄洪洞洞身、消能设施的磨损与冲蚀下游冲坑深度或淤积情况进行检查、测量和记录。

还应检查溢洪道、泄水设施和发电隧洞等建筑物混凝土有无风化，过应力、碱活性骨料反应、冲刷、汽蚀、磨损及人为作用引起的破损和裂缝情况，且所有伸缩缝均不应生长植物。

➢ 近坝区岸坡

大坝的上下游近坝区岸坡易遭受冲刷破坏，岸坡基岩也是水库渗水和绕坝渗流的主要通道。巡视检查应注意观察近坝区岸坡地下水露头变化及绕坝渗流情况；检查岸坡有无冲刷、塌陷、裂缝及滑移等情况；注意观察岸坡基岩的渗水浑浊度和不同库水位时的渗水量的变化情况。巡视检查人员应对所负责的大坝近坝区岸坡在不同的库水位情况下的岸坡渗水或漏水量变化情况基本清楚，这样在巡视检查过程中能及时判断出近坝区岸坡渗水及绕坝渗流情况是否正常。对上游近坝区岸坡存在不稳定的滑坡岩体的水库，巡视检查人员每次巡视检查均应关注。

➢ 金属结构

水工钢闸门（含拦污栅）启闭设备和其他金属结构是渠首枢纽有关建筑物和渠系中水闸等建筑物的主要组成部分，其安全与否直接影响着工程能否正常运行。

巡视检查时金属结构的主要检查内容有：泄水时闸门的进水口、门槽附近及闸门后水流流态是否正常；闸门关闭时的漏水状况；闸墩、门槽、胸墙、门墩、牛腿等部位是否有裂缝、剥蚀、老化等异常情况；门槽及孔口附近区域是否有汽蚀、冲刷、淘空等破坏现象；闸墩及底板伸缩缝的开合错动情况是否有不利于闸门和启闭机的不均匀沉陷；通气孔是否有坍塌、堵塞或排气不畅等情况；启闭机室是否有错动、裂缝、漏水、漏雨等异常现象并判明对启闭机运行的影响；闸门和启闭机的附属设施是否完善；寒冷地区闸门的防冻设施是否有效；电气控制系统及设备和备用电源能否正常工作，自备电源启动时间是否满足要求等。

大坝泄洪闸门及其启闭设施、金属结构是保证大坝安全的重要设备，一旦在汛期发生问题将导致严重的灾难后果。应注意检查金属结构的腐蚀变形等情况；检查闸门及门槽、门支座、止水设施等能否正常工作；启闭设施能否应急启动工作；某些情况下（如汛前检查）还应安排做闸门及其启闭设施启门和闭门的操作试验。对金属结构的防护与锈蚀情况除进行表面外观检查外，经一定的时间运行后应采用仪器做锈蚀情况检测并根据锈蚀程度进行刚度与强度复核。若闸门启闭过程中存在因水力学或其他不明原因的振动现象，应做振动测试查明振动原因，并采取整改措施予以消除。此外还应做闸门启闭力的测试，关注电气控制系统及备用能源能否正常工作等。

➢ 监测设施及其他设施大坝

安全监测设施是监视大坝安全运行的耳目，各电厂应完善大坝监测设施的防护措施，尽量预防可能遭到的人为破坏和自然破坏。对监测设施的巡视检查要对自动监测设施、引张线和垂线的线体、加力装置、浮液进行检查；要对边角网视准线各观测墩、基准点进行检查；要对各测点保护装置、防潮装置、接地防雷装置及电源和电缆进行检查。

对与大坝有关的其他设施也应进行巡视检查。如对过坝建筑物、地下厂房等的巡视检查，大坝的所有附属设施（包括液压和空压系统、通风设备、供水和消防系统、各种泵及其管路、照明系统及事故应急照明、通信系统及应急通信设施、对外交通及应急交通工具等）的检查。

（2）混凝土坝巡视检查信息综合评价指标体系

大坝的整体安全性态主要由大坝各组成部分（包括坝体、坝基和近坝区等）的安全性态来综合反映，而大坝各组成部分的安全性态又由各仪器监测项目和巡视检查资料通过建立综合评价模型来综合分析评价。指标体系是大坝安全综合分析评价的基础，因此须构建科学合理的混凝土巡视检查信息综合评价指标体系。

对混凝土大坝的巡视检查从范围上包括坝体、坝基、近坝区及其附属设备；从内容上大致可划分为变形现象和渗流现象两大类，包括坝体、坝基及坝肩的错动、裂缝、伸缩缝变化、破损、渗漏、溶蚀等情况，以及坝基渗水量和浑浊度、岸坡岩石松动、近坝区地下水露头等。因此对现场巡视评价指标的拟定可以先从范围上拟定，然后按巡视检查内容进一步拟定其子项目的评价指标。具体评价指标体系见图2-42。

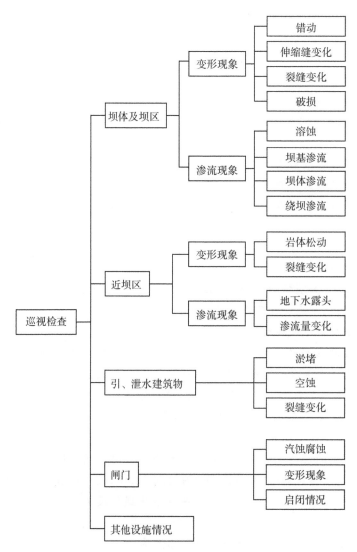

图 2-42 混凝土大坝安全巡视检查综合评价指标体系图

2.2.2 监测仪器布置与测量

以南水北调中线干线工程叶县段渠道为例介绍监测仪器布置与测量。本渠段全长 30.3 km,沿线地面高程起伏较大,渠道断面形式有全挖方、全填方和半挖半填等。该渠段中存在的高填方、中强膨胀土和高地下水,其地形及地质条件不利于边坡稳定,直接影响渠道边坡的施工及运行安全,是渠道工程正常运行的薄弱环节。

为确保上述不利渠段的边坡稳定和运行安全,必须选择和采取适当的监测手段,在工程施工期和运用期,对这些不利渠段进行全面监测。根据南水北调中线一期工程总干渠叶县段的地质资料和结构特点,选取以下特殊渠段布设监测仪器进行重点监测：

- 填土高度超过 8 m 的渠段；
- 中强膨胀土渠段；
- 高地下水渠段。

2.2.2.1　监测项目

高填方、中强膨胀土和高地下水等特殊渠段的边坡可能失稳形式，经分析，主要有以下几种：

- 地下水作用下的渗透变形破坏；
- 高填土的沉降变形破坏；
- 中强膨胀土段的膨胀变形破坏等。

为此，其安全监测工作应以监测边坡变形和渗流为主，并根据上述不同边坡可能失稳形式，在监测手段和监测方式的选择上有所侧重。其主要监测项目包括：

- 表层水平位移及垂直位移监测；
- 地下水位及浸润线监测；
- 深层水平位移监测；
- 填土分层沉降监测；
- 垂直位移监测网；
- 渠道渗透压力监测；
- 人工巡视检查等。

2.2.2.2　监测范围

（1）填土高度超过 8 m 的渠段

总干渠叶县段填土高度超过 8 m 的渠段共有 10 段，累计长度约 5.7 km，地基土体主要为黏性土、砂性土，局部地段存在软土，具有中～高压缩性。由于填方高度大，基础地质条件较差，在填土和渠水荷载下可能产生较大沉降变形。初步拟定按 2.0 km 左右间距布置监测断面，填土高度超过 12 m 处加密布置，共需布设监测断面 3 个。

（2）中强膨胀土渠段

总干渠叶县段中强膨胀土渠段总长约 9.9 km，膨胀土胀缩性强或较强，反复胀缩后力学强度明显降低，是渠道工程的重点防治对象。本渠段中的中强膨胀土段主要有上中膨胀土、下软质碎屑岩、中膨胀岩；上弱膨胀土为主、下软质碎屑岩、强膨胀岩；上弱膨胀土、砾质土、下强膨胀岩等不同的组合形式。对这些渠段按其组合形式不同，选择在各自典型区段，分别布置 1 个监测断面，共需布设监测断面约 3 个。

（3）高地下水渠段

总干渠在施工期的渗漏变形主要与地下水位和地质结构密切相关。只有当地下水位高于渠底板高程，且渠坡为中强透水性土（岩）层时，才会引起施工期基坑涌水和渗透破坏。总干渠叶县段具备此条件的渠段断断续续共有 8.2 km。对这些渠段拟按 2 km 左右间距布设监测断面，共需布设监测断面约 3 个。

2.2.2.3 监测断面位置拟定

根据以上确定的特殊渠段监测范围,结合总干渠叶县段沿线的地质条件,按照各渠段典型地质状况和不同因素组合情况,初步选定各监测断面的位置如表2-3所示。

表 2-3 总干渠叶县段特殊渠段监测断面位置表

序号	监测断面桩号位置	不利基础条件
1	186+300	上弱膨胀土、砾质土、下强膨胀岩
2	187+300	高地下水
3	187+800	黏性土地基、填方高度≥8 m
4	192+400	高地下水
5	197+400	砂性土地基、填方高度≥8 m
6	200+000	高地下水
7	211+200	黏性土地基、填方高度≥8 m
8	214+200	上中膨胀土、下软质碎屑岩、中膨胀岩
9	215+300	上弱膨胀土、下软质碎屑岩、强膨胀岩

2.2.2.4 监测设施布置

(1)填土高度超过 8 m 的渠段

在 3 个选定监测断面上,分别在堤顶内侧和背水侧中间马道上各布设 1 个水准点和 1 根分层沉降管,在渠底布置 5 支渗压计,在两侧堤身内各埋设 2 支渗压计。对所有填土高度超过 8 m 的渠段,在堤顶上每间距 100 m 左右布置 1 个水准点,共需布设水准点约 120 个、沉降管 12 根、渗压计 27 支。

(2)中强膨胀土渠段

在 3 个选定的监测断面上,分别在两侧堤顶上各布设 1 个水准点及 1 个 GPS 测点;在两侧堤身上各布设 3 支渗压计、2 根测斜管;在渠底各布设 3 支渗压计。在部分典型渠段左侧斜坡和渠底基础内布置 4 支含水量仪及 3 支土应变计。另外沿挖深较大的典型中强膨胀土渠段,每间隔 100 m 左右,两侧堤顶各布设 1 个水准点。在部分地质条件特别差、边坡较高的部位另设若干 GPS 测点。共需布设水准点约 180 个、GPS 测点约 30 个、渗压计 27 支、测斜管 12 根、含水量仪 16 支、土应变计 12 支。

(3)高地下水渠段

在选定的 3 个监测断面上,分别在两侧堤顶上各布设 1 个水准点及 1 根测斜管;在每侧堤身上及渠底各布设 3 支渗压计;并在边坡较高且地质条件复杂的部位另设若干渗压计。另沿部分典型高地下水渠段,每间隔 100 m 在两侧堤顶各布设 1 个水准点。共需布设 36 支渗压计、6 根测斜管及 100 个水准点。

（4）位移监测控制网

垂直位移工作基点按特殊渠段分布情况，平均约 2 km 设置 1 组，本阶段预设 15 组；GPS 水平位移监测拟利用南水北调中线工程或国家已设 GPS 工作基点。

2.2.3　监测点的优化布置

2.2.3.1　监测点位置优选的工程意义

由于工程地质情况通常较为复杂，地形地貌陡峭，施工难度大，监测费用有限，监测仪器的布设和量测频度很难做到空间和时间上的连续性，这就要求在监测点的布置上慎重考虑。要有针对性地选择监测部位，监测点的布置应该力求少而精，将有限的监测点布置在最能反映边坡性状变化的位置上，以保证较高的监测精度，得到比较完整、合理的数据和较多的信息。因此，合理地确定测点位置对监测数据的分析和反馈，以及边坡稳定状态的判断，都具有重要的意义。

在大坝等结构物变形和稳定计算中，计算结果的正确性主要取决于坝体材料物理、力学参数的准确选取。而实际工程中，一方面大坝的实际工作性态十分复杂，另一方面现在常用的由试验确定材料参数的方法受现有试验设备和实验手段的影响较大。因此如何合理地、准确地得到坝体的计算参数已成为工程计算和安全评价中的关键问题。大坝材料参数反演方法正是在这种背景下应运而生的，这为较精确地得到坝体材料参数提供了有效的手段。

但是，针对一个实际工程的参数反演问题，如何合理地布置观测点的位置才能够测量到最有价值的信息，才能够使得基于此处的监测信息反演得到的计算结果准确、可信、可靠，亦是一个重要的研究课题。

2.2.3.2　测点优化布置理论

1. 聚类分析理论

研究与处理事物时，经常需要对事物进行分类。在大坝监控中，由于所处理的观测数据量十分庞大，需要将它们先分类归并，再进行深入分析。在大坝观测点布置的过程中，也需要对空间各点的物理特性进行分类，从中挑取适当的类别，再从每类中选择合适的点布置监测仪器。由于对象的复杂性，仅凭经验和专业知识有时不能确切地分类，随着多元统计的进展和计算机的普及，利用数学方法进行更科学的分类不仅非常必要，而且完全能够实现。近年来，数值分类学逐渐形成了一个新的分类，称为聚类分析，它的基本思想如下：

（1）确定衡量聚类对象的性质、特征的指标。

（2）按所定指标，计算样品的数据，如果需要，可将全部样品的各个指标数据汇总成数据矩阵。

（3）选择聚类标准，即按照什么原则来归类。一种是相似原则，将比较相似的样品归为一类，这可通过计算相似系数来衡量，指标（性质）越相近的样品相似系数越接近

1，彼此无关的样品，它们之间的相似系数接近 0。另一种是接近原则，将样品的聚类指标当作空间的坐标轴，n 个指标构成 n 维空间，每个样品根据其指标值就成为 n 维空间中的一个点，然后定义空间的距离函数，将距离较近的点归为一类，距离较远的点划为不同的类。

（4）实施聚类。

（5）分析结果，进行调整修改。

当指标能够用连续的数量来表示时，空间距离可做如下定义：

$$d_{ij}(q) = \Big[\sum_{k=1}^{n} |x_{ik} - x_{jk}|^q \Big]^{1/q}$$

式中：x_{ik} 和 x_{jk} 分别代表第 i 个和第 j 个样品的第 k 种指标值，d_{ij} 为点 i 和点 j 的空间距离。此式称为闵可夫斯基（Minkowski）距离，当 $q=1$ 或者 2 时，则

$$d_{ij}(1) = \Big[\sum_{k=1}^{n} |x_{ik} - x_{jk}| \Big]$$

$$d_{ij}(2) = \Big[\sum_{k=1}^{n} |x_{ik} - x_{jk}|^2 \Big]^{1/2}$$

前者称为绝对距离，后者即为常用的欧氏距离。

上述的距离与指标量纲有关，为了消除量纲或数量级相差较大的问题，可先对数据进行标准化变换，再求距离。当 $x_{ij} \geq 0$ 时，可以用：

$$d_{ij}(L) = \Big[\sum_{k=1}^{n} \frac{|x_{ik} - x_{jk}|}{|x_{ik} + x_{jk}|} \Big]$$

该式被称为兰氏距离。如果还希望考虑指标间的相关性，可以采用马氏距离：

$$d_{ij}(M) = (\boldsymbol{x}_i - \boldsymbol{x}_j)^{\mathrm{T}} \boldsymbol{V}^{-1} (\boldsymbol{x}_i - \boldsymbol{x}_j)$$

式中：$\boldsymbol{V}$ 是两个向量 $\boldsymbol{x}_i, \boldsymbol{x}_j$ 的协方差矩阵。

以上定义的距离都有以下的特性：

- 如果两个样品完全相同，则它们的各种距离均为零；
- 两者之间的距离越小，表示越接近；
- 对于任何两个不同的样品，有 $d_{ij} > 0$，且 $d_{ij} = d_{ji}$；
- 如果三个样品 i, j 和 k，则 $d_{ij} \leq d_{ij} + d_{kj}$。

2. 系统聚类法

系统聚类法的基本思想是：先将 m 个样品各自看成一类，然后计算各类之间的归类指数（如距离或相似系数），根据指数的大小衡量两两之间的密切程度，将关系最密切的两类并成一类；之后重新计算新的各类间归类指数，再将关系最密切的类归并，其余不变；如此继续进行，直至所有的样品都成一类为止。这种系统归类过程与所规定的归类指数有关，同时也与具体的归类方法有关系，整个聚类过程可用一张聚类图（图2-43）形象表示。

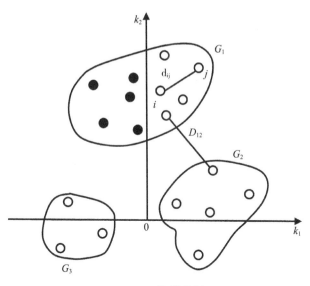

图 2-43　聚类分析

3. 最短距离法

定义类与类之间距离为两类最近样品的距离,设 G_1,G_2…表示类,d_{ij} 表示样品 i 和 j 的距离,D_{pq} 表示类 G_p 与 G_q 的距离,则:

$$D_{pq} = \min_{j \in G_q, i \in G_p} d_{ij}$$

最小距离法距离分析的步骤大致如下:

(1) 定义样品间的距离,计算样品间两两距离。开始每个样品自成一类,所有的样品间的距离可以列成一对称阵,记为 $\boldsymbol{D}_0$。

(2) 选择 $\boldsymbol{D}_0$ 中的最小元素,设为 D_{pq},则将 G_p 与 G_q 合并成一新类,记为 $G_r = (G_p, G_q)$。

(3) 计算新类与其他类之间的距离:

$$D_{rk} = \min d_{ij} = \min \{ \min_{j \in G_p, i \in G_k} d_{ij}, \ \min_{j \in G_q, i \in G_k} d_{ij} \}$$

将 $\boldsymbol{D}_0$ 中 p、q 列并成一新行列,新行列对应 G_r,所得的新矩阵记作 $\boldsymbol{D}_{(1)}$。

(4) 对 $\boldsymbol{D}_{(1)}$ 重复上述对 $\boldsymbol{D}_0$ 进行的两步可得到 $\boldsymbol{D}_{(2)}$,如此继续,直到所有元素成为一类为止。

4. 敏感性分析理论

监测点优化布置的基本方法就是利用数值模拟技术对典型监测剖面的敏感性参数及其敏感性程度进行研究,并借助模糊模式识别算法,对典型监测剖面的敏感性程度进行分区,进而确定监测点优化布置的空间位置。

1) 敏感性分析

结构系统中,系统效应量 h 对结构参数 p 的依赖程度,或者说该参数 p 对系统效应量 h 的影响程度,一般用 h 对 p 的导数来表示,故称效应量 h 对结构参数 p 的导数

$\partial h/\partial p$ 为灵敏度（Sensitivity）。

敏感性分析是系统分析中分析系统稳定性的一种方法，在岩土工程领域已经有了一定的应用。设有一系统，其系统特性 P 主要由 n 个因子 $X=\{x_1,x_2,\cdots,x_n\}$ 所决定，则系统特性 P 可表示为 n 个因子的函数 $P=f(x_1,x_2,\cdots,x_n)$。在某一基准状态 $x^*=f(x_1^*,x_2^*,\cdots,x_n^*)$ 下，系统特性为 P^*。分别令各因子在其各自的可能范围内变动，分析由于这些因子的变动，系统特性 P 偏离基准状态 P^* 的趋势和程度，这种分析方法称为敏感性分析。

敏感性分析首先要建立系统模型，即系统特性与影响因子间的函数关系。这种函数关系应尽量用解析式表示。但由于岩土工程所涉及问题的复杂性，也可以采用有限元等数值方法来表示所关心的响应量同计算参数之间的关系。建立与实际系统尽量相符的系统模型对有效地进行参数的灵敏度分析相当重要。

建立系统模型后，首先要明确敏感性分析的响应量，在这里响应量即为各关键点的位移变形；然后要给出与响应量对应的基准参数集，在这里就是影响有限元计算结果的各种参数；基准参数集确定后，即可求出当各参数发生微小扰动时测点响应所发生变化的程度，即敏感性分析。在本文中主要采用将滑坡在正常状态（天然状态）下与外界干扰状态（饱水状态）下的位移场进行对比分析，从而确定滑坡位移变化敏感程度的分区。

敏感性分析在分析某参数 x_i 对系统特性 P 的影响时，令其余各参数取基准值不变，而只令 x_i 在一定的范围内变动，此时系统特性 P 表现为 $P^*=f(x_1^*,x_2^*,\cdots,x_{i-1}^*,x_i^*,x_{i+1}^*,\cdots,x_n^*)$。若 x_i 的微小变化引起 P 的较大变化，说明 P 对 x_i 很敏感，x_i 为高敏感参数；反之，x_i 为低敏感参数。

2）敏感性分区方法

虽然滑坡监测变量对外界某干扰因素敏感程度大小是一个模糊的概念，但是这个敏感程度能够表现坡体监测变量在外界干扰因素作用（饱水状态）下变化范围的相对大小。即监测变量对外界干扰因素作用越敏感，该监测变量的变化范围就越大，反之越小。如果能够将监测变量随外界干扰因素作用的敏感程度进行分级，并判断坡体内各点属于哪一个敏感程度级别，就可根据监测变量变化所属等级（敏感等级越高的区域所包含的信息量越大，所布置的监测点密度应越大）来规划监测点位的布置，从而为有效地获取监测数据提供依据。该方法的优点在于能更好地确定滑坡监测的关键部位和敏感部位，同时能够具体地演化滑坡在主要外动力因素作用下滑体位移变化的空间差异特征，以便于根据所确定的监测关键部位和敏感部位有效地进行监测点的布置。

2.2.3.3　测点优化布置理论下监测点位置优选的基本原则

一个好的监测点应该能提供高质量的监测效应量信息、较高的参数灵敏度，能对参数反演计算结果的数值稳定性有利。

1）高质量的监测效应量（即模型输出 h）信息

在实际的工程观测过程中，观测误差 ε（包括仪器测量误差、数值变化传递误差、计算机舍入误差等）是不可避免地存在于测量值 h 当中的，所以当认为每个测点的量测误差相同时，即各个测点具有相同的误差水平时，若观测到的效应量 h 越大，则量测误差所占的比重就较小,即观测信噪比 h/ε 就较大;若观测的效应量较小,量测误差所占的比重就较大,观测信噪比 h/ε 就较小,当监测效应量小到一定程度时,量测误差就可能比效应量还大,效应量就可能被误差淹没,以这样的效应量对基础反演得到的参数往往是不可靠的。所以,实际观测中对同一大小的量测误差水平,监测效应量 h 越大,就越有利于得到较高的观测信噪比,越有利于得到可靠的参数反演结果。

2)高质量的参数灵敏度值信息

监测效应量 h 对结构参数 p 的灵敏度 $\partial h/\partial p$ 越大,即监测效应量 h 对结构参数 p 的依赖程度越大,说明待求结构参数 p 的微小变化将会引起监测效应量的较大变化,监测效应量能够足够大地体现待求参数的微小变化。这种性质对于结构的健康监测,特别对于像大坝这样结构参数随时间缓变的结构的安全监测是有利的,在这些监测点处,更能监测到结构在各种工况下的实际工作性态,对结构的性态分析、安全评价更有利。

3)对参数反演计算结果的精度和数值稳定性有利

解决参数反演结果的数值稳定性是解决定解问题适定性的一个重要方面。计算表明,对于同一误差水平的数据噪音,选择不同的测点位置,参数反演解的数值稳定性也往往不同。对于一定的噪音水平,好的测点能够对参数反演解带来更好的数值稳定性,这就要求参数反演结果对观测数据误差不能太敏感,亦即要求反演结果 p 对监测效应量 h 的灵敏度 $\partial p/\partial h$ 应该足够小,这就意味着监测效应量的较大变化所引起的结构参数的变化较小,因此采用这些点量测到的效应量进行结构参数反演,即使存在一定的量测误差,也可以相对比较可靠地反演得到这些参数,减少了参数的波动变化,保证了反演结果的稳定性。可以发现, $\partial p/\partial h$ 越小就意味着 $\partial h/\partial p$ 越大,所以这正好和对监测点的第2)条要求相一致。

4)对每一种参数都能够最大限度地满足2)和3)

在像大坝这样的复杂结构系统中,结构材料参数往往不止一个,在这些参数中,对结构效应量起控制作用的参数也往往不止一个,所以,在布置安全监测点时,不能简单地只从分析、反演某一个参数便利的角度出发,而应该对这些参数的准确获得进行综合考虑,以期获得的每一个参数值都是稳定的、可靠的。亦即尽量做到在监测点处对每一个参数 $\partial h/\partial p$ 尽量大(原则2),或 $\partial p/\partial h$ 尽量小(原则3)($j=1,\cdots,n$),也可以根据每一个参数对结构效应量的重要性程度进行有区别地考虑。

5)对结构效应量进行综合考虑时,应让每一种效应量都能最大限度地满足1)~4)

在各种复杂结构中,需要观测的效应量项目往往很多,比如在大坝中需要布置位移测点(包括水平位移、竖直位移)、应力测点、渗流测点等,当采用一种仪器同时观测两个或两个以上的项目时,比如采用激光双向坐标仪可同时测量大坝等建筑物的水平位移和竖直位移,这样的监测点的位置的布设就应该同时考虑水平位移和竖直位移,让其分别能够最大限度地满足原则1)~ 4)。

2.2.3.4　测点优化布置理论下适宜的测点位置

根据以上布置判断准则,结合工程条件及地质条件,监测点宜布置在:①工程地质较差的部位如断层、软弱带,由于其变形模量值相对较小,故变形较大,根据相对误差判断准则,宜布置相关变形监测点。②边坡滑动、破坏大部分发生在外形突变、软硬岩接触面处,这些点对稳定状态敏感性强,根据敏感性判断,宜布置相关变形监测点。③根据相对误差判断准则,由数值分析结果判断可能出现较大变形的部位,宜布置相关变形监测点。④根据敏感性判断准则,采用数值计算分析边坡在正常情况下和失稳状态下的位移场,将两个状态下的位移场进行比较,在位移变化敏感处布置测点。⑤根据敏感性判断准则,针对岩体参数反演需求,采用数值计算法通过参数敏感性分析,在材料参数敏感性高的部位布置变形监测点。

【案例分析】

1. 大坝安全监测中测点位置优选度计算

大坝安全监测中的测点布置应该考虑所有监测效应量和参数灵敏度的情况,但不一定所有的考虑因素都能在同一位置达到最优,同时还应该综合考虑有利于正分析和反演分析及反馈分析的目的,以检验设计、改进设计从而不断完善和提高坝工设计理论。

在充分考虑多参数、多效应量对监测点选择的综合影响的基础上,提出坝体监测点位置优选度(optimal selection degree of measuring points' location)的概念,它表征了坝体中不同位置适合于布置监测点的程度,同时给出了坝体监测点位置优选度计算的方法。在对坝体测点位置优选度计算的基础上,可以指导待建大坝监测点位置的埋设,同时对已建大坝进行正、反分析时,为如何选取最有价值的观测点提供了方向。

监测点位置优选度计算方法不但充分考虑了测点应该提供高质量的监测效应量信息、较高的参数灵敏度,能对参数反演计算结果的数值稳定性有利等方面的能力,还考虑了监测点能够同时对结构系统中每个参数、每个效应量的估计和评价提供高质量的监测数据信息的能力,以及各个参数对监测效应量的重要性和各个效应量对评价结果影响的重要性。

2. 基于 DP 算法的混凝土重力坝挠度监测点优化布置

DP(Douglas-Peuker)算法是最常用的线化简方法之一,该算法通过检测识别出曲线中最重要的点,忽略不重要的点达到简化曲线的目的。

DP 算法被用来识别最具代表性的混凝土重力坝挠度监测点。挠度监测点序列 P 用 N 个点(P_1, P_2, $\cdots P_n$)描述。DP 算法的核心思想是通过控制距离容差 ε,在不偏离原始挠度监测数据序列的情况下,确定一个具有代表性的新挠度监测数据序列。挠度监测数据的首尾点是距离搜索的最终点,因此,作为 DP 算法的第一步,该算法用第一点与最后一个监测数据点构造的线段 P_1P_n 来逼近挠度监测数据序列 P_i,并保留垂直欧氏距离最大的点 P。比较最大垂直欧氏距离 D_{max} 与给定的距离容差 ε,如果最大距离 D_{max} 小于距离容差 ε,则剔除数据序列中所有中间点。否则,它使用数据点 P 将数据序列分割为两个子序列 $<P_1, P_2, \cdots, P_i>$ 和 $<P_{i+1}, P_{i+2}, \cdots, P_n>$,并递归地重复每个子序列的过程。当每一个子序列中的最大垂直欧氏距离 D_{max} 小于距离容差 ε 或只包含两个数据点时,DP 算法终止。

图 2-44 以 11 个点的挠度监测数据为例,演示 DP 算法简化挠度监测点的过程。首

先计算每个监测点到线段 P_1P_{11} 的距离,由于点 P_7 处垂直欧氏距离 D_7 最大,并大于给定的距离容差 ε,因此,此时的挠度监测数据被划分为两个子序列(图 2-44 中步骤 2)。在点 P_7 下侧的子序列中,点 P_4 处的垂直欧氏距离 D_4 最大,但小于给定的距离容差 ε,因此,忽略该序列中的所有点。在 P_7 点上侧的子序列中,点 P_9 处垂直欧氏距离 D_9 最大,并大于给定的距离容差 ε,因此,在该点处进行一次新的拆分,对每个部分分别重复此过程(图 2-44 中步骤 3)。由图 2-44 可知,经过 DP 算法简化,挠度监测数据序列由 11 点变成了 4 点。

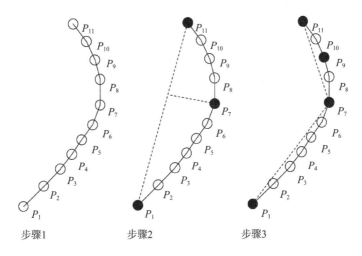

图 2-44　DP 算法简化挠度监测数据示意图

距离容差 ε 的大小决定了数据简化的程度,因此确定距离容差 ε 的大小是简化挠度监测数据的关键,距离容差 ε 过小,则简化程度不够,数据冗余;距离容差 ε 过大,可能会剔除一些重要的监测数据。鉴于此,通过简化后的监测数据与原始监测数据的拟合来确定合适的距离容差 ε。

DP 算法优化混凝土重力坝挠度监测点的基本流程如下:

(1)获取坝体挠度各个监测点的水平变形测值序列;

(2)设置距离容差 ε,并通过 DP 算法简化挠度监测数据;

(3)对简化后的挠度监测数据序列建立坝体挠度监测模型;

(4)计算简化挠度数据序列建立的挠度监测模型与原始挠度数据序列建立的挠度监测模型的复相关系数;

(5)计算简化挠度数据序列建立的挠度监测模型与原始挠度数据序列建立的挠度监测模型的剩余标准差;

(6)依次在不同的距离容差 E 时,重复执行步骤(2)~(5),即可获得监测周期内的坝体挠度监测点的简化程度及简化效果;

(7)对比分析步骤(6)所得结果,确定 DP 优化算法的最佳距离容差 E;

(8)基于步骤(7)的最佳距离容差 E,简化坝体挠度监测数据;

(9)统计分析最优监测点数量及位置。

2.3 长距离调水工程安全监测资料初步分析

开展安全监测资料初步分析,首先要明确安全监测的目的和相关标准,长距离调水工程的安全监测通常关注水工建筑物、水流状态、地质条件等方面的变化情况,因此需要了解相关行业的监测标准和规范。其次要对监测数据进行收集和整理,包括各种参数,如水位、流量、压力、温度等。这些数据可能来自不同的监测设备和传感器,需要进行分类、筛选和校准,确保数据的准确性和可靠性。再者要对收集到的数据进行比对和分析,可以使用图表、统计等方法,将数据的变化趋势、分布情况、相互关系等信息进行可视化呈现,以便更好地理解数据。在数据分析和比对过程中,需要识别出异常数据,如果发现数据超出正常范围或者出现突增突减的情况,需要进一步调查和分析,以判断是否存在问题或潜在的风险。最后要根据初步分析的结果,对整个工程的安全状况进行评估,可以结合监测数据和工程实际情况,分析潜在的安全隐患和风险点,提出相应的建议和措施,将初步分析的结果定期汇报给相关部门和人员,以便及时采取措施进行干预和调整。同时,也需要将监测结果及时反馈给工程管理人员和维护人员,为工程的安全运行提供支持和参考。

2.3.1 数据合理性分析

2.3.1.1 监测资料可靠性检验

在监测资料中,除必然会存在的偶然误差外,还可能存在粗差(疏失误差)和系统误差。后两种误差会使测值失真,对安全评价和监控模型有较大影响。因此,现场采集的数据,应对其进行可靠性检验,包括:作业方法是否符合规定,是否存在缺测或漏测现象,数据记录是否准确、清晰、齐全,观测精度是否满足规定要求,各项观测限差是否在容许的范围内,是否存在粗差或系统误差,是否超仪器量程等。对于超出限差及判断为粗差的数据,应做好标记,并立即重测。对于含有较大系统误差的数据,应分析原因,设法减少或消除其影响。

(1)粗差检验

粗差可能是仪器使用不当、人为疏失、误读误记等原因造成,常常表现为出现一个或几个测值明显地比其他测值偏大或偏小。因此,对于粗差的检查,可以通过绘制监测效应量的变化过程线,分析过程线上是否存在明显的尖点,结合测值效应量的物理含义、相邻测点测值的比较分析、与环境量之间的相关分析等,进行综合判断。

此外,由于粗差与其他正常监测值不属于同一母体,因此,还可以采用一些数理统计学中的统计检验方法来判断,如偏度和峰度检验法等。

(2)系统误差检验

对系统误差,可以采用直观分析方法或数理统计理论进行检验。如:物理判别法、剩余误差观察法、马利科夫准则法、误差直接计算法、阿贝检验法、符号检验法、t检验法等。

对监测资料进行粗差、偶然误差或系统误差判断时应十分慎重。有些测值虽然看似为粗差,但它也可能是由于环境因素的明显变化(如渠水位骤升、骤降等)、坝体结构或地基条件的明显改变(如坝体裂缝开展、坝基条件恶化、坝基加固处理)等引起的监测值极端波动。若是如此,尽管测值明显地偏大或偏小,但它属于监测效应量成因变化引起的正常测值或带有工程安全性态变化信息的测值,不仅不应被删除,而且应对其进行专门研究。

2.3.1.2　基准值选择

监测效应量是相对于基准日期而言的相对值。作为计算起点测次的观测日期称基准日期,该测次的观测值相应称为基准值。

变形效应量一般取首次观测值为基准值,作为变形的相对零点,要求首次观测在工程蓄水前完成。应力监测仪器一般埋入混凝土内,其基准值的选择必须综合考虑仪器埋设的位置、混凝土的特性、仪器的性能及周围的温度等因素。基准时间选择过早,混凝土尚未凝固,仪器尚未能与混凝土正常共同工作,此时监测资料不可靠;基准时间选择过迟,则既丢失了前期资料,又不能反映真实情况。

确定埋设在混凝土或基岩中的应变计的基准时间和基准值时,通常应当考虑以下几个原则(以应变计为例):

1) 埋设应变计的混凝土或砂浆(埋设在基岩中时)已从流态固化,是具有一定弹性模量和强度的弹性体,能够带动应变计正常工作。绘制仪器电阻比和温度过程线,当两者呈相反趋势变化时,表明仪器已开始正常工作。

2) 埋设仪器的混凝土层上部已有 1 m 以上的混凝土覆盖,混凝土已有一定强度和刚度,足以保护仪器不受外界气温急骤变化的影响和机械性的振动干扰。仪器观测值已从无规律跳动变化到比较平滑有规律,测值具有代表性,能够正确反映实际状态。

3) 在满足上面所说的条件的情况下,基准时间应尽可能提前,以便计算出完整的施工期间监测效应量变化规律。

2.3.1.3　效应量计算

经检验合格后的观测数据,应及时换算成监测效应量。存在有多余观测或平衡条件的数据,应先做平差计算或平衡修正计算,再计算效应量。

数据计算应方法合理、计算准确。采用的计算公式要正确反映物理关系,使用的计算机程序要经过检验,使用的参数要符合实际情况。数据计算应使用国际单位制,有效数字应与仪器读数精度相匹配,且前后一致,不得任意增减。

数据计算后应经过校核和合理性检查,以保证成果准确可靠。计算成果应填入统一格式的表格中,可录入到固定格式的磁盘文件中并打印和拷贝。每页计算成果表上均应有计算人及校核人签字。

2.3.1.4 监测数据的报表和绘图

监测资料应及时填写相应的表格和绘制相应的图形。报表应包括当次观测成果汇总表、月观测成果汇总表(月报表)和年度观测成果汇总表(年报表)。

绘图是将监测数据可视化的有效手段,可以更直观地展现数据的变化趋势和关联关系。在水利工程中,常见的绘图包括时间序列图、空间分布图、箱线图等。时间序列图通过横轴表示时间,纵轴表示监测参数的数值,直观地展示了数据的时间变化趋势。空间分布图则通过地图等方式将监测数据在空间上的分布情况可视化展示,有助于识别地域差异。箱线图可以清晰地展示数据的中位数、上下四分位数和异常值,有助于发现数据的分布规律。

在制作监测数据的报表和绘图时,使用现代化的数据可视化工具和技术可以提高效率和效果。常见的工具包括 Microsoft Excel、Python 的 Matplotlib 和 Seaborn、R 语言的 ggplot2 等。这些工具支持各种图表的绘制,并能够灵活调整图表的样式、颜色、标签等属性,以满足不同的需求。此外,使用 GIS 技术可以将监测数据与地理信息结合起来,制作出更具空间信息的图表,使数据更加直观和具体。

2.3.1.5 整编成册

监测资料的整理是指对现场采集的监测数据和巡视检查结果,以一定的形式进行加工,从而形成便于应用的监测成果。监测资料整编是指对年度监测资料或多年监测资料进行收集、整理、审定,并按一定的规格编印成册。

日常资料整理的一般规定有以下几个方面。

(1)监测资料应及时进行日常整理。日常资料整理的主要内容包括:查证原始观测数据的正确性与准确性;观测值输入计算机数据库,进行监测效应量计算;编制报表和绘制过程线;巡视检查记录整理;考察监测效应量的变化,初步判断是否存在异常变化。

(2)日常资料整理要经常性,不得拖延,更不能长期积压。每次观测后就立即对原始数据进行检查校核和整理,及时进行初步分析。当发现监测原始资料有异常或确认监测效应量有异常时,应立即向主管部门报告。

(3)原始资料在现场校核检验后,不得再进行任何修改。粗差的辨识和剔除必须慎重,应严格按照有关规定要求进行。经整理和整编后的监测资料和数据亦不得修改。

2.3.2 监测资料常规分析

2.3.2.1 监测资料时变过程分析

(1)概念

监测资料时变过程分析是一种对特定数据进行系统性观察和评估的方法。通过对监测资料的时变过程进行分析,可以获得有关数据的变化趋势、周期性和异常情况的重要信息。

监测资料时变过程分析是一种基于时间序列的数据分析方法,它可以帮助理解和揭示数据的演变规律。在进行时变过程分析时,首先需要收集一系列监测资料,这些资料可以是气象数据、环境数据、经济数据等。然后将这些数据按照时间顺序排列,并对其进行可视化和统计分析。

时变过程分析的第一步是对数据进行可视化,通过绘制时间序列图,可以直观地观察到数据的变化趋势。时间序列图通常以时间为横轴,监测指标为纵轴,通过连续的数据点来展示数据的变化情况。通过观察时间序列图,我们可以判断数据是否存在趋势、是否有季节性和周期性等特征。

在可视化之后,可以对数据进行统计分析,以进一步揭示数据的时变特征。常用的统计方法包括平均值、方差、相关性分析等。通过计算平均值,可以得到数据的中心趋势,判断数据是否呈现增长或下降的趋势。方差可以衡量数据的离散程度,帮助评估数据的稳定性和波动性。相关性分析可以帮助确定不同监测指标之间的关联程度,从而揭示数据之间的相互影响关系。

除了可视化和统计分析,时变过程分析还可以应用更高级的方法,如时间序列模型和预测分析。时间序列模型可以用来建立数据的数学模型,通过拟合历史数据,预测未来的变化趋势。预测分析可以帮助我们做出合理的决策和规划,以应对未来可能发生的变化。

(2)慢时变

监测资料时变过程分析应用于各种行业,间歇生产过程是现代工业生产中一种重要的生产方式,其产品与人们的生活息息相关。为了能够及时处理异常工况、保证间歇过程安全稳定运行,有必要对间歇过程进行监测。在诸如催化剂钝化、设备磨损、传感器漂移等因素影响下,实际的间歇工业过程中普遍存在着慢时变行为,这种行为属于正常过程运行状况,不会影响过程安全或是产品质量,所以需要监测系统能够区分慢时变行为与过程故障。此外,这种批次间的慢时变行为会导致模型失配问题,引起故障的误报和漏报。因此,慢时变行为给间歇过程建模和在线监测带来了很大的挑战。

在理想情况下,间歇过程在正常操作情况应该是平稳运行的,即在利用多元统计方法来表征间歇过程潜在相关特性时,过程的均值和协方差结构是不变的,过程的统计模型应该也是不变的。然而,在实际的间歇工业过程中普遍存在各种缓慢变化现象,例如,由于传感器本身老化、传感器采样过程中非确定性的化学吸附、热机械降解和传感器中毒等因素,传感器存在着长期漂移现象,长期漂移是传感器响应模式在较长使用时间范围内产生的一种缓慢的波动和变化;由于零件表面的相互运动,设备运转时也不可避免地发生磨损,但磨损存在并不代表着失效的发生,只有经过一系列的磨损累积,机械零部件才会因磨损过度而无法支持正常的运转而最终失效;此外,还存在着外界环境的变化、微生物活性减退、催化剂钝化等因素。上述种种因素使得实际的间歇工业过程总是在各个批次间不断地发生缓慢变化,过程变量的均值、方差、协方差等结构在正常运行情况下也会随时间缓慢漂移,过程运行状态从一种模式迁移到另一种新的模式。这种批次间的缓慢变化行为通常被称为慢时变行为。

可采用多向偏最小二乘算法(MPLS)建立慢时变特性预估模型。通过间隔一定批次的两个不同间歇过程数据做差分获得批次间的差分矩阵,提取由慢时变行为导致的批次间的差异。基于该差分矩阵的数据信息服从的统计规律,建立了基于 MPLS 的预估模型,实现慢时变行为的在线预估。同时,利用预估结果,对在线监测数据进行数据补偿,去除慢时变行为对过程监测数据的影响。

基于数据补偿的间歇过程监测方法可避免慢时变行为对过程监测的不良影响。结合多向主元分析(MPCA)处理高维、高度耦合数据的优势,建立基于 MPCA 的监测模型,通过该模型提取过程的统计规律、获得统计变量的控制限。在进行在线监测时,首先利用由慢时变特性模型获得的慢时变信息补偿待监测数据。该监测方法提高了慢时变过程的过程监测能力,保证了过程监测模型的准确性和鲁棒性。该监测方法可有效地区分慢时变行为与过程故障,能够实现慢时变间歇过程的准确监测。

慢时变行为是间歇过程实际运行状况的体现。随着间歇操作不断进行,慢时变行为使得过程状态不断缓慢变化到另一种新的状态,这种状态变化是一种不同于过程故障的正常运行情况,不会突然改变过程的运行特性,也不会影响生产安全。因此,监测系统应该能够包容这种正常的批次间慢时变行为,而不是将其作为过程故障做出报警指示。然而,这种慢时变行为带来的过程运行状态的偏移会随时间累积,累积到一定程度时就会引起误报。也就是说,批次间慢时变行为的存在使得过程状态总是处于不断演化中,新的过程状态与初始建模参考批次所代表的过程特性具有明显的不同,从而使得初始模型无法准确描述当前过程状态,产生所谓的"模型失配"现象,不能确保监测模型总是与当前过程运行状态实时匹配,从而无法确保初始监测模型的持久有效性,甚至引起故障的误报和漏报。因此,在建立统计模型的过程中,应考虑过程慢时变特性对模型有效性的影响。如果不对此进行处理,将极大地降低监控系统的可靠性。所以说,慢时变行为的存在对间歇过程的统计建模和在线监测提出了更高的要求与更大的挑战。

研究慢时变间歇过程建模及监测的方法,解决由于批次间的慢时变行为导致的模型失配问题,不仅可以为过程工程师提供有关过程运行状态的实时信息,排除安全隐患、保证产品质量,而且可以为生产过程的优化和产品质量的改进提供必要的指导和辅助,具有非常重要的理论意义和实际应用价值。

(3)间歇过程

过程监测通过对过程的运行状态进行监视,不断地给出定量和定性分析,帮助过程操作管理人员及时了解过程的运行状态,以消除过程中的异常行为,防止灾难性事故的发生,减少产品质量的波动。准确可靠的过程模型是过程监测和故障诊断的基础。

间歇过程建模方法可以按照所需要的过程先验知识的不同大致划分为三类:基于机理模型的方法、基于知识的方法和基于数据驱动的方法。但大多数间歇过程都具有非常复杂的过程动态特性,而基于过程机理或知识推理的建模方法需要长期、准确的知识积累,这使得前两类间歇过程建模方法在间歇过程中难以得到广泛的应用。

与前两种方法不同,基于数据驱动的方法不需要过程的先验知识,而是以采集的过程数据为基础,通过各种数据分析处理方法发掘其中的信息,获取正常操作和故障的特征模式,进而用于间歇过程的建模与监测。并且,间歇工业过程大都具有完备的传感测量装置,可以在线获得大量的过程数据,譬如温度、压力、流量等测量值。因此,基于数据驱动的方法广泛应用在运用多元统计方法实施间歇工业过程监测中。

为了解决工业过程的数据维数高、变量相关性强、数据缺损以及测量噪音等问题,以主成分分析(PCA)和偏最小二乘(PLS)等为核心技术的多元统计建模方法逐渐成为一个重要的过程分析和在线监测的工具,并且在连续工业过程中获得了许多成功的应用成果。为了有效利用 PCA 和 PLS 等多元统计建模方法在处理高维、高度耦合数据时的独特优势,针对间歇工业过程的数据特点,目前也已出现了许多 PCA/PLS 等多元统计模型的扩展应用方法。

间歇工业过程呈现缓慢变化的特性,过程参数也会随着时间而发生缓慢变化。传统的基于主成分分析或偏最小二乘的间歇过程建模和监测方法大都只关注过程变量之间的静态相关关系,并未考虑到过程的批次间慢时变特性。因此如果采用静态的统计模型,那么在经过一段时间后模型的精度会降低,从而会导致过多的漏报和误报。因此,现行的方法中多把自适应的策略结合到算法中来克服过程慢时变问题。自适应更新的基本思路都是首先根据初始参考采样数据建立起一个初始的监测模型,然后随着过程状态的变化,通过不断将新的正常过程数据容纳到模型中来校正更新当前监测模型。这些新数据包含了新的过程运行信息,它们的加入使得当前监测模型能够及时反映过程特性的变化,而各种成熟的自适应算法亦为之奠定了丰富的理论基础。

针对具有慢时变特性的工业过程,研究者们提出了多种基于 PCA 的自适应更新算法,有提出指数加权移动平均结合 PCA 的方法,指数加权 PCA 采用不断增加新数据和指数遗忘旧数据的更新方式,后续研究者提出了多种改进算法。也有学者提出了递推主成分分析,后续研究者提出了相应的改进算法,该方法通过不断采集新数据,然后根据新数据不断递归更新旧的均值、方差及协方差矩阵,递归更新 PCA 模型。

针对具有慢时变特性的工业过程,研究者们亦提出了多种基于偏最小二乘(PLS)的自适应更新算法。有学者提出了递推部分最小二乘算法,在线校正模型参数,以维持模型的预测精度和跟踪性能。针对传统偏最小二乘(PLS)模型的在线更新问题,带有自适应遗忘因子的块式递推 PLS 建模方法,通过 Hotelling-T2 和 Q 统计量确定遗忘因子的大小,进行模型递推更新,确保模型跟踪过程特性的变化。而基于滑动窗口的递推部分最小二乘方法的核心思想是在新样本出现时,去掉最旧的样本,保持数据窗口长度不变,更新模型参数。但是,自适应算法存在着误更新的缺陷,在适应正常慢时变行为的同时亦很可能将慢故障错误地容纳进来。慢故障与正常的慢时变行为同为批次间的缓慢波动行为,其潜在的运行模式非常类似,采用现有的统计分析方法无法准确地对二者进行区分。

因此,自适应算法在对监测模型执行更新操作时,除了能够适应批次间正常慢时变行为外,也可能错误地适应慢故障。若慢故障数据作为正常数据更新到监测模型中,经过一段时间后模型的精度会越来越低,监测模型的准确性大打折扣,导致过多的漏报和误报;而且由于该监测模型无法及时准确地识别出这种故障,使得更多的故障数据不断地更新到模型中,随着过程运行,该监测模型将会完全失去其监测作用。因此,为了避免误更新的发生,准确区分正常的慢时变与慢故障,就必须保证用于更新的都是正常数据。这在理论上是一个合理的要求,但在实际中往往无法严格做到。而且,由于此类自适应更新算法通常需要用于更新的建模数据量都比较大,这就会造成对当前监测样本的响应滞后,即所构建的监测模型不能及时反映当前样本的状况。此外,更新频率的选择存在着不可调和的矛盾:更新过快对于慢时变行为过于灵敏,而更新过慢则对慢时变反应较迟钝,两种情况均大大增加了误报与漏报的几率。

为解决上述问题,研究人员进行了相应的研究工作,如研究了一种移动窗与即时学习方法结合的算法来解决间歇过程中的慢时变问题。该方法进行在线监测时,从历史数据库里搜寻与当前待监测批次相匹配的批次,选取匹配程度较高的一定数量的批次建立监测模型,最后利用建立的监测模型对当前批次进行监测。但由于慢时变行为是一种缓慢变化,历史数据库不可能包含所有与当前批次相匹配的批次,因此监测模型不能适应当前批次发生的变化,仍存在模型失配问题。鉴于慢时变问题本质上就是批次方向上动态性的一种反映,有学者们提出了一种二维动态主成分分析策略,通过选取适当的数据支持域用于对分析单元进行时间和批次双向扩展,可以直接提取批次及时间方向上局部的动态相关关系,后续其他学者对该方法做出了相应的改进,但是批次间相关关系的分析范围及提取性能受限于"数据支持域"的具体设定。还有一部分学者建立了基于批次间"相对变化"的统计建模方法,提取慢时变行为固有的潜在特性,建立多元统计模型,将慢时变模式主动容纳到监测系统,克服了误更新的缺陷。但在线监测是利用批次间的差值进行判断的,在计算差分矩阵时有可能将故障引起的差值变化误排除,引起故障的漏报。

【案例分析——南水北调中线叶县管理处监测过程线】

叶县管理处辖区内渠道工程全长 30.266 km,布置各类建筑物共 57 座,其中输水建筑物 2 座,左排建筑物 17 座,渠渠交叉建筑物 8 座,跨渠桥梁 30 座,分水口门 1 座。安全监测仪器有:内观监测仪器 470 支(套)、外观监测设施 1 776 个(座)。

叶县管理处辖区工程沿线 2018 年 12 月天气以晴天、多云为主,晴天为 18 天,多云阴天为 13 天,降雨天为 0 天。2018 年 12 月最高气温为 27℃,最低气温为 6℃,平均气温为 16.5℃左右;2018 年 12 月无降雨,累计降水量为 0 mm。

填方渠段共布设了 5 个重点监测断面:K185+600、K187+800、K189+360、K197+400、K210+940;监测项目有渗流监测、变形监测。

(1)渗流监测

填方渠段 5 个重点监测断面共埋设了 43 支渗压计(每个断面布置 8~9 支渗压计)。代表性监测断面(K185+600)上的渗压计实测渗压水位及环境量(渠道水位和降雨)过程线见图 2-45~图 2-46。

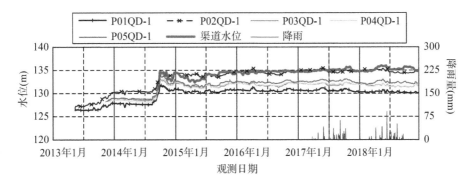

图 2-45　K185＋600 断面 P01QD-1～P05QD-1 渗压水位及环境量变化过程线

图 2-46　K185＋600 断面 P06QD-1～P08QD-1 渗压水位及环境量变化过程线

填方渠段各监测断面位于渠底改性土下的渗压计和位于渠底衬砌板下的渗压计2018 年 12 月实测最高渗压水位为 134.692 m（K185＋600 断面 P02QD-1 渗压计），相应的渠道水位高程为 134.985 m。渠底改性土下的渗压计和渠底衬砌板下的渗压计2018 年 12 月渗压水位均未超过相应的渠道水位，均在相应的警戒值以内。

各监测断面位于左右岸渠堤内的渗压计，实测渗压水位均不高，月变幅不大，变化较为平稳，未出现明显的突变等异常现象，渗压水位基本正常。

填方渠段各渗压计实测渗压水位 2018 年 12 月变幅在 0.02 m～0.69 m（P01QD-5），各监测断面 2018 年 12 月渗压水位变幅总体上不大，变化较为平稳，未出现明显的趋势性变化。此前受强降雨影响较明显的 K197＋400 监测断面上的渗压计（P01QD-5～P08QD-5），2018 年 12 月因未出现明显降雨，渗压水位变化较为平稳；该断面各渗压计2018 年 12 月实测渗压水位最大变幅为 0.61 m（P08QD-5），变幅不大。

各渗压计实测渗压水位与渠道水位具有一定的相关性，部分渗压计渗压水位与渠道水位相关性较强；与弱降雨的相关性不明显，与强降雨存在较明显的相关性。

（2）变形监测

➢ 内部分层沉降监测

填方渠段在 5 个监测断面共安装埋设了 10 套分层沉降仪，各沉降观测于 2014 年4 月 11 日重新确定了基准值（0 mm）。分层沉降仪实测内部垂直位移符号规定：负值代表上抬,正值代表下沉,下同。

各监测断面中,2018 年 12 月实测当前最大累积下沉值为 81 mm,出现在 K187＋800 监测断面右岸渠堤的 ES02QD－3－6 测点;2018 年 12 月实测当前最大上抬值为 16 mm,出现在 K185＋600 监测断面右岸渠堤的 ES02QD－1－2 测点(不含测值异常的 ES02QD－1－3)。

从过程线来看(如代表性图 2-47):2014 年 4 月 11 日重新确定基准值以前,实测最大沉降值 139 mm。重新确定基准值后,2014 年 5 月—2017 年 6 月期间,各沉降管实测最大上抬值、最大下沉值均不大,变化较为平稳,未出现明显的突变等异常现象;但 2017 年 7 月以后,各沉降管实测最大上抬值、最大沉降值均明显增大,测值表现为明显的较大幅度的波动,成果不合理,初步判断为各沉降管或沉降仪存在问题,测值已不能反映渠堤内部沉降的实际情况。

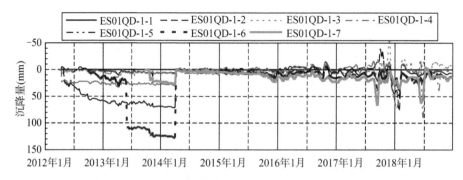

图 2-47　桩号 K185＋600 监测断面左岸分层沉降仪内部垂直位移变化过程线

> 内部水平位移监测

填方渠段共布设测斜管 3 孔(K210＋422、K210＋640、K211＋443 断面),均为 2016 年新增,当年 6 月 25 日取得初始值。测斜管实测内部水平位移符号规定:负值代表向渠道外变形,正值代表向渠道内变形,下同。代表性测斜孔过程线见图 2-48。

各测斜管测点当前实测内部水平位移数值在 －208.69 mm ～ 0.10 mm,IN01－210422、IN01－210640、IN01－211443 最大累积偏移分别为 －58.7 mm,－208.7 mm、－60.1 mm,均出现在孔深 1.0 m 处,距离堤顶分别为 3.4 m、3.8 m、3.4 m。各测斜管实测内部水平位移主要表现为上大下小,位移分布合理。

2018 年 11 月右岸渠堤二级马道进行土方填筑,K210＋640 断面测斜管数据 11 月 8 日累积位移由 －155.51 mm 突变为 －221.39 mm,突变量为 －65.88 mm,出现在孔深 1 m 处,距离堤顶 3.8 m。右岸堤肩水平位移观测墩累积位移为 －133.7 mm,因土方填筑碾压造成测斜管数据突变。2018 年 12 月三个断面的测斜管数据与上月比较,向外位移变化量均变小,有所收敛,K210＋640 断面测斜管数据收敛最明显。

> 表面水平位移监测

2016 年 6 月在填方渠段断面 K210＋422、K210＋640、K211＋443 和 K211＋025 左右岸的一、二级马道增加了水平位移测点 13 个和工作基点 4 个,2016 年 7 月 1 日取得初始值。对测点表面水平位移符号规定:负值表示水平位移对测点平距伸长,正值表示水

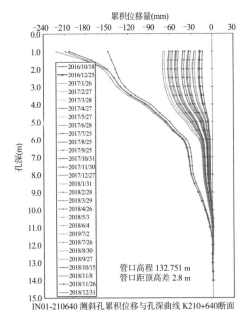 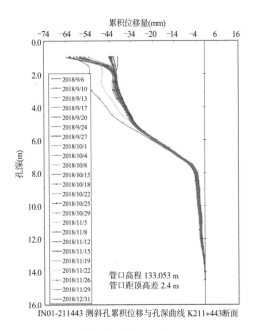

图 2-48 测斜孔 IN01－210640、IN01－211443 累积位移变化过程线

平位移对测点平距缩短,下同。

各测点表面水平位移,除 TP02－210640 7月累积平距变化值为－133.7 mm 外(图 2-49),其他测点本月变化量在－13.9 mm(TP04－211025)～2.3 mm(TP03－211025),累积平距变化值在－133.7 mm(TP01－210640)～3.8 mm(TP01－211025)。

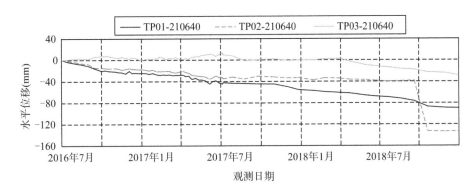

图 2-49 桩号 K210＋640 监测断面表面水平位移测值变化过程线

➤ 表面垂直位移监测

填方渠段各测点 2018 年 12 月实测累积表面垂直位移在 32.6 mm～151.7 mm(表面垂直位移符号规定:正值代表下沉,负值代表上抬,下同)。其中,最大上抬值(32.6 mm)出现在 K203＋518 断面 BM03－203518 测点,最大下沉值(151.7 mm)出现在 K210＋241 断面 BM02－210241 测点;最大上抬值出现的位置与上月不同,但最大下沉值出现的位置与上月相同。上月最大上抬值(67.5 mm)出现在 K193＋600 断面

BM01-193600 测点,本月该测点测值为—25 mm。各测点中,绝大多数测点实测表面垂直位移不大,80%以上的测点最大下沉量在 20 mm 以内,80%以上的测点最大上抬量在 5 mm 以内。少数测点表面垂直位移表现为上抬,但上抬主要发生在测点埋设期和观测初期,运行期变化平稳。总体来看,填方渠段绝大部分测点表面垂直位移基本在合理的变化范围内。

填方渠段各测点 2018 年 12 月实测月度表面垂直位移在—7.4 mm(BM01-196990)~25.2 mm(BM02-210140);其中,大多数测点(超过 75%)月度变化值在±2.5 mm 以内,月变幅不大,各测点实测垂直位移变化过程较为平稳,未出现明显的突变等异常现象。本月实测月度表面垂直位移超过±5 mm 的测点有 3 个,分别为 BM03-191540(5 mm)、BM02-211600(5.3 mm)、BM04-210241(12.1 mm)。本月右岸渠堤二级马道进行土方填筑,上述月度表面垂直位移略大的测点主要是受施工影响所致。

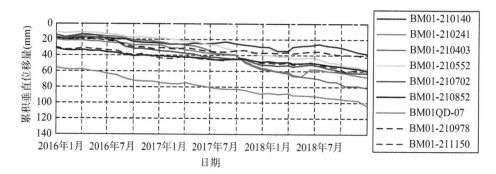

图 2-50　桩号 K210+100 至 K211+150 填方段沉降点累积表面垂直位移过程线(左岸)

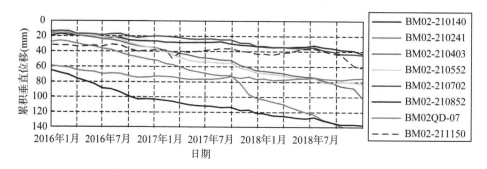

图 2-51　桩号 K210+100 至 K211+150 填方段沉降点累积表面垂直位移过程线(右岸)

2.3.2.2　监测资料特征值统计分析

1. 概念

监测资料特征值统计分析是一种对数据集中的特征值进行整体性描述和总结的方法。通过对监测资料的特征值进行统计分析,我们可以获得有关数据的中心趋势、离散程度和分布形态等重要信息。针对水利工程方面问题,可在 Excel 应用软件界面上,把监测数据特征值起始值、最大值、最小值、结尾值依次选出来,画出特征值统计图,利用特征值统计图对监测数据的特征值进一步统计分析,建立可视化的大坝安全监测数据统计分析模型。

监测资料特征值统计分析是一种基于统计学原理的数据分析方法,它可以帮助我们对数据集中的特征值进行全面的描述和总结。在进行特征值统计分析时,我们首先需要收集一系列监测资料,这些资料可以是测量数据、观测数据、调查数据等。然后,我们将这些数据进行整理和处理,计算出一些重要的特征值。

特征值统计分析的第一步是计算数据的中心趋势。常用的中心趋势指标包括平均值、中位数和众数。平均值是所有数据值的总和除以数据个数的结果,它反映了数据的总体水平。中位数是将数据按照大小顺序排列后处于中间位置的值,它能够排除极端值的影响,更好地反映数据的典型水平。众数是数据集中出现次数最多的值,它可以帮助我们了解数据的集中程度。

特征值统计分析的第二步是计算数据的离散程度。常用的离散程度指标包括标准差、方差和极差。标准差是数据偏离平均值的平均程度,它反映了数据的波动性。方差是标准差的平方,它可以衡量数据的离散程度。极差是最大值和最小值之间的差值,它可以帮助我们了解数据的范围。

特征值统计分析的第三步是描述数据的分布形态。常用的分布形态指标包括偏度和峰度。偏度是数据分布的不对称程度,正偏表示数据右侧尾部较长,负偏表示数据左侧尾部较长。峰度是数据分布的峰态程度,它可以反映数据的集中或分散程度。

2. 特征值统计图

根据国家规范,在 Excel 里制作了监测数据特征值统计报表,并在文字分析报告中着重描述了监测数据的几个特征值:最大值、最小值、平均值等,通常不做起始值和结尾值的分析。在 Excel 应用软件界面上,把监测数据的特征值即起始值、最大值、最小值、结尾值依次选出,然后选中时间、起始值、最大值、最小值、结尾值数据,根据需要设置图形的各项参数,完成特征值的统计图。

特征值所包含的信息极为丰富,每一个特征值都是已知的和未知的多元综合因素形成的。在安全监测文字报告中提到的最大值、最小值,反映了监测数据变化的两个特征。在概率统计中,这两个值的出现在一段时间内一般为小概率事件,但是,它同时反映了这个数据出现的现实,并且预示着下一个极端数据出现的可能性,对分析判断安全性有预先警戒和提示的作用。这里通过提取起始值、最大值、最小值、结尾值,得出一个特征值图形。随着研究时间段的延长,这些单位时间段内的特征值出现的频次将会增多,将多根 K 线按不同规则组合在一起,又会形成不同的 K 线组合,这样 K 线形态所包含的信息就更丰富了。选择不同的数据时段,即可画出不同的 K 线组合。选择不同时段数据,K 线所反映数据变化的灵敏度也不同。可以引用现代数学方法来研究 K 线技术,构建直观反映数据变化的数学模型。分别求出起始值、最大值、最小值、结尾值的标准差,再画出 K 线形态,并且连接多根 K 线最大值、最小值形成的连线,就可以直观表述其数据系列的回归值变化。

3. 移动平均线

所谓移动平均线是指一定时间段内(日、周、月、年)监测数据的算术平均线。以 5 月均线为例,将 5 个月的结尾值逐月相加,然后除以 5,得出 5 月的平均值,再将这些平均值依先后次序连接起来,这条绘出的线就叫 5 月移动平均线。如果要绘制 10 月移动平均,只要将上面"5"这个数字换成"10"即可。其他 30 个月、60 个月、120 个月……移动平均线的画法可以此类推。移动平均线的基本特性是利用平均数来消除数据不规则的偶然变动,以观测数据的动态变化。移动的天数越少,移动平均线对数据随机变动的反应就越灵敏;移动的天数越多,移动平均线中所包含的偶然性因素就越少。在 Excel 应用软件界面上画出移动平均线:①添加趋势线;②点击移动平均线,选择周期值选项,即可生成不同时间段的移动平均线。

4. 应用

在监测工作中有很多监测项目,每个项目又有很多监测点,每个监测点随着时间的推移都会得到很多数据,就可以画出很多 K 线图形来,这些数据会有怎样的服从规律呢?比如说隔河岩大坝渗流观测孔就有 1 003 个,每一个孔观测几十年,其特征值可以用 K 线图形来描述,而每一个部位又有很多观测孔,这些孔的观测数据又有一定的服从规律,可以在其中选取有代表性的监测孔的监测数据的平均值来表达某一部位监测数据的总趋势。

现在应用特征值统计法建立的软件平台很多,技术已经相当成熟,并且在很多瞬息万变的经济领域中得到了广泛的应用。了解 K 线技术的人很多,尤其是近几年发展很快,它在社会上已经得到普遍认识,也初步应用到工程安全分析领域中。

传统的单效应量分析在处理具有多重共线性的监测数据时有较大的局限性,对于稳定的观测数据可建立基于主成分的多效应量观测值整体控制域;对于有趋势性变化的观测数据,在建立主成分统计预报模型的基础上可建立未来观测值的控制域。工程实例证明,利用主成分分析方法进行多效应量分析可以实现数据缩减,减少数据冗余,降低噪声和虚假报警率,能够高效地进行数据分析,具有广阔的应用前景。

【案例分析——特征值统计分析在大坝监测中的应用】

几个世纪以来,水利工程作为构成社会整体所不可或缺的一种基础设施,为人类生存和经济社会持续发展提供防洪、供水保障,并产生了通航、发电、养殖、灌溉等综合效益。在工程界,水库大坝的失事被公认为是一种"小概率,大损失"的灾难事件。尤其是当大坝长期运行以后(一般 50 年及以上),由于设计时较低的标准和建设时尚未成熟的施工工艺,大多数工程出现结构老化或设计泄洪能力不足等缺陷,导致大坝失事的风险逐年增加;如果遭遇极端的荷载如特大洪水、地震等,一旦工程失事,将直接威胁到工程下游经济社会和人员生命的安全。

大坝性能监测是大坝安全计划的重要组成部分,主要采用两种方式:①周期性的巡视检查;②处理分析监测仪器测得的数据。其中后者采集的数据能够及时反映大坝结构和性能的重要变化,已经成为我国水利工程安全监控规范的重要组成部分。近年来,制约国内大坝安全定检工作的主要瓶颈已经从原来的缺少实时数据转变为数据分析出现较大延迟,这种转变的主要原因是在数据分析方法的研究和创新上投入的精力和在提高大坝性能数据采集能力方面做出的努力不成比例。实际表现为以下悖论:数据自动采集系统(Automatic Data Acquisition Systems, ADAS)发展迅速,新的监测方法和仪器不断涌现并投入使用,采集频率高,数据量日益增大;而数据统计分析方法还处于"一点一模型"单效应量分析阶段,对于物理系统中普遍存在的噪声和异常数据仍需要专家凭经验进行认定和处理,分析效率受到较大限制。虽然先进的数据采集方式提供了大量翔实的即时实测数据,但骤增的分析工作量直接导致分析用时的几何级增长。由于分析的低效导致补救措施延误,错过最佳时机,不仅会增加修补工程的成本,更为严重的是应急措施不力可能引起工程失事,造成不可挽回的损失。Dibiagio在第20届国际大坝会议的报告中强调需要开发高效的分析工具用于大坝性能的评估。

为了提高数据分析效率,压缩冗余数据,减小测量数据中噪声的影响,实现数据缩减,需要采用一种新的统计分析方法:主成分分析(Principal Component Analysis, PCA)。主成分分析是在保证数据信息丢失最少的原则下,对高维变量空间进行降维处理。历史上有许多成功运用PCA的实例,如Stone在研究美国国民经济时采用主成分取代原有变量的方法,仍能保证95%以上的分析精度。在大坝监测资料分析方面,Behrouz等人在Idukki拱坝,Daniel Johnson连拱坝,Chute-à-Caron重力坝的位移、应力和渗流分析中使用了主成分分析的方法,并结合Hydrostatic-Season-Time(HST)模型进行效应量参数估计,采用少量的主成分概括大坝的性态,获得了良好的分析效果。

特征值统计分析在大坝监测中具有广泛的应用。大坝作为重要的水利工程结构,其安全性和稳定性对于保障人民生命财产安全至关重要。通过对大坝监测资料进行特征值统计分析,可以及时评估大坝的运行状态和结构健康状况,为大坝的安全管理和维护提供重要依据。特征值统计分析在大坝监测中扮演着重要的角色。首先,通过对大坝监测资料进行特征值统计分析,可以得到大坝的中心趋势信息。例如,可以计算大坝位移的平均值、中位数和众数,从而了解大坝的整体位移情况。这些中心趋势指标可以帮助工程师判断大坝是否存在明显的位移异常,以及时采取相应的措施进行修复和加固。其次,特征值统计分析还可以评估大坝结构的稳定性。通过计算大坝监测资料的离散程度指标,如标准差和变异系数,可以了解大坝位移的分布情况。如果离散程度较大,说明大坝的位移波动较大,可能存在结构的不稳定性。工程师可以根据这些统计指标来判断大坝的结构健康状况,采取相应的维护和修复措施,确保大坝的安全运行。此外,特征值统计分析还可以帮助工程师了解大坝监测资料的分布形态。通过绘制大坝位移的频率分布图,可以观察到位移数据的分布情况,如是否呈现正态分布、偏态分布或者双峰分布等。这些分布形态信息可以为工程师提供更深入的了解,帮助其判断大坝的运行状态和结构特点。综上所述,特征值统计分析在大坝监测中的应用是多方面的。它可以帮助工程师对大坝的位移情况、结构稳定性和分布形态等进行全面评估,为大坝的安全管理和维护提供重要的数据支持。通过及时的特征值统计分析,可以发现潜在的问题并采取相应的措施,确保大坝的安全运行。

2.3.2.3 监测资料相关性分析

1. 概念

相关性分析就是指效应量与环境量之间或两个效应量之间的相关关系分析,是确定两组变量相似程度的重要方法。比如在闸站安全监测中,经常需要研究两个变量之间的关系来确认其中一个变量是否是另一个变量的主要影响因素,如果两个变量之间存在明显的相关性,这就为我们找到了其测值变动的原因,这在预防安全隐患中起到巨大的作用。可以通过将多条过程线绘制在一幅图上来进行分析,也可以通过绘制相关图来进行分析。

相关图是指一个效应量与一个环境量,或一个效应量与另一个效应量的多次测值在二维坐标系中的多点聚合图,此图中常绘有通过点群的相关线。通过相关分析,大致可以得出如下判断:①效应量与环境量之间的相关性;②效应量与效应量之间的相关性;③判断效应量是否存在系统的趋势性变化,是否存在明显的异常迹象等。

2. 相关性分析方法

现在常采用的相关性分析方法主要有 Kendall 秩相关系数法、Spearman 秩相关系数法、Pearson 相关系数法。

Kendall 根据两个变量 $(x_i, y_i)(i, j = 1, \cdots, n)$ 是否协同一致,检验两个变量之间是否存在相关性。该方法由 Maurice George Kendall 于 1938 年提出,是一种常用于排序数据的相关性分析工具。Kendall 秩相关系数的计算基于两个变量的排列,它衡量的是两个变量之间的一致性程度,即它们在排列中的相对顺序是否一致。其计算步骤如下:

(1) 对每个变量的观测值进行排列,得到排列后的顺序;

(2) 对比两个变量的排列顺序,统计具有相同顺序或相反顺序的观测对数;

(3) 计算 Kendall 秩相关系数,其公式为:

$$\tau = \frac{\text{同序对数} - \text{反序对数}}{\frac{1}{2}n(n-1)}$$

式中:τ 为 Kendall 秩相关系数;n 为样本大小。

Kendall 秩相关系数的取值范围在 -1 到 1 之间,其中 1 表示完全的正相关,-1 表示完全的负相关,0 表示无相关。这使得 Kendall 秩相关系数对于非线性关系的刻画更为敏感,相比之下,Pearson 相关系数更适用于线性关系的度量。Kendall 秩相关系数的主要优势之一是对异常值不敏感,因为它基于秩次而非原始数据。此外,Kendall 秩相关系数在小样本情况下表现良好,并且不要求数据服从特定的分布。

Spearman 秩相关系数是一种用于测量两个变量之间相关性的非参数方法,特别适用于不满足正态分布要求的数据。先对数据进行秩次转换,再计算秩次差,然后可用下式来计算秩相关系数:

$$\rho = 1 - \frac{6\sum_{i=1}^{n} d_i^2}{n(n^2-1)}$$

式中：d_i 为秩次差；n 为样本大小。

Spearman 秩相关系数的取值范围在 -1 到 1 之间，其中 1 表示完全的正相关，-1 表示完全的负相关，0 表示无相关。因为计算中使用秩次而非原始数值，故对异常值不敏感。Spearman 方法尤其适用于数据呈单调但不一定线性的情况，对于非线性关系的检测更为敏感。

Pearson 相关系数是一种用于衡量两个变量之间线性关系的方法，它基于原始数据的协方差和方差，适用于符合正态分布的数据，对于线性关系的检测较为敏感。可用下式来计算 Pearson 相关系数 r：

$$r = \frac{s(xy)}{\sqrt{s(xx)s(yy)}}$$

式中：$s(xy)$ 为变量 x 和 y 的协方差；$s(xx)$、$s(yy)$ 分别为变量的 x 和 y 各自的方差。

Pearson 相关系数范围也在 -1 到 1 之间，但对于线性关系的度量较为敏感，适用于符合正态分布的数据。此外，Pearson 相关系数法对异常值较为敏感，因为其计算基于原始数据，且对数据分布的要求较高。

在选择以上相关性分析方法时，需根据研究问题、数据性质以及对异常值和线性关系的敏感性进行全面权衡。在实际应用中，结合数据特点，选择适当的方法有助于更准确地揭示变量之间的关系。

【案例分析】

测压管的渗压水头的大小与上下游水位变化幅度、降雨量以及筑坝材料的渗透性能等因素有关。在渗流过程中，渗流水克服土体的阻力，从上游渗到测点位置需要一定的时间，因此渗压水头与前期库水位有关。由于随着时间的推移，土体孔隙的变化以及坝上游淤积等都可能影响渗压水头，因此，影响监测效应量的主要因素最终归结为水头、温度、时效和降水等。一般用函数形式表示为：

$$Y = f_1(H) + f_2(T) + f_3(\theta) + f_4(J)$$

式中：Y 为渗流监测效应量；$f_1(H)$ 为水头分量；$f_2(T)$ 为温度分量；$f_3(\theta)$ 为时效分量；$f_4(J)$ 为降水分量。

温度变化对测压管水位升降影响极小，可不予考虑；降雨量自身没有明显规律性，其影响也复杂，分析中不作为因子分析。

根据运行管理单位提供的观测资料，绘制了库水位-测压管水位过程线，详见图 2-52、图 2-53，从图中可以看出，测压管水位时程曲线与库水位时程曲线有相似性，并且管水位的升降起伏一般较库水位的变化滞后一段时间，这表明管水位与库水位是直接相关的。测压管水位与库水位之间的相关性分析按下式进行回归分析拟合：

$$y = a + bx$$

式中：y 为库水位；x 为测压管水位。

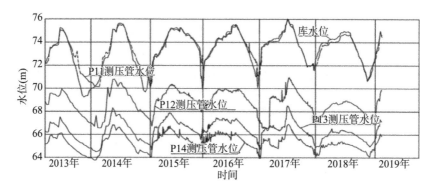

图 2-52　主坝 P11～P14 库水位-测压管水位过程线图

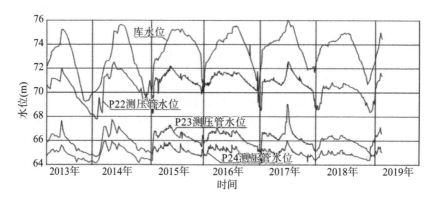

图 2-53　主坝 P22～P24 库水位-测压管水位过程线图

2.3.2.4　监测资料对比分析

监测资料对比分析是一种基于历史和实时数据对水文、水质、结构等方面进行对比、评估和预测的方法。这一过程涵盖了多个方面,包括水位变化、水质参数、工程结构状态等,旨在全面了解水利工程的运行状况,及时发现问题,提高工程的管理和运行效率。

(1) 水位变化的对比分析

水位是水利工程监测中的重要指标之一,对水库、河流、湖泊等水体的水位进行监测资料对比分析可以揭示水文变化的规律。通过对比历史水位资料和实时监测数据,可以评估水库调度的效果,判断水位的季节性和年际性变化,为未来水资源的合理利用提供依据。此外,对不同水位下水文、水生态等方面的影响进行对比分析,有助于优化水位管理策略,保护生态环境。

(2) 水质参数的对比分析

水利工程涉及的水体往往承载了丰富的生态系统和人类活动的影响,水质参数的监测对工程的可持续发展至关重要。通过对比不同时期的水质监测数据,可以识别水质的季节性变化、污染源的影响趋势,有利于及时采取措施来维护水体的水质。对于饮用水工程,水质对比分析更是保障居民健康的重要手段,有助于预测水源水质的稳定性和长期变化趋势。

（3）变形与渗流量的对比分析

水利工程涉及大量的水利建筑和设施，这些结构的安全稳定直接关系水利工程的整体运行。通过对比历史结构监测资料和实时监测数据，可以了解工程结构的演化过程，判断结构是否存在隐患，及时发现裂缝、变形等异常情况。对于大坝、堤防等工程，结构状态的对比分析更是防灾减灾的基础，可以帮助工程管理者及早采取维修和加固措施，确保工程的长期安全运行。通过对比不同时期的渗流量数据，可以研究工程对周边环境的影响程度，包括地下水位的变化、水质的变化等。这有助于采取环境保护措施，减轻工程对自然生态系统的影响。

（4）对比分析的数据处理与应用

水利工程中的监测数据通常是庞大而复杂的，对比分析的数据处理是确保得出可靠结论的关键。数据预处理、异常值处理、趋势分析等统计方法被广泛应用，以确保对比分析的结果具有可信度。此外，现代技术如人工智能和机器学习也逐渐应用于水利工程监测数据的处理，提高了对比分析的效率和准确性。

对比分析在水利工程管理中有着广泛的应用。首先，它为工程管理者提供了全面了解工程运行状况的手段，可以更好地指导决策和调度。其次，对比分析可以帮助工程预测未来可能出现的问题，及时采取措施，避免事故发生。此外，对比分析还有助于评估工程的长期性能，为工程的改进和优化提供科学依据。通过对水位、水质、结构等方面的实测资料和数值模拟成果进行对比分析，可以更全面、深入地了解工程的运行状况，为工程管理和决策提供科学依据。随着技术的发展，对比分析方法将不断完善，为水利工程的可持续发展提供更加精准的支持。

2.3.2.5　监测资料分布分析

水利工程中监测资料的分布分析是通过研究和评估不同时间、空间点上的监测数据，揭示其分布规律和特征的过程。这一分析对于理解水文、水质、结构等方面的变化趋势，制定合理的工程管理策略，以及提高水利工程的安全性和效益具有重要意义。在进行监测资料分布分析时，常常采用多种统计和空间分析方法，以获取更全面和准确的信息。

在水利工程中，常采用统计学中的正态分布、偏态分布等方法进行监测资料分布分析。正态分布适用于一些常见的水文、水质参数，可以通过均值和标准差来描述数据的集中趋势和离散程度。而对于一些偏态分布的数据，如降水量等，可以采用偏度、峰度等指标来描述其分布特征。

此外，地统计学和地理信息系统（GIS）的应用也在水利工程的监测数据分布分析中发挥着重要作用。通过 GIS 技术，可以对监测数据在空间上的分布进行可视化展示，帮助工程管理者更好地了解不同地区的水文、水质等特征，以便制定相应的管理策略。

（1）水文数据分布分析

水文数据包括水位、流量等信息，对其分布进行分析有助于了解河流、水库等水体的变化规律。在分析水文数据的分布时，常采用频率分析方法。频率分析通过对监测资料进行排序,计算出各种流量或水位的概率分布,进而得到设计洪水、枯水等水文事件的概率。这有助于工程设计的合理性和水资源管理的科学性。

（2）水质数据分布分析

水质数据涉及水中的各种物质含量,对其分布进行分析可以揭示水体的水质状况及其变化趋势。在水质数据分布分析中,常使用的方法包括箱线图、频率分布图等。箱线图可以直观展示水质指标的分布情况,包括中位数、上下四分位数和异常值。频率分布图则反映了水质指标在不同水质类别范围内的出现频率,有助于判断水体的水质等级。

（3）结构监测数据分布分析

水利工程中的结构监测数据包括坝体变形、裂缝变化等信息,对这些数据进行分布分析可以评估结构的安全性。在结构监测数据的分布分析中,常使用的方法包括概率分布函数和空间变异分析。概率分布函数可用于描述结构监测数据的统计分布规律,从而为结构的评估提供概率依据。空间变异分析则通过研究结构监测数据在空间上的变化规律,揭示不同位置的结构变形情况,有助于更全面地了解结构的状态。

2.3.3 监测数学模型

监测数学模型是针对水工建筑物效应量监测值而建立起来的、具有一定形式和构造用以反映效应量监测值定量变化规律的数学表达式。目前常用的主要有监测统计模型、监测确定性模型和监测混合模型。这三类传统监测数学模型已在实际工程中得到检验,应用效果良好。

2.3.3.1 监测统计模型

监测统计模型是一种根据已取得的监测资料、以环境量作为自变量、以监测效应量作为因变量、利用数理统计分析方法而建立起来的,定量描述监测效应量与环境量之间的统计关系的数学方程。统计模型以历史实测数据为基础,基本上不涉及水工建筑物的结构分析,因此它本质上是一种经验模型。

水工建筑物监测效应量可分为变形类、应力类和渗流类。其中变形类和应力类效应量模型结构一致,渗流类效应量模型略有区别。

1. 模型的构造

监测统计模型应反映出影响监测效应量变化的主要因素,排除与监测效应量变化无关的因素。已有的水工建筑物知识和经验表明,水工建筑物上任一点在时刻 t 的变形、应力等效应量主要受上下游水位（水压）、温度及时间效应（时效）等因素的影响,因此监测统计模型主要由水压分量、温度分量和时效分量构成。其模型的一般表达式为:

$$\hat{y}(t) = \hat{y}_H(t) + \hat{y}_T(t) + \hat{y}_\theta(t)$$

式中:$\hat{y}(t)$ 为监测效应量 y 在时刻 t 的统计估计值;$\hat{y}_H(t)$ 为 $\hat{y}(t)$ 的水压分量;$\hat{y}_T(t)$ 为 $\hat{y}(t)$ 的温度分量;$\hat{y}_\theta(t)$ 为 $\hat{y}(t)$ 的时效分量。

1）水压分量的构成形式

通过对水工建筑物在水压作用下所产生的变形类、应力类效应量的分析表明，水压分量的构成一般取为上游水位、水深或上下游水位差的幂多项式，即：

$$\hat{y}_H(t) = a_0 + \sum_{i=1}^{n} a_i H^i(t)$$

式中：$\hat{y}_H(t)$ 为 t 时刻的水压统计分量；$H(t)$ 为 t 时刻作用在水工建筑物上的水压（上游水位、水深或上下游水位差）；a_0、a_i 为回归常数和回归系数，a_0、a_i 均由回归分析确定；n 为水压因子个数，一般取为 3 或 4。

当下游水位变化较大且上下游水位差不大时，应考虑下游水位变化对监测效应量的影响。此时应增加下游水位因子，即：

$$\hat{y}_H(t) = a_0 + \sum_{i=1}^{n} a_{1i} H_1^i(t) + \sum_{i=1}^{n} a_{2i} H_2^i(t)$$

式中：$H_1(t)$ 为 t 时刻的上游水位或水深；$H_2(t)$ 为 t 时刻的下游水位或水深；a_{1i} 和 a_{2i} 分别为上下游的回归系数；其他符号含义同前。

2）温度分量的构成形式

温度分量取决于水工建筑物温度场的变化。因此，温度分量的构成形式与描述水工建筑物温度场的方式密切相关。当水工建筑物内埋设有足够多的温度测点，且测点温度可以充分描述温度场的变化状态时，可采用各温度测点的实测温度值作为温度因子。此时温度分量的构成形式可表示为：

$$\hat{y}_T(t) = b_0 + \sum_{i=1}^{m} b_i T_i(t)$$

式中：$\hat{y}_T(t)$ 为 t 时刻的温度统计分量；$T_i(t)$ 为 t 时刻温度测点 i 的温度实测值；b_0、b_i 为回归常数和回归系数，b_0、b_i 均由回归分析确定；m 为温度因子数，此处 m 为温度测点个数。

当采用测点温度作为温度因子时，可能会因为温度测点数量很多而导致温度因子数量过多，不利于模型的求解。考虑到水工建筑物温度场可以用若干个水平断面上的平均温度和这些断面上的温度梯度来描述，因此可采用平均温度和温度梯度作为温度因子。此时温度分量的构成形式可表示为：

$$\hat{y}_T(t) = b_0 + \sum_{i=1}^{m} b_{1i} \bar{T}_i(t) + \sum_{i=1}^{m} b_{2i} T_{ui}(t)$$

式中：$\bar{T}_i(t)$ 为 t 时刻水平断面 i 上的平均温度；$T_{ui}(t)$ 为 t 时刻水平断面 i 上的温度梯度；b_0、b_{1i}、b_{2i} 为回归常数和回归系数，b_0、b_{1i} 和 b_{2i} 均由回归分析确定；m 为温度因子数，此处 m 为水平断面个数。

如果没有水工建筑物温度监测资料，或虽有温度监测资料但不足以描述温度场变化，则无法采用实测温度或水平断面平均温度及温度梯度的温度因子形式。考虑到当水工建筑物温度场接近准稳定温度场时，其温度场变化主要受外界气温变化的影响，因此，可以用外界气温变化来间接地描述水工建筑物内部温度场的变化。由于水工建筑物内部温度变化对气温变化存在滞后效应，因而气温变化对监测效应量的影响也存在滞后效应。为此，可采用监测效应量观测日期前若干天气温的平均值作为温度因子。此时温度分量的构成形式可表示为：

$$\hat{y}_T(t) = b_0 + \sum_{i=1}^{m} b_i T_{i(s-e)}(t)$$

式中：$T_{i(s-e)}(t)$ 为第 i 个温度因子，系观测日 (t) 前第 s 天～第 e 天气温的平均值；b_0、b_i 为回归常数和回归系数，b_0、b_i 均由回归分析确定；m 为温度因子个数。s、e 和 m 的确定需要结合具体情况，经分析而定。

当有良好的水温实测资料时，可在上式中增加水温因子，因子形式与气温因子相同。

除上述温度因子构成形式外，还可以考虑用谐量分析的方法来确定温度因子的构成形式。也可以根据具体情况采用上述三种温度因子的组合形式。

3）时效分量的构成形式

时效分量是一种随时间推移而朝某一方向发展的不可逆分量，它主要反映混凝土徐变、岩石蠕变、岩体节理裂隙以及软弱结构对监测效应量的影响，其成因比较复杂。时效分量的变化一般与时间呈曲线关系，可采用对数式、指数式、双曲线式、直线式等表示。在建立监测统计模型时，可根据具体情况预置一个或多个时效因子参与回归分析。时效因子一般可以采用以下八种形式来表示，即：

$$\begin{cases} I_1 = \ln(t_1 + 1) \\ I_2 = 1 - e^{-t_1} \\ I_3 = t_1/(t_1 + 1) \\ I_4 = t_1 \\ I_5 = t_1^2 \\ I_6 = t_1^{0.5} \\ I_7 = t_1^{-0.5} \\ I_8 = 1/(1 + e^{-t_1}) \end{cases}$$

因此，时效分量的构成形式可表示为：

$$\hat{y}_\theta(t) = c_0 + \sum_{i=1}^{p} c_i I_i(t)$$

式中：$\hat{y}_\theta(t)$ 为 t 时刻的时效统计分量；t_1 为相对于基准日期的时间计算参数，一般取 $t_1 =$（观测日序号－基准日序号）$/365$；c_0、c_i 为回归常数和回归系数，c_0、c_i 均由回归分析确定；p 为所选择的时效因子个数，可取 $p = 1 \sim 8$。

上式所示的统计模型是针对变形类和应力类效应量的。对于渗流类效应量特别是对于靠近河流两岸的水工建筑物，其受降雨的影响比较明显，因此在渗流类效应量统计模型因子设置时，一般取水压、降雨、温度和时效四类因子。

$$\hat{y}(t) = \hat{y}_H(t) + \hat{y}_R(t) + \hat{y}_T(t) + \hat{y}_\theta(t)$$

式中：$\hat{y}(t)$ 为渗流类监测效应量 y 在时刻 t 的统计估计值；$\hat{y}_H(t)$、$\hat{y}_R(t)$、$\hat{y}_T(t)$、$\hat{y}_\theta(t)$ 分别为 $\hat{y}(t)$ 的水压、降雨、温度和时效分量。

由于水压、降雨和温度的变化对渗流类监测效应量的影响均存在滞后效应，因此，此时水压和降雨因子的构成形式类似于温度因子形式。

2. 模型的建立

监测统计模型的建立（求解）主要有两种方法：多元回归分析和逐步回归分析。其中，逐步回归分析应用更为广泛。

3. 模型的检验与校正

1）复相关系数 R

复相关系数 R 是判断回归有效性的重要指标，其表达式为：

$$R = \sqrt{\frac{\sum\limits_{t=1}^{m}\left[\hat{y}(t) - \overline{y}\right]^2}{\sum\limits_{t=1}^{m}\left[y(t) - \overline{y}\right]^2}}$$

式中：$\overline{y}$ 为效应量 $y(t)$ 的平均值；$y(t)$ 和 $\hat{y}(t)$ 分别为效应量的实测值和拟合值，下同。

复相关系数的取值范围为 $0 < R < 1$。R 越大，说明效应量 $y(t)$ 与入选因子群 $x_i(t)$ $(i = 1, 2, \cdots, k)$ 之间的相关关系越密切，回归方程的质量越高。

2）剩余标准差 S

剩余标准差 S 反映了所有随机因素及方程外的有关因子对监测效应量 $y(t)$ 的一次测值影响的平均方差的大小，它是回归方程精度的重要标志，表达式为：

$$S = \sqrt{\frac{\sum\limits_{t=1}^{m}\left[y(t) - \hat{y}(t)\right]^2}{(m - k - 1)}}$$

式中，$m - k - 1$ 为自由度，m 是样本大小，即观测值的数量。k 是除了截距项之外的解释变量个数。

剩余标准差 S 越小，说明回归方程的精度越高，方程的质量越好。同时，S 还是利用回归模型进行监测效应量 $y(t)$ 预报或对回归方程质量进行预报检验的重要参数。

3）拟合残差检验

从理论上讲，回归方程拟合值 $\hat{y}(t)$ 与实测值 $y(t)$ 的残差序列 $\varepsilon(t)$ $(t = 1, 2, \cdots, m)$ 应为一个均值为 0、方差为 σ^2 的正态分布随机序列。因此，如果经检验不符合上述条件，且残差序列中存在周期项、趋势项等规律性成分时，则需从预置因子集等角度对回归方程做进一步改进。

4. 模型分析

建立监测数学模型的目的，是为了从定量的角度去描述监测效应量与环境量之间的相关关系，分析监测效应量的变化规律，评价建筑物的安全状态，并为安全监控提供基础。具体可以从以下几个方面去分析。

1）模型质量分析

首先应对所建立的模型质量进行判断。只有所建立的模型能真正反映效应量与环境量之间的关系时，模型才能描述效应量的变化规律。

模型质量主要从复相关系数 R 和剩余标准差 S 两个角度进行初步判断。复相关系数应较大，一般 R 应不低于 0.7，R 最好能大于 0.85；剩余标准差应较小，剩余标准差 S 占拟合时段内测点实测效应量变幅的比例 η 宜小于 10%，η 最好能小于 5%。

2）模型因子构成分析

所建立的监测数学模型入选因子的情况，反映了各因子对效应量的影响情况。主要从几个方面分析：

➤ 如果某类分量（水压、温度、降雨或时效）的所有因子均未入选模型中，则表明该类分量因素对效应量的影响不显著。例如，水位变化幅度很小的大坝，水压因子可能不能入选监测数学模型。不能入选并不代表该类影响因素对效应量完全没有影响，而是影响的程度较低，不足以在模型中得到反映。

➤ 通过各分量所占比例的大小分析各分量在模型中的地位。所占比例越大，说明该类因素对效应量影响越大。例如，对拱坝变形，研究表明，高程较低的测点，温度分量和水压分量的比例比较接近；高程较高的测点，温度分量占有明显的主导地位。

➤ 通过各入选因子回归系数的符号，可以判断环境量变化对效应量的影响方向。例如，对混凝土重力坝，水位升高时，水平位移应向下游方向增大，因此，水压因子回归系数应为正（监测中规定，水平位移向下游为正）。

3）时效分量分析

在监测模型构成中，水压分量和温度分量主要反映了效应量弹性变化规律，而时效分量则更多地蕴涵着非弹性因素的影响。建筑物在荷载因素作用下产生的塑性影响，在监控模型中主要通过时效分量来描述。时效分量蕴涵着建筑物潜在的不安全信息，能更好地描述和刻画建筑物结构性态和安全状况，是建筑物结构性态是否正常、工作状态是否安全的重要标志。因此，时效分量分析是监测数学模型的重点。

以混凝土坝时效变形为例，时效变形（时效分量）大致存在如图 2-54 所示的五种表现形式：

➤ 时效分量基本无变化或在某一范围内小幅度变化，如图 2-54 中的曲线 A，这是一种理想的状况，对工程的安全最为有利，但在实际工程中极少出现。

➤ 时效分量在初期增长较快，在运行期变化平稳，变幅较小，如图 2-54 中的曲线 B，这种情况在实际工程中最为常见，是一种符合时效变形普遍规律的正常状况。

➤ 时效分量以近乎相同的速率持续增长，如图 2-54 中的曲线 C，这种情况表明工程中存在着某种或某些危及安全的隐患，对工程的安全是不利的。此时应引起重视，并进行适当的专题研究。

➤ 时效分量以逐渐增大的速率持续增长，如图 2-54 中的曲线 D，这是对工程安全极为不利的情况，它表明建筑物的隐患正在向不利的方向迅速发展。此时应高度重视，并立即采取预防措施。

➢ 时效分量持续增长,并在变化过程中伴有突变现象,如图 2-54 中的曲线 E,这是对工程的安全最为不利的情况,它表明建筑物的隐患已发生了质的恶化,并在向继续恶化的方向发展。此时应立即采取降低或转移工程失事风险的应急措施。

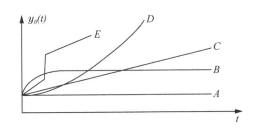

图 2-54 时效变形分量的表现形式

4）异常值分析

当监测数学模型所反映出的效应量变化规律完全或基本符合建筑物的一般变化规律时,可以认为建筑物的状态是安全的或基本安全的。当监测模型反映出测值存在异常情况时,则应对异常情况进行重点分析。

对被判断为异常测值的效应量,处理时应十分慎重。有些表面上看表现为异常的效应量,很可能是建筑物结构性态异常的表现,决不可轻易简单地进行删除处理。

对表现异常的效应量,一般应按以下方法进行分析和判断:

➢ 首先检查观测记录和计算方法是否有问题。
➢ 检查观测方法是否有问题。
➢ 检查环境量是否有明显变化。
➢ 检查观测设备是否有异动,如设施的改造、人为的损坏等。
➢ 检查建筑物主体及附属建筑物是否有异动,如大坝的加固改造等。
➢ 将异常效应量与其他测点的同类效应量进行比较,看是否协调。
➢ 将异常效应量与其他测点的相关效应量进行比较,看是否有关联。
➢ 只有在上述检查均没有发现问题时,才可以把该异常测值判断为错误测值。

2.3.3.2 监测确定性模型

监测确定性模型是一种先利用结构分析计算成果来分别确定环境量（自变量）与监测效应量（因变量）之间的确定性物理力学关系式,然后根据监测效应量和环境量实测值经过回归分析来求解修正计算参数误差的调整系数,从而建立定量描述监测效应量与环境量之间的因果关系的数学方程。

统计模型是一种基于历史监测资料的经验模型。当环境量超出了历史监测资料的环境量范围（如水库水位远大于建模的历史水位）时,按历史监测资料确定的统计模型将难以准确解释新的监测成果,同时,统计模型的外延预报效果也难以保证。因此,与统计模型相比,确定性模型具有更加明确的物理力学概念,能更好地与水工建筑物的结构特点相联系,能取得更好的预报效果。但确定性模型往往计算工作量大,对用作结构计算的基本资料有较高要求。

1. 模型的构造

如前所述,水工建筑物上任一点在时刻 t 的变形、应力等效应量,主要受水压、温度及时效等因素的影响,因此监测确定性模型也主要由水压分量、温度分量和时效分量构成。其模型的一般表达式为:

$$\hat{y}(t) = \hat{y}_H(t) + \hat{y}_T(t) + \hat{y}_\theta(t)$$

式中:$\hat{y}(t)$ 为监测效应量 y 在时刻 t 的估计值;$\hat{y}_H(t)$ 为 $\hat{y}(t)$ 的水压分量;$\hat{y}_T(t)$ 为 $\hat{y}(t)$ 的温度分量;$\hat{y}_\theta(t)$ 为 $\hat{y}(t)$ 的时效分量。

在确定性模型中,水压分量和温度分量的构造形式一般由结构计算成果(如有限元计算成果)来确定,时效分量的构造形式则采用经验方式确定。

1) 水压分量的构成形式

取若干代表性水荷载(如坝前水深)$H_1, H_2, \cdots, H_m$,根据物理力学理论关系,利用结构分析方法(如有限元法),分别计算在上述代表性水荷载作用下,水工建筑物上准备建立确定性数学模型的测点的监测效应量值 $y_{H1}, y_{H2}, \cdots, y_{Hm}$,从而得到 m 组对应的水位与监测效应量理论计算值 (H_j, y_{Hj}) $(j=1,2,\cdots,m)$。在水压作用下,水工建筑物上所产生的变形类、应力类效应量一般与水压(水深)的幂次方有关,即:

$$y_H = \sum_{i=0}^{n} a_i H^i$$

式中:y_H 为理论计算效应值;H 为水压(水深);a_0、a_i 为回归常数和回归系数;n 为效应量与水压相关的最高幂次,一般取为 3 或 4。

根据上式的结构形式,利用理论计算得到的 m 组水位-效应量值 (H_j, y_{Hj}) $(j=1, 2, \cdots, m)$,采用一元多项式回归分析方法,可以求得回归系数 a 和回归常数 a_0,从而得到确定性模型中水压分量的构造形式,即:

$$\hat{y}'_H(t) = \sum_{i=0}^{n} a_i H^i(t)$$

式中:$\hat{y}'_H(t)$ 为 t 时刻的水压确定性分量;$H(t)$ 为 t 时刻作用在水工建筑物上的水压(上游水位、水深或上下游水位差)。

2) 温度分量的构成形式

水工建筑物上温度作用所引起的效应量值的理论计算一般采用有限元法。在水工建筑物有限元分析的计算网格上选择 n 个有温度监测值的结点,要求这些结点的温度变化足以描述整个水工建筑物温度场的变化。采用"单位荷载法"计算当代表性结点 i 温度变化 1℃而其他结点温度无变化时,在水工建筑物上准备建立确定性数学模型的测点处所产生的效应量值 y_{Ti}。当结点 i 的实际温度变化为 ΔT_i 而其他结点温度无变化时,它在测点 k 处产生的效应量值为 $y_{Ti}\Delta T_i$。若所有 m 个具有温度测点的结点的实际温度变化分别为 ΔT_1、ΔT_2、$\cdots$、ΔT_m 时,测点处所产生的效应量值则为:

$$y_T = \sum_{i=1}^{m} y_n \Delta T_i$$

设在 t 时刻上述 m 个结点的实际温度变化分别为 $\Delta T_1(t)$，$\Delta T_2(t)$，$\cdots$，$\Delta T_m(t)$，则确定性模型中温度分量的构造形式可表示为：

$$\tilde{y}'_T(t) = \sum_{i=1}^{m} b_i y_n \Delta T_i(t)$$

式中：$\tilde{y}'_T(t)$ 为 t 时刻的温度确定性分量；$\Delta T_i(t)$ 为 t 时刻测点 i 的实际温度变化；b_i 为回归系数。

3）时效分量的构成形式

由于时效分量的成因较为复杂，一般难以用物理力学方法确定其理论关系式，因此在确定性模型中，仍然采用前述时效分量的构造形式和统计形式。

2. 模型的建立

前述水压分量和温度分量是由理论计算确定的。在理论计算中，所选取的物理力学参数与工程实际情况一般是有差别的，因而计算出的水压分量和温度分量也与实际情况存在误差。因此，需要对其进行调整。

假设水压分量的误差主要是由水工建筑物及基岩的弹性模量取值不准确引起的，则给出一个调整系数 Φ，用以调整这种因弹性模量取值不准确而引起的误差，此时，温度确定性分量的表达式为：

$$\tilde{y}_H(t) = \Phi \sum_{i=1}^{n} a_i H^i(t)$$

同理，假设温度分量的误差主要来源于水工建筑物及基岩的线膨胀系数取值不准确，则给出一个调整系数 ψ，用以调整这种因线膨胀系数取值不准确而引起的误差，此时，温度确定性分量的表达式为：

$$\tilde{y}_T(t) = \psi \sum_{i=1}^{m} b_i y_n \Delta T_i(t)$$

综合上述分析，监测确定性模型可表示为：

$$\hat{y}(t) = \tilde{y}_H(t) + \tilde{y}_T(t) + \tilde{y}_\theta(t)$$
$$= \Phi \sum_{i=1}^{n} a_i H^i(t) + \psi \sum_{i=1}^{m} b_i y_n \Delta T_i(t) + \sum_{i=1}^{p} c_i I_i(t)$$

在上式中，调整系数 Φ、ψ 和回归系数 c_i 均为未知，需要根据实测资料，用多元回归分析或逐步回归分析来确定。为保证在模型中水压和温度分量均能得到反映，宜采用多元回归分析。

3. 模型的检验与校正

确定性模型的检验和校正同样可以采用统计模型中介绍的复相关系数 R 检验、剩余标准差 S 检验以及拟合残差正态性检验等检验方法。此外，由于在确定性模型中引入了调整系数 Φ、ψ，因此 Φ、ψ 的合理性也是检验确定性模型质量的重要指标。

由于调整系数 Φ、ψ 主要反映的是理论计算时物理力学参数取值与实际情况的误差，因此，合理的 Φ、ψ 应该在 1.0 左右。如果 Φ、ψ 值出现明显的不合理，如 Φ、ψ 值太大或太小,则说明所建立的模型质量不佳,需要查找原因(如理论计算时物理力学参数的取值是否严重偏差、有限元计算方法是否合理、时效分量形式选择是否合适等),然后重新建立确定性模型。

2.3.3.3 监测混合模型

监测混合模型是一种利用结构分析计算成果来确定某一环境量(自变量)与监测效应量(因变量)之间的确定性物理力学关系式。利用数理统计原理及经验来确定其他环境量与监测效应量之间的统计关系式,然后根据监测效应量和环境量实测值的回归分析来求解调整系数及其他回归系数,从而建立定量描述监测效应量与环境量之间的关系的数学方程。

混合模型从一定程度上克服了统计模型外延预报效果不佳和确定性模型计算工作量大的缺点,是一种同时具有解释和预报功能的较好的监测数学模型。混合模型主要有水压分量确定性的混合模型和温度分量确定性的混合模型两种。

(1)水压分量确定性的混合模型。即水压分量的构造形式由结构分析计算成果来确定,温度分量和时效分量的构造形式由数理统计原理及经验来确定,其模型可表示为

$$\hat{y}(t) = \hat{y}_H(t) + \hat{y}_T(t) + \hat{y}_\theta(t)$$

式中:水压分量确定性模型 $\hat{y}_H(t)$ 按前述调整模型来确定,温度分量统计模型 $\hat{y}_T(t)$ 视具体情况来确定,时效分量统计模型 $\hat{y}_\theta(t)$ 按理论模型来确定。因此,上式可表示为:

$$\hat{y}(t) = \Phi \sum_{i=1}^{n} a_i H^i(t) + \hat{y}_T(t) + \sum_{i=1}^{p} c_i I_i(t)$$

式中符号意义同前。其中,调整系数 Φ 和回归系数 b_i [在 $\hat{y}_T(t)$ 中]、c_i 为未知,因此需要根据实际监测资料,采用多元回归分析或逐步回归分析来确定。

(2)温度分量确定性的混合模型。即温度分量的构造形式由结构分析计算成果来确定,水压分量和时效分量的构造形式由数理统计原理及经验来确定。

由于建立温度与监测效应量之间的确定性关系的计算工作量一般很大,而且要求水工建筑物内具有足够数量的能反映其温度场的温度监测点,因此,在实际工程中,较少建立温度确定性的混合模型,而主要是建立水压分量确定性的混合模型。

混合模型的检验和校正仍主要采用复相关系数 R、剩余标准差 S、拟合残差的正态性以及调整系数 Φ 的合理性等检验指标来进行。

统计模型、确定性模型和混合模型是目前应用最为广泛的三类监测模型,它们具有以下特点:①所建立的均是以环境变量为自变量、以监测效应量为因变量的因果关系模型;②所建立的均是单个测点的单种监测效应量的数学模型;③在因子选择时,均以传统的水压、温度(或降雨)和时效因子为基本因子;④三类模型的主要区别在因子构造形式的确定方式上,但模型的求解均以数理统计理论中的最小二乘法回归分析为基础。

2.3.3.4 其他监测模型

除上述三大类传统监测数学模型外,还存在一些其他监测数学模型,如主成分模型、

模糊数学模型、灰色系统模型、时间序列模型、神经网络模型、非线性动力分析模型、多测点模型、多项目综合评价模型、反分析模型等。其中,非线性动力分析模型、多项目综合评价模型、反分析模型等是监测数学模型的前沿领域和发展方向。

【案例分析——南水北调中线叶县管理处监测模型分析】

叶县管理处辖区内渠道工程全长 30.266 km,布置各类建筑物共 57 座,其中输水建筑物 2 座,左排建筑物 17 座,渠渠交叉建筑物 8 座,跨渠桥梁 30 座,分水口门 1 座。安全监测仪器有:内观监测仪器 470 支(套)、外观监测设施 1 776 个(座)。

叶县管理处辖区工程沿线 2018 年 12 月天气以晴天、多云为主,晴天为 18 天,多云阴天为 13 天,降雨天为 0 天。2018 年 12 月最高气温为 27℃,最低气温为 6℃,平均气温为 16.5℃左右;2018 年 12 月无降雨,累计降水量为 0 mm。

填方渠段共布设了 5 个重点监测断面:K185+600、K187+800、K189+360、K197+400、K210+940;监测项目有渗流监测、变形监测。

➤ 渗流监测

以 K185+600 监测断面为代表性断面,建立该断面各渗压计 P01QD-1～ P01QD-8 实测渗压水位统计模型(该断面上的 P01QD-9 渗压计已失效)。渗流统计模型构成为:

$$\hat{y} = \hat{y}_H + \hat{y}_R + \hat{y}_T + \hat{y}_\theta$$

其中,各分量预置因子集考虑如下:

水压因子取为渠道水位 H,3 个,当日水位、前期 1～3 天平均水位、前期 4～7 天平均水位;

降雨因子取为日降雨量 R,3 个,当日降雨、前期 1～3 天累计降雨量、前期 4～7 天累计降雨量;

温度因子取为前期气温 T,3 个,当日平均气温,前期 1～15 天平均气温,前期 16～30 天平均气温;

时效因子 3 个,取为 $I_1 = t_1$、$I_2 = \ln(t_1 + 1)$、$I_3 = 1 - e^{-t_1}$。

K185+600 监测断面上各渗压计实测渗压水位统计模型构成见表 2-4,模型拟合情况与各分量比重[①]分别见表 2-5、表 2-6 所示,代表性测点(P02QD-1、P04QD-1、P07QD-1)统计模型各分量过程线如图 2-55～图 2-57 所示。

表 2-4　K185+600 断面渗压计统计模型方程组成表

因子序号	因子表达式	测点的回归系数							
		P01QD-1	P02QD-1	P03QD-1	P04QD-1	P05QD-1	P06QD-1	P07QD-1	P08QD-1
		改性土下	改性土下	衬砌板下	衬砌板下	衬砌板下	渠堤内	渠堤内	渠堤内
B_0	常数	−88.449 2	−139.725 8	12.464 3	−452.480 4	277.858 9	112.723 5	126.537 2	43.670 6
X_1	$I_1 = t_1$	−0.162 5	−4.383 8	−2.048 9	−0.139 4	—	−0.328 2	−0.206 3	−1.671 3

---

① 因四舍五入,文中数据略有误差。

因子序号	因子表达式	测点的回归系数							
		P01QD-1	P02QD-1	P03QD-1	P04QD-1	P05QD-1	P06QD-1	P07QD-1	P08QD-1
		改性土下	改性土下	衬砌板下	衬砌板下	衬砌板下	渠堤内	渠堤内	渠堤内
X_2	$I_2=\ln(t_1+1)$	—	111.432 1	47.808 3	—	−1.234 8	7.864 5	—	35.449 5
X_3	$I_3=1-\exp(-t_1)$	—	—	—	—	—	—	—	—
X_4	$H_{1u}=H_0$	—	0.158 6	—	—	—	—	—	0.000 7
X_5	$H_{2u}=H_{1\sim3}$	0.035 4	—	0.000 8	0.095 2	0.066 2	—	—	—
X_6	$H_{3u}=H_{4\sim7}$	−0.000 2	—	—	−0.000 4	−0.000 3	—	0.000 1	—
X_7	$R_{1u}=R_0$	—	—	—	—	—	—	—	—
X_8	$R_{2u}=R_{1\sim3}$	—	0.011 5	—	—	—	—	—	—
X_9	$R_{3u}=R_{4\sim7}$	—	0.015 6	—	—	—	—	—	—
X_{10}	$T_1=T_0$	—	—	−0.017 1	−0.009 7	—	—	—	—
X_{11}	$T_2=T_{1\sim15}$	—	0.015 7	—	—	—	−0.002 1	—	—
X_{12}	$T_3=T_{16\sim30}$	—	−0.038 8	—	—	—	0.002 5	—	—

表 2-5　K185＋600 断面渗压计统计模型拟合情况表

测点编号	复相关系数 R	剩余标准差 S(m)	各分量变幅(m)				
			实测值	拟合值	水位分量	温度分量	降雨分量	时效分量
P01QD-1	0.60	0.21	1.26	0.87	0.83	0.00	0.00	0.68
P02QD-1	0.86	0.23	1.96	1.63	0.60	0.25	0.82	0.83
P03QD-1	0.70	0.22	1.87	1.02	0.83	0.00	0.58	0.43
P04QD-1	0.71	0.23	1.75	1.33	1.49	0.00	0.33	0.58
P05QD-1	0.67	0.27	1.92	1.27	1.32	0.00	0.00	0.21
P06QD-1	0.57	0.02	0.14	0.08	0.05	0.00	0.04	0.04
P07QD-1	0.62	0.23	1.53	1.06	0.81	0.00	0.00	0.86
P08QD-1	0.71	0.21	1.58	1.09	0.76	0.00	0.00	0.92

表 2-6　K185＋600 断面渗压计统计模型各分量比重表

测点编号	位置	S 与变幅实测值的比值 η	水位分量比重	温度分量比重	降雨分量比重	时效分量比重
P01QD-1	改性土下	17%	55%	0%	0%	45%
P02QD-1	改性土下	12%	24%	10%	33%	33%
P03QD-1	衬砌板下	12%	45%	0%	32%	23%
P04QD-1	衬砌板下	13%	62%	0%	14%	24%
P05QD-1	衬砌板下	14%	86%	0%	0%	14%
P06QD-1	渠堤内	14%	38%	0%	31%	31%
P07QD-1	渠堤内	15%	49%	0%	0%	51%
P08QD-1	渠堤内	13%	45%	0%	0%	55%

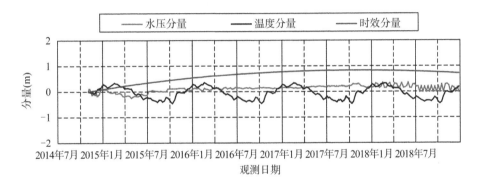

图 2-55　渠道 K185＋600 监测断面 P02QD－1 统计模型分量过程线

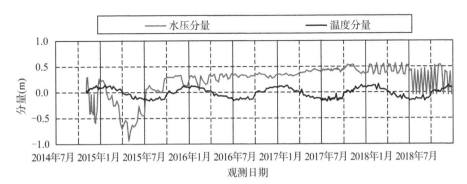

图 2-56　渠道 K185＋600 监测断面 P04QD－1 统计模型分量过程线

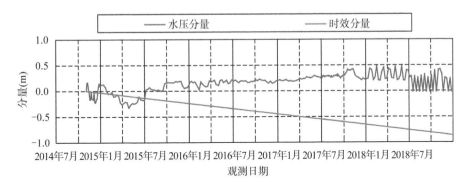

图 2-57　渠道 K185＋600 监测断面 P07QD－1 统计模型分量过程线

由表 2-4～表 2-6 和图 2-55～图 2-57 可知：

（1）K185＋600 监测断面 8 支渗压计统计模型中，复相关系数均不大，在 0.7 左右。总体来看，统计模型质量不高。

（2）8 支代表性渗压计渗压水位主要受渠道水位变化的影响，部分渗压计（4/8）渗压水位与降雨存在一定的相关性，温度变化对渗压水位影响均不大。

（3）由时效因子和分量过程线图可知，填方渠段 8 支代表性渗压计中，均入选了时效因子，但时效分量均不大，且均处于基本收敛状态。

综合来看，填方渠段各渗压计实测渗压水位不高，变幅不大，未出现明显的突变和趋势性变化等异常现象。渠底改性土下的渗压计和渠底衬砌板下的渗压计 2018 年 12 月渗压水位均在相应的警戒值以内,各监测断面位于左右岸渠堤内的渗压计实测渗压水位未出现明显的突变现象。填方渠段渗流实测性态正常。

➤ 变形监测

以 K185+600、K210+940 监测断面为代表断面,建立各测点 BM01QD-01、BM02QD-01、BM01QD-07、BM02QD-07、BM03QD-07、BM04QD-7 实测表面垂直位移统计模型。变形统计模型构成为:

$$\hat{y} = \hat{y}_H + \hat{y}_T + \hat{y}_\theta$$

其中,各分量预置因子集考虑如下。水压因子取渠道水位 H,共 1 个,当日水位;温度因子取前期气温 T,共 3 个,当日平均气温、前期 1~15 天平均气温、前期 16~30 天平均气温;时效因子共 3 个,取 $I_1 = t_1$、$I_2 = \ln(t_1+1)$、$I_3 = 1 - e^{-t_1}$。

K185+600、K210+940 监测断面各测点实测表面垂直位移统计模型构成见表 2-7,模型拟合情况与各分量比重分别如表 2-8、表 2-9 所示,代表性测点(BM01QD-01、BM03QD-07)统计模型各分量过程线如图 2-58、图 2-59 所示。

表 2-7　K185+600、K210+940 断面垂直位移统计模型方程组成表

因子序号	因子表达式	测点的回归系数					
		K185+600		K210+940			
		BM01QD-01	BM02QD-01	BM01QD-07	BM02QD-07	BM03QD-07	BM04QD-07
B_0	常数	−3 816.251 4	−8 299.811 8	−5 369.889 8	−11 133.987 4	8 954.851 4	−14 873.259 1
X_1	$I_1 = t_1$	−64.241 9	−148.045 7	−75.405 4	−191.454 7	184.521 4	−249.163 2
X_2	$I_2 = \ln(t_1+1)$	1 730.624 1	3 768.008 5	2 255.396 6	4 909.848 6	−4 035.215 4	6 489.462 9
X_3	$I_3 = 1 - \exp(-t_1)$	—	—	—	—	—	—
X_4	$H_{1u} = H_0$	0.603 8	−1.954 2	—	—	—	—
X_5	$T_1 = T_0$	—	—	−0.074 2	—	—	—
X_6	$T_2 = T_{1~15}$	—	—	—	—	—	−0.072 9
X_7	$T_3 = T_{16~30}$	−0.135 4	—	—	—	−0.215 4	—

表 2-8　K185+600、K210+940 断面垂直位移统计模型拟合情况表

测点编号	复相关系数 R	剩余标准差 S(mm)	各分量变幅(mm)				
			实测值	拟合值	水位分量	温度分量	时效分量
BM01QD-01	0.78	0.87	4.40	3.57	1.22	1.10	2.88
BM02QD-01	0.91	1.46	13.20	10.93	3.49	0.00	10.98
BM01QD-07	0.99	1.65	48.03	43.37	0.00	2.41	43.41
BM02QD-07	0.95	1.60	18.68	16.39	0.00	0.00	16.39
BM03QD-07	0.90	0.31	26.10	20.59	0.00	3.80	19.19
BM04QD-07	0.98	1.93	28.00	29.41	0.00	2.09	29.94

表 2-9　K185＋600、K210＋940 断面垂直位移统计模型各分量比重表

测点编号	S 与变幅实测值的比值 η	水位分量比重	温度分量比重	时效分量比重
BM01QD－01	20％	23％	21％	55％
BM02QD－01	11％	24％	0％	76％
BM01QD－07	3％	0％	5％	95％
BM02QD－07	9％	0％	0％	100％
BM03QD－07	1％	0％	17％	83％
BM04QD－07	7％	0％	7％	93％

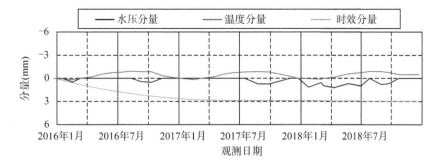

图 2-58　渠道 K185＋600 断面 BM01QD－01 垂直位移统计模型分量过程线

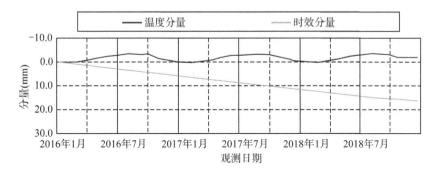

图 2-59　渠道 K210＋940 断面 BM03QD－07 垂直位移统计模型分量过程线

由表 2-7~表 2-9 和图 2-58、图 2-59 所示建模结果可知：

（1）K185＋600 断面上的 2 个测点,统计模型复相关系数 R 分别为 0.78、0.91；K210＋940 断面上的 4 个测点,统计模型的 R 均大于 0.9。总体来看,表面垂直位移模型质量较好。

（2）对 K185＋600 断面,代表性测点实测垂直位移主要受时效因素影响,其次表现为受渠道水位变化的影响,温度对部分测点垂直位移存在一定的影响。时效变形过程线已基本收敛。

（3）对 K210＋940 断面,时效变形是各代表性测点实测垂直位移的绝对主要成分,

4 个测点时效分量比重为 95％、100％、83％、93％。从时效分量过程线来看,时效分量尚未收敛。

从现场巡视检查情况来看,该处渠堤顶部面板处之前存在开裂现象,且防浪墙处之前存在相对错动现象,但这些缺陷 2018 年 12 月巡查时未见明显继续增加的现象。综合来看,填方渠段除 K210～K212 渠段外的绝大多数测点累积表面垂直位移数值不大,本月变幅也不大,未出现明显的突变和趋势性变化等异常现象,表面垂直位移基本稳定,填方渠段垂直位移实测性态总体上基本正常。2018 年 12 月有 22 个测点累积表面垂直位移大于设计参考值(±50 mm),其中 2 个测点(BM02-210241 和 BM02-210852)大于设计警戒值(±100 mm),这些测点主要集中在桩号 K210～K212 渠段,且该渠段部分测点存在趋势性变化,趋势性尚未收敛,其中部分测点近期变化速率大于前期,建议对这些测点今后的测值变化情况继续给予重点关注,并加强对这些渠段渠堤的巡视检查。

2.3.4　安全性预测方法

安全预测方法的发展大致可以总结为以下三个阶段:

(1) 现象预测与经验预测阶段

现象预测就是依据人工观测建筑物破坏的前兆现象,比如建筑物异常变形(裂缝、不均匀沉降、倾斜等现象)或者地质水文的异常现象(如地表裂缝、地表沉陷、地下水异常等现象),对建筑物安全性进行直观预测。经验预报就是依据变形监测资料建立建筑物变形与时间的数学关系。斋藤迪孝基于试验研究与现场监测资料的分析总结提出滑坡预测的蠕变三阶段理论,并建立了滑坡时间与蠕变速率的微分方程,用该模型成功地预测了高汤山隧道滑坡,此后大量学者开始对滑坡经验法进行研究,如 Endo T、李天池等。然而这种方法受经验影响限制,且缺乏理论依据。

(2) 统计分析预测阶段

在这个阶段,许多研究人员开始将各种概率论、数理统计方法和模型融入建筑物的安全预测当中,使得预测取得了进一步发展。其中统计分析模型大致可分为两种。第一种模型是建立效应量与环境量之间的因果关系模型。这种预测模型可以从环境量的监测数据信息中挖掘效应量的未来变化信息。常见的因果模型有多元回归分析模型、主成分回归分析模型、偏回归模型、逐步回归分析模型等。第二种模型是只建立反映效应量自身变化规律的无因果关系模型。这种模型通过历史测值来预测效应量的未来变化。常见的模型有时序分析模型(包含随机性和确定性两种模型)、灰色理论分析模型、模糊聚类分析模型等。并且预测模型的发展趋势由以往的单测点模型向多测点或整体性分析发展。例如,李广春采用时空自回归预测模型对五强溪大坝的位移数据进行整体性分析。这个阶段还有许多的预测模型,如 Voight 模型、马尔科夫预测模型、Kawamura 模型、卡尔曼滤波模型、正交多项式最佳逼近平方模型、多因素时变预测模型等等。上述提到的理论和方法很少考虑预测参数和建筑物变形破坏及演化机制,从而影响了预测值的准确性。Bouayad 将预测参数与掘进机(Tunnel Boring Machine,TBM)运行参数联系起来,并基于偏最小二乘法(PLS)回归模型对法国图卢兹地铁 B 线施工期间的地表沉降进行预测分析,并建立了地表位移与相关力学参数的数学表达式,利用现场监测数据检验了 PLS 回归模型的精度。

（3）非线性-综合预测阶段

随着监测辅助技术、非线性科学和系统科学理论的飞速发展,研究人员开始将多种非线性科学理论融入安全预测模型中,由此产生一系列预测方法。研究人员开始对位移时间序列演化的确定性与随机性的结合,渐变过程与突变过程的交替进行,以及有序与无序的发展等特征进行探索,由此产生了许多非线性预测模型。在这些非线性安全预测模型中应用较为广泛的有人工神经网络模型、支持向量机（SVM）模型等人工智能模型。Du 等用时间序列模型与 BP 神经网络模型结合的综合模型对三峡库区白水河滑坡和八字门滑坡位移特性进行预测,对比实测数据表明该模型有较好的预测预警效果。Cheng 等将灰色关联分析、时序分析模型与极限学习机（ELM）相结合的综合预测模型用于三峡水库库区内的滑坡预测。Fu 等结合小波分析和粒子群优化支持向量机（PSO-SVM）模型对三峡库区山体的滑坡进行预测。王彦磊等基于改进的随机森林算法,输入水位、气温等实测因子对渡槽的应力及位移进行预测,预测精度可以满足工程需求。

参考文献

［1］殷建华,丁晓利,杨育文,等. 常规仪器与全球定位仪相结合的全自动化遥控边坡监测系统［J］. 岩石力学与工程学报,2004(3)：357-364.

［2］梁苗,邬凯,邵江,等. LoRa 技术在公路边坡监测中的应用研究［J］. 地下空间与工程学报,2020,16(S2)：1011-1016＋1029.

［3］WIRZ V, GEERTSEMA M, GRUBER S, et al. Temporal variability of diverse mountain permafrost slope movements derived from multi-year daily GPS data, Mattertal, Switzerland［J］. Landslides, 2016, 13(1)：1-17.

［4］OHNISHI Y, NISHIYAMA S, YANO T. A study of the application of digital photogrammetry to slope monitoring systems［J］. International Journal of Rock Mechanics & Mining Sciences, 2006, 43(5)：756-766.

［5］KATO S, KOHASHI H. Study on the monitoring system of slope failure using optical fiber sensors［R］. Atlanta, GA, United states：GEOCongress, 2006.

［6］WANG Y, SHEN D, CHEN J, et al. Research and application of a smart monitoring system to monitor the deformation of a dam and a slope［J］. Advances in Civil Engineering, 2020.

［7］朱建军,李志伟,胡俊. InSAR 变形监测方法与研究进展［J］. 测绘学报,2017, 46(10)：1717-1733.

［8］董文文,朱鸿鹄,孙义杰,等. 边坡变形监测技术现状及新进展［J］. 工程地质学报,2016,24(6)：1088-1095.

［9］谭捍华,傅鹤林. TDR 技术在公路边坡监测中的应用试验［J］. 岩土力学,2010,

31(4)：1331-1336.

［10］曹棋，宋效东，吴华勇，等．探地雷达地波法测定红壤区土壤水分的参数律定研究［J］．土壤通报，2020，51(2)：332-342.

［11］ZHENG Y，ZHU Z W，LI W J，et al. Experimental research on a novel optic fiber sensor based on OTDR for landslide monitoring［J］．Measurement，2019，148：106926.

［12］ANTÓNIO B，JOAN C，SERGI V. A review of distributed optical fiber sensors for civil engineering applications［J］．Sensors，2016，16(5)：748.

［13］卢毅，施斌，魏广庆．基于BOTDR与FBG的地裂缝定点分布式光纤传感监测技术研究［J］．中国地质灾害与防治学报，2016，27(2)：103-109.

［14］JINACHANDRAN S，RAJAN G. Fibre bragg grating based acoustic emission measurement system for structural health monitoring applications［J］．Materials，2021，14(4)：897.

［15］朱赵辉，任大春，李秀文，等．光纤光栅位移计组在围岩变形连续监测中的应用研究［J］．岩土工程学报，2016，38(11)：2093-2100.

［16］何朝阳．滑坡实时监测预警系统关键技术及其应用研究［D］．成都：成都理工大学，2020.

［17］徐陈勇，李云帆，王喜春．基于低空无人机的大坝渗漏安全检测技术研究［J］．电子测量技术，2018，41(9)：84-86.

［18］陈起谟．基于无人机航测技术在尾矿库监测分析中的应用［J］．经纬天地，2019，(2)：17-23＋26.

［19］夏继帅，魏立鹏．大型水利工程中无人机航测的应用［J］．居舍，2018，(3)：186.

［20］徐陈勇，杨洋，钟良．基于无人机贴近摄影测量的边坡安全监测技术研究［J］．河南水利与南水北调，2021，50(7)：82-84.

［21］王琳琳，李俊杰，康飞，等．基于无人机图像拼接技术的大坝健康监测方法［J］．人民长江，2021，52(12)：236-240.

［22］陈俊杰．耦合BIM的长距离输水渠道无人机巡检与险情智能图像识别研究［D］．天津：天津大学，2020.

［23］黄海宁，黄健，周春宏，等．无人机影像在高陡边坡危岩体调查中的应用［J］．水文地质工程地质，2019，46(6)：149-155.

［24］崔铁军，焦康，罗光光．基于无人机的高精度边坡变形监测技术在南水北调工程中的运用［C］//中国大坝工程学会．水库大坝和水电站建设与运行管理新进展．北京：中国水利水电出版社，2021.

［25］卢荐胤．基于激光扫描原理的引张线仪设计［D］．武汉：华中科技大学，2014.

［26］陈容，强永兴，许德明，等．静力水准仪在碧口水电站的应用［J］．西北水电，2011(1)：17-20.

［27］李德桥．基于磁致式静力水准仪的沉降远程监控系统研究［D］．北京：北京交通大学，2015.

［28］周芳芳,张锋,杜泽东,等.基于微处理器和多通信方式的大坝变形智能监测仪器的设计与实现［J］.长江科学院院报,2024,41(2):167-172+180.

［29］叶梅,王浩.光纤传感大坝变形监测仪器系统［J］.湖北水力发电,2008,(3):39-40+55.

［30］濮久武,毛小平.全站仪在变形观测中的应用［J］.大坝与安全,2006,(4):32-36.

［31］柴世杰.基于CCD技术的大坝变形智能监测仪设计与开发［D］.长沙:湖南大学,2011.

［32］朱爱华,周克明,程利华.步进式变形监测仪器的研制及应用［J］.人民长江,2000,(5):35-36.

［33］郑天翱,蔡德所,陈声震,等.基于MEMS柔性测斜仪研制与性能试验研究［J］.中国农村水利水电,2020,(7):190-195.

［34］张国栋,李雷.TSJ型三向测缝装置位移计算方法和精度［J］.水电自动化与大坝监测,2007,(5):50-53+61.

［35］张晓龙.混凝土重力坝变形与渗流异常情形分析［D］.杨凌:西北农林科技大学,2016.

［36］李旦江,储海宁.对大坝渗压监测中两个问题的看法［J］.大坝与安全,2005(5):44-48.

［37］李学胜,丁玉江,熊成龙,等.大坝小渗流量监测仪器的研制［C］//中国水利学会大坝安全监测专委会.中国水利学会大坝安全监测专委会2023年年会暨全国大坝安全监测技术与应用学术交流会论文集,2023.

［38］廖文来.大坝安全巡视检查信息综合评价方法研究［D］武汉:武汉大学,2005.

［39］李坚,付建军,黄玉平,等.变形监测点优化布置在某边坡工程中的应用研究［J］.矿冶工程,2010,30(6):18-22.

［40］徐蔚.土石坝渗流监测资料分析方法的研究［D］.杭州:浙江大学,2005.

［41］王登刚.非线性反演算法及其应用研究［D］.大连:大连理工大学,2000.

［42］赵启林,朱晓文,孙宝俊.考虑误差影响的力学参数反分析神经网络方法研究［J］.东南大学学报(自然科学版),2003,33(5):601-604.

［43］陈建峰,石振明,沈明荣.路堤工程信息化施工测点的优化布置［J］.中国公路学报,2003,(2):36-38+42.

［44］宋志宇.基于智能计算的大坝安全监测方法研究［D］.大连:大连理工大学,2007.

［45］贾怀军.基于数值仿真的混凝土重力坝挠度监测设计研究［D］.扬州:扬州大学,2022.

［46］OSTACHOWICZ S R, MALINOWSKI P. Optimization of sensor placement for structural health monitoring: a review［J］. Structural Health Monitoring,2019,18(3):147-159.

［47］刘效尧,蔡键,刘晖.桥梁损伤诊断［M］.北京:人民交通出版社,2002:86-97.

［48］YI T H, LI H N, GU M. Optimal sensor placement for structural health monitoring based on multiple optimization strategies［J］. The Structural Design of

Tall and Special Buildings，2011，20(7)：881-900.

［49］ HE C，XING J，LI J，et al. A combined optimal sensor placement strategy for the structural health monitoring of bridge structures[J]. International Journal of Distributed Sensor Networks，2013，(5)：1-9.

［50］ FENG S，JIA J. Acceleration sensor placement technique for vibration test in structural health monitoring using microhabitat frog-leaping algorithm［J］. Structural Health Monitoring，2018，17(2)：169-184.

［51］ KAMMER D C. Sensor placement for on-orbit modal identification and correlation of large space structures[J]. Journal of Guidance，Control and Dynamics，1991，14(2)：251-259.

［52］ 许强. 模态测试中传感器优化布设的初步研究[D]. 重庆：重庆交通大学，2007.

［53］ UDWADIA，FIRDAUS E. Methodology for optimum sensor locations for parameter identification in dynamic systems[J]. Journal of Engineering Mechanics，1994，120(2)：368-390.

［54］ PAPADOPOULOS M，GARCIA E. Sensor placement methodologies for dynamic testing[J]. AIAA Jounal，1998，36(2)：256-263.

［55］ HALIM D，MOHEIMANI S. An optimization approach to optimal placement of collocated piezoelectric actuators and sensors on a thin plate[J]. Mechatronics，2003，13(1)：27-47.

［56］ FAHROO F，DEMETRIOU A M. Optimal actuator/sensor location for active noise regulator and tracking control problems[J]. Journal of Computational ＆ Applied Mathematics，2000，114(1)：137-158.

［57］ PENNY J，FRISWELL MI，GARVEY S D. Automatic choice of measurement locations for dynamic testing[J]. AIAA Jounal，2012，32(2)：407-414.

［58］ 何杨广. 基于有效独立-熵能融合算法的传感器优化布置方法[D]. 广州：广州大学，2021.

［59］ 王童童. 水工弧形闸门结构健康监测传感器优化布置研究[D]. 郑州：郑州大学，2022.

［60］ 曹翔宇. 高拱坝动力监测的传感器优化布置与基于深度学习的地震损伤识别方法研究[D]. 大连：大连理工大学，2021.

［61］ 邵葆蓉，孙即超，朱月琴，等. 基于多元回归的黄土滑坡滑动距离预测模型探讨——以甘肃天水地区为例[J]. 地质通报，2020，39(12)：1993-2003.

［62］ 江显群，陈武奋，邵金龙，等. 大坝变形预报模型应用[J]. 排灌机械工程学报，2019，37(10)：870-874＋920.

［63］ 李广春，戴吾蛟，杨国祥，等. 时空自回归模型在大坝变形分析中的应用[J]. 武汉大学学报(信息科学版)，2015，40(7)：877-881.

［64］ 郑东健，顾冲时，吴中如. 边坡变形的多因素时变预测模型[J]. 岩石力学与工程学报，2005，(17)：3180-3184.

［65］ BOUAYAD D，EMERIAULT F，MAZA M. Assessment of ground surface displacements induced by an earth pressure balance shield tunneling using partial least squares regression［J］. Environmental Earth Sciences，2015，73(11)：7603-7616.

［66］ DU J，YIN K，LACASSE S. Displacement prediction in colluvial landslides，Three Gorges Reservoir，China［J］. Landslides，2013，10(2)：203-218.

［67］ LIAN C，ZENG Z，YAO W，et al. Ensemble of extreme learning machine for landslide displacement prediction based on time series analysis［J］. Neural Computing and Applications，2014，24(1)：99-107.

［68］ REN F，WU X，ZHANG K，et al. Application of wavelet analysis and a particle swarm-optimized support vector machine to predict the displacement of the Shuping landslide in the Three Gorges，China［J］. Environmental Earth Sciences，2015，73(8)：4791-4804.

［69］ 王彦磊，王仁超，龙益彬，等. 基于改进随机森林算法的渡槽位移及应力预测模型［J］. 水电能源科学，2020，38(5)：122-124＋10.

［70］ 赵花城，沈省三. 已埋钢弦式监测仪器工作状态评价［J］. 大坝与安全. 2015(1)：83-86.

［71］ 何金平，施玉群，吴雯娴. 大坝安全监测系统综合评价指标体系研究［J］. 水力发电学报. 2011，30(4)：175-180.

［72］ 水利部大坝安全管理中心. 大坝安全监测系统鉴定技术规范：SL 766—2018［S］. 北京：中国水利水电出版社，2018.

［73］ 魏宏森，曾国屏. 试论系统的整体性原理［J］. 清华大学学报(哲学社会科学版)，1994(3)：57-62.

［74］ 魏宏森，曾国屏. 系统论：系统科学哲学［M］. 北京：世界图书出版公司，2009.

［75］ 何金平，逢智堂，马传彬. 大坝安全监测系统综合评价：(Ⅱ)评价标准［J］. 水电自动化与大坝监测，2011，35(2)：43-47.

［76］ 华伟南，马福恒，李子阳. 大坝安全监测工程质量评价技术研究［J］. 中国农村水利水电，2012(7)：124-127.

［77］ 张勇，李子阳，马福恒，等. 西溪水库大坝安全监测仪器可靠性评价［J］. 浙江水利水电学院学报，2015，27(3)：22-27.

［78］ 王士军，谷艳昌，葛从兵. 大坝安全监测系统评价体系［J］. 水利水运工程学报，2019(4)：63-67.

［79］ 赵花城. 大坝安全监测工作中应注意的问题［J］. 大坝观测与土工测试，2001(2)：4-9.

［80］ 赵花城. 运行期大坝安全监测系统评价［J］. 大坝与安全，2015(1)：73-76.

［81］ 李作光. 丰满大坝重建工程施工期老坝 32 坝段正垂线自动化监测系统改造及运行测试［J］. 水电与抽水蓄能，2017，3(2)：97-102.

［82］ 何金平，吴雯娴，涂圆圆，等. 大坝安全监测系统综合评价：(Ⅰ)基本体系［J］. 水

电自动化与大坝监测，2011，35(1)：40-43.

［83］储海宁，李旦江. 分布式大坝应力、温度及变形自动化监测系统的研制和运行[J]. 水利水文自动化，1995(3)：1-7.

［84］何勇锋. 沙溪口大坝安全自动化监测系统运行状况分析[J]. 大坝观测与土工测试，2001(4)：33-36.

［85］夏传明，张启琛. 大坝安全监测自动化系统验收考核标准的探讨[J]. 大坝与安全，2001(5)：23-26＋59.

［86］唐敏，何金平，李珍照，等. 大坝安全监测异常测值分析及其模块的实现[J]. 长江科学院院报，2005，(3)：29-31＋34.

［87］王刚. 洪家渡水电站运行期内观仪器鉴定[J]. 贵州电力技术，2016，19(6)：15-18.

［88］王为胜，李维，余滢，等. 差动电阻式监测仪器鉴定技术规程技术解读[J]. 大坝与安全，2015(3)：19-25.

［89］长江勘测规划设计有限公司. 水利水电工程安全监测设计规范：SL 725—2016[S]. 北京：中国水利水电出版社，2006.

［90］中国电力企业联合会. 大坝安全监测自动化系统实用化要求及验收规程：DL/T 5272—2012[S]. 北京：中国电力出版社，2012.

［91］SAITO M. Research on forecasting the time of occurrence of sloe failuve[J]. Railway Technical Research Institute，Quarterly Reports，1969，10，135-142.

［92］孙怀军，张永波. 滑坡预测预报的现状和发展趋势[J]. 太原理工大学学报，2001(6)：636-639.

［93］郑东健，顾冲时，吴中如. 边坡变形的多因素时变预测模型[J]. 岩石力学与工程学报，2005(17)：3180-3184.

［94］FU，R，WU X，ZHANG K，et al. Application of wavelet analysis and a particle swarm-optimized support vector machine to predict the displacement of the shuping landslide in the three Govges，China[J]. Envioronmental Earth Scieuces，2015，73(8)：4791-4804.

第3章

长距离调水工程安全检测

3.1　概述

　　长距离调水工程安全检测的目的和安全监测是类似的,主要是保障供水安全:长距离调水工程的安全检测可以及时发现供水过程中的各种问题,如水质污染、管道破损、设备故障等,从而保障供水安全,满足人们的生产生活需要;提高工程效益:通过安全检测可以科学地控制供水工程的运行状态,预测设备的使用寿命,预防性地更换和维修设备,从而提高整个供水工程的效益;促进工程规划和管理:安全检测可以为供水工程的规划、设计和管理提供基础数据和科学依据,使工程更加科学合理,有利于提高供水工程的现代化水平。

　　目前,长距离调水工程安全检测的内容主要包括以下几方面:

　　(1) 水质检测,对供水水质进行检测,包括水中微生物、重金属含量、pH 等指标的检测,确保供水安全,满足国家相关水质标准;

　　(2) 工程结构的检测,对供水工程的结构进行检测,包括管道防腐层、保温层、防渗漏等方面的检测,以及结构强度、刚度、稳定性的检测和评估;

　　(3) 设备的检测,对供水工程中的各种设备进行检测,包括水泵、电机、阀门、自动化控制系统等设备的检测和评估,确保设备的正常运行和使用寿命。

3.2　长距离调水工程安全检测技术

3.2.1　长距离调水工程水质检测

　　水质检测可以有效地监测水污染问题,通过检测数据及时控制、处理水污染,能有效地控制水环境污染,达到保护水环境的目的。同时水质检测对企业污水排放问题有一定的监督功能。对水质进行检测,发现污染源可以及时进行处理,减少水源污染。利用检测数据还可以确保水环境保护决策的科学性、水环境标准制定的客观性。

水环境的评价以水质检测为基础,通过检测水质的方式,监督评价水环境。水质检测之所以是水环境评价的基础,是因为在水环境评价时,首先要对污染源、环境影响、生态因素进行分析,而这些问题的分析必定要有水质检测的数据,因此,水质检测的数据为水环境的评价提供数据基础,促进水环境评价工作的准确性。水环境评价的数据来源于水质检测,在企业建成后出现的污染问题、生态问题,可以依据水质检测数据来阐述,因此,水质检测也具有监督作用。

开展长距离调水工程水质检测是确保输送的水质符合规定标准和保护水资源的重要任务。进行长距离调水工程水质检测,首先要确定适当的检测点位,这些点位通常位于调水工程的水源、输水管道、输水终点和可能的污染源周围。检测点位的选择应涵盖所有可能影响水质的关键区域。根据调水工程的性质和检测目的,选择要检测的水质参数,这些参数通常包括 pH、浊度、溶解氧、总悬浮物、各种离子(如氨氮、硝酸盐、磷酸盐)、有机物、微生物指标等。在选定的检测点位安装水质检测设备和传感器,这些设备可以包括水质传感器、采样器、自动水质分析仪、数据记录器和通信设备。配置水质检测设备以进行数据采集,现代检测系统通常能够实时检测水质参数,将数据传输到中央数据处理系统。除了实时检测,还需定期采集水样,并将样品送往实验室进行更详细的分析,这些实验室分析通常包括高精度测量,用于验证实时检测数据的准确性。对收集的水质数据进行分析,评估其是否符合规定的水质标准,生成报告,说明水质的变化和趋势,以及采取必要的措施来解决问题。如果检测到水质问题,进行风险评估以了解潜在的影响,追踪污染源,以确定是否有外部因素影响水质。定期维护和校准水质检测设备,以确保其性能稳定和准确。基于水质检测的结果,制定风险管理策略,以确保水质符合标准,根据检测结果不断改进工程的运营和管理。

3.2.1.1 水质检测参数

水质分析包括物理指标和化学指标两部分。水质分析也包含全分析项目和简易分析项目。

水质检测通常涵盖一系列水质参数,包括但不限于以下内容。

pH:衡量水体的酸碱性,pH 的变化可能会影响水体中的化学反应和生物生态系统。

浊度:衡量水中悬浮物和颗粒物的数量,高浊度可能会影响水的透明度和水质。

溶解氧:衡量水体中的氧气含量,对水中生物生存至关重要。

微生物指标:包括大肠杆菌、大肠杆菌群等微生物的存在,这些微生物可能是引起污染的指标。

营养物质:如氨氮、硝酸盐、磷酸盐等,这些物质在高浓度下可能导致水体富营养化。

有机物:有机物质的存在可能会影响水的味道和气味。

重金属和污染物:包括铅、汞、镉、多氯联苯(PCBs)等有害物质。

温度:水温变化可能影响水中的生物生态系统。

【案例分析】

陶岔水质自动检测站(图 3-1)位于河南省南阳市淅川县九重镇陶岔村,该站为南水北调中线干线工程总干渠从南向北第 1 个水质自动检测站,全线共 13 个水质自动检测站。

图 3-1　陶岔渠首水质自动检测站

陶岔水质自动检测站桩号为 0+900,主要作用是掌握丹江口库区来水水质信息动态,保障渠首段水质安全,研判渠首段水质变化趋势,为突发水污染事件提供预警。

检测指标 89 项:

(1) 水质基本项目指标(20 项):水温、pH、溶解氧、砷、硫化物、化学需氧量、总氮、总磁、六价铬、锌、镉、铅、铜、氟化物、氨氮、高锰酸盐指数、总氰、总汞、石油类、挥发酚。

(2) 水质补充项目指标(4 项):硝酸盐氮、氯化物、总铁、总锰。

(3) 水质特定项目指标(59 项):

①总镍、总锑、甲醛 3 项;

②挥发性微量有毒有机物 24 项:三氯甲烷、四氯化碳、三溴甲烷、二氯甲烷、1,2-二氯乙烷、环氧氯丙烷、氯乙烯、1,1-二氯乙烯、1,2-二氯乙烯、三氯乙烯、四氯乙烯、氯丁二烯、六氯丁二烯、苯乙烯、苯、甲苯、乙苯、二甲苯、异丙苯、氯苯、1,2-二氯苯、1,4-二氯苯、丙烯腈、吡啶;

③半挥发性微量有毒有机物 32 项:三氯乙醛、三氯苯、四氯苯、六氯苯、硝基苯、二硝基苯、2,4-二硝基甲苯、2,4,6-三硝基甲苯、硝基氯苯、2,4-二硝基氯苯、2,4-二氯苯酚、2,4,6-三氯苯酚、五氯酚、苯胺、联苯胺、丙烯酰胺、邻苯二甲酸二丁酯、邻苯二甲酸二(2-乙基己基)酯、苯并[a]芘、滴滴涕、林丹、环氧七氯、对硫磷、甲基对硫磷、马拉硫磷、乐果、敌敌畏、敌百虫、内吸磷、百菌清、溴氰菊酯、阿特拉津。

(4) 其他水质参考项目指标(6 项):电导率、浊度、总银、余氯、总氯、生物毒性。

3.2.1.2　水质检测仪器及原理

水质的检测项目类别多,在这里主要分为理化指标检测、无机阴离子检测、营养盐及有机指标检测、金属含量检测、微生物检测、有机污染物检测、抗生素含量检测等。

1. 理化指标检测

理化指标是指产品的物理性质、物理性能、化学成分、化学性质等技术指标。根据水质的理化指标不同,可以将水分为硬水和软水、酸性水和碱性水。理化指标检测主要包括 pH、浊度、总硬度、溶解性总固体、总碱度、悬浮物（SS）、色度、磷酸盐、苯系物（BTEX）、嗅味、水温、电导率、悬浮性固体、总氮、总有机碳、溶解氧、石油类和动植物油、阴离子表面活性剂等。水质的理化指标是其具有的本质物理化学属性。

pH：水的酸性或碱性程度用 pH 来表示，当水中氢离子的浓度升高时，pH 变小；反之，当氢离子的浓度降低时，pH 变大。在水中没有任何其他物质时，在 25℃ 的常温下，水的 pH 是 7。pH 的升高与降低根据具体情况而定。

总硬度：水的总硬度是指水中 Ca^{2+}、Mg^{2+} 的总量，它包括暂时硬度和永久硬度。通过检测可以知道其是否可以用于工业生产及日常生活，如硬度高的水可使肥皂沉淀并使洗涤剂的效用大大降低；纺织工业上硬度过大的水使纺织物粗糙且难以染色；锅炉使用硬水易堵塞管道，引起锅炉爆炸事故；高硬度的水难喝、有苦涩味，饮用后甚至影响胃肠功能，用其喂牲畜可引起孕畜流产。水质中总硬度的升高与工业废水及居民生活污水随意排放，污水灌溉，过量开采地下水，酸雨，工业废渣和城市生活垃圾的随意堆放，农药、化肥的大量使用等有关。

水温：水体的温度。地面水的温度随日照与气温的变化而改变。地下水的温度则和地温有密切关系。水温可以影响水中细菌的生长繁殖和水的自然净化作用，同时，水温与水的净化消毒也有重要的关系。

电导率：表示物质传输电流能力强弱的一种测量值，主要受阴离子和阳离子的含量、温度、溶解性总固体含量及悬浮物含量等的影响。一般来说电导率是无穷大的，但须根据其影响因素来决定，特别是金属元素。

水质物理化学属性变化会带来一定影响，如水温是水生生态系统最为重要的影响因素之一，它对水生生物的生存、新陈代谢、繁殖行为以及种群的结构和分布都有不同程度的影响，并最终影响着水生生态系统的物质循环和能量流动过程、结构以及功能。

【案例分析】

➢ DGB-480 型多参数水质分析仪

图 3-2 所示 DGB-480 型多参数水质分析仪产品，专为现场快速检测设计，测量过程快速、简便。采用新的 LED 测试技术，集成 8 个特定吸收峰波长的 LED 光源，可实现多个水质项目的检测。既可以配套雷磁专用试剂检测，也可以自制试剂检测，使用灵活。主要应用于生活饮用水、游泳池水、地表水等水质的现场测定或者实验室分析。

主要特点：

(1) LED 测试技术，内置 8 种波长比色测量（365 nm、420 nm、470 nm、515 nm、540 nm、620 nm、650 nm、850 nm）。

(2) 近 60 个检测项，并可进行扩展升级。浊度、色度、臭氧、亚硝酸盐氮、尿素、六价铬、总铬、锰、总氮、硝酸盐氮、硝酸盐、甲醛、水硬度、锌、亚硝酸盐、余氯、总氯、二氧化氯、高锰酸盐指数、低浓度 COD_{Cr}*、高浓度 COD_{Cr}、镉、氨氮、铵离子、总磷、总磷酸盐、镍、亚铁离子、铁、亚硫酸盐、过氧化氢、铝、铅、铜、钙、汞、硼、砷、阴离子洗涤剂、银、溴酸盐、硫

---

* COD_{Cr} 为采用重铬酸钾作为氧化剂测定的化学需氧量。

图 3-2　DGB-480 型多参数水质分析仪

酸盐、钼、钴、钡、氯化物、铍、氯酸盐、挥发酚、硫化物、氰化物、亚氯酸盐等。

（3）读数模式有吸光度、透光率、浓度。

（4）内置多种测量方法，可直接测量，大大节省分析时间。

（5）直接读取测量结果，无须换算，自动锁定测量值。

（6）操作方便，可直接使用比色管作为测量容器。

（7）用户可自定义测量方法，最多 100 种，有多种测量单位可选。

（8）具有自动关机功能、断电保护功能和电量提醒功能，自动关机时间可设定，降低功耗，保证数据安全。

（9）支持锂电池供电或者 USB 端口直接供电。

（10）具有 USB 接口，支持与打印机连接。

（11）可储存多达 2 000 组测量数据，支持固件升级，允许功能扩展和应用拓展，满足特殊用户的测量需求。

（12）具有良好中文人机界面，支持 IP65 防护等级，防跌落和抗震性能良好。

技术参数：

（1）波长数量：8；

（2）波长：365 nm、420 nm、470 nm、515 nm、540 nm、620 nm、650 nm、850 nm；

（3）滤波片：有；

（4）浊度测量光路：有；

（5）色度测量光路：有；

（6）测量通道数：单通道；

（7）测量池：25 mm 比色瓶、16 mm 比色管；

（8）屏幕：液晶屏；

（9）操作方式：按键操作；

（10）测量参数：近60项，可拓展；

（11）数据存储：2 000套；

（12）供电：锂电池；

（13）波长最大允许误差：±4 nm（365 nm、420 nm、470 nm、540 nm、620 nm、850 nm），±6 nm（515 nm、650 nm）；

（14）透射比最大允许误差：≤2.0%；

（15）透射比重复性：≤0.5%；

（16）吸光度线性误差：吸光度≤0.100，不超过±0.008；吸光度0.101~0.300，不超过±8.0%；吸光度0.301~0.600，不超过±4.0%；吸光度>0.600，不超过±6.0%；

（17）尺寸（mm），重量（kg）：100×220×80，0.8。

➤ LH-OIL336型红外测油仪（图3-3）

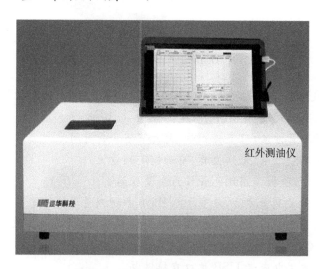

图3-3　LH-OIL336型红外测油仪

功能特点：

（1）检测标准：符合《水质 石油类和动植物油类的测定 红外分光光度法》（HJ 637—2018）；

（2）标配平板：标配平板电脑，无须另外配置上位机；

（3）稳定性强：机械切光减小漂移，电调光源提高可靠性；

（4）可选萃取剂：可使用四氯乙烯（推荐）、S-316、四氯化碳、三氯三氟乙烷等其他非碳氯有机溶剂作萃取剂；

（5）辅助功能：零点、满度值自动调整，可测量仪器校正系数，直读非色散测量结果，不必换算；

（6）统计处理：有数理统计、谱图显示、储存、打印等功能，可以调取测量的历史数据及对应谱图。

性能参数：

（1）仪器名称：红外测油仪；

（2）仪器型号：LH-OIL336；

（3）测定指标：总油、石油类、动植物油类；

（4）测定方法：红外分光光度法；

（5）直测范围：0.20～120.00 mg/L；

（6）示值误差：≤+2%；

（7）检出浓度：0.002 mg/L（水中油分浓度）；

（8）最高测量浓度：640 000 mg/L（100%油浓度）；

（9）零点漂移：30 min<1%；

（10）波数范围：3 400 cm^{-1}～2 400 cm^{-1}（2 940 nm～4 167 nm）；

（11）波数准确度：+1 cm^{-1}；

（12）波数重复性：1 cm^{-1}；

（13）吸光度范围：0.0～3.0AU；

（14）重复性：相对标准偏差 RSD<0.9%（20～80 mg/L）；

（15）线性相关系数：R>0.999；

（16）分析时间：全谱扫描，30 s；定点扫描，10 s；非分散红外法，2 s。

物理参数：

（1）仪器尺寸：480 mm×335 mm×150 mm；

（2）仪器重量：10 kg；

（3）比色方式：4 cm 石英比色皿；

（4）平板电脑：WIN10 系统、10.1 英寸*屏幕、32G 存储（操作平板参数可能有变动）；

（5）仪器包装箱尺寸：550 mm×450 mm×290 mm。

工作环境：

（1）环境温度：5～35 ℃；

（2）环境湿度：相对湿度≤85%（无冷凝）；

（3）额定电压：AC220 V±10%/50 Hz；

（4）额定功率：100 W。

➢ Orion Star^{TM} A322 便携式电导率测量仪

Thermo Scientific^{TM} Orion Star^{TM} A322 便携式电导率测量仪（图 3-4）具有可以满足任何使用情形需求的高准确度和出色的性能。该仪器设计用于多种电导率、总溶解固体（TDS）、盐度、电阻率和温度检测及现场应用。使用配备 IP67 防护等级外壳的防水测量仪，可在严苛的地点环境下对样品进行评价，可选择线性、非线性纯水或 EP 温度补偿（参考温度 5℃、10℃、15℃、20℃或 25℃）。可记录多达 5 000 条带有时间/日期标记的数据点集，并传输至打印机或计算机。

Thermo Scientific^{TM} Orion Star^{TM} A322 便携式电导率测量仪提供信息丰富的屏幕和用户友好式操作。Orion Star^{TM} A322 便携式电导率测量仪作为易于使用、可靠的现场用测量仪，可提供高级特色与功能，包括带有样品 ID 和用户 ID 选项的 5 000 条日期记

---

* 1英寸≈25.4毫米。

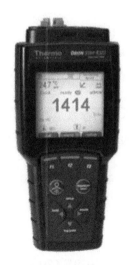

图 3-4　Orion Star™ A322 型便携式电导率检测仪

录、校准和上限/下限报警以及带有密码保护的测量方法。

（1）测定电导率、TDS、盐度或电阻率和温度；

（2）校准编辑选项支持无须全部重新校准的单点修正，可进行多达 5 点的电导率校准；

（3）电导率数值测量范围自动设定功能支持全测量范围连续读数，无须进行重新校准；

（4）使用线性、非线性、EP(USP) 或关闭电导率温度补偿（参考温度 5℃、10℃、15℃、20℃或 25℃）；

（5）信息丰富、易于读取的背光图像显示屏，以及清晰的屏显指示，可以简化操作；

（6）通过测量稳定性指示器和可选读数模式获取重要读数——自动读数可保持读数稳定，连续读数结合保持选项可显示读数变化，定时读数可按特定时间间隔进行数据记录；

（7）可对多达 5 000 个测量集及其可选样品 ID 和用户 ID 进行数据日志采集和日期/时间标记；

（8）校准日志可存储 10 项最近的校准结果；

（9）测量仪非易失性内存即使在断电情况下亦可确保数据和设置受到保护；

（10）Orion Star Com 软件可将数据通过 USB 或 RS232 连接传输至计算机；

（11）灵活的电源选项，可使用 AA 电池或选配的通用电源适配器；

（12）IP67 防护等级外壳可防水，结实耐用，适合现场操作。

2. 无机阴离子检测

无机阴离子指不含碳元素且原子带负电的离子。如由国家发布的《水质 无机阴离子（F^-、Cl^-、NO_2^-、Br^-、NO_3^-、PO_4^{3-}、SO_3^{2-}、SO_4^{2-}）的测定 离子色谱法》(HJ 84—2016) 中对阴离子的测试主要是对 F^-、Cl^-、NO_2^-、Br^-、NO_3^-、PO_4^{3-}、SO_3^{2-}、SO_4^{2-} 等进行测量。

无机阴离子主要包括硫酸盐、氰化物、氟化物、氯化物、溴化物、碘化物、碳酸盐、重碳酸盐等。

水中无机阴离子的来源:岩石、土壤无机盐溶解,有机体的分解等。

水中无机阴离子的危害:研究表明,当水中氯离子达到一定浓度时,常和相对应的阳离子(Na^+、Ca^{2+}、Mg^{2+}等)共同作用,使水产生不同的味道,导致水质产生感官性状的恶化。《生活饮用水卫生标准》(GB 5749—2022)中规定氯化物的含量不得超过 250 mg/L,氯化物过高,会使水呈酸性,有侵蚀性,对供水管材的腐蚀作用以及对水化学稳定性的影响与硫酸盐相似。相对应的,硝酸盐和氟化物也被纳入毒理性指标,其含量必须严格加以控制。其中规定饮用水中氟含量不得超过 1 mg/L,硝酸盐含量不得超过 10 mg/L。氟离子、硝酸盐和亚硝酸盐对人体有严重的负面影响,过多摄入氟离子,可致急、慢性中毒,主要表现为氟斑牙和氟骨症,尤其对中老年人的影响更大。水体中过高的硝酸盐可引起婴儿高铁血红蛋白血症,亚硝酸盐是致癌物质,过多摄入会对人体不利。

【案例分析】

➤ JK40 - CYAN 氰化物测定仪

图 3-5 JK40 - CYAN 氰化物测定仪

JK40 - CYAN 多功能氰化物检测报警仪(图 3-5)用于便携式快速检测多种气体浓度、温湿度测量及超标报警的场合。JK40 - CYAN 多功能氰化物检测报警仪采用 2.4 英寸高清彩屏实时显示浓度,选用知名品牌的气体传感器,主要检测原理有:电化学、红外、催化燃烧、热导、光离子。该报警仪拥有先进的电路设计、成熟的内核算法处理。JK40 - CYAN 可以检测管道中或受限空间、大气环境中的气体浓度,可以检测气体泄漏或各种背景气体为氮气或氧气的高浓度单一气体纯度,检测气体种类超过 500 种。

特点:

(1) 防水溅、防尘、防爆、防震,本安电路设计,抗静电,抗电磁干扰。

（2）防护级别 IP65，内置水汽、粉尘过滤器，防止水汽和粉尘损坏传感器和仪器。

（3）内置泵吸式测量，响应迅速，采样距离大于 10 m，特殊气路设计，可直接检测负压或正压下—0.5～2 kg 的气体，对测量结果无影响。

（4）2.4 英寸高清彩屏显示实时浓度、报警、时间、温度、湿度、存储、通信、电量、充电状态等信息，菜单界面采用高清仿真图标显示各个菜单的功能名称。

（5）大容量数据存储功能，标配 10 万条数据存储容量，更大容量可订制。支持实时存储、定时存储，或只存储报警浓度数据和时间，支持本机查看、删除数据，也可通过 USB 接口将数据上传到电脑，用上位机软件分析数据和存储、打印。

（6）USB 充电接口，可用电脑或充电宝充电，兼容手机充电器，具有过充、过放、过压、短路、过热保护，5 级精准电量显示，支持 USB 热插拔，检测仪在充电时可正常工作，选配 RS485 通信。

（7）采用 4 500 mA·h 大容量可充电高分子聚合物电池，可长时间连续工作。

（8）声光报警、振动报警、视觉报警、欠压报警、故障报警，报警时多方位立体显示报警状态。

（9）报警值可设，报警方式可选低报警、高报警、区间报警、加权平均值报警，高精度温湿度测量（选配），同时对传感器进行温度补偿，仪器使用温度范围—40～70℃，可检测 400℃ 的气体，更高温度的气体检测可订制（选配高温采样降温过滤手柄或高温高湿预处理系统）。

（10）可以同时检测 1～4 种气体，单位自由切换，常规气体不需要输入分子量，特殊气体需要输入分子量，可自动计算并切换，多种单位可选。

（11）三种显示模式可切换：同时显示四种气体浓度，大字体循环显示单通道气体的浓度、实时曲线，各通道之间自动循环或手动循环可切换，可设置是否显示 MAX 值、MIN 值、气体名称，可查看历史记录曲线图。

（12）中英文界面可选择，默认中文界面，简明中文或英文操作提示。

（13）数据恢复功能，可以选择性恢复或全部恢复，免去误操作引起的后顾之忧。

（14）零点自动跟踪，长期使用不受零点漂移影响。

（15）目标点三级校准，保证测量的线性度和精度，能同时符合国家标准和地方计量局标准。

（16）可以实时检测或定时检测（针对被测气体的量比较小的情况），不检测时可以把泵关闭以延长开机时间。

（17）可记录校准日志、维修日志、故障解决对策，有传感器寿命到期提醒、下次浓度校准时间提醒功能。

技术参数：

（1）检测气体：氰化物 CYAN，选配；同时检测 1～4 种气体浓度和温湿度，视传感器和现场环境而定；

（2）检测方式：内置泵吸式，流量 500 mL/min；

（3）显示方式：2.4 英寸 320×240 高清彩屏显示，5 按键操作；

（4）检测精度：≤±3%（F.S）；

（5）线性度：≤±2%；

（6）重复性：≤±2%；

（7）响应时间：T90≤20 s；

（8）恢复时间：≤30 s；

（9）工作电源：DC3.6 V；

（10）报警方式：声光报警、振动报警、视觉报警、声光＋振动＋视觉报警、关闭报警可选；

（11）电池容量：DC3.6V，4 500 mA·h大容量可充电高分子聚合物电池，带过充、过放、过压、过热、短路保护功能；

（12）使用环境：温度－40℃～＋70℃；0≤相对湿度≤99%（内置过滤器可在高湿度或高粉尘环境使用）；

（13）样气温度：－40℃～＋70℃，选配高温采样降温过滤手柄，可检测600℃或更高温度的烟气浓度；

（14）温度测量：－40℃～＋120℃（选配），精度0.5℃；

（15）湿度测量：0～100%RH（选配），精度3%RH；

（16）数据存储：标配10万条数据容量，支持本机实时查看、删除或数据导出，免费上位机通信软件，存储功能默认为关闭状态，可设置为开启状态，存储时间间隔任意设置；

（17）通信接口：USB（充电与通信），选配RS485或RS232通信接口；

（18）界面语言：中文或英文可设置，默认中文界面；

（19）防爆标志：ExiaIICT6；

（20）防护等级：IP65，防尘、防水溅；

（21）外形尺寸：160 mm×70 mm×28 mm（L×W×H）；

（22）重量：300 g。

➢ JC503－I263型碘化物测量仪

主要内容：

仪器广泛适用于生活用水、饮用水、地表水和处理后排放废水的检测。

技术参数：

（1）测量范围：0.0～0.8 mg/L（超过量程稀释测定）；

（2）分辨率：0.01 mg/L；

（3）示值误差：≤＋5%；

（4）重复性：≤3%；

（5）光学稳定性：<0.002 A/20 min；

（6）外形尺寸：主机266 mm×200 mm×130 mm；

（7）功耗：30W；

（8）重量：小于1 kg。

➢ EFL200－3D型硫酸盐测定仪

EFL200－3D型硫酸盐测定仪（图3-6）是引进国外先进技术而开发的高科技产品，采用高性能、长寿命、高亮度进口光源，测量精度高、稳定性好，解决了各种杂光干扰，大屏幕LCD液晶数字显示,人性化显示界面,操作简单,具有储存/防水功能,主要部件均是国外进口,广泛适用于饮用水、地表水、地面水、污水和工业废水的测定。仪器利用光学法,采用微电脑自动处理数据,直接显示水样的硫酸盐浓度值。

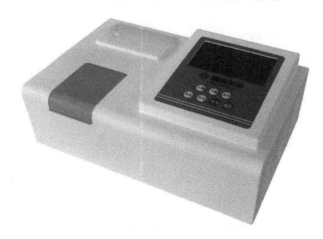

图 3-6　EFL200－3D型硫酸盐测定仪

技术指标:

(1) 测量范围:5.000～200.000 mg/L(超过量程稀释检测);

(2) 测定精度:≤±5%(F.S);

(3) 重复性:≤±3%;

(4) 分辨率:0.001 mg/L;

(5) 光源寿命:15万小时以上;

(6) 光学稳定性:≤0.001 A/10 min;

(7) 显示方式:彩色液晶;

(8) 供电电源:220 V交流电源;

(9) 数据通信接口:USB;

(10) 检测方式:比色管;

(11) 打印方式:热敏打印装置;

(12) 外形尺寸:350 mm×230 mm×138 mm;

(13) 重量:3.5 kg。

功能特点:

(1) 快速、高效、准确检测水中硫酸盐的含量,浓度直读;

(2) 采用进口高亮度长寿命光源,光源寿命长达15万小时以上;

(3) 大屏幕液晶中文显示,所有设定、标定、记录操作全部在同集成环境下实现;

(4) 可保存标准曲线10 000条及5 000 000个测定值(日期、时间、参数、检测数据);

(5) 内存标准工作曲线,用户还可以根据需要标定曲线;

(6) 操作界面更具人性化,具有标准曲线丢失恢复出厂设置功能;

(7) 外壳采用钣金材料,美观大气、耐用;

（8）具有数据断电保护功能和数据储存功能，以便随时查询测定记录；

（9）可打印当前数据和储存的历史数据，具有 USB 接口向计算机传输当前数据和所有的储存历史数据。

3. 营养盐及有机指标检测

营养盐指生物为进行正常生活所必需的盐类，在这里主要指有机营养盐。一般在构成其植物体主要元素的 C、H、O、N、S、P、K、Ca、Mg 中，除 C、H、O 外，均取自于其周围水中溶解的盐类，这些被称为多量元素。水中若含过多的营养盐会导致水体富营养化。

营养盐检测主要包含对象：氨氮、高锰酸盐指数、化学需氧量（COD_{Cr}）、生化需氧量（BOD_5）、硝酸盐（以 N 计）、亚硝酸盐（以 N 计）等。

水体富营养化的主要原因：人类排放工业废水和生活污水。

水体富营养化的危害：在人类活动的影响下，生物所需的氮、磷等营养物质大量进入湖泊、河湖、海湾等缓流水体，引起藻类及其他浮游生物迅速繁殖，水体溶解氧量下降，水质恶化，鱼类及其他生物大量死亡。

【案例分析】

➢ MI‐70 便携式 COD 氨氮总磷快速测定仪

图 3-7　MI‐70 便携式 COD 氨氮总磷快速测定仪

产品概述：

依据国家标准《水质 氨氮的测定 纳氏试剂分光光度法》（HJ 535—2009）研发生产（图 3-7），本机可快速测定氨氮浓度，触屏操作，预制试剂让检测更简单，可拓展升级多项参数。

功能特点：

（1）搭载"水质智能分析系统"，智能化界面，引导式操作，一键稀释因子检测范围 10 倍提升；

（2）8 英寸彩色触摸屏，实用性强，更好的触摸操作体验；

（3）数据智能管理系统，数据实时上传，随时查看；

（4）内置锂电池，充电一次可续航 8 h，断电数据防丢失；

（5）内置操作教程，方便快捷，可快速查阅操作步骤。

技术指标：

（1）型号：MI-70；

（2）电源：锂电池 12 V 充电；

（3）屏幕规格：8 英寸彩色触摸屏；

（4）光源：进口 LED 冷光源；

（5）测定项目：氨氮；

（6）光源寿命：10 万小时；

（7）准确率：≤±5%；

（8）光源稳定性：≤0.001 A/20 min；

（9）存储数据：20 000 组；

（10）仪器重量：2.5 kg；

（11）存储类型：编号-项目-浓度-日期；

（12）仪器尺寸：350 mm×250 mm×110 mm。

➢ EFYN-3D 型亚硝酸盐快速测定仪（图 3-8）

图 3-8　EFYN-3D 型亚硝酸盐快速测定仪

技术指标：

（1）测量范围：0.010～5.000 mg/L（超过量程稀释检测）；

（2）测定精度：≤±5%（F.S）；

（3）重复性：≤±3%；

（4）分辨率：0.001 mg/L；

（5）光源寿命：15 万小时以上；

（6）光学稳定性≤0.001 A/10 min；

（7）显示方式：彩色液晶；

（8）供电电源：220 V 交流电源；

（9）数据通信接口：USB；

（10）检测方式：比色管；

（11）打印方式：热敏打印装置；

（12）外形尺寸：350 mm×230 mm×138 mm；

（13）重量：3.5 kg。

➤ HD-BOD$_5$ 水中生化需氧量检测仪

BOD（即生化需氧量，以 mg/L 为单位）间接反映了水中可生物降解的有机物量。这些有机物在微生物的生化作用下被氧化分解，逐渐无机化或气体化，而这个过程需要消耗水中的溶解氧。消耗的溶解氧数量越多，说明水中有机污染物质越多，而污染也就越严重。

BOD 检测仪（图 3-9）技术参数：

（1）测量原理：无汞压差法；

（2）测定精度：±8%；

图 3-9　HD-BOD$_5$ 水中生化需氧量检测仪

（3）数据存储：可存储 10 年检测数据；

（4）搅拌方式：程序控制、磁力搅拌；

（5）测量周期：1 天～30 天，可任意设置；

（6）测量数量：6 组，独立检测；

（7）培养瓶容积：580 mL；

（8）数据输出：通过 USB 接口导出或无线传输至云平台；

（9）数据打印：内置热敏打印机；

（10）培养温度：20±1℃；

（11）电源配置：AC220 V±10%/50～60 Hz；

（12）整机尺寸：324 mm×335 mm×350 mm（含测试瓶）。

4. 金属含量检测

金属是一种有光泽（即对可见光强烈反射），富有延展性，容易导电、导热的物质。在自然界中，绝大多数金属以化合态存在，少数金属如金、铂、银、铋以游离态存在。金属矿物多数是氧化物及硫化物,其他存在形式有氯化物、硫酸盐、碳酸盐及硅酸盐。金属之间的连接是金属键,因此随意更换位置都可再重新建立连接,这也是金属延展性良好的原因。金属元素在化合物中通常只显正价。相对原子质量较大的被称为重金属。

金属含量检测包括的对象有:砷、汞、六价铬、铅、锌、铜、镉、铁、锰、钴、镍、钼、铍、钡、钾、钠、钙、镁等。

水质中重金属主要来源和工业的发展有关,特别是各类化工厂的兴建,各地矿业的开发,沿岸工厂的污水排放,都对水源造成了不同程度的破坏,水中污染物也主要为各类有机污染物、重金属。

当重金属达到一定浓度的时候,就会对人和其他生物造成伤害。重金属在水中不能被分解,可与水中的其他毒素结合成毒性更大的有害物质,人饮用后毒性放大。重金属能引起人的头痛、头晕、失眠、关节疼痛、结石等,尤其对消化系统、泌尿系统的细胞、脏器、皮肤、骨骼、神经的破坏极为严重。

【案例分析】

➢ ZYD-HFA 水质检测仪(20 项)(图 3-10)

图 3-10　ZYD-HFA 水质检测仪(20 项)

仪器主要参数:

(1) 波长范围:510 nm、535 nm、640 nm;

(2) 波长选择:自动;

(3) 100%噪声:≤0.5%τ;

(4) 0%噪声:≤0.4%τ/3 min;

(5) 光源:超高亮发光二极管;

(6) 检测器:光伏转化器;

(7) 显示器:128×64 点阵带背光;

（8）读数模式：透光度、吸光度、浓度；

（9）外部输出：USB；

（10）操作温度：0～50℃；

（11）存储温度：40～60℃；

（12）湿度：85%以下；

（13）仪器尺寸：210 mm×85 mm×55 mm；

（14）仪器重量：400 g；

（15）检测指标：与手持式水质检测仪检测指标的对应指标相同。

检测项目：

铁、砷、锰、氨氮、氟化物、硝酸盐氮、亚硝酸盐氯、余氯、二氧化氯、浊度、氰化物、镉、六价铬、铅、甲醛、尿素、总氯、硫化物、磷酸盐、总磷（20项）。

➤ 台式多参数水质测定仪 ERUN－ST－MU96（图 3-11）

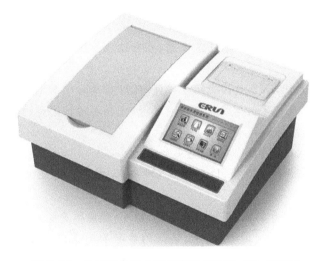

图 3-11　台式多参数水质测定仪 ERUN－ST－MU96

仪器主要参数：

（1）波长：420 nm、440 nm、470 nm、520 nm、540 nm、560 nm、610 nm、630 nm、660 nm、680 nm、700 nm，可定制，上述范围中任意波长可选；

（2）吸光度误差最大：0.005 A；

（3）吸光度范围：－2.000～2.000；

（4）测量参数：COD、氨氮、总磷、总氮、铜、铁、镍、六价铬、磷酸盐、亚硝酸盐等70多种参数，用户可定制参数；

（5）重复性：≤3%；

（6）光学稳定性：仪器吸光值在 20 min 内漂移小于 0.002 A；

（7）读数模式：浓度、吸光度、透光率；

（8）外形尺寸：主机 400 mm×310 mm×158 mm；

（9）重量：5 kg。

产品特点：

(1) 可检测水质中近百种参数的浓度、吸光度、透光度，并可对浓度值存储、打印、查询及上传到计算机中。

(2) 测量波长可选择。

(3) 除了出厂曲线，用户可自行添加曲线、标定曲线，并存储到仪器中。

(4) 仪器测量方法可选直线法或折线法。选择折线法可对一些线性不太好的参数实现较为精确地测量。

(5) 具有一键恢复功能，当由于意外导致出厂曲线和用户曲线数据记录丢失时可实现一键恢复。

(6) 仪器可对用户标定的曲线及数据记录采取备份措施，当出现意外丢失时可进行恢复操作。

(7) 仪器自带有各种安全措施，可设置开机及系统输入密码。

(8) 仪器自带校准功能，在操作时进行自校准，可有效地消除长期使用造成的漂移误差。

(9) 仪器采用5英寸大屏幕彩色触摸屏操作，操作界面友好。

(10) 光强可调节，分为16级，任意设置，可有效地解决信号的强弱导致的测量范围扩展问题。

(11) 可对曲线查询，除了查询曲线方程外，还可查询标定时的每个标准物质的标准值及对应的吸光度以及标定时间及标定人员编号，完全再现标定时的状态。

(12) 记录查询时，可进行单项打印或页打印。

(13) 系统具有双语功能，可在中、英文之间切换。

(14) C型可存储曲线300条，D型为3 500条；C型可存储记录数1 000条，D型为100 000条。

(15) 光学系统优化升级(D型)，测量系统、精度、稳定性更优。

(16) 含有COD(铬法)、总磷、总氮、总铬的参数配有消解仪，消解仪资料见DIG-16B参数。

➤ HM-5000P(多功能)便携式水质重金属检测仪(图3-12)

技术参数：

(1) 检测元素范围(可扩展)

①溶出伏安法。铜：$0.1~\mu g/L \sim 20~mg/L$；镉：$0.1~\mu g/L \sim 20~mg/L$；铅：$0.5\mu g/L \sim 20~mg/L$；锌：$0.5~\mu g/L \sim 20~mg/L$；汞：$0.5~\mu g/L \sim 6~mg/L$；砷：$1~\mu g/L \sim 20~mg/L$；铊：$0.5~\mu g/L \sim 20~mg/L$；锰：$1~\mu g/L \sim 6~mg/L$；锑：$5~\mu g/L \sim 20~mg/L$；镍(阴极)：$1~\mu g/L \sim 500~\mu g/L$；银：$1~\mu g/L \sim 6~mg/L$。

②比色法。铜：$0.02~mg/L \sim 3~mg/L$；铬：$0.01~mg/L \sim 2~mg/L$；总铬：$0.1~mg/L \sim 2.5~mg/L$；镍：$0.02~mg/L \sim 5~mg/L$；铅：$0.02~mg/L \sim 2~mg/L$；锌：$0.03~mg/L \sim 2~mg/L$；铁：$0.01~mg/L \sim 5~mg/L$；钴：$0.04~mg/L \sim 1.2~mg/L$；锰：$0.1~mg/L \sim 5~mg/L$。

(2) 分辨率：$0.01~ppb^*$。

---

* $1~ppb = 1 \times 10^{-9}$。

图 3-12　HM-5000P(多功能)便携式水质重金属检测仪

（3）仪器检出限：0.1 ppb。

（4）校准模式以标液作标准比较。

（5）最快检测时间 30 秒，检测前准备仅需几分钟。

（6）通信接口：USB。

（7）每次充电可持续检测次数≥100 次。

（8）数据存储量：存储可达 2 000 个测量数据。

（9）配套软件可通过 USB 接口与仪器联机测试，实现数据上传、存储管理、数据谱图分析。

（10）仪器重量≤10 kg。

性能特点：

（1）测量时间快：检测时间小于 5 分钟，最快检测时间小于 30 秒；

（2）检测范围宽：典型检测包括铜、镉、铅、锌、汞、砷、锰、铊、镍、铬、铁、钴等重金属离子，结合 PC 机可拓展测量金属种类；

（3）高精度：检测精度可达 1 ppb，检测下限低于 0.5 ppb；

（4）电极独特优势：采用进口工作电极，参比电极采用特殊烧结工艺，电极性能稳定并方便维护和更换；

（5）操作智能：智能操作程序，引导客户轻松完成操作；

（6）测试方法多样：用户可以选择复用标准样测量记录，在快速性和准确性间自由选择；

（7）使用成本低：耗材价格低，用量少；

（8）使用安全：无毒的配套试剂可确保人员使用安全。

5. 微生物检测

微生物是包括细菌、病毒、真菌及一些小型的原生生物、显微藻类等在内的一大类生物群体。它个体微小，与人类关系密切，涵盖了有益跟有害的众多种类，广泛涉及食品、医药、工农业、环保等诸多领域。

微生物检测主要包括对象：总大肠菌群、菌落总数、耐热大肠菌群、大肠埃希氏菌、金黄色葡萄球菌等。

水中的微生物来源主要分为 4 个方面，具体如下。

• 来自水体中固有的微生物，如荧光杆菌、产红色和产紫色的灵杆菌、不产色的好氧芽孢杆菌、产色和不产色的球菌、丝状硫细菌、球衣菌及铁细菌等，它们都是水体的土著微生物。

• 来自土壤的微生物，雨水对地表的冲刷，会将土壤中的微生物带入水体。如枯草芽孢杆菌、巨大芽孢杆菌、氨化细菌、硝化细菌、硫化还原菌、蕈状芽孢杆菌、霉菌等。

• 来自生产及生活的微生物，各种工业废水、生活污水和牲畜的排泄物夹带各种微生物进入水体。这些微生物有大肠杆菌、肠球菌、产气荚膜杆菌、各种腐生性细菌、厌氧梭状芽孢杆菌等，也包括一些病原微生物，如霍乱弧菌、伤寒杆菌、痢疾杆菌、立克次体、病毒、赤痢阿米巴等。

• 来自空气的微生物，雨雪降落时，会把空气中的微生物带入水体。初雨尘埃多，微生物含量也多，而初雨之后的降水微生物较少。雪花的表面积大，与尘埃接触面大，故其微生物含量要比雨水多。另外，空气中尘埃的沉降，也会直接把空气中的微生物带入水体。

水质中微生物的危害：在饮用水中的微生物达到一定的浓度就会污染水，导致人体受到伤害。如现在已经发现的 700 多种介水传播病毒中，以轮状病毒、肝炎病毒和肠道病毒为主导，可引起腹泻、肝炎等多种病状。病毒对人体危害巨大，若污染水源将会造成极大的健康危害。在工业冷却循环水系统中，微生物达到一定浓度对工业用水也会有很大影响。如有些微生物在日光的照射下，产生光合作用而放出氧气，增加水中溶解氧含量，金属腐蚀因此而加速。在一些微生物的代谢过程中，产生的酸性分泌物还会直接对金属造成腐蚀。而且，微生物在循环水系统中大量繁殖后生成生物黏泥，主要是微生物代谢物、残骸形成的沉积物，其与水垢和尘土类混合，严重阻隔热量传递。这样由少聚多，形成菌膜，使传热器的传热效率明显降低。所以，微生物在水质的检测中是不可忽略的。

【案例分析】

➢ T&E 菌落总数总大肠菌群检测套件（图 3-13）

T&E 型水中微生物检测套件是由一直从事微生物研究的 Microology Laboratories 公司研发，是其 Easygel® 系列微生物检测产品中的核心产品。可检测水中菌落总数和总大肠菌群，套件由成品无菌液体培养液和预制特殊涂层的培养皿组成，二者配合使用。操作简单、灵敏度高、特异性强。

产品特点：

（1）无需洁净室，接种时间短，无需在洁净室中制备平板和接种；

（2）成品培养液，液态，确保样品充分混匀，无需配制，无需灭菌，无需冷藏；

（3）特制培养皿，预制含 Ca^{2+} 的特殊涂层，与样品混合液中的果胶成分反应，确保固

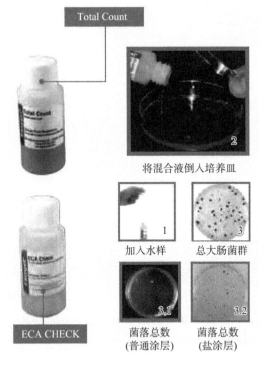

图 3-13　T&E 菌落总数总大肠菌群检测套件

化均匀；

（4）接种均匀,混匀后的液体倒入具有特殊涂层的培养皿后,能确保接种均匀；

（5）检测,与国标法检测结果一致；

（6）独立包装,携带方便,即采即测,避免二次污染；

（7）保质期长,12 个月。

操作步骤：

（1）打开一瓶液,用无菌滴管加入 1 mL 水样,旋紧瓶盖后,轻轻旋摇混合均匀；

（2）将(1)的混合液倒入培养皿,轻轻旋摇使混合液平铺于培养皿；

（3）将(2)水平放置在培养箱(35℃)或室温条件下培养,40 分钟固化后,继续培养 48 小时后,打开培养皿；

（4）肉眼读取结果,菌落总数,无色或白色(11001),粉色或红色(12001)；大肠埃希氏菌,深蓝色；一般大肠菌群,蓝或蓝灰色；总大肠菌群＝大肠埃希氏菌＋一般大肠菌群。

技术指标：

（1）检测项目:菌落总数、总大肠菌群、大肠埃希氏菌、耐热大肠菌群；

（2）应用范围:适用于实验室和现场微生物检测；

（3）检测方法:平皿计数法；

（4）操作环境:无需超净工作台；

（5）无菌控制:独立包装,避免污染；

(6) 培养基:液体培养液,无需灭菌,无需冷藏;

(7) 培养皿:具有特殊涂层,40分钟固化;

(8) 培养温度:室温或培养箱(35℃);

(9) 操作简单:液体培养液直接倒入培养皿;

(10) 培养时间:48小时;

(11) 结果读取:肉眼直接读取结果;

(12) 菌落颜色:菌落总数,无色或红色;大肠埃希氏菌,深蓝色;一般大肠菌群,蓝或蓝灰色;总大肠菌群═大肠埃希氏菌＋一般大肠菌群;

(13) 独立包装,避免污染,选配培养箱技术参数。

主要参数:

(1) 控温范围:—5～65℃;

(2) 容积:12 L;

(3) 输入电压:DC12 V/AC220 V;

(4) 功率:65 W;

(5) 净重:6 kg;

(6) 产品规格:410 mm×290 mm×290 mm;

(7) 内径规格:330 mm×160 mm×220 mm。

➢ 水质分析仪器(大肠菌群在线自动监测仪、粪大肠菌群检测仪)

仪器主要参数:

(1) 采样体积:200 μL(高浓度)或者 5 mL(低浓度);

(2) 采样周期:1～24 h;

(3) 检测时间:小于 12 h;

(4) 测量范围:1 个/100 mL～10×1 011 个/100 mL;

(5) 检出限:1 个/100 mL;

(6) 培养温度:36.5℃(大肠菌群)或者 44.5℃(粪大肠菌群);

(7) 试剂:培养液 1 瓶/样品;

(8) 次氯酸钠(有效氯 0.1%～0.5%):5 L/周;

(9) 零点校正:采样前自动校正;

(10) 参比溶液:培养液;

(11) 报警信号:温度报警、机械故障报警等;

(12) 通信接口:RS232 或者 RS485;

(13) 电源:AC 110～240 V,50/60 Hz;

(14) 功耗:150 W;

(15) 环境:防潮、防尘、温度 10～30℃;

(16) 外形尺寸:1 300 cm×600 cm×1 700 cm;

(17) 重量:250 kg。

主要测试对象:

饮用水、地表水、地下水、生活污水、环境污水的大肠菌群和粪大肠菌群检测。

➤ BOT-ⅢA 型 366 nm 暗箱式紫外观察仪

产品介绍：

BOT-ⅢA 型 366 nm 暗箱式紫外观察仪(图 3-14)采用高亮度紫外石英管、纯紫外滤光片、双稳态开关镇流电路，具有高紫外强度，强度均匀稳定，不闪烁，不含杂光，经久耐用等特点。广泛适用于生物、水、食品工业观察大肠埃希氏菌等部门和领域。

技术参数：

(1) 电压：220 V 50 Hz；

(2) 功率：6 W(备用一支 6 W 366 nm 灯管，可选择同时开启或单独开启)；

(3) 波长：366 nm；

(4) 滤光片：200 mm×50 mm(更方便培养基板的检测)；

(5) 反光板：300 mm×200 mm (使 366 nm 紫外光更强)；

(6) 辐照：30 cm 内强度约为 1 480 $\mu W/cm^2$；

(7) 防紫外线观察窗：160 mm×80 mm；

(8) 具有过流，过压保护装置；

(9) 规格尺寸：385 cm×340 cm×330 cm，重量 10 kg；

(10) 内部黑色涂层设计，观察更清晰。

图 3-14　BOT-ⅢA 型 366 nm 暗箱式紫外观察仪

6. 有机污染物检测

有机污染物是指以碳水化合物、蛋白质、氨基酸以及脂肪等形式存在的天然有机物质及某些可生物降解的人工合成有机物质为组成的污染物。有机污染物可分为天然有机(NOM)污染物和人工合成有机(SOC)污染物两大类。前者包括腐殖质、微生物分泌物、溶解的植物组织和动物的废弃物；后者包括农药、商业用途的合成物及一些工业废弃物。

有机污染物检测包含对象：肉眼可见物、挥发酚、多环芳烃（PAHs）、多氯联苯（PCBs）、可吸附有机卤化物、挥发性卤代烃、有机氯农药（OCPs）、有机磷农药（OPPs）、挥发性有机物（VOCs）、半挥发性有机物（SVOCs）、二噁英、总石油烃类（TPH）等。

有机污染物的主要来源：光合作用生成的有机物、动植物分泌物及代谢产物、动植物的排泄物、生物残骸、有机废水、土壤中溶解的有机物以及人工施的肥和投的饵等。水体中的有机物来源主要分为两个方面，一是外界向水体中排放的有机物；二是生长在水体中的生物群体产生的有机物以及水体底泥释放的有机物。前者包括地面径流和浅层地下水从土壤中渗沥出的有机物，主要是腐殖质、农药、杀虫剂、化肥、城市污水和工业废水向水体排放的有机物、大气降水携带的有机物、水面养殖投加的有机物、各种事故排放的有机物等。后者一般情况下在总的有机物中所占的比例很小，但是对于富营养化水体，如湖泊、水库，则是不可忽略的因素。

主要特性及危害：水体中有机物的产生、存在形式、迁移、转化和降解与水体中生物（微生物、浮游生物和养殖生物）的繁殖、生长和死亡腐解过程都有密切的关系，水体的物理性质（水色、透明度、表面性质）及其许多无机成分（特别是重金属和过渡金属离子）的存在形式以及迁移过程也受到重要的影响。产生危害的有机污染物类别主要是水质耗氧污染物和植物营养物。耗氧污染物有碳水化合物、蛋白质、油脂、木质素等有机物质。这些物质以悬浮或溶解状态存在于污水中，可通过微生物的生物化学作用而分解。在其分解过程中需要消耗氧气，因而被称为耗氧污染物。这种污染物可造成水中溶解氧减少，影响鱼类和其他水生生物的生长。水中溶解氧耗尽后，有机物进行厌氧分解，产生硫化氢、氨和硫醇等有难闻气味的物质，使水质进一步恶化。水体中有机物成分非常复杂，耗氧有机物浓度常用单位体积水中耗氧物质生化分解过程中所消耗的氧气量表示，即以生化需氧量（BOD）表示。一般用 20℃时，五天生化需氧量（BOD_5）表示。植物营养物主要指氮、磷等能刺激藻类及水草生长，干扰水质净化，使 BOD_5 升高的物质。水体中营养物质过量所造成的"富营养化"对于湖泊及流动缓慢的水体所造成的危害已成为水源保护的主要问题。

【案例分析】

➤ ZYD-NP96 农药残留快速检测仪（图 3-15）

产品详情：

ZYD-NP96 农药残留快速检测仪根据国家标准中胆碱酯酶抑制率法设计，可快速定量检测食品中残留的农药含量。用于检测蔬菜、水果、茶叶、粮食、水等中有机磷和氨基甲酸酯类农药残留。适用于各级农业检测中心、生产基地、农贸市场、超市、宾馆酒店等领域。

仪器特点：

（1）5 英寸全中文彩色大屏幕液晶显示；

（2）触摸屏操作，方便直观；

（3）光源采用超高亮发光二极管，具有低功耗、可靠性高、响应速度快等优点；

（4）采用闭环回路光源自动校准系统，避免了长时间使用，或者外部条件变化导致的

图 3-15　ZYD-NP96 农药残留快速检测仪

光源过强或过弱等现象,保证光源处于稳定工作状态;

(5) 光源预热及恒温管理系统有效避免漂移,保证长时间测量的稳定性;

(6) 仪器自动校正 0% 及 100%,不需要人工进行此校正操作;

(7) 8 通道光路测量系统;

(8) 精确的自动进样定位系统,保证测试结果的准确;

(9) 具有振板功能,振动速度和时间可调;

(10) 具备仪器自检功能;

(11) USB 通信结构,方便连接电脑进行数据处理;

(12) 内置微型热敏打印机。

仪器主要参数:

(1) 光源波长:410 nm;

(2) 检测通道:96 通道同时检测;

(3) 反应时间:1 min 或者 3 min 任选;

(4) 检出下限:0.05~5.0 mg/kg(有机磷及氨基甲酸酯类);

(5) 测试范围:0~3.5 A;

(6) 分辨率:0.001 A;

(7) 准确度:±1%(0~2 A);

(8) 线性误差:±0.1%(0~2 A);

(9) 重复性:±0.005 A(0~2 A);

(10) 稳定性:≤0.005 A;

(11) 存储:大容量存储器,可以存储约 300 000 组原始测量数据;

(12) 界面:内置嵌入式微型热敏打印机,彩色大屏幕 LCD 中文显示。

➤ 水质中卤代烃检测仪——GC5400 气相色谱仪(图 3-16)

测试项目:

三氯甲烷、四氯化碳、三氯乙烯、四氯乙烯、三溴甲烷。

参考方法:

HJ 620—2011《水质 挥发性卤代烃的测定 顶空气相色谱法》;

图 3-16   水质中卤代烃检测仪——GC5400 气相色谱仪

GB/T 5750.8—2023《生活饮用水标准检验方法 有机物指标》。

仪器和试剂:

(1) 仪器:气相色谱仪器(ECD 检测器)、自动顶空进样器、HP-5 色谱柱(30 m× 0.32 mm×0.25μm)、顶空瓶(20 mL)及瓶盖、螺口试管(50 mL)及瓶盖(有聚四氟乙烯隔垫);

(2) 试剂:纯水(色谱检验无被测组分)、抗坏血酸(分析纯)、氯化钠(分析纯)、甲醇(优级纯)、三氯甲烷、四氯化碳、三氯乙烯、四氯乙烯、三溴甲烷(色谱纯)。

样品采集及处理:

(1) 采集:在 50 mL 比色管中加入 20 g 氯化钠和 0.4 g 抗坏血酸,用塞子塞住,带到现场直接取样,水样充满后,不留液上空间,旋紧瓶盖;

(2) 保存:采样后的样品应尽快分析,如不能及时分析可在 2~5℃冰箱中密闭保存 7 天。

样品测试:

按照要求配置合适的标样浓度,取标样 10 mL 加入顶空瓶中,密封,放入自动顶空进样器,设定合适的顶空条件、各色谱条件,进样分析。同样的方法对水样进行分析。用标准曲线法进行定量分析。

➢ 哈希 9184sc 余氯在线检测仪

产品概述:

哈希 9184sc 余氯在线检测仪采用选择性电极进行余氯检测,即插即用,量程宽且检出限低;该余氯在线检测仪内置 pH/温度自动补偿,尤其适用于反渗透膜处理工艺的余氯检测。

工作原理:

(1) 9184sc 余氯在线检测仪的原理为:电解液和渗透膜把电解池和水样品隔开,渗透膜可以选择性地让 ClO^- 穿透;在两个电极之间有一个固定电位差,生成的电流强度可以换算成余氯浓度;

图 3-17　哈希 9184sc 余氯在线检测仪

(2) 在阴极上：$ClO^- + 2H + 2e^- \rightarrow Cl^- + H_2O$；在阳极上：$Cl^- + Ag \rightarrow AgCl + e^-$；

(3) 由于在特定温度和 pH 条件下，$HOCl$、ClO^- 和余氯之间存在固定的换算关系，所以可通过这种方式进行余氯检测。

应用行业：

9184sc 余氯在线检测仪适用于饮用水、工业过程水消毒工艺的次氯酸（$HOCl$）/余氯检测，尤其适用于反渗透膜处理工艺的余氯检测。

仪器特点：

(1) 量程宽且检出限低，满足低量程测量用户的需求；

(2) 采用选择性膜传感器；

(3) 带 pH 和温度补偿，使读数更接近真实值；

(4) 内置流量控制装置；

(5) 维护量小：每两个月校正一次，每六个月更换一次电解液和膜；

(6) 即插即用：采用电极法，使用的时候只需要插上电极，开机就可以进行余氯检测。

技术指标：

(1) 测量范围：0.005～20 ppm（mg/L）HOCl；

(2) 最小检出限：5 ppb 或 0.005 mg/L HOCl；

(3) 准确度：2% 或 ± 10 ppb HOCl，取大值；

(4) 响应时间：90% 少于 90 s；

(5) 样品流速：200～250 mL/min 自动可调；

(6) 存储温度：－20～60℃；

(7) 操作温度：0～45℃；

(8) 样品温度：2～45℃；

(9) 样品 pH 范围：4～8；

（10）校正方法：实验室比对法；

（11）校正间隔：一次/2个月；

（12）维护间隔：一般每六个月更换一次膜和电解液；

（13）进样连接：1/4-in. O.D.；

（14）排放连接：1/2-in. I.D.；

（15）防护等级：IP66/NEMA 4X；

（16）仪器尺寸：270 mm×250 mm。

➢ GC-MS 6800 多环芳香烃检测仪（图3-18）

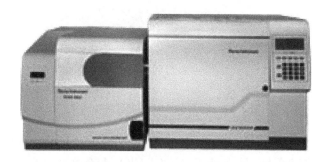

图3-18　GC-MS 6800 多环芳香烃检测仪

GC-MS 6800用于有机物的检测，是挥发性和半挥发性定性定量分析测试的常用仪器，广泛应用于各种有机毒害物的残留分析项目，具有检出限低、定性能力强、可定量结果等特点。

测试流程：

参照IEC 6232-1-3-1，GB/Z 21276—2007等标准，称取定量的样品颗粒，经溶剂提取—浓缩—净化—定容—过滤，即可上机测试。

以下是20种多溴联苯和多溴二苯醚混合标准溶液：1、溴联苯；2、溴二苯醚；3、二溴联苯；4、二溴二苯；5、三溴联苯；6、三溴二苯；7、四溴联苯；8、五溴联苯；9、四溴二苯醚；10 六溴联苯；11、五溴二苯醚；12、六溴二苯；13、七溴联苯；14、七溴二苯醚；15、八溴联苯；16、八溴二苯；17、九溴联苯；18、九溴二苯醚；19、十溴联苯；20、十溴二苯醚。

➢ XZ-0168 68 参数自来水检测仪（图3-19）

产品概述：

XZ-0168 68 参数自来水检测仪可用于测定污水中的浊度、色度、悬浮物、余氯、总氯、化合氯、二氧化氯、溶解氧、氨氮（以N计）、亚硝酸盐（以N计）、铬、铁、锰、铜、镍、锌、硫酸盐、磷酸盐、硝酸盐氮、阴离子洗涤剂、COD、硫化物等参数，用户可根据自己的要求，以百分比的形式标定使用，为客户提供了方便。本仪器可广泛用于水厂、食品、化工、冶金、环保及制药行业等部门的污水检测，是常用的实验室仪器。

技术参数：

（1）余氯：0~2.50 mg/L，0.01 mg/L；

（2）总氯：0~10.00 mg/L，0.01 mg/L；

（3）DPD余氯：0~2.50 mg/L，0.01 mg/L；

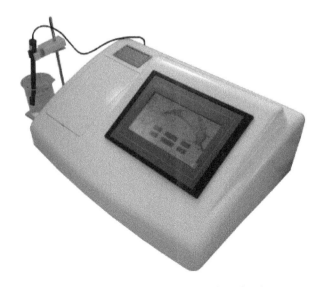

图 3-19 XZ-0168 68 参数自来水检测仪

(4) DPD 总氯:0~2.50 mg/L ,0.01 mg/L;

(5) 臭氧:0~3.00 mg/L ,0.01 mg/L;

(6) 二氧化氯:0~2.00 mg/L ,0.01 mg/L;

(7) 低色度:0~100.00CU ,0.01CU;

(8) 高色度:0~500.00CU ,0.01CU;

(9) 低氨氮:0~10.00 mg/L ,0.01 mg/L;

(10) 高氨氮:0~50.00 mg/L ,0.01 mg/L;

(11) 磷酸盐:0~2.00 mg/L ,0.01 mg/L;

(12) 硫酸盐:0~300.00 mg/L ,0.01 mg/L;

(13) 溶解氧:0~12.00 mg/L ,0.01 mg/L;

(14) 硝酸盐:0~0.30 mg/L ,0.01 mg/L;

(15) 硝酸盐氮:0~20.00 mg/L ,0.01 mg/L;

(16) 铬:0~0.50 mg/L ,0.01 mg/L;

(17) 锰(0.5):0~0.50 mg/L ,0.01 mg/L;

(18) 锰(1.0):0~1.00 mg/L ,0.01 mg/L;

(19) 铁(0.8):0~0.80 mg/L ,0.01 mg/L;

(20) 铁(5.0):0~5.00 mg/L ,0.01 mg/L;

(21) 铜:0~2.00 mg/L ,0.01 mg/L;

(22) 镍(1.0):0~1.00 mg/L ,0.01 mg/L;

(23) 镍(2.0):0~2.00 mg/L ,0.01 mg/L;

(24) 锌:0~3.00 mg/L ,0.01 mg/L;

(25) 浊度(20):0~20.00 NTU ,0.01 NTU ;

(26) 浊度(1 000):0~1 000.00 NTU ,0.01 NTU ;

（27）低悬浮物：0～200.00ppm，0.01ppm；

（28）高悬浮物：0～500.00ppm，0.01ppm；

（29）总磷：0～5.00 mg/L，0.01 mg/L；

（30）硫化物：0～1.00 mg/L，0.01 mg/L；

（31）水硬度：0～1 000.00 mg/L，0.1 mg/L；

（32）钙离子：0～1 000.00 mg/L，0.1 mg/L；

（33）镁离子：0～1 000.00 mg/L，0.1 mg/L；

（34）氯离子：0～1 000.00 mg/L，0.1 mg/L；

（35）氟离子：0～1 000.00 mg/L，0.1 mg/L；

（36）钠离子：0～1 000.00 mg/L，0.1 mg/L；

（37）嗅和味测定装置：滴定法；

（38）仪器内留有空白位；

（39）用户可根据自己的要求，以百分比的形式标定使用；

（40）精度：≤5%FS；

（41）重复性：≤2%。

产品特点：

（1）省时，每种参数检测所需时间短；

（2）可自动调零和1～5点自动校准；

（3）标准光学玻璃样槽互换性更强；

（4）128MB历史数据存储空间，一次最多可导出2万条历史数据到U盘；

（5）日期显示功能，每次存储对应一个日期和时间，方便查询；

（6）可打印实验结果；

（7）7英寸TFT液晶屏，操作简单易懂；

（8）USB接口可用于导出历史数据到U盘（csv文件可直接用Excel打开）。

7. 抗生素含量检测

抗生素（Antibiotics）是由微生物（包括细菌、真菌、放线菌属）或高等动植物在生活过程中所产生的具有抗病原体或其他活性的一类次级代谢产物，能干扰其他生物细胞发育功能。

抗生素含量检测包含对象：土霉素、四环素、多西环素（强力霉素）、环丙沙星、诺氟沙星、磺胺甲基异噁唑等。

抗生素的主要来源：其主要来自生活和工业（污水厂）排放的污水、医院和药厂排放的废水、水产养殖废水，垃圾填埋场等也含有大量的抗生素类药物。

主要特性及危害：具有COD浓度高、色度及味度大、硫酸盐浓度高、难以生物降解等特点。抗生素药物大量排入水环境中，可形成"假性持久性"污染，可诱导产生大量耐药性致病菌，成为环境中的新污染源。总之随着抗生素含量的增加，水的重复利用率降低。

【案例分析】

➤ LC-MS 1000 液相色谱质谱联用仪（图 3-20）

液相色谱质谱联用仪（Liquid Chromatograph Mass Spectrometer，简称 LC-MS），是有机物分析市场中的高端仪器。液相色谱（LC）能够有效地将有机物待测样品中的有机物成分分离，而质谱（MS）能够对分开的有机物逐个分析，得到有机物分子量、结构（在某些情况下）和浓度（定量分析）的信息。强大的电喷雾电离技术造就了 LC-MS 质谱图十分简洁、后期数据处理简单的特点。LC-MS 是有机物分析实验室，药物、食品检验室，生产过程控制、质检等部门必不可少的分析工具。

图 3-20　LC-MS 1000 液相色谱质谱联用仪

标准配置：

LC 310 液相高压泵、恒温箱、自动进样器（可选）、紫外检测器（可选）、质谱检测器。其中质谱检测器配备电喷雾离子源（标配）和大气压化学电离离子源（选配）。用户可以根据需要切换不同的检测器或同时使用紫外检测器和质谱检测器（采用合适的分流方法）。

性能特点：

扫描速度快（高 10 000 amu/s，柱状图模式）、扫描范围较宽（10～1 100 amu）、提供正负离子模式切换、检测灵敏度高（10pg 利血平，S/N≥50∶1）、软件集成度高（LC 高压泵、自动进样器、恒温箱、紫外检测器和质谱的控制及数据处理集成在一个软件上）、强大的自动校准调谐功能、全中文界面。

➤ 美国 Abraxis 磺胺甲基异噁唑检测试剂盒

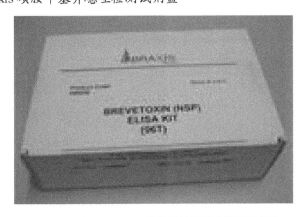

图 3-21　美国 Abraxis 磺胺甲基异噁唑检测试剂盒

适用：

试剂盒适用于定量检测水样中磺胺甲基异噁唑及其类似物的含量。

原理：

试剂盒原理是竞争酶联免疫检测方法。在这个系统里，标准、样品和磺胺甲基异噁唑抗体一起加入包含有羊抗兔抗体的微孔中孵育 20 分钟。然后加入磺胺甲基异噁唑酶结合物。这时样品中磺胺甲基异噁唑和酶结合物中的磺胺甲基异噁唑竞争磺胺甲基异噁唑抗体的结合位点。反应 40 分钟后用洗涤液洗板。加入底物显色液（过氧化氢和TMB）检测样品中的磺胺甲基异噁唑。和磺胺甲基异噁唑抗体的酶结合物催化底物发生显色反应。反应 30 分钟后加入稀硫酸终止反应。在 450 nm 波长进行检测，样品中的磺胺甲基异噁唑浓度与吸收光强度成反比。利用标准的吸光度和浓度制作剂量反应曲线。将未知样品和标准比对，可以知道样品中磺胺甲基异噁唑的含量。

试剂盒组成：

（1）96 孔酶标板：1 块（8×12 条）包被有羊抗兔抗体；

（2）磺胺甲基异噁唑抗体溶液：兔抗磺胺甲基异噁唑抗体，1 瓶（6 ml）；

（3）磺胺甲基异噁唑酶结合物：1 瓶（6 ml）；

（4）标准（Standard）：6 瓶（1 ml/瓶），浓度分别为 0,0.025,0.05,0.1,0.25,1.0 ppb；

（5）对照：0.2 ppb 磺胺甲基异噁唑，1 瓶（1 ml）；

（6）稀释液/零标准（样品稀释液）：1 瓶（30 ml）；

（7）底物显色液：1 瓶（16 ml）；

（8）终止液：1 瓶（6 ml）；

（9）浓缩洗涤液：1 瓶（5 倍浓缩，100 ml/瓶），用于酶标板的洗涤。使用时按照 100 ml 洗涤液＋400 ml 水稀释。

储存：

储存在 2~8℃，不要冷冻保存。试剂在有效期内都可以使用。实验操作完的垃圾要按照当地法规来处理。

➢ OK-KS96 抗生素残留检测仪（图 3-22）

图 3-22　OK-KS96 抗生素残留检测仪

使用范围：

本检测仪广泛适用于各卫生监督部门、食品安全监管机构、食品药品监督管理局、农副产品质量检测中心、畜产品养殖以及加工厂、食品加工厂、大中型农贸市场、大中型超市、畜牧水产管理局、工商管理局、疾病预防控制中心、出入境检验检疫局等单位。

功能特点：

（1）96 通道的光纤检测结构，有参比校准通道，能实时监控每次测试的有效性。支持 96 孔和 48 孔板及其他微孔板检测；

（2）检测不同项目时，仪器自动波长定位，支持 10 个滤光片；

（3）随机固化常规检测项目，可以随时追加固化项目及用户自行修改和添加项目，方便快捷；

（4）采用 7 英寸 LCD 触摸彩色大屏显示器，分辨率 800×480，能直接 96 孔整板全屏显示，显示内容清晰、完整；

（5）全新 Windows 图形化界面，彩色液晶触摸屏操作，操作简捷方便；

（6）采用 RS232 通信端口；支持外接 USB 数据线直接与 PC 机连接；支持 Excel 格式的数据导出功能；支持多种综合报告输出和汇总统计功能；

（7）支持触摸屏和 PS/2 鼠标操作，拼音输入法；

（8）支持质控功能，具备即刻法和 ELISA 法质控；可查看质控结果和质控图；

（9）支持内置热敏打印机，可以打印矩阵整板数据和病人综合检测报告；可以连接外置 USB 型号打印机；

（10）采用 SD 卡数据存储，满足"海量"数据存储的要求，轻松应对正常检测工作需求；

（11）通过工作站支持一板 6 个项目同时检测；

（12）支持 GPRS 远程数据通信模块及网络通信模块；

（13）采用 U 盘自动程序升级功能；简单快捷；支持 U 盘拷贝数据；

（14）仪器具有定性定量分析功能，可以输出原始吸光度报告、液相阻断检测报告、浓度数据报告、定性分析的阴阳性结果判定报告；

（15）采用光源自动开关节能设计，延长光源寿命，具备对光路、机械运动部件等进行自检和报警功能，确保仪器处于良好的工作状态；

（16）强大的信息管理和综合报告功能，仪器内置检测样品、检测人员和系统日志数据库，加强监管追溯力度，支持条件汇总查询；

（17）连接工作站软件，电脑直接控制仪器的检测工作，实现数据的实时采集、数据查询汇总、供应商信息管理等。

检测项目：

兽药残留类（水产安全检测项目）：克仑特罗，莱克多巴胺，沙丁胺醇，恩诺沙星，磺胺总残留，磺胺喹噁啉，磺胺二甲基嘧啶，磺胺对甲氧嘧啶，呋喃它酮，呋喃唑酮，呋喃妥因，呋喃西林，氯霉素，孔雀石绿（显性），孔雀石绿（隐性），三聚氰胺，苏丹红，黄曲霉毒素 B1，硝呋索尔，环丙沙星，喹诺酮类药物，氧氟沙星，糖精钠，去氢表雄酮，罗格列酮，乙烯雌酚,抗生素残留类(氯霉素,青霉素,阿灭丁,双甲脒,阿莫西林,氨苄西林,氨丙啉,安普霉素,阿散酸,阿维菌素,甲基吡啶磷,氯哌酮,杆菌肽,苄青霉素,头孢噻呋,克拉维酸,氯羟吡啶)。

技术参数:

(1) 波长范围:340~1 100 nm;

(2) 测量通道:96 通道光纤检测系统;

(3) 分辨率:0.001 Abs;

(4) 测量范围:0.000~4.000 A;

(5) 稳定性:±0.005 A;

(6) 重复性:CV≤0.5%;

(7) 灵敏度:≥0.010A;

(8) 示值误差:±0.015 A;

(9) 通道差异:≤0.020 A;

(10) 适应性:≤0.005 A;

(11) 波长准确度:±2 nm;

(12) 读板速度:<5 秒 96 孔(单波长);<7 秒 96 孔(双波长);

(13) 项目固化:随机固化常规检测项目,可以随时追加固化项目及用户自行修改和添加项目,方便快捷;

(14) 日志功能:记录仪器正常使用情况,仪器自检系统,故障自动报警显示;

(15) 存储:内置大容量 SD 卡存储,能保存 1 000 个以上检测项目,保存 100 万个以上检测结果;

(16) 数据备份:U 盘直接数据备份,海量存储备份;

(17) 样品形式:96 孔或其他类型微孔板、条;

(18) 波长:标配 4 个滤光片(450 nm,492 nm,630nm,410 nm);可增配 10 个波长;

(19) 振板功能:轻振,强振;

(20) 接口:RS 232 双向通信口,RJ 45 以太网口,2 个 USB 接口,SD 卡接口;

(21) 显示:10 英寸彩色液晶显示器,96 孔整板可视化显示;

(22) 检测方法:仪器具有吸光度、定性、定量、酶抑制率、液相阻断检测等方法;

(23) 报告输出:吸光度报告、定性分析的阴阳性判定结果报告、浓度结果报告、参考值及定量判定结果报告;

(24) 操作方式:触摸屏操作,鼠标操作;

(25) 打印:内置热敏打印机及外接打印机;

(26) 工作环境:10℃~35℃;相对湿度 15%~85%;

(27) 贮存环境:−20℃~50℃;相对湿度≤93%;

(28) 熔断器:2 A/250 V,Φ5×20;

(29) 外形尺寸:460 mm(L)×360 mm(W)×210 mm(H);

(30) 重量:11 kg;

(31) 电源:AC 220 V±22 V,50 Hz±1 Hz;

（32）输入功率：100 W。

➤ 诺氟沙星检测卡（kjkA008B）

产品简介：

本产品为诺氟沙星检测卡（图 3-23），用于定性检测诺氟沙星药物残留。整个检测过程只需要30分钟。

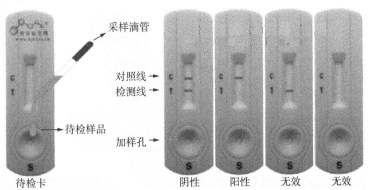

图 3-23　诺氟沙星检测卡（kjkA008B）

测定原理：

诺氟沙星检测卡基于胶体金免疫层析技术，采用竞争反应原理检测诺氟沙星，样品中的诺氟沙星与固定于 NC 膜上的诺氟沙星-BSA 偶联物共同竞争抗诺氟沙星单克隆抗体的胶体金探针，根据不同的竞争作用而显示的颜色判读结果。

样品检出限：

诺氟沙星，灵敏度 15 ppb。

产品组成：

（1）诺氟沙星检测卡（40 份/盒）；

（2）滴管（40 支）；

（3）干燥剂（40 片）；

（4）一次性手套（5 只）；

（5）稀释液（40 管）。

样品前处理步骤：

（1）组织样本立即检测或收集在塑料袋中送检。若不能及时检测，样本在 2~8℃ 冷藏可保存 24 小时，−20℃ 冷冻保存 1 周，冷冻时忌反复冻融。将样本剪碎，称取 0.5 g 组织样本装入提供的配套组织提取液中。充分混匀，然后将离心管放入 90℃ 以上沸水浴加热 10 分钟；

（2）待有液汁浸出，取出此离心管放至室温，如条件具备，将离心管放入小离心机中，4 000 转离心 5 分钟后，取上清为待检液，如果没有离心机，需将离心管静置 10 分钟，此离心管中的样本渗出液为待检样品，检测时应尽量取上清液。

使用步骤：

（1）在进行测试前先完整阅读使用说明书，使用前将检测卡和待检样本恢复至

15～37℃；

（2）从原包装袋中取出检测卡，打开后请在一个小时内尽快地使用；

（3）将检测卡平放，用移液器或滴管吸取处理后的待检样品溶液，垂直逐滴加入 3 滴于加样孔中，加样后开始计时（注：如果出现无法层析至顶的情况，可酌情多滴 1～2 滴）；

（4）实验结果应在 5～10 分钟读取，超过 30 分钟结果判读无效。

结果判断：

（1）阴性：测试线（T）与对照线（C）都出现，检测结果为阴性；

（2）阳性：对照线（C）显色，测试线（T）没有显色，检测结果为阳性；

（3）无效：C 线无色，无论 T 线是否显色，该试纸条均判为无效；

（4）无效：未出现质控 C 线，表明操作过程不正确或检测卡已失效。如出现此情况，请换份检测卡再进行检测。

注意事项：

（1）检测卡请在保质期内一次性使用；

（2）检测时避免阳光直射和电风扇直吹；

（3）尽量不要触摸检测卡中央的白色膜面；

（4）样品滴管不可混用，以免交叉污染；

（5）如果样品偏酸或偏碱，需要调节 pH 至中性后再检测；

（6）试验遇到的任何问题，请与供应商联系；

（7）自来水、蒸馏水或去离子水不能作为阴性对照；

（8）出现阳性结果，建议用本卡复查一次；

（9）要注意保证样品的新鲜，要注意避免因变质而造成的失效或污染。出现阳性结果时应按法定程序分瓶封装样品用于确证法检测。

3.2.2 长距离调水工程渠道检测

3.2.2.1 渠道工程

本书以调研渠段出现的堤顶裂缝为例，对高填方渠堤堤顶裂缝、填筑土内部缺陷进行现场检测，并对相关土料进行物理力学指标检验；综合检测结果、工程运行安全监测数据、土力学试验成果等资料和现场情况，梳理总结高填方渠段发现的主要问题，分析渠堤出现裂缝的原因、可能的影响，提出意见及建议。

工程安全检测的主要步骤为：对现场损毁情况进行检查、描述、记录；采用无损检测方法对缺陷部位进行检测（如图 3-41 探地雷达仪、图 3-55 三维高密度电法仪等）；为验证无损检测发现的问题，采用有损检测的方法（钻孔、开挖等）对土体内部参数进行检测。无损检测可以推断填土的内部缺陷，有损检测则揭示填土内部缺陷。对有损检测的取土进行土工试验可得到数据化的检测成果，主要包括：土的密度（干、湿），含水率，渗透系数，黏聚力，内摩擦角，容重，自由膨胀率，压实度，液、塑限等。

　　无损检测可以检测出渠道工程的局部不密实区、土性变化区和富含水层区域,但是无损检测得到的结果不是定量结果,需要有损检测进行验证,因此无损检测和有损检测之间存在一定的相关性。具体来说,局部不密实区可以用检测数据平均干密度和压实度表征;土性变化区可以用黏聚力和内摩擦角表征;富含水层可以用含水率来表征。

3.2.2.2　渠道工程检测仪器及原理

　　1) 探地雷达

　　(1) 探地雷达基本工作原理

　　探地雷达(Ground Penetrating Radar,GPR)是通过利用地下介质的不连续性来探测地下目标的,主要由控制与处理单元(Control and Processing Unit)、雷达发射机(Radar Transmitter)、发射天线(Transmitting Antenna)、雷达接收机(Radar Receiver)和接收天线(Receiving Antenna)五大部分组成,主要的结构和工作方式如图 3-24 所示。雷达发射机通过发射天线向地下发射电磁波,遇到地表及地下目标,由于介质的不连续性将会产生回波,接收天线接收到这些回波信号,送到数据采样系统进行采样,采样后的数

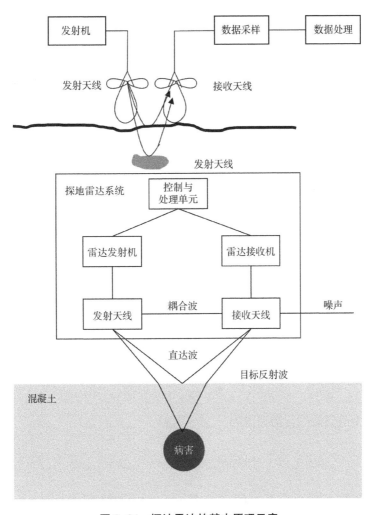

图 3-24　探地雷达的基本原理示意

据送处理系统进行各种处理,以判断地下目标的相关特性。

> 土壤中电磁波的传播特性

Maxwell 方程是研究电磁波传播的基础,简单情况下,土壤可以认为是导电性(有损耗)的电介质媒质,电磁波传播可以通过下面的一维波方程来描述。

$$\frac{\partial^2 E}{\partial z^2} = \mu\varepsilon\frac{\partial^2 E}{\partial t^2}$$

其中,媒质中的绝对磁导率 $\mu = \mu_0/\mu_r$,媒质中的绝对介电常数 $\varepsilon = \varepsilon_0\varepsilon_r$,$\mu_0 = 1.26\times10^{-6}$ H/m 是自由空间的绝对磁导率,$\varepsilon_0 = 8.84\times10^{-12}$ F/m 是自由空间的绝对介电常数。

对于有耗介质可将其高频介电常数 $\varepsilon(\omega)$ 分为实部和虚部两部分:

$$\varepsilon(\bar{\omega}) = \varepsilon'(\bar{\omega}) - j\left(\varepsilon'' + \frac{\sigma_s}{\omega}\right)$$

其中,ε'' 描述因振荡分子的阻尼而引起的电介质损耗,σ_s 是导电率。用有效导电率和有效电损耗角参数表示电介质材料可得:

$$\sigma_e \equiv \bar{\omega}\varepsilon'' + \sigma_s$$

$$\tan\sigma_e \equiv \frac{\varepsilon'' + \dfrac{\sigma_s}{\bar{\omega}}}{\varepsilon'} = \frac{\sigma_e}{\bar{\omega}\varepsilon'}$$

同样磁导率可以描述为:

$$\mu(\bar{\omega}) = \mu'(\bar{\omega}) + j\mu''(\bar{\omega})$$

但大多数土壤都是非磁化的,在下面的讨论中假设 $\mu = \mu_0$。

有耗媒质中沿 z 轴方向传播的平面电磁波用基于复传播常数 γ 的公式来描述:

$$E = E_0 e^{-\gamma s} = E_0 e^{-\alpha\tau}e^{-j\beta}$$

其中,衰减常数 α 和相位因子 β 由下式给定:

$$\alpha = \bar{\omega}\left[\frac{1}{2}\mu\varepsilon\left(\sqrt{1+\tan^2\delta_e} - 1\right)\right]^{\frac{1}{2}}[\text{Np/m}]$$

$$\beta = \bar{\omega}\left[\frac{1}{2}\mu\varepsilon\left(\sqrt{1+\tan^2\delta_e} + 1\right)\right]^{\frac{1}{2}}[\text{rad/m}]$$

$$L_a = 20\log_{10}e^{\alpha} = 20\alpha\log_{10}e = 8.686\alpha\,[\text{dB/m}]$$

在电介质中电磁波的传播速度为:

$$\nu = \frac{\bar{\omega}}{\beta} = \left[\frac{1}{2}\mu\varepsilon\left(\sqrt{1+\tan^2\delta_e} + 1\right)\right]^{-\frac{1}{2}}$$

对于绝大多数土壤,常常有 $\tan\delta_e \ll 1$,且 $\mu = \mu_0$,因此波速可以近似为:

$$\nu \approx \frac{1}{\sqrt{\mu\varepsilon}} = \frac{c}{\sqrt{\varepsilon_r}}$$

➤ 探地雷达方程

通常的雷达方程可写为：

$$P_r = \frac{G_t G_r \lambda^2 \sigma P_t}{(4\pi)^3 R^4}$$

其中，P_t 和 P_r 分别是雷达的发射和接收功率，G_t 和 G_r 分别是发射天线和接收天线的天线增益，σ 是目标的雷达散射截面，R 是到目标的距离。该方程通常针对雷达工作于自由空间的情况。

对于有耗媒质中电磁波的传播，须考虑土壤对波的吸收：

$$P_r \propto P_t (e^{-a2R})^2 = P_t e^{-4aR}$$

因此对于探地雷达，方程可修改为：

$$P_r = \frac{G_t G_r \zeta_t \zeta_r \lambda^2 \sigma P_t}{(4\pi)^3 R^4} e^{-4aR}$$

其中，ζ_t 和 ζ_r 分别是空气到土壤波传播的透射率和土壤到空气的透射率。该雷达方程是基于地表和目标在天线远场的假设。从天线的角度，远场边界的定义是：$R \geqslant 2D_A^2/\lambda$。其中，$D_A$ 是天线孔径的最大直径。对于浅地层探地雷达，其工作频率通常在 GHz 量级，目标距天线也较近，因此目标通常处于近场，所以该方程不能充分描述探地雷达的接收功率，只能作为探地雷达性能的一种近似，更为精确的计算要求一个全电磁模型，利用时域有限差分(FDTD)或其他方法计算在媒质中雷达近场区域的电磁场。

(2) 探地雷达体制

探地雷达信号种类主要有：无载频脉冲信号即冲激信号，步进频率信号，调频连续波信号，伪随机噪声信号等。因此根据信号种类可将探地雷达分为：无载频脉冲探地雷达，步进频率探地雷达，调频连续波探地雷达，伪随机噪声探地雷达等体制。这些体制的雷达各有其优缺点，从近几年的实际使用来看，无载频脉冲探地雷达与步进频率探地雷达使用最多，下面主要介绍这两种体制的探地雷达。

图 3-25 是无载频脉冲探地雷达的基本框图，它通过脉冲生成器形成窄脉冲(对于浅地层探地雷达来说脉冲宽度通常在零点几纳秒到几纳秒之间)，再通过天线辐射出去对地下目标进行探测。接收天线接收到相应的信号，送到采样器进行采样，再对采样后的数据进行处理。由于脉冲很窄，直接对脉冲进行采样通常成本很高，所以通常采用序贯采样技术。目前最常用的脉冲波形是 Ricker 小波，在数学上可以描述如下：

$$p(t) = -\frac{d^2(e^{-at^2})}{dt^2} = -2a e^{-at^2}(2at^2 - 1)$$

其中，a 是一个决定脉冲宽度和幅度的常数。

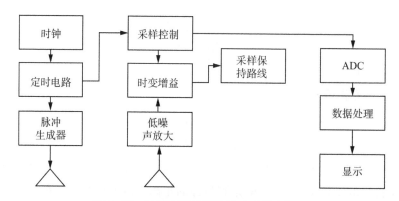

图 3-25　无载频脉冲探地雷达的基本框图

　　图 3-26 是步进频率探地雷达的基本框图,频率源产生步进频率信号,再通过天线辐射出去对地下目标进行探测,接收天线接收到相应的信号,送到一混频器进行混频,再对混频所得的复基带信号进行采样处理,并通过离散傅立叶变换(IDFT)将数据变换到时域。步进频率探地雷达发射信号可表示为如下形式:

$$x(t) = \sum_{k=0}^{N-1} \mathrm{Re}\{\exp(\mathrm{j}2\pi(f_0 + k\Delta f)t)\}\mathrm{rect}\left(\frac{t - kT - T/2}{T}\right)$$

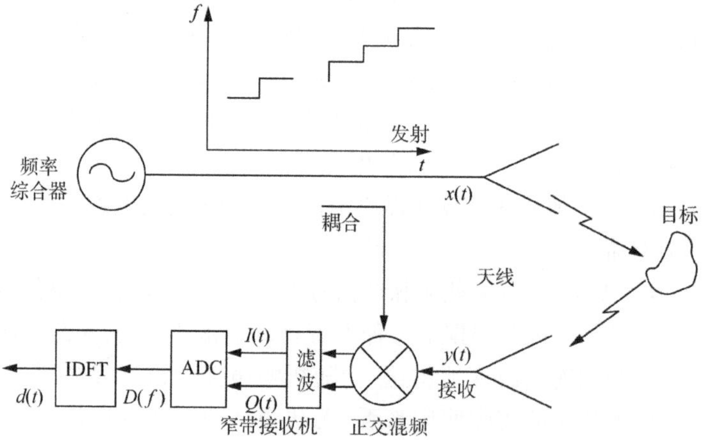

图 3-26　步进频率探地雷达的基本框图

　　无载频脉冲探地雷达与步进频率探地雷达在性能上各有其特点,简要比较如下。从辐射功率的角度来看,无载频脉冲探地雷达的占空比很低,因此其峰值功率很高,而平均功率相对来说较低;因为步进频率探地雷达发射连续波,所以可以实现很高的平均功率,但是对于一般的手持式探地雷达来说,并不需要很大的平均功率,所以步进频率探地雷达相较无载频脉冲探地雷达而言,其优势不是很明显。从接收机灵敏度的角度看,步进频率探地雷达与无载频脉冲探地雷达相比,其灵敏度要高一些。从实现的成本和复杂性的角度来看,因为无载频脉冲探地雷达只需要单一的脉冲源,而且不需要频域到时域的运算,所以其成本较低,实现起来比较容易;而步进频率探地雷达要实现比较大的带宽就需要复杂的频率源,同时数据采集后还必须进行频域到时域的运算,所以实现起来相对要复杂一些,其成本也要高一些。

（3）探地雷达测量方式

探地雷达数据采集方法可分为折射探测、反射探测和透射探测,其中折射探测不常用到,这里主要介绍反射探测和透射探测两种探测方法。

探地雷达的反射探测,一般使用一个发射天线和一个接收天线对地下目标进行探测和数据采集。反射探测包括以下几种不同的测量方式:剖面法、宽角法、共中心点法等。其中剖面法能够准确反映各个不同反射界面的形态特征,宽角法和共中心点法多应用于求取电磁波在不同介质中的传播速度。

剖面法:如图 3-27 所示,采用收发共置天线对或一体式天线的探测形式,即在每次测量中以保持发射天线和接收天线的间距不变的方式实现目标探测。当采用剖面法对某一区域进行测量时,待测区域须根据探测要求布置若干条测线,对每一条测线依次扫描下去,从而实现对整个待测区域的测量。

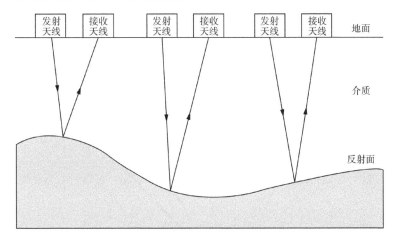

图 3-27　剖面法探测示意图

宽角法:宽角法测量方式如图 3-28 所示,将探地雷达中的发射天线固定不动,沿着测线等间距地移动接收天线,完成对地下空间的测量。采用宽角法测量时,一般要求所

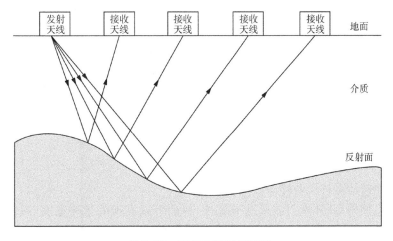

图 3-28　宽角法探测示意图

测区域地表平坦,且地下介质的分界面基本在同一水平面上,此时宽角测量方法又可称为共深度点法,所测得的反射信号来自界面的不同位置。

假设地下所测地质界面的深度为 d,反射波双程旅时为 t,可以推导出电磁波在此区域内介质中的传播速度:

$$t^2 = \frac{x^2}{v^2} + \frac{4d^2}{v^2}$$

$$v = \frac{\sqrt{x^2 + 4d^2}}{t}$$

式中:x 为发射天线与接收天线的间距;v 为电磁波在介质中的传播速度。

共中心点法:与前两种测量方式不同,共中心点是取一处固定位置作为探测的中心点,逐步对称地增加发射天线和接收天线的间距,从而得到多个反射波双程旅时数据,然后通过上式求得电磁波的传播速度,测量方式如图 3-29 所示。这种方法可以在一处固定的空间位置测得不同的反射信号数据,对其进行叠加处理获得信噪比较高的数据资料,能够有效地解决地层深处界面反射波信噪比过小而导致的难以识别的问题,因此将共中心点法作为地层雷达波速测量的标准方式。

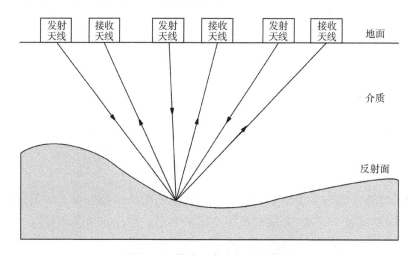

图 3-29　共中心点法探测示意图

相对于常用的探地雷达反射探测方法,一般在工程中较少用到透射探测方法。透射探测是将发射天线和接收天线放置于待测目标的两侧,由发射天线发出雷达波信号穿过目标体,通过记录接收天线接收雷达波信号的时间和幅度,计算出雷达波在目标体中的传播速度,根据不同的传播速度和振幅数据来判断待测目标体的构造情况。透射探测多应用于台柱和墙体的质量检测中。

(4)单脉冲探地雷达及其数据采集方法

➤ 单脉冲探地雷达发射脉冲形式

最简单直接的 GPR 发射波形是窄脉冲,目前可以实现的脉冲宽度(时间持续期)一般都在 0.25～1 ns,甚至更短。没有载波的发射脉冲常称为无载波脉冲或基带视频脉冲。很多情况下,通过微分或高通滤波除去脉冲中的直流分量会有很大的好处,目前最常用的短脉冲波形是 Ricker 小波。图 3-30 是不同类型的脉冲和其对应的频谱。

由于宽带天线近似是一个带通滤波器,再加上土壤对高频成分的严重衰减所以整个系统呈现带通特性。从图 3-30 三种脉冲的频谱中可以看出,矩形脉冲的能量集中在直流附近,所以能量的有效辐射效率很低;单周期波的能量主要集中在载波附近,因此可以有效地辐射,但是部分能量泄漏到了旁瓣;Ricker 小波的能量集中在一定的频带内,而且没有旁瓣,所以在浅地层 GPR 中得到了广泛的应用。几乎所有的窄脉冲都是利用高压脉冲源生成的,都是基于利用短传输线上储存能量的快速放电来实现。目前利用体效应雪崩半导体开关(BASS)器件能够实现兆瓦峰值功率的亚微秒脉冲。

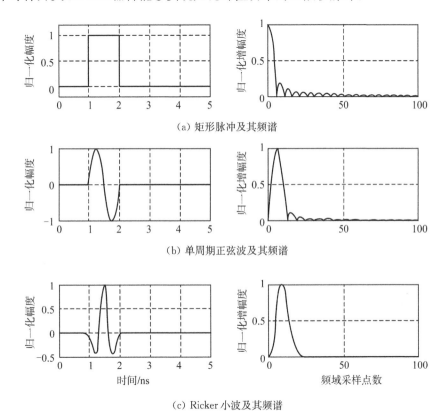

(a) 矩形脉冲及其频谱

(b) 单周期正弦波及其频谱

(c) Ricker 小波及其频谱

图 3-30 不同类型的脉冲和其对应的频谱

在设计时域 GPR 时,中心频率和带宽的选择是一个重要的问题,与应用领域有很大关系。影响频率选择的因素有:目标的尺寸,要实现的深度分辨率,最大探测深度和土壤的属性。

➢ 单脉冲探地雷达发射脉冲形式

探地雷达回波数据有 A 扫描,B 扫描,C 扫描三种形式。

图 3-31 是一个典型的 GPR 接收回波,第一个也是最大的回波是空气-土壤的界面引起的,在时间上稍微靠后出现的回波是目标回波或浅地层的杂波。

为了能够成功地进行探测,GPR 必须获得足够的信杂比(SCR),足够的信噪比(SNR),足够的方位分辨率和深度分辨率。目前 GPR 的数据记录一般都是一维、二维或

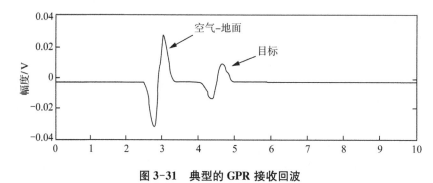

图 3-31　典型的 GPR 接收回波

三维的数据集,采用声学术语分别称之为 A 扫描,B 扫描和 C 扫描。

在一个给定的固定位置(x_i, y_i),通过 GPR 记录的一个单一的波形 $A(x_i, y_i, t)$ 就称之为 A 扫描,如图 3-32 所示。波形中唯一的变量是时间,并且通过媒质中的波速和深度有一定的关系。

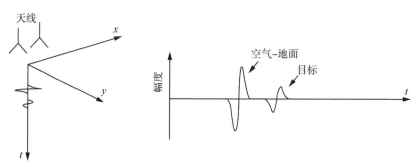

图 3-32　典型的 A 扫描

当 GPR 的天线沿着 x 轴移动时,会产生一系列的 A 扫描,构成一个二维的数据集 $A(x, yj, t)$,称之为 B 扫描,如图 3-33(a)所示。当接收信号的幅度通过灰度级描述时,可以产生一个二维的图像,如图 3-33(b)所示。二维图像描述了土壤的一个垂直切面,时间轴或者相应的深度轴常指向下方。

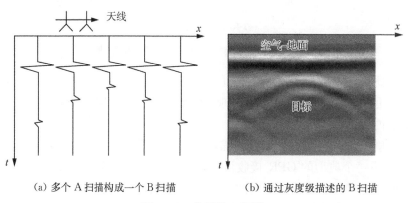

（a）多个 A 扫描构成一个 B 扫描　　　　（b）通过灰度级描述的 B 扫描

图 3-33　典型的 B 扫描

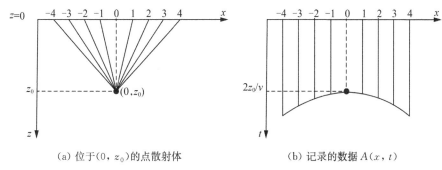

(a) 位于 $(0, z_0)$ 的点散射体　　　　(b) 记录的数据 $A(x, t)$

图 3-34　点散射体几何关系

在地下出现的点散射体，由于发射和接收天线的波束宽度的影响，其反射在 B 扫描中呈现双曲线结构。利用在图 3-34(a) 中的几何关系，非常容易说明这一点。假设均匀的媒质空间中波速为 v，发射天线和接收天线之间距离很小，因此可以近似为一个天线（单基的情况）。坐标系统如图 3-34(a) 所示，一个点散射体位于 $(0, 0)$，通过天线探测，天线的坐标是 $(x, 0)$，天线和目标之间的距离是

$$d = \sqrt{x^2 + z_0^2}$$

图 3-34(b) 是记录的数据 $A(x, t)$，点散射体的反射出现在每一个 A 扫描中的时间为

$$t = \frac{2\sqrt{x^2 + z_0^2}}{v}$$

此方程给出了一个双曲线的描述，其顶点在 $(0, 2z_0/v)$。双曲线的形状是与天线的配置（单基，双基）、目标的深度和媒质中的波速有关。

➤ 单脉冲探地雷达数据采集方法—序贯采样

就目前的工艺水平，使用常规的 A/D 转换器对 GPR 的接收回波实时地进行采样几乎是不可能的，因为浅地层 GPR 系统一般都工作在几 GHz。解决方法就是通过序贯采样技术降低采样速率。序贯采样的基本原理如图 3-35 所示。序贯采样器的时序控制电路是基于两个斜信号：一个快斜信号和一个慢斜信号。ADC 转换的时间点由快斜信号和慢斜信号的交叉点决定。快斜信号的重复速率就是 GPR 的脉冲重复频率（PRF）。慢斜信号的斜率由每个 A 扫描所希望采样的点数决定，因为快斜信号的速率是 PRF，而且在每个交叉点进行 A/D 转换，所以 A 扫描的采样点数和要发射的脉冲数一样多。因此每个 A 扫描的数据点数和 PRF 限制了在每秒内能够测量的 A 扫描的数目。

由于序贯采样器每一个发射脉冲只采一个样本，所以 PRF 影响一个 A 扫描的采样时间，同时 PRF 也决定了 GPR 脉冲的平均功率。如果一个 A 扫描采样 512 个点，PRF 是 30 kHz，则一个完整的 A 扫描将需要 512/30 ms。也就是说天线必须在一个探测位置至少要停留 17.067 ms，才能够把天线移动到下一个探测位置。

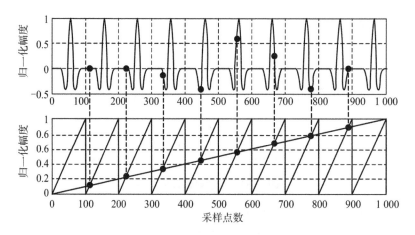

图 3-35　序贯采样的基本原理

因此,利用序贯采样技术,几 GHz 的采样速率可以降低到几 MHz 甚至几 kHz。为了更精确,两个采样点之间的时间差 T_s 由下式给出:

$$T_s = T_p + \Delta T$$

$$T_p = \frac{1}{\text{PRF}}$$

其中,ΔT 是等效采样周期。根据奈奎斯特采样理论,ΔT 必须满足:

$$\frac{1}{\Delta T} \geqslant 2B$$

其中,B 是 GPR 的接收回波的有效带宽。在实际中,为了信号的精确重构,等效采样周期至少要满足 $\Delta T = 1/5B$。

（5）探地雷达测量参数选择研究

探地雷达一般采用中心频率在 10 到 2 500 MHz 范围内的高频率电磁波来探测地层中的地质构造或目标体的形态特征,探测深度可达数十米。在探地雷达的工程应用中,为了得到目标体的准确信息,要综合考虑待测区域内地下介质的物性参数,如介电常数、电导率等,以及目标体的埋深、大小等情况,以此来选取合理的探地雷达测量参数,保证测量结果的有效性。否则,会影响采集数据的质量和雷达图像的准确性。

➤ 探地雷达分辨率

探地雷达分辨率包含垂直分辨率和水平分辨率。水平分辨率指的是探地雷达在所能分辨目标体水平方向上的最小长度,或者是两目标体的最小水平间距,用 $H_{\min}$ 表示。垂直分辨率是指探地雷达在垂直方向上能够分辨的目标体最小厚度或者两个目标体垂直方向上的最小间距,用 $\Delta d_{\min}$ 表示。

水平分辨率与中心频率之间的关系:

$$H_{\min} = \sqrt{\frac{cd}{2f\sqrt{\varepsilon_r \mu_r}}}$$

式中：d 为目标体的埋深；c 为电磁波在真空中的传播速度；f 为探地雷达天线中心频率。

为验证水平分辨率与天线中心频率的关系，建立如图 3-36 所示地下空洞模型，整个模型的规模为 3 m×1 m，时窗大小设置为 30 ns，异常体周围背景介质的相对介电常数设置为 4，相对磁导率为 1 Hm，电导率设置为 0.005，网格划分为 0.005 m×0.005 m。在初始埋深为 0.4 mm 的位置从左至右依次设置四个大小一样的矩形空洞，大小均设置为 0.2 m×0.3 m。选择中心频率为 900 MHz 的探地雷达天线对其进行探测，初始探测位置的发射天线坐标为 (0.075 m，0.95 m)，接收天线的坐标为 (0.1 m，0.95 m)，天线的移动步距为 0.025 m，从左至右依次进行扫描，正演模拟图像如图 3-37 所示。

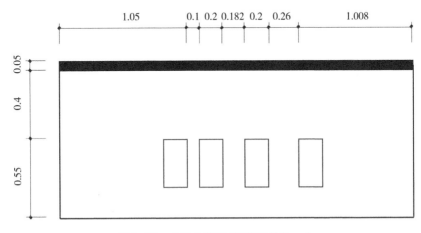

图 3-36　水平分辨率模型图（单位：m）

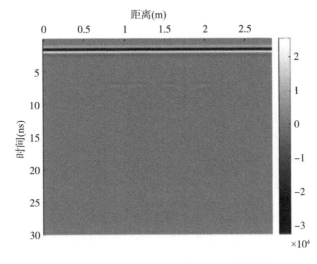

图 3-37　探地雷达水平分辨率正演模拟图像

由图 3-37 探地雷达水平分辨率正演模拟图像可以看出，当异常体的间距为 0.1 m（小于 0.182 m）时，即异常体的间距小于雷达天线的水平分辨率时，左边两个矩形空洞反射波的双曲线连接在了一起，相互影响，难以对其进行区分。当两个异常体间距为

0.182 m时,即异常体间距等于水平分辨率时,异常体顶部的双曲线波形刚好分开,水平方向上可以进行区分;对于异常体间距较大,大于其水平分辨率时,两个异常体的反射波形都比较清晰,容易区分开来,异常体的水平位置可以轻松辨认。

垂直分辨率与天线中心频率有如下关系:

$$\Delta d_{\min} = \frac{c}{2f\sqrt{\varepsilon_r \mu_r}}$$

由于电磁波在矩形的两直角边发生绕射,对周围和底部的影响较大,对于垂直分辨率的确认,选择建立三个相同埋深不同大小的圆形空洞模型,如图3-38。模型的规模设置为1 m×1 m,时窗大小设置为3 ns,异常体周围背景介质的相对介电常数设置为4,相对磁导率为1 H/m,电导率设置为0.005,网格划分为0.005 m×0.005 m。圆形空洞的初始埋深位置均为0.15 m,选择中心频率为900 MHz的探地雷达天线对其进行探测,发射天线的初始位置坐标为(0.075 m,0.95 m),接收天线的初始位置坐标为(0.1 m,0.95 m),天线的移动步距为0.01 m,从左至右依次进行扫描,正演模拟图像如图3-39所示。

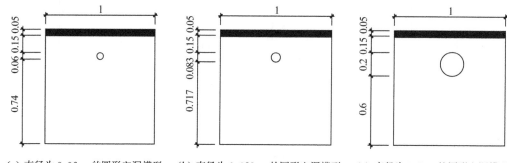

(a) 直径为0.06 m的圆形空洞模型　(b) 直径为0.083 m的圆形空洞模型　(c) 直径为0.2 m的圆形空洞模型

图3-38　垂直分辨率模型图(单位:m)

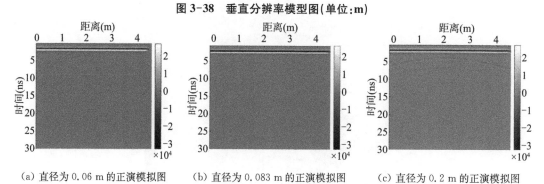

(a) 直径为0.06 m的正演模拟图　(b) 直径为0.083 m的正演模拟图　(c) 直径为0.2 m的正演模拟图

图3-39　探地雷达垂直分辨率正演模拟图像

由图3-39(a)所示,圆形空洞的直径小于垂直分辨率时,正演模拟图像的反射波信号只有一条双曲线形,无法对圆形空洞的下边界进行有效探测。如图3-39(b)所示,当圆形空洞的直径设置为等于垂直分辨率时,正演模拟图像中出现了两条距离很近的双曲线,下层双曲线即为圆形空洞的下边界显示,但是由于目标体太小导致上下边界的反射信号相距太近,对于直径的反映较为模糊。当圆形空洞的直径远大于垂直分辨率时,如图

3-39(c)所示,正演模拟图像中的两条双曲线显示清晰,能够准确反映圆形空洞的直径大小。

> ➤ 探地雷达探测深度

探地雷达的探测深度主要与天线中心频率、介质的电导率及介质的相对介电常数等有关。其探测深度满足:

$$d < \frac{1200 \sqrt{\varepsilon_r - 1}}{f}$$

> ➤ 采样时窗的选择

时窗的选择不宜过大或者过小,最好是目标体的雷达图像显示在窗口的中间位置。时窗 $w(\text{ns})$ 的大小一般采用下式估算:

$$w = 1.3 \frac{2D_{\max}}{v}$$

式中,$D_{\max}$ 为最大探测深度。

> ➤ 时间采样间隔的选择

大多数探地雷达的最高频率为所用天线中心频率的 1.5 倍,根据奈奎斯特(Nyquist)在进行信号转换过程中的发现,为得到真实完整的探地雷达回波信号,采样频率至少为探地雷达最高频率的两倍,即为天线中心频率的三倍。为进一步保证信号的准确,Annan 提议将采样频率再扩大两倍:

$$\Delta t = \frac{1\,000}{6f}$$

通常采样频率由采样点数表达,采样点数为 $w/\Delta t$。

> ➤ 空间采样间隔的选择

空间采样间隔即道间距,道间距大小的选择与地下介质的相对介电常数和天线的中心频率成反比:

$$n = \frac{75}{f \sqrt{\varepsilon_r}}$$

式中,n 为空间采样间隔。

在实际探测中,探地雷达道间距的选择除了需要考虑介质的相对介电常数和天线中心频率之外,还应考虑被测目标体的尺寸,一般而言,道间距应小于目标体水平方向长度的 1/3。

> ➤ 天线距的选择

在雷达测量系统中,一般有收发分离式天线和收发一体式天线两种形式,对于收发一体式天线,发射天线和接收天线间距固定,这里天线距离的选择是没有意义的。对于收发分离式天线,选择合理的天线间距很重要,当发射天线和接收天线距离间隔过小时,会导致发射脉冲短路,对浅层探测区域的探测结果不够理想;当收发天线间的距离过大时，雷达波传播距离过大，衰减也变大，也会影响探测结果。合理的天线间距 S 可由下列表达式得出：

$$S = \frac{d}{\sqrt{\epsilon_r - 1}}$$

（6）反射层的判别

探地雷达图像解释的关键是对反射层做出判别，一般结合已有的地质资料与图像进行比对，找出两者一致或相似的信息，从而对反射波组做出判断，反射波组的三个特征为同相性、相似性及波形。

➢ 同相性：探地雷达基于地下介质的电性差异进行探测工作，存在电性差异的地下介质，会在雷达图像中直接体现出来，反射波的振幅强弱一般由黑白两色的条形带状图形显示出来。同相轴是指不同道上的反射波波峰或者波谷在同一时刻上的连线，若两地层电性差异明显且起伏不大，同相轴在雷达图形中的显示黑白清晰，显示近似水平状态。

➢ 相似性：探地雷达野外测量，点距小于 2 米时，地下介质的电性变化较小反射波组的变化也较小，称之为特征相似性。

➢ 波形：电性相近的地下介质，反射波组特征近似，波形的周期、振幅等也相似，因此反射波组的特征可以反映出介质的物性特征，通过波形特征可以推断探测物体的埋深位置、边界范围。

如图 3-40 所示，电磁波通过存在电性差异的介质时会产生反射波，其能量的大小取决于反射系数 R 的大小，而反射系数的大小与两相邻介质间相对介电常数的差值大小有关。若两相邻界面间的相对介电常数差值越大，则电磁波通过时的反射系数越大，反射波信号越明显，反之则反射系数越小，反射信号微弱。依据地下介质电性的不同，反射波的信号特征也不同这一特点，就可通过分析反射波的波形和振幅特征，来判别反射体的物理性质和几何参量，或者了解地层剖面状态、空洞地层种类等。这样就实现了通过对反射信号进行处理分析来判断被测物体的形态特征和结构层次。

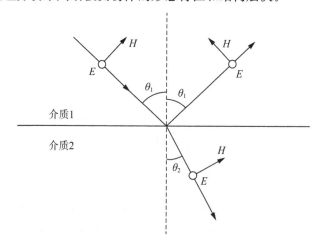

图 3-40　电磁波在介质分界面的反射示意图

电磁波在理想介质中传播发生反射和折射时满足如下关系：

反射系数：

$$R = \frac{\sqrt{\varepsilon_1} - \sqrt{\varepsilon_2}}{\sqrt{\varepsilon_1} + \sqrt{\varepsilon_2}}$$

折射系数：

$$T = \frac{2\sqrt{\varepsilon_1}}{\sqrt{\varepsilon_1} + \sqrt{\varepsilon_2}}$$

由上式可以得出，电磁波在地下介质中传播时，若上层介质中的介电常数（ε_1）较大，而下层介质的介电常数（ε_2）较小，即 $\varepsilon_1 > \varepsilon_2$，此时反射系数为正值，即反射波振幅与入射波相同；与之相反，当上层介质中的介电常数较小，而下层介质的介电常数较大时，即 $\varepsilon_1 < \varepsilon_2$，反射系数为负值，反射波振幅与入射波反向。

（7）探测设备

探地雷达仪（图3-41）是一种用于探测地下结构和地质构造的高精度仪器。它通过向地下发射高频率的电磁波，并接收这些电磁波在地下物质和结构反射回来的信号，来识别和确定这些物质和结构的位置、深度和形状。它通常由发射器、接收器和数据处理分析系统组成。发射器会向地下发送一定频率的电磁波，这些电磁波在地下遇到不同类型和性质的目标时，会产生反射和散射，这些反射和散射的信号会被接收器捕获并记录下来。数据处理分析系统则对接收到的信号进行处理和分析，以提取有关地下结构和地质构造的信息。探地雷达仪可以广泛应用于各种领域，如地质调查、矿产资源勘探、水坝检测、城市管线探测等。它可以帮助人们深入了解地下结构和地质构造，为各种工程设计和施工提供可靠的地质资料和数据。

图 3-41　探地雷达仪

在探地雷达仪的实际应用中，需要根据不同的探测目标和场地条件选择合适的电磁波频率和探测深度,以获得更准确的数据。同时,数据处理分析系统的准确性和可靠性也直接影响了探测结果的精度和质量。因此,选择合适的探地雷达仪及其数据处理分析系统是非常重要的。

2)高密度电法

(1)高密度电法的工作原理

➤ 电阻率法原理

电阻率法的核心是研究不同岩体之间的导电性质差异,通过观测和分析人工电场在地下空间的分布规律和特点,推断和解释地质结构体的分布情况和产状特征,以解决不同的地质问题。该方法本质上是将电极插入地表以在地下空间形成稳定电流场,再用电测仪器观察不同地质体内部的电场差异性,从而推断和阐明地下地质体的分布情况。建立的稳定电流场可以用下式表示:

$$E = j\rho$$
$$\text{div}\, j = 0$$
$$E = -\text{grad}\, U$$

式中:E 为地下空间电场强度,j 为电流密度矢量,ρ 为电阻率,U 为电位大小。其中,将欧姆定律改写成了微分形式,表示的是地下空间任意一点的电场强度,在任何形态非均匀的导电地质体以及电流密度非线性分布的条件下均可适用,正负电荷只会在电流源头处堆积,电流线是一直连绵不断的,不会在电场中非源头处消失或产生。

稳定电流场的变形式如下式所示:

$$\text{div}\, \frac{1}{\rho} \text{grad}\, U = 0$$

由于 ρ 在均匀介质条件下为常数,故一定满足:

$$\text{div}\,\text{grad}\, U = \nabla^2 U = 0$$

此式为拉普拉斯方程,在地下空间导电介质呈均匀分布时,可用来推导稳定电流场强度,表示稳定电流场中任一点的电位值。

在实际电法剖面测量时,通常是将供电电源两端分别用两个电极与大地相连,电流从电源正极发出,经过地下导电体后再返回电源负极,就形成了回路,在地下空间建立了稳定的电流场。当接地电极到测点的距离比电极埋深大得多时,可将发射电极 A、B 产生的电场视为两个点电流源的电场。若发射电极 A、B 电极间距过大,实验者在其中一个电极附近观测待测剖面时,可将另一电极视为无穷远处对电流线无影响的电极,这样就形成了一个点电流源的电场;当发射电极 A、B 距离较小,测点与 A、B 电极的纵向距离远大于 A、B 之间水平距离时,可将 A、B 电极所构造的电场视作两个等量异号点电荷形成的电场。

测量地质体电阻率除了要用到供电电源、形成电场的电极 A 和 B 以外,还需要接收地质体反馈电压的电极 M 和 N。电法勘测中,M、N 两极间的电位差和 A、B 电极发射回路的电流同时被电测仪器采集并计算,以此获得待测地质体电阻率信息。电阻率法原理示意图如图 3-42 所示。

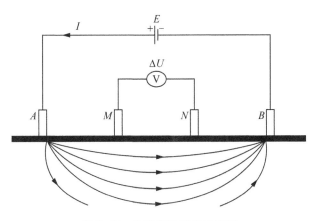

图 3-42　电阻率法原理示意图

A、B 向大地供电时，M、N 之间的电位差为：

$$\Delta U_{MN}^{AB} = U_M^{AB} - U_N^{AB} = \frac{I\rho}{2\pi}\left(\frac{1}{AM} - \frac{1}{AN} - \frac{1}{BM} + \frac{1}{BN}\right)$$

将式变形便可得到电阻率表达式，如下式所示：

$$\rho = \frac{2\pi}{\left(\dfrac{1}{AM} - \dfrac{1}{AN} - \dfrac{1}{BM} + \dfrac{1}{BN}\right)} \cdot \frac{\Delta U}{I} = K\,\frac{\Delta U}{I}$$

其中 K 为装置系数，其计算公式为：

$$K = \frac{2\pi}{\dfrac{1}{AM} - \dfrac{1}{AN} - \dfrac{1}{BM} + \dfrac{1}{BN}}$$

从公式中可以得知，电法勘测中无论电极的排列形式千变万化，只要各电极间的距离为确定值，系数 K 便可推导出来。只要地质体的区域范围远大于接地电极间距，待测地质体就可等效为一个半无限均匀空间，可将测得的电阻率视为该地质体的电阻率。

但在实际地形中，地面常常起伏不平，各种导电地质体也不可能是整齐排布于地下空间，各种岩体无规则地堆积、覆盖在一起，地下断层的裂缝纵横交错、参差不齐，其中还嵌入了不同种类的导电矿体。这时算得的电阻率值，在实际地形中不是岩石或矿体电阻率的真实反映，叫作视电阻率，用 ρ_s 表示，表达式如下：

$$\rho_s = K\,\frac{\Delta U_{MN}}{I}$$

式中，无论电极排列是否均匀，AM、AN、BM 和 BN 等常看作 A、B 和 M、N 间的水平距离。

将电法勘测得到的视电阻率数据进行运算处理，就可得知地下地质体中的电阻率分布情况，从而确定不同地质体的区域位置，以达到划分地下层序或推测异常地质体的目的。

视电阻率虽然不是岩石的真实电阻率，但却是地下电性不均匀体和地形起伏的一种综合反映。所以我们可以利用其变化规律来发现和探查地下的不均匀性。从而达到找矿和解决其他地质问题的目的。在电阻率法中应用比较广泛是高密度电法，电阻率剖面法（简称电测剖面法或剖面法）是高密度电法中的一组主要应用方法。这种方法主要包括二极剖面法、三极剖面法、联合剖面法、对称四极剖面法、偶极剖面法和中间梯度剖面法等多种装置类型（如图 3-43 所示）。

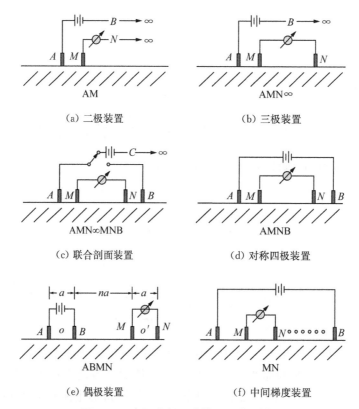

图 3-43　电阻率剖面法的几种装置模型

- 二极装置（AM）

二极装置模型如图 3-43(a) 所示，这种装置的特点是供电电极 B 和测量电极 N 均置于"无穷远"处接地。当然这里的"无穷远"是相对概念。如对 B 极而言，若相对于 A 极在 M 极产生的电位小到实际上可以忽略时，便可以视 B 极为无穷远。二极装置实际是一种测量电位的装置。二极装置 ρ_s 的表达式为：

$$\rho_s^{AM} = K_{AM} \frac{U_M}{I}$$

$$K_{AM} = 2\pi AM$$

二极装置通常取 AM 中点作为观测结果的记录点。

- 三极装置（AMN）

三极装置模型如图 3-43(b)所示，当只将供电电极 B 置于无穷远，而将 A、M、N 排列在一条直线上进行观测时，便称为三极装置。其 ρ_J 表示式为：

$$\rho_J^{AMN} = K_{AMN} \frac{\Delta U_{MN}}{I}$$

$$K_{AMN} = 2\pi \frac{AM \cdot AN}{MN}$$

三极装置通常取 MN 中点作为观测结果的记录点。

- 联合剖面装置（AMN∞MNB）

联合剖面装置模型如图 3-43(c)所示，它由两个三极装置组合，故称联合剖面装置。其中电源的负极置于无穷远（或称 C 极），电源的正极可接向 A 极，也可接向 B 极。其 ρ_s 表达式与三极装置相同，但应分别表示为：

$$\rho_s^A = K_A \frac{\Delta U_{MN}^A}{I_A} ; \rho_s^B = K_B \frac{\Delta U_{MN}^B}{I_B}$$

$$K_A = K_B = 2\pi \frac{AM \cdot AN}{MN}$$

- 对称四极装置（AMNB）

对称四极装置模型如图 3-43(d)所示，这种装置的特点是 $AM = NB$，记录点取在 MN 的中点。其 ρ_s 表达式为：

$$\rho_s^{4B} = K_{AB} \frac{\Delta U_{MN}}{I}$$

$$K_{AB} = \pi \cdot \frac{AM \cdot AN}{MN}$$

这里 $L = AB/2$ ，当取 $AM = MN = NB = a$ 时，这种对称等距排列，也称为温纳（Wenner）装置。其装置系数为：$K_W = 2\pi a$。

➢场所满足的偏微分方程式

高密度电阻率法仍然是以岩土体导电性差异为基础的一类电探方法，研究在施加电场的作用下地中传导电流的分布规律，在求解简单地电条件的电场分布时，通常采取解析法，即根据给定的边界条件解以下偏微分方程：

$$\nabla^2 U = -bI\delta \times (x - bx_0) \times \delta(y - by_0) \times (z - bz_0)/\sigma$$

式中：x_0、y_0、z_0 为源点坐标，x、y、z 为场点坐标，当 $x \neq x_0$、$y \neq y_0$、$z \neq z_0$ 时，即当只考虑无源空间时，上式变为拉氏方程：

$$\nabla^2 U = 0$$

由于坐标系的限制，解析法能够计算的地电模型是很有限的。因此在研究复杂地电模型的电场分布时,主要还是采用各种数值模拟方法。

（2）高密度电法勘探

高密度电法是一种电极阵列式分布的电阻率物探法,它的基本勘测原理类似于常规电阻率法。但高密度电法测量时只需在待勘测剖面的上方铺设一条测线,再把所有电极以等间距的形式埋入测线内,然后利用电极转换装置控制电极的排列组合,选择特定的电极切换方式一次就可以测得各测点不同深度的电阻率值,测量完成后,还可以通过其他排列形成不同装置类型,以多次测量反复对比,选取最佳排列方式。最后电法仪主机把采集到的数据存储起来,之后还可以传入电脑进行坏点校正、添加地形,通过反演计算推导测线所在剖面内的地质信息。高密度电法的优势在于只需铺设一次电极就可以将整个待测区域覆盖,大大降低了因电极频繁插拔移动而产生的故障和干扰,且实现了野外地质数据的快速和自动测量。

➢ 跑极方式

高密度电法在物探领域兴起伊始,研究者最常用到偶极-偶极、微分、温纳、施伦贝尔和单极-偶极等方式进行跑极。目前跑极方式已经扩展到数十种,但所有排列的形式不外乎都是从上述五种基本排列方式演变而来。这些基本的高密度电法排列方式如图 3-44 至图 3-48 所示。

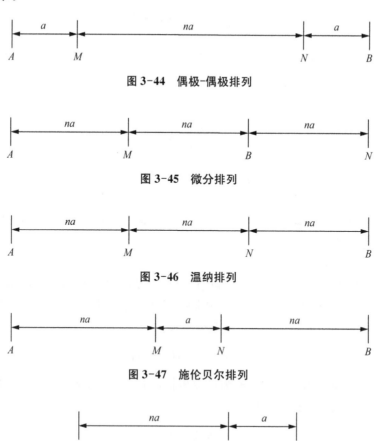

图 3-44　偶极-偶极排列

图 3-45　微分排列

图 3-46　温纳排列

图 3-47　施伦贝尔排列

图 3-48　单极-偶极排列

➢ 视电阻率参数计算

高密度电阻率法是一种阵列式的直流电阻率测深方法,是一种智能化程度较高的地球物理勘探方法,它的优点非常多,与传统的电阻率法相比,成本低、效率高、携带信息丰富、解释方便。其排列方式目前有十几种,但最主要的有 α、β、γ 三种装置(图3-49),视电阻率参数计算公式分别为:

$$\rho_s^{\alpha} = 2\pi_a \frac{\Delta U^{\alpha}}{I},$$

$$\rho_s^{\beta} = 6\pi_a \frac{\Delta U^{\beta}}{I},$$

$$\rho_s^{\gamma} = 3\pi_a \frac{\Delta U^{\gamma}}{I}$$

式中:ΔU 为电位差,I 为电流强度,a 为电极距,当点距为 x 时,$a = n \cdot x$($n = 1, 2, 3, \cdots$)。由于一条剖面地表测点总数是固定的,因此当极距扩大时,反映不同勘探深度的测点数将依次减少,如果把电极系的测量结果置于测点下方深度为 a 的点位上,整条剖面的测量结果便可以表示成一种倒三角形的二维断面电性分布剖面。

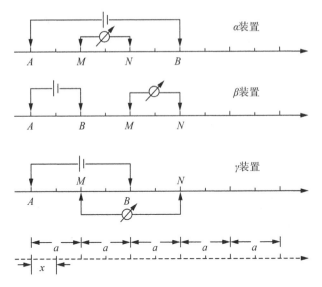

图3-49　高密度电阻率法勘探装置示意图

➢ 长测线多排列数据连接

在一个工区,一条测线往往不是一个排列,而是由多个排列组成来控制测线下方的电性分布情况,为了处理和解释的方便性、直观性和准确性,同时不遗漏、丢失已采集到的信息,有必要将多排列数据连接起来进行处理及解释。在实际工作当中,长测线多排列布设方式主要有两种:部分重叠排列方式和无重叠排列方式。

• 部分重叠排列方式

为了能相对更真实反映地质电性特征,把倒三角以外空白部分地质信息填补上,需要采用部分重叠排列方式采集数据(图3-50),在连接排列时,如何把重叠部分的数据和坐标处理好,是该种排列方式处理的关键。

排列重叠数据的处理有两种方法,其一是取两个排列重叠,网格对应节点的值取两个排列对应节点数据的平均值:

$$D(i) = \begin{cases} D_1(j) & i=j \\ \dfrac{D_1(j)+D_2(k)}{2} & i=j=k \\ D_2(k) & i=k, j \neq k \end{cases}$$

其二是网格对应节点的值取两排列中任意一个排列的数据值:

$$D(i) = \begin{cases} D_1(j) & i=j \\ D_1(j) \text{ 或} D_2(k) & i=j=k \\ D_2(k) & i=k, j \neq k \end{cases}$$

式中:$D(i)$ 为测线连接后的数值,$D_1(j)$ 为排列1的数值,$D_2(k)$ 为排列2的数值,i 为连接剖面数值对应空间位置的节点编号,j 为剖面1数值对应的空间位置节点编号,k 为剖面2数值对应的空间位置节点编号。此处的排列数值可以是视电阻率,如果同一排列采用了不同的装置采集数据,而且是经过处理后的数值,此排列数值也可以是装置之间的比值参数。

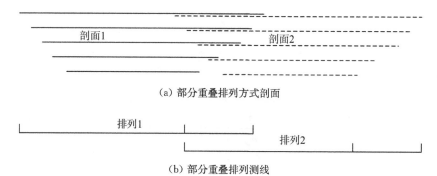

(a) 部分重叠排列方式剖面

(b) 部分重叠排列测线

图3-50 部分重叠排列方式连接示意图

• 无重叠排列方式

由于地形条件或其他因素的存在致使不能填补倒三角以外的空白区域信息,或部分地段数据缺失,但又必须要了解该地区的电性分布规律,这种情况下可直接连接排列进行数据处理和解释:

$$D(i) = \begin{cases} D_1(j) & i=j \\ D_2(k) & i=k \end{cases}$$

但真实性会受到一定影响,尤其是数据没有覆盖的倒三角区域或没有采集到数据的区域,其原因是这些区域都是经过插值得到的,而不是真实采集到的电性分布信息(图3-51)。

(a) 不重叠排列方式剖面

(b) 不重叠排列测线

图 3-51　不重叠排列方式连接示意图

（3）三维高密度电法

三维高密度电法，即三维电阻率层析成像技术（3D Electrical Resistivity Tomography，简称 ERT）。通过采集海量电阻率数据，三维反演成图，最终展现全空间地质结构。

➤ 三维高密度电法基本原理

三维高密度电法是在二维高密度电法的基础上发展起来的一种基于周围岩土体与探测目标之间电阻率差异的电探方法。与常规二维高密度电法不同，三维高密度电法通过"S"形阵列式电极布设方式，观测在人工电流场作用下地质体的三维电性响应特征，获取探测范围内地下全空间任意方向的地电信息，并利用反演软件和三维可视化技术进行三维呈图，直观再现三维地质结构。在实际工程中，地质体往往呈现空间形态复杂的三维结构，表现为典型的三维各向异性特征，是三维空间地电体。尤其是浅表地层，人类活动对地形地貌影响较大，甚至破坏了地质体的天然状态使其更具有复杂的三维结构。空间地质体的电阻率可以表示成关于空间坐标 (x,y,z) 的函数，即 $\rho=(x,y,z)$。为简化地电模型，在理想状态下，假设在无限半空间的地下电阻率呈现各向同性分布，在地表观测的电位值 U 可表示为：

$$f = \nabla \cdot [\sigma \cdot \nabla U]$$

式中：f 为电流源函数；σ 为电导率，$\sigma=1/\rho$；∇ 为向量微分算子或 Nabla 算子，$\partial\, \nabla = \dfrac{\partial}{\partial x}\boldsymbol{i} + \dfrac{\partial}{\partial y}\boldsymbol{j} + \dfrac{\partial}{\partial z}\boldsymbol{k}$。

在三维空间直角坐标系中，假设 $A(x_A,y_A,z_A)$ 点的点电流源电流强度为 $+I$，则：

$$f = -I \cdot \delta(x-x_A) \cdot \delta(y-y_A) \cdot \delta(z-z_A)$$

式中，δ 为狄拉克函数。在三维地电场条件下，电导率 σ 和电位 U 都可表示为关于空间坐标 (x,y,z) 的函数：

$$\begin{cases} \sigma = \sigma(x,y,z) \\ U = U(x,y,z) \end{cases}$$

$$\frac{\partial}{\partial x}\left[\sigma\frac{\partial U}{\partial x}\right] + \frac{\partial}{\partial y}\left[\sigma\frac{\partial U}{\partial y}\right] + \frac{\partial}{\partial z}\left[\sigma\frac{\partial U}{\partial z}\right] = -I \cdot \delta(x-x_A) \cdot \delta(y-y_A) \cdot \delta(z-z_A)$$

此外，对于地面的一个点电流源球形电场，其边界条件如下：①在地面边界 L_1 上，电流沿地表流过，因此其电位 $U=0$；②在其他边界 L_2 上，电位 U 为正常场值。

➤ 高密度电法三维反演

经过 30 多年的不断研究,高密度电法勘探能力得到了明显的提高,勘探效率和精确度也都得到了提升,同时反演也从传统的二维向三维发展。近年来,三维高密度数据采集与处理反演研究正处于快速发展期,利用专业的设备和处理软件实现穿越断面三维视电阻率建模和数据反演,生成可任意拖动旋转和剖切的真三维地下视电阻率成果图,直观反映异常体空间形态,是研究地质结构行之有效的方法。随着探测深度、观测精度的提高,观测形式的多样化及三维数据采集成本的降低,三维高密度电法必将拥有更广阔的应用领域和发展前景。

• 反演方法原理

高密度电法是以岩土体的电性差异为基础,通过对地下视电阻率的处理及反演,获取地下不同深度处的电阻率分布情况。三维反演是以地下介质各向同性为前提的,电极按网状布设或任意布设,可一次完成布设,在测线方向和垂直测线方向均进行供电和测量,通过滚动电缆获得研究区的地电数据,其优势为减弱旁侧效应和异常扩展效应、提高地层分辨率等。可采用瑞典 Res3dinv 4.0 软件进行三维高密度电法反演,其所使用的反演程序是基于圆滑约束最小二乘法,使用了基于准牛顿最优化非线性最小二乘法的新算法,使得大数据量下的计算速度较常规最小二乘法快 10 倍以上且占用内存较少。圆滑约束最小二乘法基于以下方程:

$$(J'J + uF) = J'g$$

其中,$F = fx\,fx' + fz\,fz$,$fx =$ 水平平滑滤波系数矩阵;$fz =$ 垂直平滑滤波系数矩阵;$J =$ 偏导数矩阵;$J' = J$ 的转置矩阵;$u =$ 阻尼系数;$g =$ 残差。

这种算法可以调节阻尼系数和平滑滤波器以适应不同类型的资料。同时,程序将地下电性体分成许多小的矩形棱柱体,即模型单元块,并尽量计算确定各棱柱体的视电阻率值,使其与观测的视电阻率值保持最小的差值。图 3-52(a)为顶部层每一棱柱上面的每一个角都有一根电极;图 3-52(b)对上部几个层沿水平和垂直方向按电极的半宽度划分棱柱体;图 3-52(c)对上部几个层沿水平方向按电极的半宽度划分棱柱体。在细分模型块后,模型的参数和计算所需时间都将显著增加。

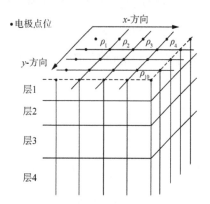

(a) 标准模型,单位矩形块的大小与 x 和 y 方向的
单位极距大小相同

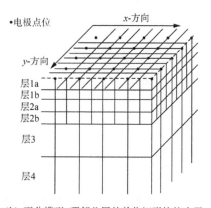

(b) 再分模型,顶部几层的单位矩形块按水平
和垂直方向平分

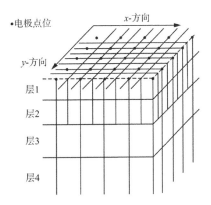

（c）再分模型，顶部几层的单位矩形块按水平方向平分

图 3-52　反演模型

　　三维高密度电法数据反演是根据所测电阻率数据自动形成三维电阻率模型，通过缩小实测电阻率与计算电阻率的差值差异，从而实现模拟地下实际电阻率的过程，利用最优化的方法来调整模型块电阻率以尽量减少计算与观测视电阻率之间的差异。这种差异以均方根误差（RMSE）来表示。实际上，具有最小 RMSE 值的模型有时会显示较大的、不实际的电阻率值，因而具有最小 RMSE 误差的模型并不一定是与实际情况最接近的模型。通常地，最保守的模型应该是选择每次迭代后 RMSE 的改变不明显的模型，这一般在第 3 至 5 次迭代后即可达到效果。

　　•反演技术流程

　　对采集的高密度电法勘探数据应用瑞典 Res3dinv 4.0 软件进行三维反演，示例数据是采用温纳装置、阵列式布极方式（图 3-53）、十字交叉测量方式（图 3-54）进行采集的。

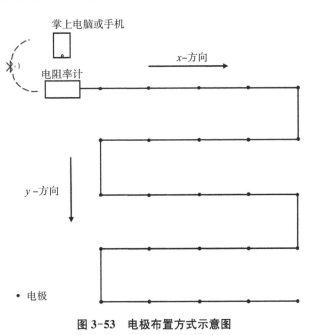

图 3-53　电极布置方式示意图

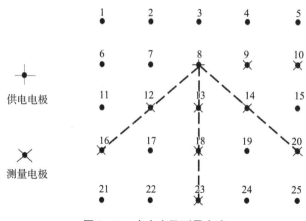

图 3-54 十字交叉测量方式

- 数据预处理

高密度电法中引起视电阻率畸变的原因有多种。由于三维高密度电法是一次性布极,之后自动跑极测量,测量过程中出现异常的数据点不容易复测,因此在实际工作时,首先要对可能产生视电阻率畸变的成因进行预测,然后针对性地选择可能消除畸变现象的野外工作方法,设置适宜的工作参数对视电阻率畸变进行抑制;在室内处理中,可对原始数据适当地进行异常点的剔除,剔除异常点要遵循体积效应规律,保留规律性的异常,将单个突变点剔除掉;此后再对视电阻率畸变数据进行修正,以提供可定性、定量分析的图件和数据。

- 三维反演过程

此次使用 Res3dinv 软件处理三维高密度电阻法数据,该软件是根据所测电阻率数据自动形成三维电阻率模型,应用了基于准牛顿最优化非线性最小二乘法的新算法,通过缩小实测电阻率与计算电阻率的差值差异,从而实现模拟地下实际电阻率,能够更好地反映现实中地下地质体的真实赋存状态,其具体流程如下:①地电模型的建立;②反演参数设置(滤波、阻尼因子迭代次数、收敛限差等);③执行反演计算,在反演时屏幕最下面会显示反演进程,反演完毕后,会提示是否增加迭代次数,程序默认迭代 5 次,通常情况下 3～5 次就可以,如无须继续迭代,请输入 0;④反演成果输出。通常使用 Voxler 软件窗口显示三维反演结果,因为它可根据反演结果生成各类三维图像。

(4) 三维高密度电法仪器

高密度电法以电法勘探为依托,以研究地壳中各类岩矿石的电学特性(导电性、介电性、导磁性、激电性)之间的差异为基础,利用天然或人工的电场与电磁场的时间、空间规律来查明地球物理构造及寻找矿产资源的一种地球物理勘探方法。该方法按照电磁场时间特性可分为直流电法、交流电法和瞬变场法三类。

三维高密度电法仪(图 3-55)是一种用于地球探测的高科技仪器,它可以通过高密度电法技术来探测地下结构和地质构造。这种仪器可以提供地下浅层污染情况详查、考古调查、垃圾填埋区检测、地下水源的盐水污染绘图和检测等众多领域的应用。三维高密度电法仪原理是利用不同物质具有不同的电阻率,通过向地下发送一定频率的电磁波,并接收这些电磁波经地下物质和结构反射回来的信号,来识别和确定这些物质和结构的位置、深度和形状。三维高密度电法仪具有高密度、高精度和高效率等特点,可以提供地下结构和地质构造的高精度数据和图像,对于地球探测和工程技术等领域具有非常重要的意义和应用价值。

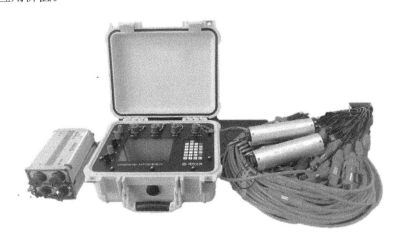

图 3-55　三维高密度电法仪

利用探地雷达仪、三维高密度电法仪等对渠道边坡内部缺陷部位进行检测的方法和步骤可参考以下内容。

➢ 准备工作

在进行渠道边坡内部缺陷检测前,需要做好以下准备工作:了解渠道边坡的基本情况,包括边坡的形状、大小、结构、材料等;收集渠道边坡的历史数据和相关资料,包括之前的检测报告、工程图纸等;准备检测设备,包括探地雷达仪、三维高密度电法仪;根据渠道边坡的情况和检测需求,确定检测方案,包括检测方法、检测位置、检测深度等;根据确定的检测位置和检测深度,设置探地雷达仪或三维高密度电法仪的参数,包括探测频率、扫描速度、扫描角度、电极排列和电极间距等。

➢ 数据采集

利用探地雷达仪、三维高密度电法仪等设备对渠道边坡进行检测,启动探地雷达仪或三维高密度电法仪,对渠道边坡进行扫描和数据采集,记录每个位置的电磁波反射信号或电阻率值。在使用探地雷达仪进行检测时,需要注意以下几点:首先,要选择合适的探测频率和探测深度,以便更好地检测出缺陷部位;其次,要选择合适的扫描速度和扫描角度,以便获得更准确的检测数据;最后,要注意对检测数据进行处理和分析,以便更好地识别出缺陷部位。在使用三维高密度电法仪进行检测时,需要注意以下几点:首先,要选择合适的电极排列和电极间距,以便更好地检测出缺陷部位;其次,要控制电极的稳定性,以免影响检测数据的准确性;最后,要注意对检测数据进行处理和分析,以便更好地识别出缺陷部位。

➢ 数据处理与分析

对采集到的数据进行处理和分析,以识别出渠道边坡内部的缺陷部位。在数据处理时,需要使用相关软件对数据进行滤波、去噪等处理,以提高数据的准确性。在数据分析时,需要结合地质勘察报告等资料,对数据进行分析和处理,以识别出渠道边坡内部的缺陷部位的类型、大小、位置等信息。

➤ 结果报告

根据数据处理和分析结果,编写渠道边坡内部缺陷部位的检测报告。报告中需要包括以下内容:检测目的、检测设备、检测方法、检测结果、结论等。报告应该清晰明了,图文并茂,以便更好地向相关人员展示检测结果。在进行渠道边坡内部缺陷检测时,需要注意以下几点:首先,要保证检测设备的准确性和稳定性;其次,要选择合适的检测方法和检测深度;最后,要注意对检测数据的处理和分析。

【案例分析】

2016 年 4 月 7 日,南水北调中线建管局叶县管理处在工程巡查过程中发现叶县 4 标桩号 210+130~211+750 右岸渠堤堤顶路面出现多处裂缝,委托南水北调工程建设监管中心工程检测实验室(以下简称"实验室")于 2017 年 1 月 9 日—19 日,在河南平顶山市叶县对南水北调中线叶县 4 标(桩号 210+130~211+750 段渠道右岸)全长 1.62 km 高填方渠堤堤顶裂缝、填筑土内部缺陷进行了现场检测,并对相关土料进行了物理力学指标检验。

实验室采用探地雷达仪对堤身土体缺陷进行了检测,测线总长度 9.72 km;采用三维高密度电法仪对背水坡堤身缺陷进行了检测,测线总长度 12.96 km。为验证无损检测发现的问题,在背水坡开挖探坑 18 个,并取土样 19 组,进行自由膨胀率、液塑限、颗粒分析、抗剪强度、含水率、压实度等 6 项参数检测。

本次采用探地雷达仪对 1.62 km 的渠堤进行了内部缺陷检测,共布置测线 6 条,分别在堤顶左、中、右三个位置,主要检测范围为堤顶道路以下填土缺陷。采用三维高密度电法仪对 1.62 km 的渠堤外坡土体进行了检测,布置测线 8 条,在一级外坡面均布,主要检测一级边坡下部土体缺陷。测线布置详见图 3-56。发现的主要问题有:

(1)在距堤顶以下 1~2 m 的填土范围内,探地雷达仪波形出现局部错位,高密度电法仪电阻值局部高阻异常。经分析,两种检测结果出现的异常值区域为填筑土体存在的局部不密实区。经整理统计,该渠段在堤顶以下 1~2 m 的填土中,存在大约 115 个局部不密实区,长度为沿渠轴线方向 0.1~0.5 m 不等。

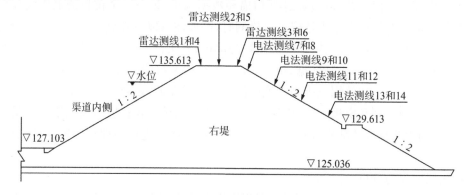

图 3-56　测线布置图(单位:m)

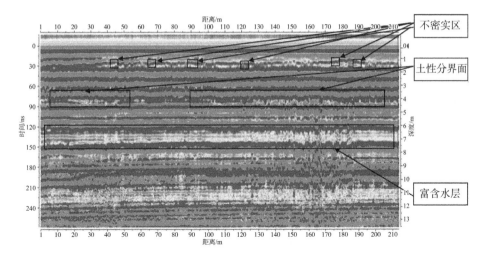

图 3-57 探地雷达仪反演图

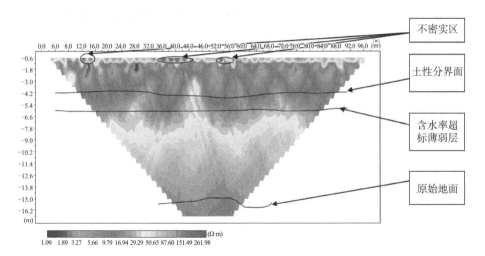

图 3-58 三维高密度电法反演图

（2）在距堤顶以下 3～4 m 的填土范围内,探地雷达仪波形局部波速出现异常、三维高密度电法仪电阻值局部出现突变,据此分析该部位存在土性变化区域,为沿渠堤轴线方向,分布范围在桩号 210＋130～210＋940(810 m)和 211＋176～211＋700(524 m)渠段内,与裂缝在轴线方向分布基本一致。

（3）在距堤顶以下 6～8 m 的填土附近,探地雷达仪波形波速部分区域严重衰减、三维高密度电法仪电阻值部分区域低阻异常,据此判断该部位存在富含水层区域,富含水层沿渠堤轴线方向分布,亦与裂缝分布范围基本一致。

（4）三维高密度电法仪探测显示 8 m 以下土性基本均匀,无性状变化。

现场在 18 个探坑内,共取土样 19 组,分别进行了自由膨胀率、含水率、黏粒含量、液塑限、抗剪强度测试。并对局部区域的压实度进行了抽检。发现堤身土料主要存在以下问题:

（1）黄色土料自由膨胀率测试：共取样 9 组，分布在 5 个断面的各个探坑内。自由膨胀率为 52％～77％，平均值 61％，其中超过 65％的有 3 组。按照《南水北调中线一期工程总干渠渠道膨胀土处理施工技术要求》(NSBD-ZXJ－2－01)"渠段有超过 1/3 土体试样的自由膨胀率大于 65％时，该渠段定为中膨胀土渠段"和"当开采土料自由膨胀率在40％～65％之间时，应经水泥改性后方能用于保护层换填处理"的要求，该渠段内使用的黄色土料应判别为中膨胀土，不能用于渠堤填筑。

（2）褐色土料自由膨胀率测试：共取样 10 组，分布在 5 个段面的各个探坑内。自由膨胀率为 20％～49％，平均值 32％，其中超过 40％的有 1 组。按照《南水北调中线一期工程总干渠渠道膨胀土处理施工技术要求》(NSBD-ZXJ－2－01)，该土料判别为非膨胀土。

（3）压实度抽检：仅在桩号 210＋548 断面处的 5 个探坑内，分别从黄色土层、褐色土层各取样 3 组，进行了干密度测试，干密度测值为 1.53～1.66 g/cm³，引用小集料场击实试验报告成果，平均最大干密度为 1.75 g/cm³，该部土层压实度为 87％～93％，达不到98％的渠堤设计要求。

（4）黏粒含量：共实验 8 组，其中黄色土料 4 组，黏粒含量为 41.5％～56％；褐色土料4 组，黏粒含量为 32.5％～37％。按照《堤防工程设计规范》(GB 50286—2013)中 6.2.1 条第 1 款"均质土堤宜选用亚黏土，黏粒含量宜为 15％～30％"的规定，上述两种土料黏粒含量均偏高。

3.2.2.3　渠道工程渗流检测

国内外通过研究渗漏病害部位的物理量的特征和变化规律，形成了多种渗漏检测手段，利用的物理量包括电、电磁、振动波、水流、热、声、光等。

土石堤坝的渗漏具有隐蔽性、时空随机性以及初始量级细微等特征，从渗漏险情发生到堤坝严重破坏的时间很短，及时发现、准确定位和合理处置渗漏隐患是保障土石堤坝安全的关键。

电和电磁。堤坝材料的导电性与坝体介质类型、孔隙率、含水率等有关。堤坝存在缺陷或发生渗漏的区域，其电导率将发生改变。电法和电磁法通过探测堤坝中电性参数异常，从而实现堤坝内部缺陷和渗漏的间接诊断。在这方面形成了直流电阻率法、自然电场法、瞬变电磁法和地质雷达法等探测技术。

振动波。堤坝存在缺陷或发生渗漏部位的密实度和弹性模量与正常区域不同。振动波的传播对介质密实度较为敏感，当振动波在这些部位传播时，波速、波形将发生改变。依据堤坝隐患与背景场的波速及波阻抗差异，可利用纵波、横波及面波进行分析。目前应用的振动波法探测技术主要包括地震反射波法、地震折射波法、地震映像法和瑞雷面波法。

水流。水流是渗漏的物理实体。传统方法采用测压管和渗压计测量渗透压力，或采用量水堰测量渗漏量来监测堤坝渗漏。放射性同位素示踪技术将水流作为运载体，可用于调查地下水的补给关系、寻找渗漏入口、测定流速和流向。流场拟合法利用电流场来拟合渗流场,根据渗流场的分布快速寻找堤坝渗漏入口。

热。无渗流土体内部的温度场由热传导主导。当渗流存在时,土体内的热传导强度将因水体的迁移而改变。研究表明,当土体渗透系数大于 10^{-6} m/s 时,水体迁移引起的平流热传递将超越热传导,即使少量的水体迁移也将迫使土体温度与水温相适应,从而引起原温度场的局部不规则变化。因此,可通过温度变化来分析土石堤坝渗漏情况,近年来发展了分布式光纤监测技术以及红外热成像技术用于辨识土石堤坝渗漏。

声。渗漏过程伴随的水体流动、水土摩擦以及土体发生渗透破坏等环节都会产生声发射现象。可通过声发射监测来判断渗漏发生、计算相对流量以及定位渗漏位置。

光。通过人眼直接观察或分析可见光图像发现堤坝渗漏。

(1)基于电的探测技术

①直流电阻率法

直流电阻率法通过人工对堤坝施加电场,采集视电阻率,根据视电阻率差异来分析堤坝构造及含水情况。通常洞穴、裂缝和松散体等病害表现为高阻异常,发生渗漏的区域则表现为低阻异常。现场操作时,传统常采用对称四极剖面法和对称四极电测深法。如图 3-59 所示,对称四极剖面法的供电电极 A、B 以及测量电极 C、D 之间间距固定,勘测时 4 个电极同时向同一方向移动,从而获得测线内坝体的视电阻率;对称四极电测深法的测量电极 C、D 位置固定,供电电极 A、B 向反方向等距移动,以测量坝体不同深度的视电阻率。

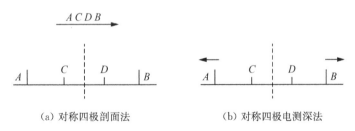

（a）对称四极剖面法　　　　　　（b）对称四极电测深法

图 3-59　对称四极剖面法和对称四极电测深法示意图

高密度直流电阻率法,也称高密度电法,原理与普通电阻率法相同,通过设置高密度观测点,工作装置组合实现密点距阵列电极布设,野外测量时一次性布置完测线上的电极,然后利用仪器内的程控电极转换开关和微机工程电测仪实现对数据的快速和自动采集,增加了空间供电和采样的密度,提高了纵横向分辨能力和工作效率,可以进行地电断面二维成像,可直接反映地下介质的电性变化情况,从而进一步进行地质判断。图 3-60 为高密度电阻率法测点布置图。

在坝体渗漏检测中,由于坝体在不同深度的土体含水率差异,导致坝体内电阻率呈一定规律分布,主要表现在上部的含水率低、电阻率高,坝体下部的含水率高、电阻率低。当坝体内出现不同形式的渗漏隐患时,由于水的作用,使得渗漏区的视电阻率比周围的要低,因此,可依据坝体视电阻率剖面图,结合地质情况和坝体结构特征,推断隐患的分布情况及大致形态大小。

高密度电法是目前基于电的探测技术中应用最广的勘探技术,其局限性在于探测前

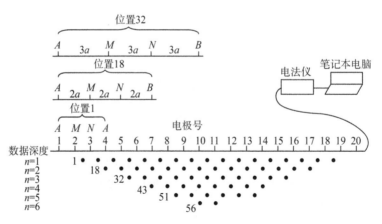

图 3-60　高密度电阻率法测点布置图

需安装大量电极,限制了作业效率,并且供电电极间距必须大于测深的 2 倍,探测范围(剖面图形状)为倒梯形,难以对坝肩以下坝体进行探测。此外,高密度电法的探测结果易受大地自然电流和地下良导体的干扰,数据整理和解释工作较复杂。

②自然电场法

在无须人工对地通电情况下,土石堤坝中就自然存在着电场。自然电场的形成机理主要有 3 类:溶液和介质接触面上的氧化还原反应;溶液的离子在空隙或渗流通道交界面上的扩散和土体骨架对离子的吸附作用;水体的渗流和土体的过滤作用。自然电场的形成由均匀渗流和集中渗流产生的过滤电场起主导作用。自然电场法最早见于 1969年,Ogilvy 等将其用于堤坝渗漏探测。我国在 20 世纪 80 年代开始利用该技术探测土石堤坝渗漏,现场操作只需用到普通电测仪,采用非极化的电极测量电位差,根据测网绘制等电势图,电位低处即为渗漏严重处。该方法操作简单,成本较低,测深可达 20～30 m,可以确定渗漏源的几何形状。相对于常规的人工电场法常常仅用于单次检测,自然电场法利用天然场源可实现野外长时间多次作业,目前还常作为综合物探法之一被应用在堤坝渗漏探测中。该方法的局限性在于,当水中可溶性盐含量较高,水的电阻率低于10 Ω·cm 时,所有测点获得的电阻率将很接近,该方法将无法探测。

③并行电法

并行电法是在高密度电法勘探基础之上发展起来的一种新技术。传统的多道高密度电法采集系统包括集中式和分布式电法仪,每次采样时最多有 4 个电极点在工作,2 个电极供电,2 个电极测量,实际采集数据过程为串行数据采集。而布的多余电极都无法被利用,这样的采集方式操作时间长,极大地降低了电极的使用率。为了增加其余闲置电极的使用效率,同时增加探测数据量,研究者研发了并行探测系统,即每次采集数据时所有电极均参与到数据采集,极大地提高了电极的使用率。这样对一次采集的数据可以进行任意装置的数据提取,这种同时采集多个电位数据的电法系统为并行电法系统。

从探测结果上看,并行电法技术可以同时得到测线的电剖面和电测深数据,同时,其地震式的数据采集方式可以实现数据采集的多次覆盖重复采样,一次供电,其余所有电极同时采集电位,使得数据具有同时性和瞬时性,使得电法图像更加真实合理,极大地提高了视电阻率的时间分辨率。

利用并行电法快速检测系统,现场测试可取得库坝全场、覆盖整个堤坝的海量位场数据,其工作时间短,且可进行数据不同装置的二维和多条测线的三维反演,进行渗漏病害的追踪定位。

并行电法仪具有的网络传输端口可实现单次和动态检测,能实时远程控制与传输,全天候在线数据采集和传输,工作人员可在试验室内对几百千米远的水库坝体进行动态观测,为实现大坝的动态监测提供了可能。总的来说,电阻率类勘查由于其体积效应,对渗漏通道空间定位能力有一定限度,通过缩小电极间距可以提高勘探精度。

④激发极化微分测深法

激发极化微分测深法是在微分电测深法基础上发展起来的一种新的方法。其原理是将衰变场法的理论用于探测松散层中含水层和基岩中的赋水裂隙,在外加电场的作用下含水沙层和基岩中的赋水裂隙被极化,使自身充电,产生二次场。当关闭电源后,二次场逐渐衰减,并随时间的变化而趋于零。实践证明,二次场的大小与含水沙层中水的多少和基岩裂隙赋水性能好坏成正比关系。赋水性能越好,透水性越强,二者亦成正比关系。该方法将衰变场法的理论应用在微分电测深法中,既可以测一次场,又可以测二次场。它除具有微分电测深法的电流密度大、灵敏度高、分辨能力强、极距点大小不受限制、图像直观等优点外,更能够用较多的参数,从不同角度进行综合分析,对于减少单一电阻率法的多解性、解决同性异层问题大有帮助。在水库渗漏勘探中,利用激发极化微分测深法的探测成果,结合钻探试验成果进行综合分析,得到视渗透系数 K_s 计算公式,为判断水库渗漏是否进行防渗处理提供数据,可节省钻探投资、降低工程造价、加快大坝勘探进度。

(2) 基于电磁的探测技术

①探地雷达法

探地雷达是在地表上向地下发射高频电磁波,电磁波在地下介质特性发生变化的界面上发生反射并返回地面。由于电磁波在传播过程中,介质的介电常数及集合分布形态受其路径及电磁场强度影响,可以根据回波信号的时延、形状及频谱特性等参数,推测出地下目标体的深度、介质结构及性质。当坝体防渗物质物性均一时,雷达反射波很弱,反射波同相轴连续,视频率均一。当坝体发生局部渗漏时,渗漏位置介质含水量增大,其电导率也增大,使得雷达波衰减增强,从而产生明显的电性界面,在雷达图像中表现为低频高强度,并有较强的多次反射。在散浸区,雷达图像常表现为零星的条带状或断续强反射,以及杂乱反射。探地雷达在记录上不便于识别有效波和干扰波。深部反射波能量弱,波组连续性和构造信息不明显。当埋深小于 10 m 时探测效果较好,对深部隐患则反映不明显。图 3-61 为某坝基探地雷达探测结果图,局部波组紊乱表征其结构异常。

探地雷达常用的剖面法采集方式不足之处在于,记录上不便于识别有效波和干扰波,深部反射波能量弱,波组连续性和构造信息不明显以及人为电磁干扰,使得探地雷达的探测深度只能控制在 50 m 以内,且深度较大时分辨率降低很多。

系统增益系数是衡量 GPR 探测能力的基本指标。目前瑞典 MALA、美国 GSSI、加拿大 SSI 和英国 Groundvue 等产品是 GPR 市场的主导,最大系统增益系数达到 200 dB 左右,收发天线频率范围在 0.5 Hz～1 GHz。近 20 年来,国内 GPR 也得到长足发展,

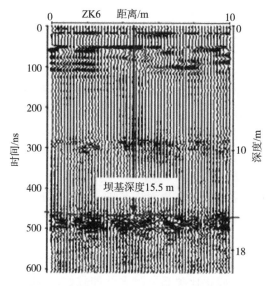

图 3-61　坝基探地雷达探测结果($V=0.065/m \cdot ns$)

GER、LTD 和 CAS 等国产雷达的性能也十分优良。

②瞬变电磁法

瞬变电磁法为时间域瞬变电磁测深法的简称,它基于电磁感应原理,即以介质的电性(磁)差异为基础,通过不接地回线或接地电极向地下发射垂直方向的一次脉冲磁场,使地下低阻介质产生感应涡流,进而产生二次磁场,观测并研究该二次场的时空分布特征,从而可以探查地下介质的性质及分布特征。通过实际应用已知,地下构造含水率越高,所产生的感应涡流场越强。目前瞬变电磁法普遍将感应线圈测量磁场的变化率作为接收方式,在发射电流关断时,接收线圈本身产生感应电动势,同时叠加在地下涡流场产生的感应电动势之上,从而造成瞬变电磁实测早期信号失真,形成浅层探测盲区。图3-62 为瞬变电磁探测原理图。

瞬变电磁法探测深度大、不受地形和接地电阻影响,作业效率高,其局限性在于存在浅部探测盲区,并且探测结果易受多种因素干扰,如线圈之间的自感和互感、坝体中的金属、关断时间等。

基于传统瞬变电磁法存在浅层探测盲区的缺陷,等值反磁通瞬变电磁法由席振铢教授于 2016 年首次提出,等值反磁通瞬变电磁法是一种新型瞬变电磁勘探技术,该方法的装置采用上下平行共轴且几何参数完全相同、磁矩相等的线圈通以反向电流作为发射源,在双线圈源合成的一次场零磁通平面上布设接收线圈,其一次场磁通始终为零,而地下空间一次场仍然存在,等值反磁通瞬变电磁一次场关断时,接收线圈可以测量对地中心耦合的纯二次场,因此,等值反磁通瞬变电磁法能够弥补传统瞬变电磁法存在浅层探测盲区的缺陷,同时装置采用双线圈源,相较于传统瞬变电磁法的单线圈源对地中心耦合场能量更为集中。等值反磁通瞬变电磁法基本原理如图 3-63 所示,发射线圈为反向串联上下平行共轴的相同线圈,切电流同步等值反向,接收线圈置于双线圈源正中间一次场零磁通平面,与双线圈源形成共轴。

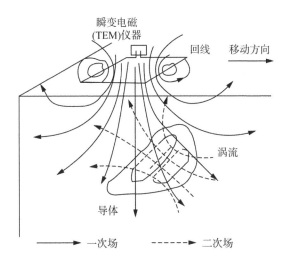

图 3-62　瞬变电磁探测原理图

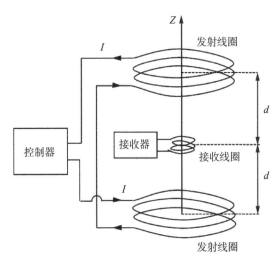

图 3-63　等值反磁通瞬变电磁方法原理示意图

③磁电阻率法

磁电阻率探测(MMR)法作为一种特征明显的电磁勘探方法在国外(美国、加拿大、澳大利亚等)已经有了比较成熟的应用,但是该方法在我国的应用较少,甚至不为人所知。MMR 探测方法最早是在 1933 年由 Jakosky 在一项专利中提出的,他认为可以在野外勘探中通过对磁异常进行对比从而发现底下矿藏,但由于当时技术的限制,该方法在当时并未得到广泛关注。到 1976 年,Edward 和 Howell 等人才借助更为先进的仪器和技术将 MMR 方法首次应用于野外的探测实验,并描述了 MMR 方法的野外试验方法,包括实验装置、操作程序、电流电极位置对观测结果的影响以及资料解释方法。实验成功探测了在不同电阻率的岩石中一个陡断层的位置,表明了 MMR 探测方法的可靠性。MMR 方法与传统的电导率探测方法相比,在良导体背景下的异常体成像方面具有一定的优越性。地面 MMR 测量方法的示意图如图 3-64 所示,其测量方法为中梯形观测方法,发射导线以马蹄形绕开测量区域,以最大限度地减小导线中源信号对测区测量的干扰。发射机发射大功率低频交变电流,接收系统在测区内每间隔几米到几十米一个测点对磁场数据进行采集。

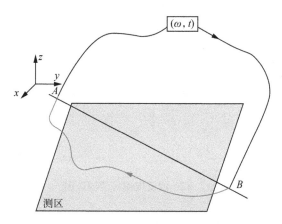

图 3-64　MMR 测量方法示意图

　　根据 MMR 探测方法的优势,Willowstick 公司利用该方法对地下水的流径进行探测并取得了明显的成果,相比于其他传统地球物理探测方法,MMR 探测方法在堤坝渗漏探测领域中是一种比较新的探测方式,其在理论、方法以及应用方面都很不成熟。目前国内外很多勘探方法还是使用 TEM 接收系统进行 MMR 信号的接收,由于 TEM 是宽频接收系统,其对工频及环境噪声的抑制效果不明显,导致其在工频噪声较大的环境中易饱和,探测灵敏度不高。

　　与传统地球物理探测方法相比,MMR 方法描绘地下水系统具有快速、经济、微创等优势。随着正反演算法的飞速发展,MMR 所受到技术上的局限逐渐减小,其在方法上的特殊性逐渐凸显,应用范围也不断扩展。国内对于该方法的应用较少,目前记载的仅有2019 年 10 月,武汉市的长江勘探规划设计研究有限责任公司将 Willowstick 公司的探测系统应用在我国湖北和贵州两处水坝,进行了堤坝渗漏探测并取得了良好的应用效果。而国内在 MMR 应用于地下水流径探测领域并无成熟仪器,同时缺乏对应的高精度探测仪器。MMR 方法作为经济高效的水坝渗漏探测方法,对于我国堤坝渗漏的早期探测有着十分重大的意义。

　　➢ 接地导线源磁电阻率法基本原理

　　接地导线源磁电阻率法的主要原理是通过双电源偶极子 A 和 B 两点向地下注入一个低频交流的电流信号,该激励信号产生可以在地表采用高精度的磁传感器测量的磁场信号,通过描绘在信号发射频率上测得的磁场信号分布可以推断地下电流的流径。由于电流优先通过良导体传导的特性,当电流流经地下的良导体时,可以通过电流的流径来判断地下良导体的分布情况,即当两个电极 A 和 B 都处于地下水流动路径上,并且流动路径与背景材料具有高电导性差异时,导电电流路径可以与地下水的优先流径相关联。电流流动路径与地下电导率分布以及两个激发电极的布置位置有关。在被测范围的背

景材料电导率较小的情况下,水饱和多孔岩石的总体导电性 σ 可以表示为:

$$\sigma = \frac{1}{F}\sigma_w + \sigma_S$$

其中,F 代表地层因数,σ_S 代表背景材料的电导率,σ_w 代表孔隙水的电导率。

由上式可知,电导率主要受孔隙水的影响,即电流的优先流径与高电导率的孔隙水有着密切的联系。由此可以推断,渗透率 $k(\mathrm{m}^2)$ 与地层因数 F 有关:

$$k = \frac{\Lambda^2}{8F}$$

其中,$\Lambda(\mathrm{m})$ 表示材料的特征孔径。

由于要在水文地球物理探测中使用 MMR 来识别流动路径,所以了解何时可以将导电路径解释为优先流动路径是很重要的。当上式中的第一项占主导地位时,电导率与渗透率是呈正相关的,而当第二项占主导地位时,电导率与渗透率是呈负相关的。因此,在孔隙水的电导率高于背景材料的情况下,电流传导路径可能与地下水的优先流径相关联。其测量原理示意图如图 3-65 所示。

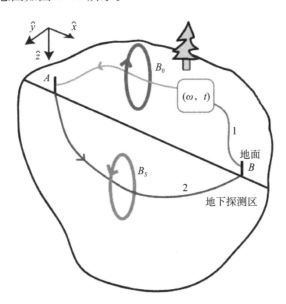

图 3-65　MMR 测量原理示意图

在测区两端布置两个电流激励电极 A 和 B,由发射机产生一个角频率为 ω 的交变电流 $I(\omega,t)$,线 1 为发射机两端连接的电缆线,其产生的磁场信号为 B_0,地下探测区中的渗漏流径以及孔隙水等产生的磁场信号为 B_S,B_S 通常是由发射电流流经地下导体而产生的,它会受地下导体导电性不同的影响而产生不同的分布特性。为了尽可能减小 B_0 对探测结果的影响,需要将线缆铺设在离测区尽可能远的方向上。由探测仪器所接收的磁场分布信号通常是 B_0 和 B_S 的和。在平坦的半导体空间上,由发射电缆所激发的磁场信号 B_0 是垂直于激励电极 A 和 B 两点之间的探测区域,而我们需要探测的磁场信

号 B_s 通常具有较多的不同分量,其中最主要的部分是平行于探测区域的。

综上所述,MMR 方法主要是在表面或钻孔的两个电极之间注入低频正弦交变电流,并沿三个正交矢量测量磁场强度。因此,MMR 探测方法的正演问题与 Maxwell 方程组的准静态条件有关,在这种条件下,基于 Maxwell 方程组得到:

$$B_s(r) = \frac{\mu}{4\pi} \int_{\Omega} \frac{\nabla'\sigma(r') \times \nabla\varphi(r')}{|r-r'|} d\tau'$$

对于均匀地下空间 $\nabla\sigma(r) = 0$,磁场强度仅存在一次场 B_0。由上式可知,MMR 对电导率梯度分布较为敏感,如果地下优先流径与背景材料的电导率差异较大,那么通过 MMR 方法可以准确地探测出优先流径的存在。

(3)基于振动波的探测技术

振动波法探测技术通过在地面激发震源来制造弹性波,并利用检波器接收,通过分析接收波的特征实现地下隐患探测。

①瑞雷波法

瑞雷波法是利用瑞雷波在层状介质中的传播速度随激发频率而变化的频散特性,对地下介质进行探测的一种地震勘探方法。不仅利用波的运动学特征,而且利用波的动力学特征,包括稳态面波和瞬态面波。因此比反射波和折射波使用范围广,分辨率高,勘探得更细化,获取的信息更丰富。

瑞雷波沿地面表层传播,表层的厚度约为一个波长,瑞雷波的频散特性直接反映了水平下方地质垂直方向的变化,不同频率的瑞雷波的特性反映着不同深度的地质情况。

瑞雷面波勘探沿波的传播方向在地面上布置 $N+1$ 个道间距为 Δx 的检波器,利用检测到的在 $N\Delta x$ 长度范围内的信号进行处理分析。

稳态面波探测方法与频率电测深有相似之处,又被称为弹性波频率测深。用锤击、落重乃至炸药的方式,在地面上产生一瞬间冲击力,激发一定频宽的瑞雷面波,不同频率叠加的瑞雷波以脉冲的形式向前传播。瞬态面波信号经过频散分析,得到其频散曲线。大坝勘查主要利用瞬态瑞雷面波法。

瑞雷波是由体波与地表界面相互作用而产生的一种面波,对介质密实度相当敏感。瑞雷波法根据速度和频散曲线来分析堤坝隐患分布,探测深度较大,但具有一定的浅部盲区。振动波属于弹性波,其波长较长、频率较小,这些特点限制了其分辨率,因而基于振动波的探测技术对具有一定规模且埋深较大的隐患探测效果较好,但难以探测尺寸较小的隐患,多用于堤防质量评价和软弱层探测。

②地震映像法

地震映像法是在地震反射波中的最佳偏移距技术基础上发展而来的。它以等偏移距或零偏移距激发宽频带弹性波,快速、高密度地采集弹性波场映像,记录直达波、面波、绕射波、反射波等,通过分析记录的绕射波、反射波等特征,可以快速判断地下异常体的分布情况。

它可将一个复杂的二维或三维问题近似为一个一维问题,与常规多次覆盖反射波法相比,波场简单直观,无须过多处理,即可提供解释,实时性强。根据波动理论分析,不论何种坝体结构,只要内部存在不均匀,在自激自收波场中,均可能形成异常波场,其特征主要表现为:波场同相轴错断、上凸或下拉;出现局部异常绕射波场;波场同相轴连续性时好时坏或无连续反射波场;反射波场的能量和频率出现异常变化。图 3-66 为某大坝坝基探测结果,其波组不连续或错断表征内部结构发生变化。

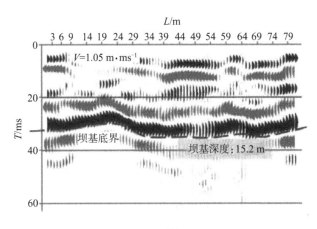

图 3-66　坝基探测剖面

地震勘探方法主要针对坝体异常进行探测,如坝体内部的裂缝等界面问题,其对介质含水测试分辨能力差,只能作为渗水问题辅助判别手段。同时,震波勘探受现场条件影响很大,在进行震波勘探时应尽量减少现场的施工,因施工的震动会对声波测试数据产生极大的干扰。震波勘探在坝基勘查中受控因素多,因此根据现场条件可对重点段进行辅助探查。

（4）流场拟合法

电流场与渗流场在一定条件下具有相似性。流场拟合法通过电流场来拟合渗流场,通过电流场的分布推算渗流场的流向和相对流速。巴甫洛夫斯基早在 1918 年就用电流场比拟水流场,首创了水电比拟试验。2000 年,我国何继善院士提出了流场拟合法,并成功研制出管涌探测仪,该设备的核心部件包括向水中发送特殊波形编码电流场的发送机、船载接收机和置于水中测量电流密度的接收探头。该方法的可靠性和检测速度均较高,大量应用于水库渗漏和堤防管涌险情探测中。戴前伟等在流场法基础上提出了矢量流场法,为分析土石坝渗漏入口、渗流方向及渗漏等级提供了新思路。流场拟合法能快速查明渗漏入口,尤其适用于汛期堤坝管涌等集中渗漏通道入口的查找。其局限性在于只能找到渗漏入口,不能反映渗漏在堤坝内部的具体分布情况。

（5）基于温度的检测技术

20 世纪 60 年代,德国开始尝试通过温度变化来分析土石堤坝的渗流场。20 世纪70 年代,欧美一些国家采用离散点温度值来研究大坝渗漏通道。20 世纪 80 年代,利用温度变化间接分析堤坝渗流性态的思路被引入国内,在丹江口水库开展了探索性工作,通过研究坝基范围的温度场和渗流场,验证了从温度场角度分析坝基渗流场的可行性。我国传统的温度检测是基于热源法推导并建立带有渗流项的土石堤坝传热方程。实际操作时通过钻孔得到地层中一些离散点的温度值,从而计算地下集中渗流参数。此外,应用该技术成功探测出了北江大堤石角段管涌通道。针对传统点式测温漏检情况,近些年发展起来的分布式光纤监测技术和红外热成像技术较好地弥补了该缺陷。

(6) 分布式光纤检测技术

① 光纤传感器简介

传感器对于信息系统是一个不可或缺的组成部分,在自动控制装备中,传感器提供反馈信号以保证控制系统正常工作;对于工业和民用工程来说,传感器显示出它们的基本状态,诸如应力、应变、震动、温度变化;在安保、军事和反恐的应用方面,传感器会响起警报;在医疗保健领域,诸多关于人体健康的信息都可以利用传感器来探测,这极大地推动了医疗水平的更新和发展。

人们之所以将光纤与传感器相结合,无非是充分发掘了光纤的敏感性,作为敏感器,它具有获取信息和传送信号的双重功能,显示出了独特的优越性,具体表现为:

    a. 体积小,重量轻;

    b. 抗环境干扰,防水抗潮;

    c. 抗电磁干扰(EMI),抗射频干扰;

    d. 具有遥感和分布式传感的能力;

    e. 使用安全、方便,兼具信号传送功能;

    f. 复用和多参数传感功能;

    g. 大宽带、高灵敏度。

② 分布式光纤测温原理

分布式光纤测温技术现如今已成为国内外科研的热点,如何将科学成果有效转化,进而投入到工程建设中去,这已成为领域内亟待解决的问题。分布式光纤之所以可以实现测温,是因为智能地将光纤光时域(OTDR)技术和拉曼散射原理结合到了一起:应用光纤光时域技术对待测点进行定位,应用拉曼散射的温度敏感性完成温度的测量。

    ➤ 光纤光时域反射原理

激光在光纤中发生全反射时会伴随着瑞利散射和菲涅尔反射,将反射光逆向传输以后,会发现反射光对一些物理参数特别敏感,诸如温度、湿度、压力等,将捕捉到敏感参数的光信号调制解调以后输出,以达到对待测参数预警的目的,这就是光纤光时域反射(OTDR),它是分布式光纤测温系统的理论基础,可用图 3-67 说明其组成温度传感器的工作原理。

根据图 3-67 可以看到,部分光信号的传播路径并没有改变,仍沿着原通道进行传播,部分光信号发生了路径偏移,并被探测器捕捉。众所周知,光在均匀的介质中沿直线传播,但在光纤中无规律的全反射会产生散射,也就是瑞利散射,与此同时,光纤介质并非理想介质,会存在个别不均匀的交叉点,在这些交叉点上会产生菲涅尔反射。OTDR技术完美地捕获这些强度很高的反射光,并对其进行定位,来判断这些交叉点的具体位置。从某种程度来说,OTDR 技术类似于雷达,二者都是依靠事先发射出一个信号,然后

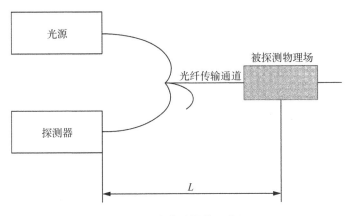

图 3-67　温度传感器的工作原理

再利用相关技术捕获反馈信号,最后分析反馈信号上所携带的信息。

> 光纤拉曼散射原理

拉曼散射最初是由印度的物理学家拉曼发现,为了纪念他为科学所做出的贡献,特将此类散射现象称为拉曼散射。当光照射到物体表面时,物体会吸收一部分光的能量,分子在能量的驱动下发生不同频率、不同振幅的振动,与此同时发出较低频率的光,这一点和康普顿效应较为类似。物质发出的低频光谱可以反映出物质的特性,所以此时分析所捕获的光信号即可实现对物质的深入分析。在整个温度传感系统中,激光二极管发出光信号,经过双向耦合器作用以后进入系统,大致的原理如图 3-68 所示。

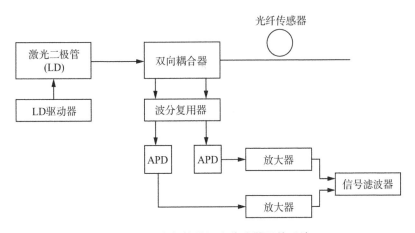

图 3-68　光纤拉曼温度传感器及其系统

由于光纤介质的不均匀性,当外界有光进入光纤时必定会发生散射,但散射光的成分不尽相同,有瑞利散射光、拉曼散射光和布里渊散射光,其中瑞利散射光对实验研究是没有意义的,该类型的散射对温度、压力等物理参数不敏感,布里渊散射光虽然可以精准测量温度,但其对外界环境要求极为苛刻,会随着外界条件的变化而变化,不适合作为研究对象,故只有拉曼散射光是最佳的选择。

③主要仪器设备

➤ FT320－02D05 高分辨率分布式光纤测温仪

FT320－02D05 高分辨率分布式光纤测温仪是上海拜安传感技术有限公司研制生产的机架式高精度、多通道、连续分布式光纤传感分析仪,可沿光纤温度场进行连续分布式测量,其基本工作原理为:由光纤测温主机按照一定重复频率发射脉冲光入射到传感光纤,由激光脉冲与光纤分子相互作用产生后向拉曼散射效应,一个比光源波长长的斯托克斯光和一个比光源波长短的反斯托克斯光沿传感光纤后向发射回到光纤测温主机;因为反斯托克斯光信号的强度与温度有关,斯托克斯光信号与温度无关,所以,从传感光纤内任何一点的反斯托克斯光信号和斯托克斯光信号强度的比例中,可以获取该点的温度;而感温点的空间距离,可以利用光时域反射技术通过感温光纤中光波的传输速度和后向散射光的返回时间进行准确计算。

FT320－02D05 光纤传感分析仪在光源稳定性、APD 探测灵敏度等方面进行了特殊设计,内置业界领先的高分辨率、超高速 AD 转换处理电路,在光纤测温距离、空间分辨率和测温精度、响应时间等多项关键技术指标上处于领先地位。主要技术指标如表3-1 所示。

表 3-1　FT320－02D05 光纤传感分析仪主要技术指标表

型号	FT320－02D05（2 通道,5 km 测温距离）
感温通道数	2
每通道测温距离	5 km
测温范围	−50℃～350℃
温度分辨率	0.1℃
测温精度	+0.5℃
单通道测温时间	1 s
空间分辨率(精确测温最小的光纤感温长度)	1 m
定位精度(沿光纤的测温取样长度)	0.4 m
系统软件	Windows 2000 及以上版本
通信接口	1 000M 以太网,RJ45 接口,RS232,USB
报警分区数	可软件设定
系统工作温度	−25℃～+50℃
电源输入	180～240 V/50±5 Hz
二次开发接口	提供动态链接库方便二次开发和应用集成
外形尺寸	标准 19 英寸 2U 机箱

➤ FT210－08 高精度 MEMS 光纤传感分析仪

FT210 光纤光栅传感分析仪是上海拜安传感技术有限公司研发的高精度光纤光栅解调分析设备,适用于温度、应变、压力、位移等多种类型传感器的信号解调。具有 16 通道,同步 25/100 Hz 采集频率。

光纤传感分析仪的详细技术指标如表 3-2 所示。

表 3-2　FT210 光纤光栅传感分析仪技术指标表

通道数	16
每通道最大测点数	25
波长范围	1 525 nm～1 565 nm
波长分辨率	0.1 pm
波长精度	1 pm
同步采集频率	25/100 Hz
光纤传输距离	50 km
通信接口	100 M 以太网

（7）红外热成像技术

红外热成像（Infrared thermography，IRT）技术通过感测堤坝表面的红外热辐射温度异常达到发现渗漏的目的。IRT 主要有主动和被动两类，其中主动 IRT 需要对被检对象施加外部热源激励，而被动 IRT 在自然条件下成像。对实际大体积长距离的堤坝工程施加人工热激励是相当困难且不可取的，故在土石堤坝渗漏感测中主要利用被动 IRT。被动 IRT 借助红外传感器被动感测堤坝表面的辐射场，通过定量换算得到温度场，将该温度场按一一对应的关系映射到颜色空间便可获得形象直观的红外热图像。相比于传统点状或线状测温技术，IRT 获取的温度结果是矩阵平面，因而具有其他测温手段所不具备的数字图像学分析价值。

①红外检测原理

在自然界之中，当任何一个物体的温度超过绝对零度（-273 ℃），即可被视为辐射源，能向外界进行热辐射。且该物体向外辐射的能量与自身温度呈正相关，具体表现为：物体温度越高则辐射出的能量越高，反之，物体温度越低辐射出的能量越低。同一物体在不同温度状态下所辐射出的红外线波长也不一样，我们通常将波长介于 0.75 μm～1 000 μm 之间的电磁波称为"红外线"，而人类肉眼可见的波长仅在 0.4 μm～0.75 μm 之间。红外线在地表传送时会受到大气组成物质的吸收，强度下降明显，只在短波 3 μm～5 μm 和长波 8 μm～12 μm 的两个波段有较强的穿透力，故现有的大部分红外热像仪都是针对这两个波段进行检测的，并在计算后将各部位的辐射量转化为温度分布图。红外热像仪光路图如图 3-69 所示。

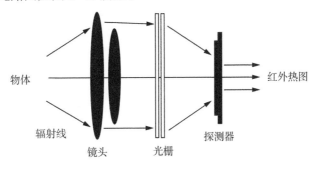

图 3-69　红外热像仪光路图

②物体热辐射及温度规律

黑体是一种理想化的物体，它能吸收外来的全部电磁辐射，并且不会有任何的反射与透射。即吸收系数为1，透射系数为0。当红外线以热辐射形式投射时，一般会分成三种形式作用于物体表面，即一部分被物体吸收，一部分被反射，还有一部分则穿透过物体，三者之间的关系为：

$$\alpha + \beta + T = 1$$

式中：α 为吸收系数；β 为反射系数；T 为透射系数。

对于绝对黑体而言，$\alpha = 1$，$\beta = 0$，$T = 0$，即能吸收所有外来辐射。但我们生活中的物体一般都达不到这种状态，通常状况下 $\alpha < 1$，$\beta \neq 0$。

斯特藩定律是热力学中的一个著名定律，由物理学家 Stefan-Boltzmann 提出，他认为一个物体表面单位面积辐射出的总功率与物体本身的热力学温度 T 的四次方成正比。该定律表示为如下公式：

$$J = \varepsilon \sigma T^4$$

式中：J 为物体的能量通量密度，w/m^2；ε 为物体的辐射系数（若为绝对黑体，则 $\varepsilon = 1$）；σ 为斯特藩常量（$5.670\,373 \times 10^{-8} W \cdot m^{-2} \cdot K^{-4}$，2010 年数据）；$T$ 为物体本身的热力学温度（℃）。

不同的物体由于材料性能的差异，其比热容、导热系数皆存在较大差异。故在检测时，利用外部热源加热被测物体，其热传导微分方程为：

$$\frac{\partial T}{\partial t} = \frac{\lambda}{pc}\left[\frac{\partial^2 T}{\partial x^2} + \frac{\partial^2 T}{\partial y^2} + \frac{\partial^2 T}{\partial z^2}\right]$$

式中：t 为时间(s)；λ 为导热系数（$W \cdot m^{-1} \cdot K^{-1}$）；$p$ 为密度（$kg \cdot m^{-3}$）；c 为比热容（$J \cdot kg^{-1} \cdot K^{-1}$）。

③红外热成像检测方法

➤ 被动式红外检测

该方法在进行红外检测时不对被检测目标加热，仅仅针对目标自身的温度差异进行检测。由于它不需要附加外部热源，常常用在运行中的设备、元器件类的检测中。

➤ 主动式红外检测

该方法在进行红外检测之前，对被测目标加热，加热源可来自物体外部或内部，此时被测目标由于表面各处缺陷差异，导致各处导热系数存在较大差别，外部能量进入物体表面后被吸收和向外辐射的能量各不相同，如图 3-70 所示，在红外图像上就会显示出较大温度差异。根据被测目标的不同状况，红外检测可在目标加热的同时进行，亦可在加热结束后的一定的时间段内进行。

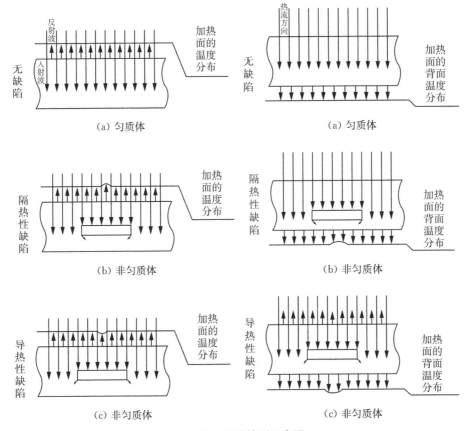

图 3-70　红外检测示意图

④红外热成像检测影响因素

➤ 被测物体材料属性影响

不同物体吸收太阳辐射的能力各不相同,这种能力通常与物体表面颜色及粗糙程度有关。一般情况下,物体表面颜色更深则发射率更高,物体表面更粗糙发射率也更高。在对不同种类的材料进行红外检测时,应该根据不同材料特性设置不同的辐射率参数。

➤ 风力影响

在进行户外检测时,当被检测物体四周无挡风设置时,风速对流会对物体产生冷却作用,影响红外检测的准确性,且风力越大,冷却速度越快、冷却效果越强。故在对物体进行户外检测时应在无风或微风环境下进行。

➤ 太阳辐射影响

自然界中太阳光的反射与漫反射的波长区域约为 3 μm～15 μm,且分布比例也不固定,这一波长区域与红外热像仪工作时的波长区域相近,因此会极大程度地影响红外检测的准确性,同时,由于阳光照射的不稳定性,所产生的热量也会不均匀地叠加在被测区域,对检测结果造成偏差。所以,检测时宜在阴天、多云天进行,且避免阳光直射。

➤ 阳伞效应及检测角度影响

阳伞效应又称微粒效应,指存在于大气中的粉尘粒子及悬浮颗粒,不仅会反射掉一部分太阳光所带来的红外辐射,降低了物体表面的温度;同时也会吸收物体表面辐射到大气中的能量,起到保温作用。但前者的效果往往远大于后者,因此在红外上呈现的整体效果会使物体表面温度有所降低。检测时红外热像仪也应尽可能地垂直于被测物体表面,角度应尽可能地控制在30°以内,不能超过45°。

在应用红外热成像技术进行土石堤坝渗漏检测时,仍存在一些不足,已有研究很少关注红外热图像的形态学特性和纹理特征,对热图像的“图像”属性利用不足,可考虑将计算机视觉和深度学习算法引入该领域,以实现基于红外图像的渗漏自动辨识。此外,已有试验多在室内开展,通过人为扩大水体与堤坝表面之间的温差来达到理想的成像效果。如何剔除或利用堤坝表面微气候的不规则影响,如何在复杂地面(如杂草覆盖、起伏不平、动物活动、积水等)条件下识别和提取渗漏目标,如何在雨天、雾天等特殊天气条件下改善应用效果及如何提升感测效果等,均是值得研究的课题。目前红外热成像仪以美国菲利尔和福禄克以及德国德图为主导品牌,国内的高德红外、海康威视等品牌在近几年也得到飞跃式发展。热灵敏度和红外分辨率是红外热像仪最核心的两个指标。商业化的非制冷焦平面红外热像仪的热灵敏度目前可达到 20 mK,红外图像分辨率可达到 1 024×768。红外热成像技术作为一种非接触式感测手段,具有形象直观、机动性强、覆盖面广、作业效率高等优点,可在无光照的夜间正常作业,尤其适合土石堤坝汛期应急巡查,但也存在以下局限性:温差是基于红外热成像技术识别堤坝渗漏的前提,温差越大,渗漏导致的局部温度变化就越大,感测效果越好;作为一种表面感测技术,它不具备探测堤坝内部的能力,只有当渗漏影响到达堤坝表面时该技术才有效;目前红外热像仪的图像分辨率较低,图像细节信息较少,复杂地面条件下对感测结果的解释很困难,通常需要借助可见光图像或其他检测手段进行联合解译。

(8) 基于声的检测技术

声发射检测是一种在役、实时、动态的检测方法,能实时反映被测构件内的损伤发生、发展的动态变化过程,检测人员能根据现场检测的数据及时采取相应措施,防止重大事故的发生。声发射是一种动态检测方法,对线性缺陷较为敏感,在试验中能够整体检测和评价整个结构中缺陷的状态。基于以上机理,可以利用声发射技术来监测材料的微观形变和开裂以及裂纹的萌生和发展。由于声发射现象往往在材料破坏之前就会出现,因此只要及时捕捉这些信息,根据其声发射信号的特征及发射强度,就可得知声发射源目前的状态,以及声发射源形成的历史,并对其发展趋势进行预报。

在渗漏过程中,水体流动、水土摩擦以及土体渗透破坏都会产生弹性声波。利用声发射监测系统对声发射信号进行捕捉和分析,可以判断渗漏发生情况、计算相对流量以及定位渗漏位置。徐炳锋从位错和能量观点推导了土体位错点源和应变能改变量同声发射参数的关系,并通过室内试验发现渗漏达到临界坡降和破坏坡降时的声发射信号突增,指出了声发射技术可用于土体渗透变形监测。张宝森等对柳园口闸下渗漏进行了声发射监测,发现渗漏的发生与声发射信号同步。明攀等开展了堤基管涌连续破坏过程中的声发射监测模型试验,发现堤基管涌破坏过程的声发射信号多为突发型信号,指出管涌过程的水力参数和声发射参数具有一致的分布规律,并提出了适用于堤防管涌过程声发射信号采集的系统参数设置。

由于实际工程体型庞大,因渗漏产生的声发射信号通常在传播过程中衰减消失,并且堤坝服役环境中的本底噪声较强,因此目前该技术主要停留在试验研究阶段。

3.2.3　长距离调水工程结构检测

3.2.3.1　混凝土输水建筑物

无损检测技术是指在不破坏混凝土结构构件的条件下,在混凝土结构构件原位上对混凝土结构构件的强度和缺陷进行直接定量检测的技术。

混凝土结构无损检测的原理是考虑无损检测设备参量和混凝土物性间的关系,混凝土结构无损检测的目的大致可以分为三类:检测混凝土的强度;检测混凝土的内部缺陷(包括不密实区或空洞检测,裂缝深度检测等);几何尺寸的检测(包括钢筋位置、保护层、板面、道面、墙面厚度等)。

检测混凝土强度的无损检测方法有:回弹法、综合法;检测混凝土内部缺陷的无损检测方法有:超声法、冲击回波法、雷达波反射法、红外热谱法;几何尺寸的检测方法有:冲击回波法、电磁法、雷达波反射法。

渡槽、倒虹吸等大体积混凝土结构主要由于冻融、碳化风蚀、渗透侵蚀以及施工等原因,致使混凝土结构出现了不同程度的裂缝、钢筋锈蚀、混凝土胀落、渗水和漏水等现象。

以渡槽检测为例,需要针对渡槽基础、支承结构、槽身进行安全检测。检测项目包括:混凝土抗压强度、槽身结构尺寸、钢筋数量、间距、保护层厚度、混凝土碳化深度、裂缝、连接缝止水、内部缺陷、扰度(满槽水工况),按《水利工程质量检测技术规程》(SL 734—2016)要求布置测区和数量。

随着科学技术的发展,陆续有新的监测技术和检测技术被研究出来,如基于柔性导电涂料、长标距光纤光栅的混凝土裂缝检测技术以及基于机器视觉的自动化检测技术日益成熟,可以在一定程度上避免传统监测技术与检测技术存在的问题。

3.2.3.2　混凝土输水建筑物检测仪器及原理

(1) 回弹法

回弹法是一种表面硬度法,它检测混凝土强度是基于混凝土表面硬度和强度之间存在相关性。回弹法具体的检测步骤:准备一柄弹簧驱动的重锤,通过弹击杆,弹击混凝土表面;测出重锤被反弹回来的距离,即为回弹值(反弹距离与弹簧初始长度之比);根据已建立的回归方程或校准曲线,换算出混凝土的强度值。回弹仪如图 3-71、图 3-72 所示。

回弹法操作简便、快速经济且具有相当的精度,因此在混凝土检测领域应用较广泛。但影响回弹法检测强度精确度的因素有很多,如仪器标准状态、操作方法等,这些需要在使用过程中保持标准的操作方法,以确保结果的准确性。

回弹法有以下应用:①根据回弹值检验结构混凝土质量均匀性;②对比混凝土强度判断其是否达到某些工艺要求;③推定混凝土强度;④确定结构混凝土的质量疑问区,以进行进一步检测。

回弹法的应用存在若干限制条件，主要包括：要求被测结构物的表层与内部材料性质不能有显著差异；龄期需处于回弹测强曲线所限定的有效范内；碳化深度不可过深；且强度范围需符合回弹测强曲线的规定，即在 10 MPa 至 70 MPa 之间。具体限制细节涵盖：表面必须平整，不得有疏松、麻面、蜂窝等缺陷；表层需洁净无浮浆、污物，且未遭受损伤（如受冻、火烧、化学腐蚀等）；表层应保持干燥，同时内部亦不可存在缺陷。

图 3-71　回弹仪

图 3-72　超声回弹仪

（2）超声波法

超声波法检测混凝土强度利用的是超声波在不同介质中具有不同的传播速度、不同的频率、不同的波幅以及不同的密度，通过建立它们之间的比例关系，从而实现一种对混凝土强度无损的检测。它主要通过以下步骤进行检测：准备一台超声波检测仪（图 3-73），它通常由发射器、接收器和数据处理分析系统组成；将超声波发射器放置在混凝土的一侧，通过特定的激发电路激发出一定频率范围的超声波；超声波在混凝土中传播，遇到内部缺陷或不同介质时，会产生反射、折射、散射等物理现象；接收器接收到这些反射回来的超声波信号，并传输到数据处理分析系统中进行处理；根据超声波的传播速度、振幅、相位等信息，结合混凝土的物理特性，可以判断出混凝土内部的缺陷情况以及估计其强度等级。

超声波法也可称为回弹综合法，其基本原理是对混凝土结构利用超声波的瞬间应变波动原理进行检测。超声波法主要用于混凝土内部缺陷检测，包括不密实区或空洞检测、裂缝深度检测。通过概率法判断声参数的异常值（抽样检测，根据平均值 m、标准差 s

确定置信区间,如 $m \pm ks$,凡是超出此范围的视为异常值);通过阴影重叠法判断缺陷区域(将所有相交的缺陷阴影区进行叠加,其交叉重叠所围成的区域,称为缺陷阴影区,即为缺陷的范围,如图 3-74 所示)。

　　超声波法检测混凝土强度具有一定的优点,如无损、快速、准确等。同时,它也受到一些限制,如对检测人员的操作经验和技术水平要求较高,对于一些特定类型的混凝土和缺陷类型可能存在检测盲区等。因此,在使用超声波法进行混凝土强度检测时,需要结合实际情况和专业知识进行综合判断。

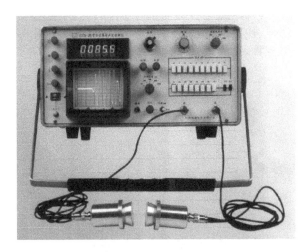

图 3-73　超声波检测仪

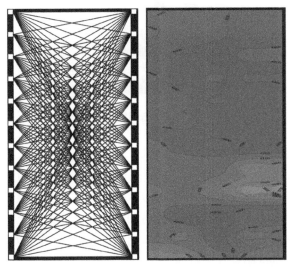

图 3-74　缺陷区域判断

　　(3)冲击回波法

　　冲击回波法是一种无损检测方法,用于检测混凝土构筑物表面的缺陷和厚度。该方法利用一个短时的机械冲击(用一个小钢球或小锤轻敲混凝土表面)产生低频的应力波,应力波传播到结构内部,被缺陷和构件底面反射回来,这些反射波被安装在冲击点附近的传感器接收下来并送到一个内置高速数据采集及信号处理的便携式仪器中。

具体来说,冲击回波法的步骤包括以下几点:准备冲击回波检测仪(图 3-75),它由一个产生冲击的装置和接收反射波的传感器组成;用小钢球或小锤轻轻敲击混凝土表面,产生一个短时的机械冲击;冲击产生的应力波传播到混凝土内部,遇到缺陷或构件底面时被反射回来;反射波被传感器接收并传输到内置的高速数据采集及信号处理的便携式仪器中;通过频谱分析,将时间域内的信号转化到频率域,找出被接收信号同混凝土质量之间的关系,从而判断出结构混凝土的厚度和缺陷位置。

冲击回波法具有简便、快速、设备轻便、干扰小、可重复测试等特点,对于检测混凝土构筑物表面的缺陷和厚度具有良好的效果。

图 3-75　冲击回波检测仪

(4) 雷达波反射法

雷达波反射法是一种通过雷达信号反射来检测混凝土性能的方法。这种方法通过雷达波的发射与接收来获取混凝土内部的物理结构信息,包括混凝土的厚度、密度、缺陷等。雷达波反射法的基本原理是:当雷达发射的电磁波遇到混凝土内部的缺陷或不同介质时,会产生反射和散射现象。通过接收这些反射回来的信号,并对其进行处理和分析,可以确定混凝土内部的缺陷和物理特性。

具体来说,雷达波反射法的步骤包括以下几点:准备雷达检测仪,它由雷达发射器和接收器组成,通过雷达发射器向混凝土内部发射高频电磁波,电磁波在混凝土内部传播,遇到缺陷或不同介质时会产生反射和散射现象;接收器接收到这些反射回来的信号,并传输到计算机等数据处理设备中进行处理和分析,通过处理和分析反射回来的信号,可以获得混凝土内部的物理结构信息,如厚度、密度、缺陷等。

雷达波反射法具有无损、快速、准确等优点，可以在不破坏混凝土的情况下进行检测。但是，该方法也受到一些限制，如对于一些特定类型的混凝土和缺陷类型可能存在检测盲区等。因此，在使用雷达波反射法进行混凝土检测时，需要结合实际情况和专业知识进行综合判断。

（5）红外热谱法

红外热谱法是一种通过检测混凝土表面发射的红外能量来评估混凝土强度和内部状况的无损检测方法。具体来说，红外热谱法利用了混凝土材料对红外能量吸收、发射和传导的特性。当混凝土表面被加热时，表面以下的材料吸收能量并向外部释放能量，这个过程会形成热传导和热辐射的平衡。通过测量混凝土表面的温度分布情况，可以推测混凝土内部的状况和强度。在实际操作中，红外热谱法的使用步骤包括以下几步：在混凝土表面布置一定数量的热电偶或者红外测温仪，测量混凝土表面的温度分布情况；加热混凝土表面，使其下面的材料吸收能量并向外释放；记录加热过程中的温度分布情况，观察热传导和热辐射的平衡情况；根据温度分布情况推测混凝土内部的状况和强度。

红外热谱法具有无损、快速、准确等优点，可以用于新旧混凝土的强度检测，以及评估混凝土内部的缺陷和损伤情况。但是，该方法也受到一些限制，如对于一些特定类型的混凝土和缺陷类型可能存在检测盲区等。因此，在使用红外热谱法进行混凝土检测时，需要结合实际情况和专业知识进行综合判断。

（6）电磁法

电磁法是一种通过测量混凝土结构中的电磁波的传播速度和强度来判断混凝土强度的无损检测方法。在具体操作中，电磁法需要使用电磁波传感器和电磁波测试仪器。电磁波传感器通常是一个平行六面体的探头，其大小和频率根据测试的混凝土结构不同而不同。电磁波测试仪器可以进行探头的控制和数据的读取。该方法的基本原理是：当电磁波在混凝土中传播时，会受到混凝土内部结构、缺陷和其他物理特性的影响，从而改变其传播速度和强度，通过对电磁波的测量和分析，可以推断出混凝土的强度和其他物理特性。总的来说，电磁法是一种较为复杂的无损检测方法，需要专门的知识和技能进行操作，但其具有较高的精度和可靠性，是用于混凝土结构检测的重要工具。

（7）自然电位法检测技术

自然电位法检测技术是一种通过测量混凝土表面相对于金属电极的电位差来检测混凝土强度和缺陷的无损检测方法。其基本原理是：当混凝土表面存在金属电极时，由于不同介质之间的电化学反应，会在混凝土表面产生一定的电位差，该电位差的大小与混凝土的强度和内部缺陷情况有关，因此可以通过测量电位差来推知混凝土的强度和内部缺陷情况。

自然电位法检测技术主要包含以下步骤：准备自然电位检测仪，它由两个金属电极组成，其中一个为正极，另一个为负极，将正极和负极分别放置在混凝土表面的两个不同位置上，测量混凝土表面相对于金属电极的电位差；通过自然电位检测仪内部的电子电路，将测量的电位差转化为相应的电压信号；对电压信号进行处理和分析，根据电压信号的大小和变化趋势，判断混凝土的强度和内部缺陷情况。

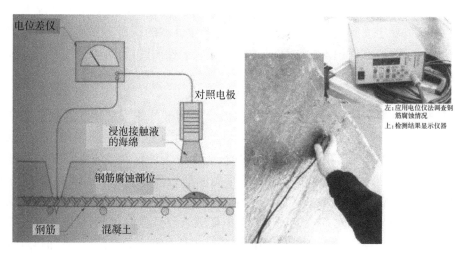

左:应用电位仪法调查钢筋腐蚀情况
上:检测结果显示仪器

图 3-76　自然电位法检测钢筋锈蚀情况

自然电位法检测技术具有无损、快速、准确等优点,而且对检测人员的操作经验和技术水平要求较低。但是,该方法受到一些限制,如对于一些特定类型的混凝土和缺陷类型可能存在检测盲区等。因此,在使用自然电位法进行混凝土强度检测时,需要结合实际情况和专业知识进行综合判断。

自然电位法检测钢筋锈蚀情况如图 3-76 所示。自然电位法无损检测技术应用高内阻自然电位仪,依据在被检测界面上双层电会存在电位差,来判别内部锈蚀情况,通过移动电极实时记录数据变化情况。采用此项检测技术可以明确阴影处钢筋的锈蚀状况。但是研究表明自然电位法受混凝土中水分、保护层中水分影响,检测值存在偏差,因此不能仅仅依靠自然电位法来判断钢筋的锈蚀情况。

(8)混凝土结构有损检测

①钻孔取芯检测

混凝土钻孔取芯检测是一种典型的局部有损检测方法(图 3-77)。混凝土钻孔取芯检测通过从结构混凝土中钻取芯样以检测混凝土强度或观察混凝土内部质量。具体来说,钻孔取芯检测的步骤包括:在待测混凝土结构上选择合适的部位,一般应选择在结构的受力较小且无裂缝的部位;用专门的钻机进行钻孔作业,钻机一般由主轴、进给装置、刀具、冷却系统等组成;钻取芯样,芯样的直径通常在 100 mm 左右,长度一般不宜小于 50 mm;将芯样取出后,应及时进行清洗、整理和养护;对芯样进行抗压强度试验,一般采用压力试验机进行,测试结果可以反映出该芯样的混凝土强度。

需要注意的是,钻孔取芯检测会对结构混凝土造成局部损伤,因此是一种半破损的现场检测手段。同时,钻孔取芯检测的操作难度较大,成本较高,因此其应用范围相对较小,一般仅在超声检测桩身或静载试验不能满足标准要求的情况下使用。

有损检测的适用场合主要包括:a. 对试块抗压强度测试结果有怀疑;b. 材料、施工或养护出现质量问题;c. 冻害、火灾、化学侵蚀或其他损害;d. 旧结构;e. 对其他无损检测方法修正。有损检测的优点是方法简单,信息直接、真实;既可测强度,又可测缺陷。

有损检测的缺点包括:局部破损数量、部位受限;成本较高、工时较长。

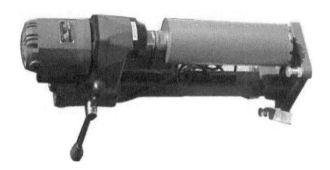

图 3-77 钻孔取芯法(取芯设备)

除了钻孔取芯,局部有损检测方法还有拔出法(图 3-78)、后装拔出法(图 3-79)、射钉法(图 3-80)。

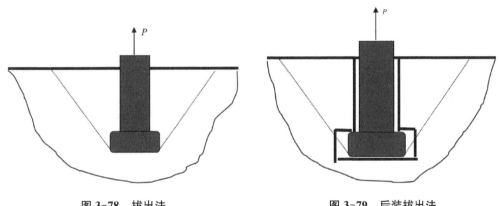

图 3-78 拔出法 **图 3-79 后装拔出法**

图 3-80 射钉法

②拔出法

拔出法是一种半破损的混凝土强度检测方法,其基本原理是基于混凝土与钢筋之间的黏结力。拔出法是通过在混凝土中预埋钢筋或者膨胀螺栓,然后测试锚固件或膨胀螺栓被拔出时的拉力,以确定混凝土的强度。拔出法的操作并不复杂,需要准备的材料包括一台拔出仪、一个带圆柱形钉头的压模和一个金属锚固件或膨胀螺栓。检测具体步骤如下:在混凝土中钻一个小孔,然后将一个带有圆柱形钉头的压模插入孔中;利用拔出仪器施加一个水平拉力将其拔出,通过测定拉力-移动曲线求出混凝土的强度。

需要注意的是,拔出法适用于对新浇筑混凝土和已存在混凝土结构的强度进行测量。其中,新浇筑混凝土应留出专门用于进行拔出试验的测试块,同时使用前还需要注意以下几点:确定好拔出试验的位置、深度以及方向;测试时需要遵循一定的规范,例如采用适当的测定次数、重新测试某些数据等;测试前需要校验测量仪器的准确性,减小误差。拔出法简单、准确、直观、费用低,但是做不到随机抽检。

后装拔出法与拔出法都是混凝土强度检测方法,两者主要的区别在于实施的时间和方式。拔出法是在混凝土浇筑之前,将锚固件或膨胀螺栓预埋在混凝土中,然后等混凝土凝固后进行拉拔试验,通过测定拉拔力来推定混凝土的强度。而后装拔出法则是在混凝土已经硬化后,对已经硬化的混凝土表面进行钻孔、磨槽、嵌入锚固件并安装拔出仪进行拔出试验,通过测定极限拔出力,根据预先建立的拔出力与混凝土强度之间的相关关系来检测混凝土强度。后装拔出法与拔出法在实施的时间和方式上有所不同,拔出法更注重的是混凝土硬化的前期检测,而后装拔出法则是在混凝土硬化后进行的强度检测。

③射钉法

射钉法是一种混凝土强度检测方法,该方法是通过在混凝土表面射入螺纹钉,并通过读取秕谷深度来计算混凝土的强度。

射钉法的测试原理是:将带有特定弹力的射钉射入混凝土表面,通过测量射钉的嵌入深度,计算出混凝土的密度和抗压强度。这种方法具有操作简便、测试快速、精度高等优点,因此被广泛应用于混凝土结构的无损检测中。需要注意的是,在进行射钉法检测时,需要遵循以下步骤:对混凝土表面进行处理,以获得平整的测试表面;选择合适的射钉,并将其射入混凝土表面;读取射钉的嵌入深度,并进行记录;根据公式计算出混凝土的密度和抗压强度。

射钉法是一种比较可靠的混凝土强度检测方法,但需要注意的是,这种方法可能会对混凝土结构造成一定的损伤,因此在使用前需要充分评估和确认其适用性和安全性。射钉法测量迅速、简便;射入深度为20~70 mm,受表面状况及碳化影响较小,特别适合老结构,但其仪器未标准化,检测结果受发射枪影响显著,且国内尚无专门标准。

(9) 混凝土无损有损检测结合

钢筋锈蚀碳化程度与保护层厚度检测是典型的需要无损有损检测结合的检测类型。

碳化深度检测实际操作时要利用电锤仪(图3-81)对被检测位置打孔,然后小孔内注入1%的酚酞酒精溶液,综合应用游标卡尺、碳化深度仪测量孔深与变色表面间的距离确定碳化深度。可以按照以下步骤进行:选择合适的测区,保证测区的代表性;测点数不应少于构件测区数的30%;在测区表面形成直径约15 mm的孔洞,其深度应大于混凝土的碳化深度;清除孔洞中的粉末和碎屑,且不得用水擦洗;采用浓度为1%~2%的酚酞酒精溶液滴在孔洞内壁的边缘处;当已碳化与未碳化界线清晰时开始测量工作;碳化测量仪应测量已碳化与未碳化混凝土交界面到混凝土表面的垂直距离;测量 3 次,每次读数应精确至 0.25 mm,并取三次测量的平均值作为检测结果,精确至 0.5 mm;取 3 个测区的碳化深度值的平均值作为构件每个测区的碳化深度值;当碳化深度值极差大于 2.0 mm 时,应在每一测区分别测量碳化深度值。

图 3-81　电锤仪钻孔

在测量保护层厚度实际操作过程中,要应用钢筋定位扫描仪(图 3-82)精确测定保护层厚度以及内部构件,该仪器可自动显示精确的检测数据。钢筋定位扫描仪是一种专门用于检测混凝土结构中钢筋分布、直径、走向,以及混凝土保护层厚度的便携式智能无损检测设备。除此之外,钢筋定位扫描仪还可以对混凝土结构中的磁性体及导电体的位置进行检测,例如墙体内的电缆、水暖管道等。

使用钢筋定位扫描仪进行混凝土保护层厚度检测的具体步骤包括:确定箍筋位置,在间距大的箍筋中间以慢速匀速移动传感器,人工判定钢筋位置;在相反的方向重新扫描一次,两次扫描结果相互验证;为慎重起见,最好在另外两条上层钢筋中间重复上述测量,以核实测量结果,并且准确定向钢筋;每次更换探头应在开机前连接好,以便仪器判定探头。

使用钢筋定位扫描仪需要注意:每次使用前应先校准仪器;在使用过程中应避免剧烈震动和高温;在使用结束后应及时清洁和保养仪器。

3.2.3.3　超声波测厚仪

（1）测厚技术的分类

测厚技术的分类方法有很多,按测量方式不同,分为接触式和非接触式测厚;按用途的不同,分为涂层测厚、薄膜测厚等;依据测厚原理的不同,又可分为电磁感应测厚、能量衰减测厚、超声波测厚和光电成像测厚等。本书着重从测厚原理角度出发,对现有测厚技术进行综述。

电磁感应测厚主要是脉冲涡流测厚法,其测厚原理是:将具有一定占空比的方波加到激励线圈两端产生周期性脉冲电流,并感生出一个衰减的脉冲磁场,该磁场在试件中感生出瞬时涡流,并在工件内部感生出一个衰减的涡流磁场。随着磁场的衰减,检测线圈上感

图 3-82　钢筋定位扫描仪

应出随之变化的电压信号(瞬态感应电压),由于被测工件的厚度不同,感应出的瞬态电压值和波形也就不同。通过测量瞬态电压值,分析瞬态电压的波形,即可确定工件厚度。

　　能量衰减测厚主要有 X 射线测厚和红外测厚两种。X 射线利用强穿透性和穿透被测物体后强度的衰减来测量物体厚度,如图 3-83 所示。强度为 I_0 的射线源穿透待测物体后到达检测器时射线的强度减弱为 I,它们之间满足相应函数关系,测得源强度与检测强度,即求得被测物件的厚度。红外测厚的原理为:在特定波长的红外光照射下,薄膜厚度与光能量衰减的程度呈正相关,通过检测反射信号强度,根据反射信号强度与薄膜厚度之间的函数关系即可确定待测薄膜的厚度。

　　超声波测厚可分为单一超声波测厚和电磁超声测厚两种。单一超声波测厚方法有共振法、干涉法和脉冲回波法等,其中最常用的方法是脉冲回波法,其原理是通过测量超声信号往返于工件上下表面的时间来确定工件厚度,如图 3-84 所示。电磁超声测厚是将激励线圈放在待测工件表面,产生交变磁场,在被测工件内部感生出涡流,进而产生洛伦兹力激励出超声波,同样根据超声波信号往返工件内外表面时间的不同确定厚度。

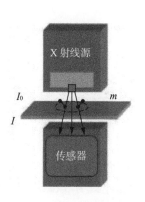

图 3-83　X 射线测厚原理

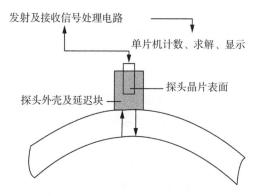

图 3-84　单一超声波测厚原理

光电成像测厚主要是激光测厚,其原理如下:采用差动式测量方法,利用两台激光传感器,用上、下准直对射的激光光束照射待测板材,通过电荷耦合元件成像,将光学影像转换为电信号,经过相应模块处理后输入中央处理器,通过计算上下表面与传感器距离和两传感器之间的距离就可以得出物体的厚度。

(2) 常用测厚方法比较

将以上几种测厚方法的优缺点做比较,见表3-3。由表3-3可知,不同的测厚方法有着各自的优缺点,适用场合也各有不同。经对比分析得出,单一超声波测厚以其装置简单、价格便宜、对水源无污染、不受工况场所局限等优点,在钢管测厚方面具有独特优势,尤其是在疏浚钢管等只许可一个侧面可接触的场合,更能显示其优越性。将超声波测厚技术应用于疏浚领域钢管壁厚监测中,具有很大的发展前景。

表3-3 几种测厚方法的优缺点比较

测厚方法	优点	缺点	适用场合
脉冲涡流测厚	检测速度快,信号采集容易	提离效应对测试有影响,线圈尺寸较大	铁磁性产品厚度测量
X射线测厚	精度较高	测厚范围小,成本高,装置笨重,有辐射	金属板材、纸张、薄膜等厚度测量
红外测厚	装置设计简单,无损检测	受噪声干扰,穿透性较弱	主要应用在薄膜生产
单一超声波测厚	测量范围宽,精度高,装置简单,价格便宜,技术成熟	对工件表面质量有要求,易受温度影响	板材、管材、压力容器、输油管道的壁厚测定
电磁超声测厚	不需要耦合剂,不受温度影响	换能效率低,需控制好线圈与工作间隙	钢板、管材等厚度的测定
光电成像测厚	灵敏度高,测量范围大,安全可靠	测量精度不高,使用寿命不长	钢板、管材等非透明材料在线测厚

(3) 超声波测厚存在的问题及解决方案

超声波测厚技术在应用中会出现测厚仪示值上下偏差现象,在给被检设备带来安全隐患的同时,也增加了制造成本和使用成本,造成资源浪费。本书从测厚技术本身、测量钢管、疏浚复杂工况等3个角度综述存在的问题及解决方案。

①技术本身存在的问题

以测量钢板为例,探讨超声波测厚技术本身存在的问题,测厚仪在测量钢板时造成示值失真的原因大致可以分为以下三个方面。

➢ 被测材料的影响

在被测物内存在夹层、夹杂等缺陷时,测值约为公称厚度的70%,数值明显偏离预期值,此时应使用超声波探伤仪进行辅助判断。

材料表面氧化物或油漆层与基体材料紧密接合,因声速在不同介质中的速度是不一样的,从而造成误差。这种情况下,应对材料表面进行砂、磨、锉等处理,露出金属光泽,并保证耦合效果。

待测面与底面不平行时,声波到达底面发生散射,随着夹角的增大,反射接收到的底波信号减少,导致示值失真或不能显示被测部位数值,因此检测时要保证检测面与底面平行。

➢ 测量环境的影响

用超声波测厚时,一般固体材料中的声速随其温度升高而降低,所以在测高温工件时,应当选用高温测厚仪和高温专用探头。

测厚探头使用时间较长后表面会出现磨损,降低了灵敏度,出现示值闪烁不稳现象。因此,在测量时当发现探头表面有划伤,可选用 500 目砂纸打磨,使其平滑并保证平行度,如仍然不稳定,则考虑更换探头。

任何一种测厚仪器都对基体金属有一个临界厚度的要求,只有大于这个厚度值,才能使测量值不受基体金属厚度的影响。

➢ 人为操作的影响

• 声速选择错误。声音在不同材料中传播的速度是不同的,当声速值选择错误,或用一种材料材质值去测量另一种材料时,将产生错误。应查阅设备资料,根据被测材料的材质预置声速。

• 仪器校准的影响。探头和电路都有一定的信号传输时间,这一时间都要从总的传输时间内减去,这一过程被称作仪器校准,忽略这一步往往导致测量误差增大。因此在更换探头或测量地点后,以及测量时间较长以后,必须要进行重新校准。

• 正确选择使用耦合剂。当在光滑材料表面时,可以使用黏度低的耦合剂;当在粗糙表面时,应使用黏度高的耦合剂。高温工件应选用高温耦合剂。其次,耦合剂应适量使用,涂抹均匀,一般应将耦合剂涂在被测材料的表面,但当测量温度较高时,耦合剂应涂在探头上。

➢ 测厚方法对结果的影响

测厚方法主要有一般测量法、精确测量法、连续测量法和网格测量法等,针对不同的测量对象,测厚方法选择不当也会造成误差,这就要求根据测量环境、工件性质、测量要求,合理选择最恰当的测量方法。

②测钢管壁厚存在的问题

测量钢管壁厚与板材件壁厚的不同之处在于钢管具有一定的曲率,由此存在两个问题:一是由于钢管存在曲率半径,尤其是对小径钢管测厚时,平面探头与曲面为线接触,声透射率低,耦合效果较差,这种影响随曲率半径的减小明显增大;二是由于管件检测表面非平面,探头信号的微小散射会使回波不易被接收到,出现仪器无示值状况。测类似于钢管的曲面工件时,需要采用曲面探头护套或选用小管径专用探头(b6 mm),可较精确地测量钢管等曲面材料壁厚。

基于此类问题,陈娟等设计了一种轮式探头结构,外表面为橡胶轮套,超声波探头置于轮式探头内,向轮内注入机油作为超声波探头与轮的耦合介质,整个轮式探头与被测工件干耦合接触(无耦合剂),初步解决了耦合效果差的问题。由于橡胶轮套的保护,也不会对探头造成任何损伤。张驰等设计的轮式探头的轮外圈为一种干耦合材料(硅胶),如图 3-85 所示,在干耦合材料和探头之间填充水作为耦合剂,水被包裹在干耦合材料中不会流出,在检测过程中探头始终垂直于钢管的管壁,同时向探头施加垂直向下的力,保证耦合效果。外圈在摩擦力的作用下发生滚动,减小了材料的磨损及钢管前行的阻力,激励的超声波通过水、干耦合材料传入待测工件内部,完成超声波测厚作业,较好地解决了测量钢管等曲率工件存在的问题。

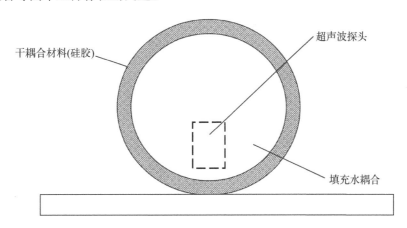

图 3-85　轮式探头

③疏浚复杂工况下的测量问题

疏浚钢管工况相比其他行业要更为恶劣,疏浚钢管内充满沉积物、水、泥沙,碎石等混合物,如图 3-86 所示。疏浚钢管诸多边界条件下的在线测厚主要存在以下 3 个问题。

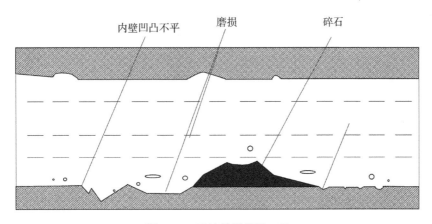

图 3-86　疏浚输送管道工况

a. 疏浚钢管内充满了疏浚土和水的混合物,因输送土质、速度、浓度等变化,会在管道底部产生沉积,不同土质的沉积物声阻抗各不相同,当沉积物和钢管的声阻抗相差不大时,超声测量会将沉积物厚度误判为钢管壁厚,带来误差。此时,检测人员应根据事先查阅的资料及钢管内沉积物的厚度、被测钢管腐蚀和磨损情况综合判断检测数据,当发现示值异常时,针对疏浚钢管输送过程中容易产生减薄、冲蚀的部位,要采用精确测量法,即在测量点周围增加测量数目,变换探头位置,根据沉积物的状态构建测点模型。

b. 疏浚钢管输送砾石、珊瑚礁等硬质物料时,除了对管道磨损外,还会对管道产生较大冲击,使内壁凹凸不平,造成测量时声波衰减,会出现读数无规则变化的现象,此时就要求检测人员配合超声波探伤仪辅助判断。

c. 疏浚钢管内壁在输送过程中,受到各种疏浚介质的连续磨损,不同位置磨损状况不同,内表面与检测面不平行,声波到达内壁时发生散射现象,不易接收到回波信号。这些部位的测量尤为重要,可以选择变换分割面角度做多次测量,必要时利用超声波探伤仪辅助检测。

（4）测厚技术的发展趋势

不同测厚仪器的原理不同,也就有各自适用的场合。在线测厚技术在生产中已经得到广泛的应用,但从目前国内测厚技术的发展现状与应用环境来看,提高测厚设备的智能化水平、抗干扰能力和测量精度等将是测厚技术下一步的发展方向。在特殊工况下,如何提高测厚仪器与其他设施组成的测厚系统的整体性能,是今后测厚技术的发展趋势,也是科研工作的主攻方向。

就疏浚行业而言,随着疏浚工程向更远、更深水域发展,挖泥船陆域吹填的钢管长度不断增加,输送环节对产量的影响进一步加大。如何降低水、泥沙、碎石等沉积物对壁厚测量的干扰,如何实现疏浚钢管的连续在线测厚,如何对作业管道实现远程监控与施加预警机制,将是超声波测厚技术在疏浚领域应用的研究方向,具有很大的发展空间。

测厚技术的蓬勃发展推动了传统单一测厚仪器向多种技术、多学科集成创新发展,以满足特种工况下的作业要求。同时,不断提高测厚仪器在复杂工况下的精度、抗干扰能力、自动化水平等,依然是科研工作的主攻方向。

3.2.4 南水北调中线典型输水建筑物检测

3.2.4.1 多种检测方案

南水北调中线干线工程建设管理局就某渡槽槽体结构混凝土质量进行检测,检测内容主要包括空鼓范围及空鼓缝深度,竖向裂缝的位置、长度、深度,波纹管积水状况等,并就检查情况进行了研究分析。

（1）空鼓范围检测

空鼓区采用冲击映像法进行检测,冲击映像法主要根据冲击响应强度（平均响应振幅）确定缺陷的严重程度。

【案例分析】

➤ 冲击映像法

冲击映像法主要基于冲击弹性波的原理,通过在混凝土表面施加瞬时冲击力,产生弹性波向混凝土内部传播,当遇到空鼓区时,弹性波会反射回来被接收器接收并记录下来。该方法通过对反射回来的弹性波进行处理和分析,可以确定空鼓区的位置和大小。冲击映像法具有以下特点:非破坏性,该方法不会破坏混凝土结构表面,可以在不进行开槽、钻孔等破坏性操作的情况下检测出空鼓区;高精度,通过高精度的传感器和数据处理技术,可以准确地确定空鼓区的位置和大小,误差较小;适用于各种混凝土结构,包括钢筋混凝土、素混凝土等;检测速度快,可以在短时间内对大面积的混凝土结构进行检测,提高检测效率。

在使用冲击映像法检测混凝土空鼓区时,需要注意以下几点:确定检测时机,在混凝土结构未完全干燥或存在表面水汽时进行检测,会影响检测结果的准确性;选择合适的传感器,不同类型的传感器适用于不同的混凝土结构和检测要求,需要根据实际情况选择合适的传感器;确定检测参数,在检测过程中需要设置合适的参数,例如冲击力度、冲击次数等,以确保检测结果的准确性;数据分析处理,对收集到的数据进行分析和处理,通过专业软件可以形象地展示空鼓区位置且可以精确定位。

冲击映像法是一种非常有效的检测混凝土空鼓区的方法,具有非破坏性、高精度、适用范围广等优点,可以快速准确地检测出混凝土结构中的空鼓区,为工程维修和质量控制提供重要依据。

经检测,渡槽左槽左墙的外墙空鼓率为 0.34%;左槽左墙的空鼓率为 18.38%,左槽右墙的空鼓率为 10.93%;中槽左墙的空鼓率为 42.90%,中槽右墙的空鼓率为 16.32%;右槽左墙的空鼓率为 38.10%,右槽右墙的空鼓率为 5.03%;右槽右墙的外墙空鼓率为 0.88%(图 3-87)。

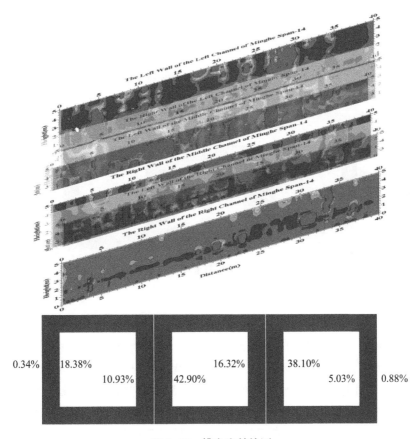

图 3-87　槽身空鼓检测

空鼓裂缝检测成果表明:槽身不同程度地存在较大面积的空鼓现象,共发现 42 处空鼓区,槽身空鼓区面积占墙身总面积分别为 2.8%、40.6%、20.6%、6.1%、1.7%,最严重的槽身空鼓面积占墙身比例大于40%。

（2）波纹管灌浆密实状态检测

该检测采用PS-1000混凝土透视仪（图3-88）定位后在竖墙底部打孔，是一种有损和无损结合的检测方式。

共打孔436个，均有水排出。以某槽身为例，渡槽左槽左墙有水排出的波纹管数是4；左槽右墙有水排出的波纹管数是8；中槽左墙有水排出的波纹管数是13；中槽右墙有水排出的波纹管数是20；右槽左墙有水排出的波纹管数是13；右槽右墙有水排出的波纹管数是53（图3-89）。

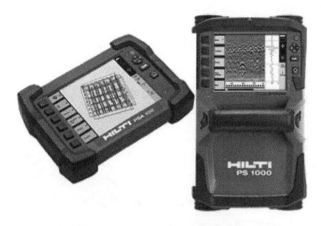

图3-88 PS-1000混凝土透视仪

图3-89 槽身波纹管灌浆密实状态检测

【案例分析】

➤ 混凝土透视仪

混凝土透视仪是一种用于检测混凝土结构和构件内部缺陷、分层和裂缝的无损检测仪器。它采用了超声波探测技术，通过向混凝土结构发射超声波，并接收反射回来的超声波信号，对信号进行处理和分析，以确定混凝土结构内部的缺陷和裂缝情况。

混凝土透视仪有以下主要特点。无损检测：混凝土透视仪采用超声波探测技术，不会对混凝土结构造成破坏，可以在不损伤结构的情况下进行检测。高精度：混凝土透视仪的传感器具有高精度和高分辨率，可以准确地检测出混凝土结构内部的缺陷和裂缝位置和大小。直观显示：混凝土透视仪可以将检测结果直接显示在屏幕上，可以更加直观地观察混凝土结构内部的缺陷和裂缝情况。便携式设计：混凝土透视仪采用便携式设计,方便携带和移动,可以在不同的检测现场进行使用。

使用混凝土透视仪需要注意以下几点。选择合适的传感器:不同类型的传感器适用于不同的混凝土结构和检测要求,需要根据实际情况选择合适的传感器。确定检测参数:在检测过程中需要设置合适的参数,例如超声波的频率、幅度等,以确保检测结果的准确性。掌握操作技巧:使用混凝土透视仪需要一定的专业知识和操作技巧,需要掌握正确的操作方法和数据分析处理技能。注意安全:在检测过程中需要注意安全,避免对人员和设备造成伤害和损失。

混凝土透视仪是一种非常有用的无损检测仪器,可以用于检测混凝土结构和构件内部缺陷、分层和裂缝等,对于保障混凝土结构的完整性和安全性具有重要意义。

(3) 表面竖向裂缝检测

经表面测量、裂缝宽度检测仪、超声波混凝土检测仪以及钻孔取芯检测,槽墙表面裂缝总数有 502 条,裂缝总长 1 099.5 m;多数裂缝长度在 1.0～3.0 m,最长裂缝达 5.0 m,几乎贯穿墙面竖向;多数裂缝缝深在 15 cm 以内,有少数裂缝的深度大于 20 cm,最大缝深达 41.5 cm;缝宽大部分小于 0.15 mm,少数缝宽大于 0.20 mm。

以某槽身为例,左槽左墙的外墙的裂缝条数 8 条,裂缝总长 18.5 m,左槽左墙裂缝条数 15 条,裂缝总长 35.4 m,左槽右墙裂缝条数 27 条,裂缝总长 54.4 m,中槽左墙裂缝条数 22 条,裂缝总长 50.1 m,中槽右墙裂缝条数 28 条,裂缝总长 80.4 m,右槽左墙裂缝条数 27 条,裂缝总长 58.3 m,右槽右墙裂缝条数 28 条,裂缝总长 74.5 m,右槽右墙的外墙的裂缝条数 9 条,裂缝总长 17.6 m(图 3-90)。

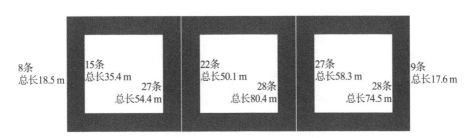

图 3-90 槽身表面竖向裂缝检测

(4) 空鼓区裂缝深度检测

采用混凝土超声横波成像系统,可对已检测出的槽身墙面缺陷范围内空鼓裂缝和顶缘板下部裂缝的深度进行检测。

【案例分析】

➢ 混凝土超声横波成像

混凝土超声横波成像系统(图 3-91)是一种用于检测混凝土结构内部缺陷和性能的无损检测技术。该系统基于超声横波检测原理,通过发射和接收超声横波信号,利用超声横波在混凝土中传播的特性,检测混凝土内部的蜂窝、孔洞、离析等缺陷。

混凝土超声横波成像系统主要由以下几个部分组成。超声横波发射器:产生一定频率范围的超声横波信号,向混凝土结构表面或内部发射。超声横波接收器:接收从混凝土结构内部反射回来的超声横波信号,并将其传输到处理单元。数据处理单元:对接收到的超声横波信号进行处理和分析,包括信号的放大、滤波、合成孔径聚焦等处理方式,以得到混凝土结构内部的详细信息。成像显示单元:将处理后的数据以图像的形式展示出来,以方便观察和分析。

在使用混凝土超声横波成像系统对混凝土结构进行检测时,需要注意以下几点。选择合适的检测参数:超声横波的频率、幅度等参数需要根据不同的混凝土结构和检测要求进行选择,以保证检测结果的准确性。确定检测位置:在混凝土结构表面选择合适的检测位置,以保证超声横波信号能够充分覆盖结构内部。注意安全:在检测过程中需要注意安全,避免对人员和设备造成伤害和损失。

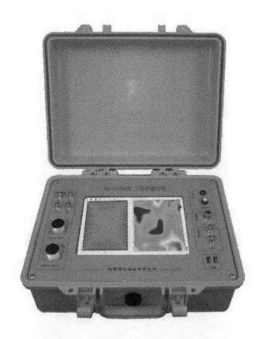

图 3-91   混凝土超声横波成像系统

以某槽身为例,混凝土空鼓深度检测统计结果如图 3-92 所示。

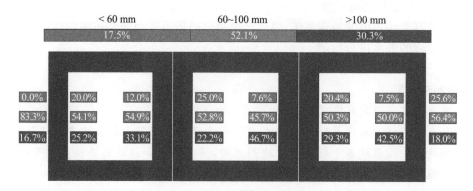

< 60 mm	60~100 mm	>100 mm
17.5%	52.1%	30.3%

图 3-92   槽身空鼓区裂缝深度检测

3.2.5　长距离调水工程设备检测

长距离调水工程设备检测是确保工程设备正常运行、安全可靠的重要环节。设备检测的方法多种多样,涉及不同类型的设备和不同的检测要求。下面将就长距离调水工程中常见的设备类型,分别介绍相应的设备检测方法。

3.2.5.1　水泵检测

由于水泵长期在液体(水、油及腐蚀液等)环境下运行,主要零部件会出现裂纹、腐蚀变形等问题,甚至还可能引起主轴断裂等重大事故,使水泵不能正常安全运行,严重时还会给企业带来安全事故。因此,利用无损检测先进技术对水泵的主轴、叶轮等主要零部件进行无损探伤,对水泵的产品质量保证和安全运行具有非常重要的意义。

(1) 无损检测

无损检测(NDT)是在不损伤工件和破坏工件的情况下,采用化学或物理手段,利用先进的设备和技术来检测工件内部缺陷或表面缺陷的一种方法,俗称无损探伤。目前在机械行业中广泛应用的有超声波(UT)探伤、磁粉(MT)探伤、渗透(PT)探伤、射线(RT)探伤4种方法。

①UT探伤

UT探伤是利用超声波的工作原理,即超声波在均匀连续弹性介质中传播时能量不会减少,当超声波在传播过程出现折射、衍射等现象时能量就会减少,从而判断工件内部存在缺陷。

优点:具有很强的穿透工件能力,可穿透过数米的深度;较强的灵敏度,工件中直径约十分之几毫米的缺陷都能发现;工件内部缺陷的位置、大小、形状能准确定位,并能迅速地检测出结果;设备操作方便并安全可靠。

缺点:检测需要经验丰富的人员操作;对表面粗糙、形状不规则、粗晶粒的工件检测难度较大;对工件缺陷不能准确地定性、定量。主要用于机械产品中轴料、锻件及焊接件的内部缺陷检测。

②MT探伤

MT探伤是利用铁磁性材料经磁粉设备磁化后,会在工件的不连续或截面变化处产生漏磁,而表面或近表面缺陷的漏磁场会吸住磁粉形成磁痕的原理检测工件表面及近表面缺陷。

优点:缺陷的形状、大小和位置显示直观;可检测出细小的缺陷,灵敏度较高;磁化方法选择适当,可检测出形状复杂、大小不同的工件;检测成本低且速度快。

缺点:只能检测铁磁性材料的表面或近表面缺陷(深度不超过3 mm);检测灵敏度受磁化方向、缺陷方向的影响;工件表面的覆盖层(如油漆、喷丸等)会降低检测灵敏度;工件检测结束后须进行退磁处理。主要应用于机械产品、加工件表面检测及焊缝检测。

③PT 探伤

PT 探伤是利用毛细作用的原理,在工件表面施加渗透液并渗透到工件表面开口缺陷中。通过显像剂吸附缺陷中的渗透液显示工件缺陷形态及分布的方法。

优点:工件缺陷直观地显示出来;灵敏度较高,开口缺陷不易漏检;工件几何形状和缺陷方向不影响检测结果;适用于不需用电的现场检测且方便。

缺点:不能准确地对缺陷定性分析;检测时间较长;探伤剂有微毒,对环境有污染。主要用于机械产品的铸件、焊接件等开口缺陷检测。

④RT 探伤

RT 探伤是射线探伤技术,利用穿透性的 Y 射线或者 X 射线,把 X 射线发生器或者放射性同位素作为放射源。放射线作为物体的部分投射在成像材质上,检测结果的投影会显示出工件的缺陷。

优点:可以判定缺陷的性质,直观地显示工件内部缺陷的大小和形状;射线底片可作为检验的原始记录长期保存。

缺点:X 射线胶片等材料费用较高,检测时间较长;可对缺陷进行定性但不能定量分析,只能探查气孔、夹渣、缩孔、疏松等内部缺陷;空腔的工件不能用 RT 检测,而角焊、T形接头影响其检测灵敏度,且不易发现工件中间隙很小的裂纹、未熔合等缺陷以及锻件和内部分层的缺陷;射线对人体有损伤,操作时须采用保护措施。主要用于机械产品的铸件、焊接件的内部缺陷检测。

(2) 水泵参数检测

流量、压力、温度是影响水泵工作情况的常见参数,需要进行具体的检测。

①流量检测

流量检测是长距离调水工程中非常重要的一项检测工作,它主要是通过安装流量计或者使用超声波流量计等设备,对泵站的流量进行实时监测和记录,以确保泵站的输水流量符合设计要求。流量检测的主要目的是为了保证水的供应量和质量,同时也是为了保证泵站设备的正常运行和延长其使用寿命。

在进行流量检测时,需要根据具体的泵站和管道特点,选择合适的流量计和监测仪器。一般来说,常用的流量计有涡轮流量计、电磁流量计、超声波流量计等。

②压力检测

压力检测是泵站运行中非常重要的一项检测工作,在泵站运行过程中,由于水源、管道、阀门等因素的影响,泵站的进出口压力会发生变化,如果压力过高或过低,就会对泵站设备造成影响,甚至导致设备故障。

通过安装压力传感器对泵站的进出口压力进行监测,可以及时发现压力异常,保证泵站的压力稳定。除了压力传感器,还可以采用其他压力监测仪器,如压力表、压力变送器等。不同的压力监测仪器具有不同的特点和适用范围,需要根据具体情况进行选择和应用。

③温度检测

机组温度监测是大中型泵站自动化监控中的一项重要内容。机组监测温度点主要有电机定子、水泵轴承、电机轴承等,通常使用测温热电阻完成测量。温度测量的准确性、实时性直接影响泵站机组的正常安全运转和设备的使用寿命,因此,泵站中温度监测的可靠性是保证泵站机组正常工作的重要条件之一。

通过安装温度计或红外线测温仪等设备,对泵站的设备和管道温度进行监测,以确保泵站设备的工作温度在安全范围内。

3.2.5.2　电机检测

空化现象的主要危害是造成水力机械的效率和出力降低,最终造成机械装置的空蚀破坏并产生噪声和剧烈振动。水轮机是水电站水利机组能量转化的主要部件,水轮机运行过程中工况多变,发生空化难以避免。水轮机空化现象的常用检测方法有能量法、高速摄影法、闪频观察法和检测空化噪声等方法。

（1）能量法

反击式水轮机的空化安全与空化系数密切相关。水轮机空化系数(σ)的定义为

$$\sigma = (H_a - H_v - H_s)/H$$

式中:H_a 为大气压力水柱;H_v 为汽化压力水柱;H_s 为水轮机吸出高度;H 为水轮机工作水头。为了预测水轮机的空化性能,通常在水轮机模型试验中用改变 σ 值的办法,对水轮机在各种运行工况下的空化进行测定。通过试验确定 σ 值与模型水轮机的特性,如效率、流量、出力之间的关系,并将能量特性开始发生变化或变化至某一临界点时的 σ 值称为临界空化系数(σ_{cr})。相应的电站下游水位的空化系数,称为装置空化系数(σ_{pl})。早年水轮机空蚀的安全性主要用 σ_{cr} 乘上一个安全系数 k 来确定,即 $\sigma_{pl} = k\sigma_{cr}$。这种方法称为能量法或外特性法。近年来,愈来愈多的水轮机已改用目测或仪表观测等办法确定开始出现空泡时的初生空化系数 σ_i 值,取 $\sigma_{pl} > \sigma_i$,以此来确定水轮机的安装高程,即要求水轮机做到无空化运行。

（2）水轮机的检测内容

外观检查:检查水轮机的外观是否有损坏、腐蚀、变形等情况,包括叶轮、轴承、密封等部件的外观情况。

流道检查:检查水轮机的流道部分,包括导叶、叶轮、转子等部件的磨损、腐蚀情况,以及是否有杂物堵塞等问题。

叶片检测:对水轮机叶片进行检测,包括叶片的磨损、变形、裂纹等情况,以及叶片的平衡性和对称性。

轴承和密封检测:检测水轮机的轴承和密封部件,包括轴承的磨损情况、密封的部件密封性能和磨损情况等。

润滑系统检测:检查水轮机的润滑系统,包括油路、油泵、油箱、滤清器等部件的情况,确保润滑系统正常运行。

振动和噪音检测:通过振动传感器和噪音检测设备对水轮机的振动和噪音进行监测,确保水轮机的运行稳定性。

调速系统检测:检测水轮机的调速系统,包括调速器、调速油路、调速阀等部件的工作情况,确保水轮机的调速性能。

电气系统检测：对水轮机的电气系统进行检测，包括发电机、电缆、接线端子等部件的情况，确保电气系统的安全可靠性。

【案例分析】

➢ 水轮机检测案例

安康电厂水轮机型号为 HL220-LJ-550，3 号机组已投运近十年，转轮材质为 $0Cr_{13}Ni_6Mo$。转轮是水轮发电机组的关键部件，它不仅要承受水流的冲击力，还要遭受汽蚀、磨损等破坏作用，因此，水轮机转轮材料不仅要有足够的强度、韧性和良好的抗汽蚀、抗磨损性能，而且还应有良好的铸造、焊接和加工工艺性能。早期的水轮机转轮是用青铜和铸铁制造的，由于它们的抗磨蚀性能均低于碳钢，早已被碳钢和合金钢取代。目前国内用于生产水轮机转轮的材料有：25 号钢、30 号钢、35 号钢、20SiMn、15MnMoVCu、15MnCuTi 等低合金钢；Cr_5Cu、Cr_8CuMo 等中合金钢；$1Cr_{13}$、$2Cr_{13}$ 不锈钢和 $0Cr_{13}Ni_6N$，$0Cr_{13}Ni_6Mo$、$0Cr_{13}Ni_5Mo$、$0Cr_{13}Ni_4Mo$、$0Cr_{13}Ni_4CuMo$ 等高合金铬镍不锈钢。

（1）硬度检测

采用 HLN-11A 里氏硬度仪检测了 2 号、3 号、10 号叶片的硬度，该仪器相对误差 ±0.8%，示值重复性误差 0.8%。硬度是材料抵抗硬物体压入其表面的能力，是一项重要的机械性能指标，它决定了材料的耐磨性。一般说来，硬度高，强度也高，耐磨性也好，它反映了材料对塑性变形的抗力。布氏硬度是以一定的载荷 p，把直径为 D 的淬火钢球压入被测金属表面，然后用载荷与压痕表面积的比值作为硬度的指标，以符号 HB 表示。测试表明，2 号、3 号、10 号叶片布氏硬度平均值分别为 248、227、230。

（2）粗糙度（光洁度检测）

检测采用 TR100 粗糙度测试仪，仪器最大取样长度为 2.5 mm，最小垂直分辨率 0.01 μm，最大垂直量程 40～120 μm。粗糙度（光洁度）的评定，是指对结构表面上所具有的较小间距和微小峰谷不平度的微观几何形状尺寸特性的综合评价，不考虑加工表面其他物理特性诸多因素。测量表面光洁度数值的基准线是以轮廓中线为基准，将轮廓曲线分为上、下两半，使其在基本长度（取样长度）范围内，由中线至轮廓线上下两边的面积彼此相等。

粗糙度可用两种方式表示：R_a 为轮廓的平均算术偏差（即在基本长度内，被测轮廓上各点至轮廓中线距离总和的平均值）；R_z 为不平度平均高度。本次测试采用 R_a 表示，具体见表 3-4。

表 3-4　10 号、3 号、2 号叶片粗糙度检测表

叶片号	检测位置	粗糙度 $R_a/\mu m$					
10 号	正面进水边附近	3.6	4.5	3.8	3.9	4.3	4.0
	背面进水边附近	4.2	3.9	4.2	3.9	3.4	4.1
3 号	正面进水边附近	4.1	3.6	3.6	3.5	3.8	3.7
	背面进水边附近	4.2	3.8	4.6	4.7	4.9	4.6

续表

叶片号	检测位置	粗糙度 $R_a/\mu m$					
2号	正面进水边附近	3.5	4.0	3.6	3.5	3.8	3.6
	背面进水边附近	3.4	4.0	4.3	3.7	3.6	3.7

由表可看出,$3<R_a<5$,大致相当于▽5的半光等级。事实证明,在不产生磨蚀的情况下,长期的水流冲刷有助于光洁度的提高。

(3) 转轮汽蚀的检测

混流式水轮机转轮汽蚀的主要部位为:叶片背面下部偏向出水边、下环处及下环内表面等部位。安康电厂3号水轮机转轮汽蚀主要发生在两个叶片与上冠结合的流道处,靠近前一个叶片的背面,并非通常的汽蚀区域。虽然叶片背面易形成负压,但叶片材质为 $0Cr_{13}Ni_6Mo$ 不锈钢,抗汽蚀磨损能力强,故在叶片上未产生汽蚀;而上冠材质为 $20SiMn$,抗汽蚀能力较差,在叶片与上冠结合流道处产生负压时,形成了汽蚀,尤其在低负荷、小流量工况下,其汽蚀更为严重。具体汽蚀部位见图3-93。

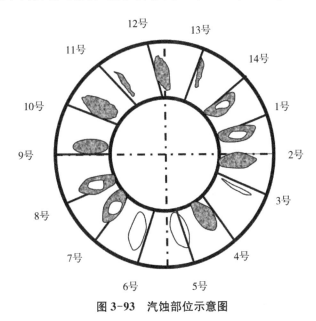

图3-93　汽蚀部位示意图

(3) 水轮发电机故障信号检测技术

水轮发电机组在出现异常或故障时,监测信号中会出现奇异性,因此故障信号检测也可以说是奇异信号检测。提取监测信号中的奇异信号特征,对准确地判断机组的状态具有非常重要的意义。但是,用常规的信号分析方法(如傅氏分析),难以找出奇异信号的出现规律。而小波分析方法却能按不同的分辨率对信号进行分解,可将监测信号中的奇异信号分解出来。

同时,在水轮发电机组状态监测或试验中,监测信号常伴随着大量噪声,使得早期故障特征信号信噪比很低,传统的滤波方法难以实现对非平稳随机信号的信噪分离。传统的去噪方法等价于信号通过一个低通或带通滤波器,但对于短时低能量突变瞬态信号,如阶跃信号和脉冲信号,在低信噪比情况下,经过滤波器的平滑,不仅信噪比得不到较大改善,而且信号的位置信息也被模糊掉了。采用依据小波变换理论基础的小波去噪方法,在改善信噪比的同时,还保持了相当高的时间分辨率。

【案例分析】

水力发电机转子是由转子支架、顶轴、发电机大轴、磁轭线圈、磁极组成。转子在运行过程中由于受到电磁力、机械力、振动等因素的影响,可能出现紧固螺栓松动、结构焊缝与螺母点焊开焊、磁轭松动和下沉现象。转子圆度将发生变化,定子与转子的空气间隙就难以保证。某大型水电站,17万kW的水力发电机,额定转速54.6 r/min,转子转动惯量172 000 t·m,定子铁芯外径 ϕ17.6 m,转子直径达 15 m 之多,因上述原因必须进行修复调整。老的检测方法系采用接触式的千分表人工测量。如图 3-94 所示,测量机构由回转臂和检测杆架组成,检测杆可在回转臂上移动,用于调节回转半径,将千分表固定于检测杆上,转动回转臂对转子磁极、磁轭线圈进行人工反复调节千分表逐点测量,记录测量数据,计算测量结果,该方法测量效率极低。

激光测量系统:

系统采用非接触式的激光位置检测,精确测量转子的圆度,计算机进行数据处理自动判别维修部位。测量系统由电源、激光位移传感装置、数据采集器和图像处理器(便携式计算机)四部分组成。采用自含式激光位移测量传感器,检测距离为 45.00～60.00 mm;模拟量分辨率及开关量重复精度为检测距离的 0.02%;线性度±60 μm(±0.002);信号电流输出 4～20 mA。传感器的工作原理如图 3-95 所示。

它以光学三角测量原理为基础,激光发射器发射出激光,通过被测物体反射,经过镜头散射到的 PSD 位置传感器检测元件接收装置,被测物体与接收器的距离决定了光束到达接收器的角度,此角度决定了光束落到 PSD 检测元件的位置,通过信号接收电路和微处理器处理,即可达到测距的目的。数据采集器频率为 250 Hz,分辨率为 0.01 mA;具有 RS232/RS485 通信接口。采用图 3-94 所示的测量转动机构,将激光测量装置固定于可上下移动的检测杆上,转动回转臂即可进行测量。

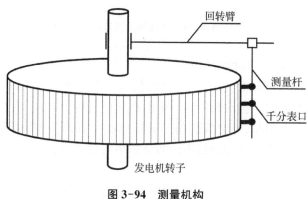

图 3-94　测量机构

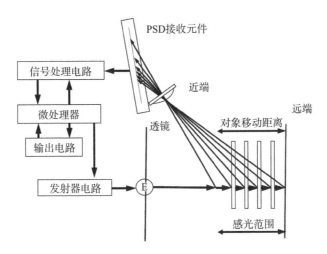

图 3-95　激光光学三角测量原理

（4）水轮发电机振动处理

在水电站工程中,水轮机发电机的振动问题一直是影响水轮机稳定运行的重要原因,增加了水轮机后期维护的难度。此外,水轮机发电机振动问题是衡量新机安装与机组大修时的一个重要动态评价指标。所以,如何减少水轮机发电机的振动,提升水轮机组运行的稳定性,延长发电机组的使用寿命成为很多专家学者研究的重点课题。在实际应用中,如果水轮机发电机组振动现象严重,则不仅会影响水轮机使用的寿命,还会影响整个水轮机组运行的安全性。具体而言,水轮机发电机组振动问题严重时会产生以下危害:①发电机严重的振动问题首先会造成水轮机组部分零部件金属疲劳破坏区进一步扩大,影响水轮机组的使用寿命;②发电机出现过度振动问题,会造成水轮机组内各零部件连接部分出现松动,进而导致零部件本身出现断裂,加剧机组其他连接部分的振动;③水轮机发电机组的振动会使得机组高速运转时发生机组零部件的相互磨损,导致轴承烧毁;④发电机组出现振动问题后,水轮机运行时会导致机组调速系统油管路连接部分出现松动,影响机组的稳定运行。

（5）水轮机振动成因

①电磁因素

水轮机发电机组在运行的过程中,当磁极出现短路情况后,会导致磁动势下降,此时,与之相对应的磁极所具有的磁动势,因为没有发生变化,进而导致机组出现一个与转子不同转向的不平衡磁拉力,加剧了机组的振动问题。因此,机组在运行的过程中,机组定子铁芯的组合缝出现松动或铁芯本身已经出现了松动现象,则会进一步导致水轮机电机组发生振动问题。此外,机组定子绕组设置的不科学,同样会导致机组振动问题的出现。

②机械因素

对于一般的卧轴旋转机械来说,大多数大中型水轮机发电机组为立轴形式,如果水轮机发电机组采用的是立轴滚流形式,则由于机组各部位的导轴承并不用承载静荷载,而机组的轴颈同样不会出现偏心,所以,机械因素导致的水轮机发电机组振动特征与电磁因素引起的振动并不一致。首先,若水轮机发电机组在空载低转速运行时出现了而较为明显的振动问题,则初步判断该振动主要是由于机组紧固零部件的松动而造成的,当确定不是机组紧固零件发生松动后,则可以查看是否是机组轴线出现了曲折或机组中心位置未对准等。另外,在实际应用中,如果水轮机发电机组的振幅与机组的转速呈正比关系,且机组的水平振动幅度变化较大,则基本上可以判定出发电机组出现了质量不平衡。另外,机组在运行的过程中,如果发现机组的振动现象较为明显,且伴随着较为强烈的撞击声音,则基本上可以判定机组的相关部件与零部件的连接件出现故障。当机组振动的幅度与机组荷载呈现正相关时,则应检查机组主轴的刚度是否满足标准。

③水力因素

水力因素引起的水轮机发电机组振动主要包括汽蚀与尾水管涡带。其中,汽蚀的表现类型主要有三种:间隙、空腔与翼形。间隙发生的主要部位为水轮机的转轮室,导致水轮机叶片周边与转轮体的局部受到侵蚀;空腔主要发生在水轮机的座环内侧,也常见于机组尾水管的上半段;翼形主要发生在水轮机叶片的背面与轮翼的周边。水轮机发电机组在汽蚀的作用下,其表面会受到严重的侵蚀,并出现较为明显的振动现象,同时,产生巨大的噪声。尤其在机组负荷较大时,振动现象更加明显。尾水管涡带主要是水轮发电机组常见的一种振动源,该振动因素不仅会导致水轮机发电机组发生振动,还会进一步引发机组引水系统以及厂房共振问题,进而引发电网功率摆动问题。

(6) 发电机组振动故障的检测方法

水轮发电机组在运行的过程中,发生机组振动现象是不可避免的,因此,需要深入地了解水轮机发电机组振动产生的深层次原因,并采取合理的测试方法。就目前来说,最常见的水轮机发电机振动测试方法主要包含仪表法与振动监测系统。其中,仪表法是一种使用范围广泛且检测简单的一种机组振动检测方法,使用的仪器主要有振测仪、百分表、千分表等。测振仪能够测量出机组振动时间的历程,并通过分析采集数据测定出机组振动的频率、波形、周期等参数。振动监测系统主要包括传感器、信号变换、处理、放大以及测量装置等,如图 3-96 所示为系统框架结构示意图。

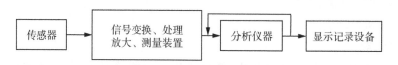

图 3-96 振动监测系统框架结构示意图

3.2.5.3 闸门检测

水工钢闸门是用来关闭和开启水工建筑物过水孔口的活动结构物。它是水工建筑物的重要组成部分。其安全可靠的运行对确保水工建筑物的使用效果具有重要意义。

水工钢闸门的种类很多,从其结构特征主要可分为平面闸门、弧形闸门和人字闸门;从其工作性质主要可分为工作闸门、事故闸门和检修闸门;按制造闸门的材料可分为钢闸门、钢筋混凝土闸门、木闸门及铸铁闸门;按闸门设置部位分为露顶式闸门和潜孔式闸门等。

水工钢闸门的检测主要包括巡视检查、外观检查、腐蚀检测、材料检测、无损探伤、结构应力与变形检测、振动检测、闸门启闭力检测等项内容。通过检测发现不安全因素,经综合评价,确定水工金属结构的安全级别,并提出相应的改造加固措施。

巡视检查是对水工金属结构所处环境的宏观检查,主要检查与金属结构相关的水工建筑物是否有异常迹象,附属设施是否完善有效。巡视检查是一项经常性的工作,通常由工程管理单位组织进行,安全检测时根据管理单位的记录,抽样检查。

(1) 外观检查

在长期运行过程中,金属结构很可能会遭受因自然灾害或其他偶然突发事件而引起的损伤或损坏,留下安全隐患。通过外观检查,可以对金属结构的整体状况有直观的了解,为全面的安全检测打下基础。外观检查通常使用水准仪、经纬仪、卡尺、卡钳等量测仪器和工具进行。主要检查构件的变形、损伤、零部件的脱落和闸门的支承系统、启闭机的传动系统、润滑系统、行走系统的运行状态等。外观检查前,检测人员应详细了解钢闸门的维修、养护及运行情况,掌握缺陷的发生时间、原因和过程,以便正确判断缺陷的危害和发展。

(2) 腐蚀检测

运行多年的水工金属结构存在着不同程度的腐蚀。金属构件腐蚀后,截面面积减小,截面应力相应提高,从而导致整个结构强度削弱,承载能力下降,直接影响结构的安全运行。通过腐蚀检测,可以确定构件的蚀余厚度和腐蚀速度,为结构应力计算和安全评价提供必要的数据。腐蚀检测经常采用的方法有直接测量法、橡皮泥法、割取试件法等。实际检测时具体采用哪种方法,要根据现场条件和构件的腐蚀程度来确定。为准确测定构件的腐蚀量,有时需要多种测量方法联合使用。

(3) 材料检测

由于历史的原因,有些工程的水工金属结构没有材料出厂证明书和工程验收等文件,结构材料牌号不清,性能不明。进行材料检测,可以确定结构材料的机械性能和化学成分,鉴别材料牌号。

材料检测有两种方法。若设备允许取样,可按金属材料化学分析和机械性能试验的试件标准取样试验,直接确定材料牌号。但是,在正常服役的设备上取样做机械性能试验往往是不被允许的,故此,鉴别材料牌号更多的是采用综合分析的方法,在设备的非受力部位钻取屑样进行化学分析,确定材料的化学成分,同时测定材料硬度,并据此换算出材料抗拉强度的近似值,综合分析两项检测结果,确定材料牌号。

(4) 无损探伤

焊接缺陷会降低焊缝的抗拉强度、延伸率、冲击韧性和疲劳强度。水工钢闸门在制造安装时对焊缝已进行过较为严格的探伤。但是,经长期运行后,在荷载作用下,焊缝有可能产生新的缺陷,而原先经检查在容许范围内的缺陷亦有可能扩展,影响结构的安全运行。为此,安全检测时应对结构的主要受力焊缝进行无损探伤,及时发现隐患,确保结构的安全运行。

无损探伤的常用方法有射线探伤、超声波探伤、磁粉探伤及渗透探伤。每一种探伤方法都有各自的适用范围,对缺陷的检出精度也不一样,在实际检测时,应根据各种检测目的有针对性地选择最合适的探伤方法。有时,为提高缺陷的检出精度甚至需要多种探伤方法并用。

(5)结构应力与变形检测

水工金属结构经长期运行后,受结构变形、损伤、腐蚀等多种因素影响,其强度和刚度与设计状态相比必有下降。这就需要对结构的实际承载能力与抵抗变形的能力进行测定,为结构的安全评价和加固改造设计提供科学的依据。结构应力检测通常采用电测法,通过粘贴在构件上的应变片将力学量转化成电阻量,并经专门仪器获取应变读数,从而确定结构应力的大小、分布及危险截面的部位。

为使检测结果准确反映结构在设计状态下的受力状况,检测工况应尽可能接近设计工况。否则,应设法分级加载进行多级检测,再利用回归分析方法,建立荷载与应力的关系式,据此推算设计状态下的结构应力。结构变形检测主要检测闸门和门机等启闭设备的几何形状的变形。

(6)振动检测

振动是水工金属结构特别是闸门较普遍存在的问题,引起闸门振动的原因复杂,影响因素很多。闸门的自振特性是影响闸门振动的重要因素,当外界的激励频率与闸门的自振频率接近或一致时,就会发生共振,影响闸门的安全运行。同时,闸门在运行过程中产生振动与其所处的工作状态有着密切的关系。同一扇闸门在不同的开度下运行,由于水力条件的不同,闸门的振动状况亦会存在差异。进行闸门现场振动检测是研究闸门振动问题的重要手段。通过现场检测,可以了解闸门的自振频率,得到闸门开度与振动量的关系,结合其振动的频谱特征,可以分析找出振动区域和振因,从而采取有效措施,消除或减轻振动,确保闸门的安全运行。

振动检测主要采用随机振动信号采集和分析处理系统进行。通过布置在闸门门叶上的加速度计获得振动信号,经电荷放大器适调放大后,通过 A/D 转换进入计算机随机振动信号采集和分析处理系统进行记录和处理,最后得到闸门的振动加速度值及其振动特征。

(7)启闭力检测

闸门运行多年后,由于支承装置和止水装置的变形、损坏等原因,启闭闸门时的摩阻力变大,闸门的启闭力将会增加,从而引发启闭机的超载,造成启闭机失事。通过实测启闭力,经反演计算求出设计水位及校核水位下的启闭力,并与启闭机的额定启闭力相比较,可得到启闭闸门的安全系数。

闸门启闭力检测主要采用动态测试系统进行。实际检测时,检测工况应尽可能接近设计工况。若无法做到,则应根据实测结果反演计算闸门的摩擦系数,最终获得设计水位下闸门的启闭力。

3.2.5.4　管道检测

目前,大多数输水管道在长距离输送过程中会由于各种原因(如温度变化、管道老化等)导致泄漏、表面裂纹和水质污染等问题频繁发生,浪费了大量水资源。由于管道内部环境恶劣并且存在危险,而人类不能深入到管道内进行检测,因此管道机器人成为重要的管道内检测工具。现有的管道机器人检测手段包括漏磁检测技术、三维图像显示技术、管道声呐检测技术、射线检测技术、水下激光成像技术等。这些技术各有各的优缺点,漏磁检测技术是目前检测管道腐蚀缺陷的最常用方法之一,适合液相、气相和多相介质管道,易于实现管道缺陷的内部检测。但是漏磁检测只能在材料表面应用,并且其抗干扰能力较差、空间分辨率较低,因此不适用于输水管道。射线检测技术(或称射线照相术)可用于管道腐蚀的检测,也可以进行壁厚的测量。但是不能进行在线检测,因此射线检测技术也不适用于输水管道。三维图像显示技术和水下激光成像技术都能直观地获取管道内部的情况,但是其无法准确判断附着物的厚度,只能初步地获取附着信息,并且由于管道环境特殊,视觉和激光传感器采集信息中无法避免会包含噪声信息或受其干扰,因此无论是基于视觉还是光学的传感器采集到的管道信息都不是很清晰。管道声呐检测技术采用的是超声波传感器,相比于其他传感器,不仅具有高精度检测能力,还能够适用于各种管径和复杂环境下的管道,管道超声的高精度检测方法已经成为近些年来管道内检测领域的研究重点,但是目前应用于管道机器人上的管道声呐检测技术也有一些问题,主要在于目前声成像系统大多只能得到目标的二维图像,得到的目标信息十分有限,为了对输水隧洞洞壁附着的淡水壳菜进行测量并得到其厚度,需要更高精度的测量方法得到三维图像,并完整呈现管道内部状态。目前管道超声的高精度检测方法难点有两方面,一是管道内水流有较大的流速,水流的冲击会使管道机器人产生偏移造成检测结果偏差;二是管道内部地面不平,机器人前进机构工作时的移动会产生偏移和偏转造成检测结果偏差,以上偏差对测距结果产生干扰,在高精准测量中需要对已经产生偏差的轮廓进行重建。因此提出一种基于齐次变换矩阵的高精度轮廓重建方法,研究和设计出一套输水管道内部状态超声检测系统对我国管道附着物检测的研究和水利工程的发展具有重要的意义和价值。

> 声呐检测技术

声呐可以根据信号的产生方式分为两种类型:一种是主动声呐,它会发出声波信号并接收回波;另一种是被动声呐,它只接收其他设备的反射信号。主动声呐是一种主动式探测技术,它利用自身发射的声波并接收其反射信号来侦测水中物体或目标。被动声呐则属于被动式探测技术,无法直接发射声波,而只能通过捕获周围环境中产生的噪音或其他设备发出信号来感知水下目标。主动声呐一般有四种类型:单波束扫描、多波束扫描、侧向扫描和回声探测(图 3-97)。

 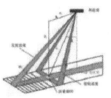  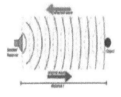

　(a) 单波束扫描　　　　(b) 多波束扫描　　　　(c) 侧向扫描　　　　(d) 回声探测式

图 3-97　主动声呐的类型

3.2.5.5 设备自动化控制系统检测

（1）泵站微机自动化监控系统

泵站作为一类典型的水利工程,其基础自动化系统的建设内容代表着整个水利工程自动化控制系统应用的主要趋势。对于泵站而言,其基础自动化系统主要担负着全站水泵机组主、辅设备运行数据信息的实时自动监测,并根据内部运算分析发出动态的调节信号和报警信号。泵站微机自动化监控系统主要通过模拟或数字的输入输出设备,利用各类传感元件和逻辑判断执行机构实现对整个泵站运行工况特性参数信息的自动监测和控制。

（2）闸门自动化控制系统

可以将闸门自动化监控系统分成闸门监控系统、PLC 现场控制单元以及集中控制单元。

①闸门监控系统

卷扬机为闸门提供动力,并使用精确度极高的旋转式编码器来提高数据传输的精确性。旋转编码器可以捕获电动机转轴的启闭位置,并间接反映出闸门所在的位置,同时将该信号转为格雷码。闸门监控系统中的 PLC 元件接收格雷码以后可进行精确定位,采集位置信息并进行实时反馈。闸门自动化监控系统中的重要部件有传感部件、信道以及远程控制单元系统等。其中传感部件是该系统常用设备,其主要作用是实现对现场施工的精准测量,能识别输出信号的不同类型并找到有效的传递方式进行作业。数字型的闸门传感器可以分成编码式与计算式两种,采用数据化的原理可实现对脉冲对位角度的测算并输出数据。信道的传输将直接影响系统的运行稳定,对于闸门自动化监控起着至关重要的作用,信道控制着闸控站和中心站间的通信,可以以不同方式进行数据传输、接收等。此外,闸门自动化监控系统的关键技术就是可以进行远程控制,实现夜间的自动化作业。远程控制单元由多个部件组成,具有可靠稳定的优势,作为单独运行的工作站可进行本地控制与远程数据采集、远程数据传输等,并结合计算机语言程序完成编程。

②PLC 现场控制单元

利用 PLC 技术进行现场控制,可提高现场控制的精确性,除了可以准确接收格雷码,而且能将闸门的精确位置传输出去,精确计算闸门位置,准确启闭电动机从而实现对闸门启闭的控制。利用 PLC 作为现场控制单元,首先能通过显示屏显示文字图片信息,并准确反映闸门的启闭状态和水位情况等。PLC 控制单元还分成不同的操作程序,可实现远程、现场等操作,并且这些操作都是独立运行,在共同作用下保证闸门系统正常工作。PLC 控制单元还可现场整定闸门的启闭参数,由于 PLC 控制单元的安全系数极高,具有较为完善的报警程序,所以一旦出现故障,PLC 控制单元便可启动报警程序及时报警。

③集中控制单元

集中控制单元上有不同的操作按钮,不同的按钮代表着不同的操作程序,操作人员在实际操作时可通过选择集中控制单元上不同的操作方式执行命令。在自动化程序中,由于具有智能化的特点,操作人员只要在闸门操作系统输入特定数值并取得部门的相关数据就能实现闸门操作系统的自动化操作。

3.3　长距离调水工程安全检测资料初步分析

对上述各种无损、有损安全检测资料进行初步分析,首先应进行数据整理:对收集到的各种检测数据进行整理,包括检测报告、记录表、图像等资料,确保资料齐全、准确;然后开展数据核查:对整理好的检测数据进行核查,包括数据的真实性、准确性、完整性等方面,确保数据质量可靠;接下来开展数据初步分析:根据检测数据的类型和目的,进行初步的数据分析,例如对混凝土强度、钢筋直径、保护层厚度等数据进行统计、比较、归纳等处理,找出数据中的规律和异常点;接着进行异常点排查:针对初步分析中发现的异常点,进行详细的排查,例如对异常点进行复测、对检测操作进行审查等,以确定异常点的原因和性质;随后开展数据修正与补充:根据排查结果,对异常点进行修正或补充检测,以提高数据的准确性和完整性;最后是结果呈现:将初步分析的结果以图表、报告等形式进行呈现,包括数据的分布、趋势、异常点等,以便对检测结果全面了解和控制。

在初步分析过程中,需要注意以下几点。

检测数据的可比性:不同检测方法的适用范围和质量标准可能存在差异,因此在比较不同检测数据时需要注意其可比性。

数据处理的规范性:在进行数据分析时,要遵循数据处理的基本原则和方法,例如去噪、滤波、归一化等处理方式,以保证数据的准确性和可靠性。

结果解释的准确性:对初步分析的结果进行解释时,要结合工程实际情况和相关标准规范,准确判断检测数据的意义和影响,避免误判或漏判。

检测过程的可追溯性:对检测过程中的关键环节和操作进行记录和追溯,例如检测时间、位置、操作人员等,以便对检测结果进行追溯和复查。

数据分析的专业性:针对不同类型的检测数据和目的,需要采用不同的分析方法和工具,因此要了解和掌握各种数据分析方法和技术,才能进行准确和有效的初步分析。

3.3.1　多种检测信息的相关性

对不同位置的空鼓范围(%)、波纹管灌浆不密实个数(个)、表面竖向裂缝(条)、表面竖向裂缝总长(m)、平均空鼓裂缝深度(mm)不同量纲的检测信息进行统计分析,结果如图 3-98 所示。

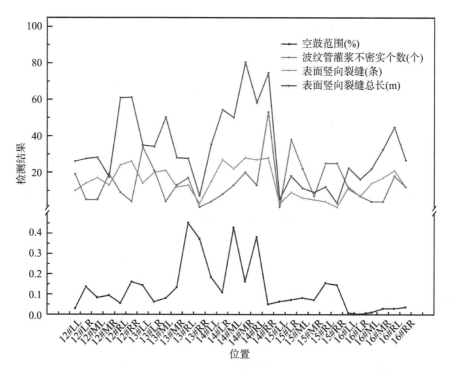

图 3-98　不同量纲的检测信息的统计分析

从图中可知,不同检测信息之间具有很强的相关性。

3.3.2　无损检测和有损检测关联关系

例图 3-57 和例图 3-58 无损检测表征的不密实区、土性变化区、富含水层区从上至下分布,统计相应的有损检测信息,并将有损检测信息表征为数值和深度的变化关系,如图 3-99 所示。

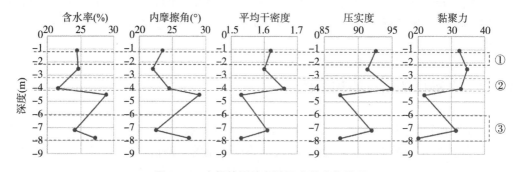

图 3-99　有损检测信息随深度的变化关系

从图 3-99 中可知,无论从哪个有损检测信息来看,检测数值的突变和无损检测表征的区域都是一致的,验证了无损检测和有损检测之间的相关性。

该高填方渠道有损检测的检测指标包括:含水率、内摩擦角、平均干密度、压实度、黏聚力、自由膨胀率、液限、塑限。取某具体检测断面同时包含含水率和自由膨胀率,含水率和自由膨胀率随深度的变化关系如图 3-100 所示。

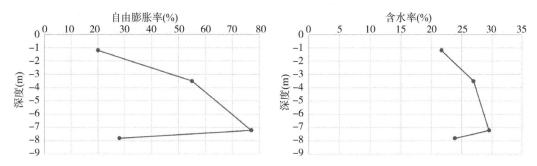

图 3-100　含水率和自由膨胀率随深度的变化关系

【案例分析】

含水率:土壤中水的质量与固体颗粒(包括土壤颗粒和空气)的质量之比,通常以百分数表示。

内摩擦角:土壤颗粒之间以及土壤颗粒与水之间的摩擦阻力,与土壤的抗剪强度有关。

平均干密度:在一定压实条件下,土壤的干质量与总体积之比。

压实度:在一定的压实条件下,土壤的密度与最大密度(理论上可能达到的密度)之比。

黏聚力:土壤抵抗剪切破坏的能力,主要源于土壤内部颗粒间的摩擦力和胶结力。

自由膨胀率:土壤在最佳含水率下,受到外力作用时能够自由膨胀的最大程度。

液限:土壤处于流动状态时的含水率,一般以百分比表示。

塑限:土壤在加压下刚好达到塑性状态时的含水率,一般以百分比表示。

计算含水率和自由膨胀率之间的相关性 $r=0.99$,同理自由膨胀率和液塑限之间的相关系数,平均干密度、压实度和黏聚力之间的相关系数,含水率和内摩擦角之间的相关系数都可以用相似的方法得到,如图 3-101、图 3-102 所示。

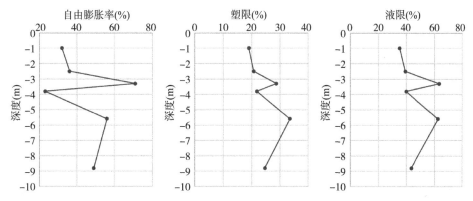

图 3-101　自由膨胀率、液塑限随深度的变化关系

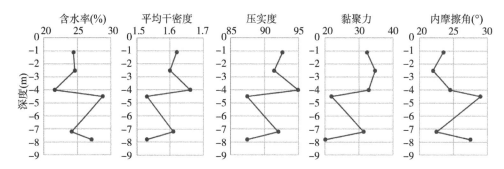

图 3-102 含水率、平均干密度、压实度、黏聚力、内摩擦角随深度的变化关系

上图中,平均干密度、压实度和黏聚力之间的相关系数分别为 0.89 和 0.88;含水率和内摩擦角相关系数为 0.75;甚至黏聚力和内摩擦角都有很强的负相关性,相关系数为 -0.92。

长距离调水工程安全检测是一个复杂且关键的领域,涉及诸多因素,如水流的控制、输水管道/渠道的维护、环境影响的评估等。这个领域在当前和未来都面临着重要的挑战。

长距离调水工程的渠道系统复杂,运行过程中可能面临各种复杂环境,如水压、土壤压力、腐蚀等。因此,渠道安全是安全检测的重要部分。水质安全是长距离调水工程的关键问题之一,需要定期检测水质,以保证供水安全,水质检测主要包括微生物、重金属、有毒有机物等污染物的检测。

未来的发展方向可能包括以下几个方向。智能化:随着科技的发展,人工智能、物联网、大数据等技术在安全检测领域的应用将越来越广泛。这些技术可以帮助实现更精准、高效的检测,提高工程的安全性。精细化:随着人们对工程安全性要求的提高,安全检测可能会向更精细化的方向发展。系统化:未来的安全检测可能会更注重系统性,将工程视为一个整体,从系统工程的角度来设计和实施安全检测方案。

长距离调水工程安全检测与工程安全监测在某种程度上是相似的,二者都需要对工程的各个方面进行持续的、系统的检测和观察。然而,二者还是有明显的区别:安全检测更侧重于在工程运行过程中进行,而安全监测则可能在工程设计、建设、运行等各个阶段进行。安全检测更关注工程的安全性,侧重于预防和应对突发状况;而安全监测则可能更侧重于评估工程的稳定性、耐久性以及环境影响等。安全检测通常由运营单位负责,主要任务是保证工程的正常运行和供水安全;而安全监测可能由设计单位、建设单位、监理单位等多个方面共同实施,以确保工程在整个生命周期内的安全性。

参考文献

[1] 刘明堂,胡万元,陆桂明.水利信息监测及水利信息化[M].北京:中国水利水电出版社,2019.

[2] 李姝凡.基于探地雷达的混凝土内钢筋下病害识别方法研究[D].济南:山东大

学,2020.

［3］刘永亮.探地雷达成像算法研究及实现[D].成都:电子科技大学,2006.

［4］EIDE E S. Radar imaging of small objects closely below the earth surface[D]. Department of Telecommunications Norwegian University,2000.

［5］孔令讲,周正欧.浅地层步进变频探地雷达合成孔径算法研究[J].系统工程与电子技术,2004(5):581-582＋598.

［6］孙天宇.探地雷达数值模拟及模型试验反演研究[D].合肥:安徽建筑大学,2022.

［7］欧阳文钊.公路路面层裂缝病害探地雷达正演模拟研究[D].武汉:武汉理工大学,2016.

［8］DANIELS D J. Surface-penetrating radar[J]. Electronics & Communication Engineering Journal,1996,8(4):165-182.

［9］何瑞珍.探地雷达检测土壤物化质量的关键技术研究[D].北京:中国矿业大学(北京),2011.

［10］张长雷.探地雷达技术在复杂地质条件下的应用研究[D].合肥:安徽建筑工业学院,2012.

［11］徐建富,毛云龙,黄世强,等.淳杨公路后山隧道地质超前预报实践[J].公路交通科技(应用技术版),2015,11(7):170-171.

［12］刘磊.基于探地雷达的水泥土探测试验及病害数值模拟[D].合肥:合肥工业大学,2017.

［13］曹海峰.基于RS485总线型网络的矿用高密度电法仪设计[D].武汉:中南民族大学,2020.

［14］雷世红.高密度电法室内模型与工程应用研究[D].南京:河海大学,2005.

［15］沈鸿雁,李庆春.高密度电阻率法勘探长测线多排列数据连接处理[J].地球物理学进展,2008,23(6):1970-1974.

［16］梁冰.高密度电法仪器测控系统设计[D].长春:吉林大学,2010.

［17］朱瑞,闫汝华,任云峰,等.基于三维高密度电法的地质BIM模型应用研究[J].地球物理学进展,2021,36(5):2264-2273.

［18］强洋洋,段瑞锋,田靖,等.高密度电法三维反演分析——以陕西凤翔实测数据为例[J].陕西地质,2023,41(1):83-88.

［19］李渊.新型矿用高密度电法仪器的研制[D].西安:西北大学,2014.

［20］徐炳峰.声发射技术在土工中的应用[D].南京:河海大学,1989.

［21］张宝森,齐洪海,李国力,等.利用声发射技术预报堤防工程险情[A].第五届全国水利工程渗流学术研讨会[C].2006-03.

［22］明攀,耿晓明,陆俊,等.基于声发射监测的堤防管涌试验[J].水利水电科技进展,2020,40(4):33-38.

第二篇

长距离调水工程安全监测与检测融合理论和方法

第4章

工程安全监测与检测融合理论

4.1 概述

针对目前安全监测和安全检测在工程安全评价和安全保障过程中不能有效结合的工程问题,分析安全监测和检测各自理论基础及其在反映结构状态方面的特点,构建安全监测与检测体系融合方法,以提高工程运行安全保障水平为目标,实现工程安全监测-检测体系的融合。以渠道(高填方、深挖方)为典型,进行安全监测与检测融合方法的工程案例应用,并在此基础上进一步开展对倒虹吸、渡槽等构筑物的融合研究与应用。

通过对南水北调中线工程的全范围调查,将中线工程构筑物大致分为了两类:以渠道为主的构筑物形式(包括高填方、深挖方等);以混凝土建筑物为主的构筑物(如渡槽、倒虹吸、隧洞、箱涵、左排建筑物)。在渠道工程中,安全管理部门主要关心渠道变形引起的渠堤沉降、开裂、渗水等风险;在输水建筑物中,安全管理部门主要关心混凝土建筑物的工作性态,是否有裂缝产生等。因此,本项目融合方法的研究主要选取渠道(高填方、深挖方)、典型输水建筑物进行融合研究以及案例应用。

4.2 信息融合基本理论

多源信息融合指的是对来自多个来源的信息进行综合处理,以获取比单一来源信息更丰富、更准确的综合信息的过程。其核心原理在于通过对不同来源的信息进行全面评估,从而得到更为一致且优质的信息。此类技术的研发目标在于将各种不同来源的数据进行组合,吸取各个数据源的优势,从中提取出更为统一、更丰富的信息。

多源信息融合的重要性在于,它能将不同来源的数据信息进行整合,因此可以获得比单一来源信息更丰富、更准确的综合信息。在诸如军事目标识别、城市交通管理、智能医疗等领域,仅依赖单一来源的信息往往无法提供全面、准确的信息,故需要通过多源信息融合来提高信息处理的效率和精度。

多源信息融合的历史可以追溯到20世纪70年代,当时美国国防部资助从事声呐信号理解及融合的研究。自那以后,多源信息融合技术逐渐发展壮大,并在20世纪90年代以后逐渐引起了全球范围内的关注。目前,多源信息融合技术已经在军事、智能机器人、智能家居等多个领域得到了广泛应用。

多源信息融合技术的发展历程与实际应用需求密切相关。随着科技的不断发展,多源信息融合技术将会不断完善和发展,并在更多的领域得到应用。

【案例分析】

在军事领域,多源信息融合技术被广泛应用于战场监视、态势感知、威胁评估和决策支持等。例如,可以通过多传感器信息融合技术来提高探测和识别能力,从而实现精确打击和有效的防御。此外,多源信息融合技术也可以用于导航和定位,以及情报侦察和分析等方面。

在智能机器人领域,多源信息融合技术可以用于实现多种感知和决策控制。例如,通过多传感器融合技术,可以获得更准确的感知信息,从而更好地控制机器人的行动。此外,多源信息融合技术也可以用于机器人的环境适应性感知,以及人机交互等方面。

在智能家居领域,多源信息融合技术可以用于实现设备连接与集成、场景识别与响应等功能。例如,可以通过传感器、视频监控等手段获取环境信息,识别家居场景和用户需求,自动决策和响应。此外,多源信息融合技术也可以用于智能家居的安全监控、节能控制等方面。

4.2.1 多源数据融合定义

先进人机通信技术联合实验室(JDL)将数据融合定义为一种"多层次、多方面处理自动检测、联系、相关、估计以及多源信息和数据组合的过程"。Klein对这一定义进行了拓展,强调了数据可以由一个或多个源提供。这两个定义具有通用性,适用于不同领域。数据融合是一种有效的方法,能将不同来源和不同时间的信息自动或半自动转换成一种形式,为人类提供有效支持或实现自动决策。它汲取了多个学科的知识,如信号处理、信息理论、统计学估计与推理和人工智能等。

数据融合具有诸多优点,主要包括提升数据的可信度和有效性。前者可以提高检测率、把握度、可靠性,并减少数据模糊;后者则体现在空间和时间覆盖范围的扩大。

在某些应用环境中,数据融合具有特定的优势。例如,在无线传感器网络中,传感器节点间会发生冲突,数据会产生冗余,因此导致了扩展性问题。为了提高传感器节点的寿命,应该尽可能地减少通信。当执行数据融合时,将各个传感器数据进行融合处理后再进行传输,可以有效减少消息数量、避免冲突并节约能量。

JDL模型是最普遍和流行的融合系统概念,起源于军事领域并基于数据的输入和输出。原始的JDL模型将融合过程分为四个递进的抽象层次,即对象、状态、影响和优化过程。这一模型应用广泛,但仍有诸多限制性因素存在,特别是在军事领域,因此提出了许多扩展方案。

【案例分析】

JDL 模型是一种面向数据融合的模型,它分为四个主要级别,第一级为目标优化、定位和识别目标,主要是对来自信息源的数据进行预处理,包括操作系统及应用程序日志、防火墙日志、入侵检测警报、弱点扫描结果等,然后对这些数据进行分类、校准、关联、融合,并对精炼后的数据进行规范。

第二级为态势评估,主要是根据第一级处理提供的信息构建态势图,从而对当前的安全状况进行评估。

第三级为威胁评估,根据可能采取的行动来解释第二级处理结果,并分析采取各种行动的优缺点,同时对当前威胁进行评估,包括未来可能发生的攻击等,以及威胁演变趋势。

第四级实际是一个过程优化,在整个融合过程中监控系统性能,识别增加潜在的信息源,以及最优部署传感器,通过动态监控信息的反馈不断优化过程。

此外,JDL 模型还包括其他辅助支持系统,例如数据管理系统存储和检索预处理数据和人机界面等。这些辅助支持系统为数据融合提供了有力的支持。

4.2.2　多源数据融合原理

多源数据融合是人类和其他生物系统中普遍存在的一种基本功能,它对于生存和发展具有重要的意义。在人类身上,多源数据融合表现为本能地将身体上各种功能器官如眼、耳、鼻、四肢等所探测的信息如景物、声音、气味和触觉等与先验知识进行综合的能力。这种综合信息处理的过程使得人类能够对周围的环境和正在发生的事件做出准确的估计和判断,从而更好地适应环境的变化和应对各种挑战。

多源数据融合实际上是对人脑综合处理复杂问题的一种功能模拟。在多源系统中,各信息源提供的信息可能具有不同的特征,例如时变的或者非时变的、实时的或者非实时的、快变的或者缓变的、模糊的或者确定的、精确的或者不完整的、可靠的或者非可靠的、相互支持的或者互补的,也可能是相互矛盾或冲突的。

多源数据融合的基本原理就像人脑综合处理信息的过程一样,充分利用多个信息资源,通过对多种信源及其观测信息的合理支配与使用,将各种信源在空间和时间上的互补与冗余信息依据某种优化准则组合起来,产生对观测环境的一致性解释和描述。信息融合的目标是基于各信源分离观测信息,通过对信息的优化组合导出更多的有效信息。这是最佳协同作用的结果,它的最终目的是利用多个信源协同工作的优势,来提高整个系统的有效性。

单传感器信号处理或低层次的多源数据处理都是对人脑信息处理过程的一种低水平模仿,而多源数据融合系统则是通过有效地利用多源数据获取资源,来最大限度地获取被探测目标和环境的信息量。多源数据融合与经典信号处理方法之间也存在着本质差别,其关键在于信息融合所处理的多源数据具有更复杂的形式,而且通常在不同的信息层次上出现,即信息融合具有层次化的特征。

4.2.3　多源信息融合的级别划分

根据输入信息的抽象或融合输出结果的不同,人们提出了多种信息融合的功能模型,以对信息融合进行分级。

第一种分级模型是三级模型,它是依据输入信息的抽象层次将信息融合分为三个级别:数据级(或像素级)融合、特征级融合以及决策级融合。数据级融合也称像素级融合,是指直接对传感器采集的数据进行处理而获得融合图像的过程,它是高层次图像融合的基础,也是目前图像融合研究的重点之一。像素级融合中有空间域算法和变换域算法,空间域算法中又有多种融合规则方法。特征级融合实际上是特征层联合识别,属于中间层次融合。它实现了信息压缩,有利于实时处理。决策级融合是不同类型的传感器监测同一个目标或状态,每个传感器各自完成变换和处理,其中包括预处理、特征提取、识别或判决,以建立对所监测目标或状态的初步结论。数据级融合主要优点是能尽可能多地保持现场数据,提供其他层次所不能提供的信息;主要缺点是传感器数量多,数据通信容量大,处理代价高,处理时间长,实时性差,抗干扰能力差;其典型代表是像素级图像融合。决策级融合优点是对信息传输带宽的要求比较低,通信容量小,抗干扰能力比较强,融合中心处理代价低;缺点是预处理代价高,信息损失比较大。特征级融合是介于数据级和决策级融合的一种融合。

第二种分级模型也是三级模型,它是美国 JDL/DFS 根据信息融合输出结果所进行的分类,包括位置估计与目标身份识别、态势评估、威胁估计三个级别。这种信息融合分级方法为信息融合理论的研究提供了一种较为通用的框架,得到了广泛的认可和应用。

第三种分级方法是五级分类模型,它包括检测级融合、位置级融合、目标识别(属性)级融合、态势估计、威胁估计这五个级别。它是在 JDL/DFS 分级模型的基础上提出的,与三级模型相比,主要区别在于增加了检测级融合,且将位置级融合与目标识别级融合分开。

第四种分级模型是 JDL 提出的四级融合模型,它是信息融合三级功能模型的新进展,在原来的三级模型基础上又增加了"精细处理"的第四级。需要注意的是,第四级不完全在信息融合的领域内,而有一部分是在信息融合领域范围外。

第五种分级模型是六级融合模型,它是在综合五级分类模型和四级分类模型优点的基础上提出的。它既包含了四级模型的优点,突出了精细化处理,强调了人在信息融合中的作用;又包含了五级模型的优点,对从检测到威胁估计的整个过程给出了清晰划分;还恰当地包含分布式检测融合,避免了三级模型和四级模型的不足。这些分级模型都各具特点,根据实际应用需求的不同可以选择适合的分级模型来指导信息融合理论的研究。

4.3　贝叶斯融合理论

贝叶斯网络是一个包含多个节点的图形化网络,每个节点都可以表示问题中的特征变量,通过有向边表示变量间的关系,用条件概率表示变量间的关联强度,以此把问题中的多个因素融合到一个网络模型中。基于各变量的先验信息所建立的贝叶斯网络,可以根据后期的信息不断改进网络结构和条件概率表,实现动态学习,从而被广泛应用于处理多源信息。

本节主要是对贝叶斯网络的基本概念、原理、构建方法和用途进行了简单介绍,最后通过一个简单边坡贝叶斯网络的算例具体展示了如何构建贝叶斯网络,并对比分析了两种确定网络参数方法(直接输入条件概率表和参数学习)各自的适用范围。

4.3.1　贝叶斯方法应用背景

岩土工程领域中应用的数据融合方法有最大似然法、人工智能法、扩展卡尔曼滤波技术和贝叶斯网络等。其中贝叶斯方法是一种能融合多源已知信息、合理更新土体参数概率密度分布(PDF)的有效方法。当有可靠的监测数据时,它可被用于准确预测工程的长期安全性。

贝叶斯方法及预测方法在岩土工程中有着广泛应用,如用于桩承载力分析、软土固结反演分析、自升式钻井平台承载力分析、正常使用状态下的基坑支护开挖问题和边坡稳定性问题。刘明贵和杨永波介绍了信息融合技术在边坡监测与预报系统中的应用。彭鹏等和郭科等分别采用贝叶斯方法和卡尔曼滤波算法研究了多传感器的监测数据融合。

基于具体工程问题的力学分析模型,利用贝叶斯方法可实时融合场地监测和检测数据。考虑到参数的不确定性,贝叶斯方法本质上是一种贝叶斯统计推理问题。贝叶斯网络是一种概率推理方法,对解决具有不确定性和相关性的复杂系统很有优势。在土木工程方面,贝叶斯网络应用于地质灾害、工程风险和基于风险的决策。贝叶斯方法具有很强的灵活性,理论上与工程有关的证据都可以用于更新先验概率值,而且证据越详细、越准确,得到的后验概率值越符合实际情况。

4.3.2　贝叶斯网络方法基本原理

4.3.2.1　基本概念

贝叶斯网络(Bayesian Network,BN)这一名词最早是由 Pearl 于 1988 年提出,逐渐被引入人工智能领域,目前是在进行不确定分析过程中具有直观的图形化表达能力与强大概率推理能力的统计分析模型之一。贝叶斯网络是一种基于图形论与概率论的产物,通过图形结构将网络中各变量之间的关联关系直观地表达出来,同时基于概率统计原理又可以推导各变量之间的关联程度、变化趋势等,又被称为因果网络或概率网络。因此,贝叶斯网络的概念可以从以下两个角度进行解释。

(1) 从图形论角度出发,一个贝叶斯网络其实就是一个有向无环结构图(Directed Acyclic Graph,DAG),网络结构图中的各节点代表贝叶斯网络中的各个随机变量,节点变量集合表示为 V,连接各个节点之间的有向边表示贝叶斯网络中各变量之间的关联关系,有向边集合表示为 L,则贝叶斯网络结构图 S 表示为:

$$S = (V, L) \tag{4.3-1}$$

图 4-1 中包含节点 A、B、C 的有向无环图就是一个简单的贝叶斯网络结构图,节点 A、B 同时指向 C,故称节点 A、B 为节点 C 的父节点,节点 C 称为子节点;由于节点 A、B 没有子节点,又被称为根节点,节点 A、B、C 的关系如图所示。

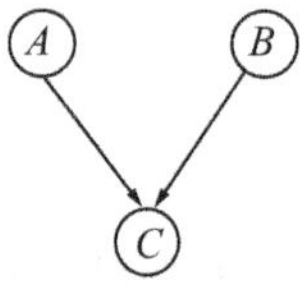

图 4-1　有向无环图

(2) 从概率论角度出发,贝叶斯网络用节点之间的条件概率分布来表示各变量之间的关联程度,条件概率分布表(CPT)又被称为贝叶斯网络中的网络参数 P,表示为:

$$P = \{P(V_i / V_1, V_2, \cdots, V_{i-1} \in V), V_i \in V\} \tag{4.3-2}$$

式中:节点变量集合为 $V = (V_1, V_2, \cdots, V_n)$,$V_i$ 为各个节点变量。

因此,一个完整的贝叶斯网络数学模型 B 可表示为:

$$B = (S, P) = (V, L, P) \tag{4.3-3}$$

综上所述,一个贝叶斯网络通过一个有向无环图 S 来定性表示各个节点变量之间的关联和独立关系,其中用节点变量 V 来表示问题分析过程中选定的各个目标因素,用有向边 L 表示各个目标因素之间的关联关系,并用网络参数 P 来定量化表示连接各个节点变量间的有向边的连接强度,即各目标因素间的关联程度,从而实现将概率推理与图形表达相结合。

4.3.2.2　基本原理

贝叶斯方法就是利用先验知识,结合当前获得的数据,来更新关于未知参数的信息,以此获得修订后的参数的可能性,也就是后验概率。贝叶斯网络又称信度网络,是 Bayes 方法的扩展,是目前不确定知识表达和推理领域最有效的理论模型之一。从 1988 年由 Pearl 提出后,已经成为近几年来研究的热点。一个贝叶斯网络是一个有向无环图,由代表变量节点及连接这些节点有向边构成。节点代表随机变量,节点间的有向边代表了节点间的互相关系(由父节点指向其子节点),用条件概率进行表达关系强度,没有父节点的用先验概率进行信息表达。假设节点 E 直接影响到节点 H,即 $E{\rightarrow}H$,则用从 E 指向

H 的箭头建立节点 E 到节点 H 的有向弧 (E,H),权值(即连接强度)用条件概率 $P(H\mid E)$ 来表示。把某个研究系统中涉及的随机变量,根据是否条件独立绘制在一个有向图中,就形成了贝叶斯网络。图 4-2 是一个简单的贝叶斯网络。

图 4-2　一个简单的贝叶斯网络

因为 a 导致 b,a 和 b 导致 c,所以有联合概率为:

$$p(a,b,c)=p(c\mid a,b)p(b\mid a)p(a) \tag{4.3-4}$$

贝叶斯网络的本质就是基于概率计算来实现推理、预测的图形化网络,进行概率计算的过程中用到的基本理论如下。

（1）条件概率

条件概率顾名思义就是某随机事件在特定条件下发生的概率,设两随机事件 X、Y,且 $P(X)>0$,则称 X 事件发生的情况下 Y 事件发生的概率为条件概率,表示为:

$$P(Y\mid X)=\frac{P(X,Y)}{P(X)} \tag{4.3-5}$$

（2）先验概率和后验概率

在贝叶斯网络中,先验概率和后验概率的区别就在于是否有证据对概率进行修正。假设随机变量 X、Y 是一组证据,在不知道 $X=X_1$ 的情况下根据已有数据计算 $P(Y=Y_1)$,称为先验概率,在得知 $X=X_1$ 后,据此对 $P(Y=Y_1)$ 进行修正得到 $P(Y=Y_1/X=X_1)$,称为后验概率,表示为:

$$P(Y=Y_1\mid X=X_1)=\frac{P(X=X_1,Y=Y_1)}{P(X=X_1)} \tag{4.3-6}$$

（3）链式规则

由式(4.3-5)可推导出两个变量的联合概率为 $P(X,Y)=P(Y\mid X)P(X)$,对于含多个变量的联合概率,由链式规则可拆分成一系列条件概率乘积的形式,表示为:

$$P(X_1,X_2,\cdots,X_n)=P(X_1)P(X_2\mid X_1)\cdots P(X_n\mid X_1,\cdots,X_{n-1}) \tag{4.3-7}$$

对于上式,等号左边和右边的因式所含的独立变量个数是相同的,假设每个变量由两个参数决定,那么等号左边和右边的因式含有相同个数的独立参数,都为 2^n 个。假如其中的变量符合条件独立性假设,等式右边的条件概率中的变量个数就会很大程度上减少。

（4）条件独立性假设

在对贝叶斯网络中目标节点的概率进行求解时,基于条件独立性假设,只需要考虑与该目标节点关联的有效个节点数量,有效降低计算网络中目标节点概率的难度。在用图形描述贝叶斯网络中各变量之间的关联与独立关系时,可以从两个角度出发:第一是两个节点变量 x、y 直接连接,那么变量 x 和 y 直接关联,x 发生变化必然会影响 y;第二是两个节点变量 x、y 通过节点变量 z 间接连接,当隔断节点 x 和 y 之间传递信息的通道 z,那么节点 x 和 y 间就无法进行信息传递,此时 x 和 y 关于 z 条件独立,也称节点 z 有效隔断节点 x 和 y,这就是有向分隔准则的内容,简称 D-分隔(Directed Separate)。

在考虑节点变量 x、y 通过节点变量 z 间接连接的情况时,三个变量的连接形式又可以分为顺连、分连、汇连,分别对应着三种不同的条件独立性假设:如图 4-3(a)中 x、y、z 三个并排顺序连接,此时称两个变量 x 和 y 为 Head-to-Tail 条件独立;如图 4-3(b)中 x、y 在底层,z 在上层,z 分别指向 x、y,此时称两个变量 x 和 y 为 Tail-to-Tail 条件独立;如图 4-3(c)中 x、y 在上层,z 在底层,x、y 分别指向 z,此时称两个变量为 Head-to-Head 条件独立。

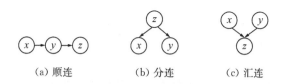

(a) 顺连　　　　　(b) 分连　　　　　(c) 汇连

图 4-3　三种简单贝叶斯网络结构形式

基于以上三种形式的条件独立性假设,在进行概率计算推理的过程中,就可以将贝叶斯网络模型中的一个包含多变量的联合概率分布简化为一系列包含变量少的条件概率的乘积,相应一个贝叶斯网络模型就可以用一个表示节点间关联和独立关系的有向无环图,以及根节点的先验概率分布和非根节点的条件概率分布表直观地呈现出来。

4.3.3　贝叶斯更新方法基本原理

贝叶斯网络的节点变量可以是任何问题的抽象,如测试值、观测现象、意见征询等。适用于表达和分析不确定性和概率性的事件,应用于有条件地依赖多种控制因素的决策,可以从不完全、不精确或不确定的知识或信息中做出推理。

土体是一种天然材料,由于受沉积、后沉积以及荷载历史的影响而表现出变异性。鉴于此,模型中具有不确定性的土体参数用随机变量 x 来表征。在没有监测数据时,变量 x 包含的是土体参数的先验信息。先验信息通常可从场地勘察、工程经验和现有文献中获得。现场监测的路堤沉降可进一步更新土体性质的先验信息,从监测值中获取土体参数的信息等同于更新变量 x 的联合概率密度分布(PDF)。基于贝叶斯理论,利用监测数据 d 更新先验概率分布来获取土体参数的后验分布 $P(x|d)$ 的过程可表示为:

$$P(x|d) = cL(x|d)P(x) \tag{4.3-8}$$

式中:c 为归一化常数;$P(x)$ 为先验分布,反映了在获得现场监测数据之前对土体参数的认知水平;后验分布 $P(x|d)$ 则包含了融合先验信息和现场监测数据后更新得到的信息;$L(x|d)$ 为似然函数。

似然函数中的监测值 d 与模型参数 x 是通过物理模型联系在一起的。具体地,数值模型由描述几何、材料特性和载荷条件的一组方程及边界条件组成；模型预测值 $F(x)$ 与监测量 d 之间的关系为：

$$d = F(x) + \varepsilon \tag{4.3-9}$$

式中：ε 为监测值与预测值之间的偏差。在不考虑模型不确定性时，其亦是监测量 d 的观测误差，它通常被认为服从均值为 0 的高斯分布，其概率表示为 $PDF(\cdot)$。对于一组给定的参数值 x 及预测值 $F(x)$，似然函数与观测到相应监测值的概率成正比，数学上表示为：

$$L(x \mid d) = \frac{1}{(2\pi)^{N_d/2} \det(\boldsymbol{R})^{1/2}} exp\{-\frac{1}{2}[d - F(x)]\boldsymbol{R}^{-1}[d - F(x)]\} \tag{4.3-10}$$

式中：N_d 为监测点的数目；d 为监测点的观测值；$\boldsymbol{R}$ 为主对角线元素为 σ_j^2 的对角矩阵。

由于模型参数 x 的高维度特性及边坡变形的非线性，后验分布 $P(x \mid d)$ 的解析解通常是不存在的，故采用马可科夫链蒙特卡罗（MCMC）模拟法得到模型参数 x 的后验分布。其核心思想是通过构造一条马尔科夫链，然后按照转移核规则引导马尔科夫链扰动过程使其逼近目标分布，抽取逼近后的样本来近似计算后验分布。MCMC 的算法很多，Metropolis-Hasting 算法应用较为广泛，主要计算步骤如下。

1）选取初始值 θ_0，满足 $f(\theta_0) > 0$；

2）对于 $i = 1, 2, \cdots, n$：

（1）从转移概率分布 $f(\theta^* \mid \theta_{i-1})$ 中产生候选样本 θ^*，其中转移概率函数要满足对称性 $f(\theta^* \mid \theta_{i-1}) = f(\theta_{i-1} \mid \theta^*)$；

（2）计算概率密度比

$$r = \frac{f(\theta^* \mid y)}{f(\theta_{i-1} \mid y)} = \frac{f(y \mid \theta^*) f(\theta^*)}{f(y \mid \theta_{i-1}) f(\theta_{i-1})} \tag{4.3-11}$$

（3）在 $(0,1)$ 均匀分布间随机产生一个 u，如果 $u < r$ 则 $\theta^i = \theta^*$，否则 $\theta^i = \theta^{i-1}$；

（4）确定是否收敛，如果不满足要求，重复步骤（1）～（3），直至产生稳定序列。

当转移概率分布函数的协方差矩阵为先验概率分布协方差矩阵值的 0.5 时，马尔科夫链计算效率较高且能够得到合理的接受率。对于模型残差 ε 取值，参照文献中推荐值，假设 $\varepsilon \sim N(0, 0.25\mu)$，$\mu$ 为监测数据的均值。

4.3.4　贝叶斯方法基本框架

采用贝叶斯方法考虑多源监测、检测数据对安全系数的综合影响，能够提高工程运行安全保障水平。从机理上，监测数据和安全系数都是工程结构体荷载和力学参数作用的结果，检测数据可以更新力学参数的分布。贝叶斯方法可以有效利用监测信息更新模型的荷载和力学参数，同时当有可用的检测数据时还可以直接更新力学参数，然后再基于更新后的参数推导结构安全。贝叶斯方法可充分利用检测和监测数据，实时动态地更新土体参数、量化并规避风险、减少不合理的资金投入,从而实现对工程的超前规划及风险控制,实现提高工程运行安全保障水平这一目标。

在采用贝叶斯方法对南水北调工程安全监测与检测融合时需要进一步研究以下问题:

(1)需合理确定对工程安全的影响因素,首先确定目标变量,然后选取影响目标变量的重要因素。以高填方边坡工程为例,目标变量为边坡安全系数、监测变量(位移、土压力等),影响目标变量的重要因素有荷载、土体力学参数等。

(2)基于目标变量和影响目标变量的因素构建贝叶斯网络结构图,然后对各参数赋予先验概率分布。

(3)建立力学分析模型,采用蒙特卡罗算法计算得到各个影响因素的条件概率分布表。

(4)根据现场调研获得的监测和检测数据等已知证据,输入贝叶斯模型,更新各参数的先验概率分布,基于先验分布得到更符合实际情况的后验概率分布。

以渠系工程为例,工程结构的安全系数、监测信息、应力位移状态等都是荷载和力学参数的表现指标,工程结构材料力学参数的改变会引起安全系数和监测点信息的相应改变。基于这一原理,结合可靠的结构分析模型,我们可以利用监测信息更新材料的力学参数,然后根据更新后的材料力学参数获取最新的安全系数和破坏概率。贝叶斯融合方法的基本框架如图 4-4 所示。

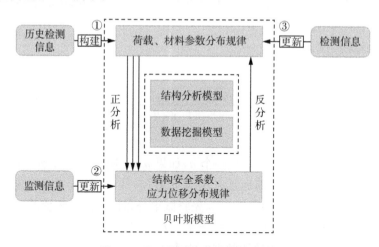

图 4-4　贝叶斯融合方法的基本框架

贝叶斯网络的应用流程包括四个组成部分:

(1)构建贝叶斯网络结构图

首先确定目标变量(如安全系数),然后选取影响目标变量的重要因素,通过分析各因素到目标变量的直接或间接关系,建立具有因果关系的有向无环网络图。然后对各参数赋予连续或者离散的状态值。

(2)定量分析贝叶斯网络先验概率

通过统计数据、经验模型或者机理分析,获取节点参数的先验概率和条件概率分布。

先验概率反映因素对目标影响的一般性的规律。

（3）获取具体案例的已知证据（参数数值）

通过勘察资料、已有检测数据或监测数据等获取具体案例的证据用于更新先验概率。

（4）基于已知证据更新先验概率得到符合具体案例实际情况的后验概率值

贝叶斯网络具有很强的灵活性，理论上与工程有关的证据都可以用于更新先验概率值，而且证据越详细、越准确，得到的后验概率值越符合实际情况。

4.3.5　贝叶斯网络构建

对应于贝叶斯网络的图属性和概率属性，建立一个完整的贝叶斯网络模型，首先要确定节点变量，构造网络结构图，然后计算网络中各节点变量的条件概率表，最后基于贝叶斯网络进行概率计算，即概率推理。

4.3.5.1　确定贝叶斯网络结构

确定一个贝叶斯网络结构，主要是根据所要解决问题的特征选定一系列特征变量，作为网络结构中的节点，然后根据特征变量间的关联与独立性关系将节点用有向线段连接起来，形成一个能传递特征变量间信息的网状结构。构造方法大致分为两种：第一种是根据专家经验或已有的理论知识，确定节点之间的关系，建立基本的网状结构；第二种是基于结构学习的方法，结构学习主要是基于依赖分析、评估搜索等算法对样本数据进行学习，进而搜索出各个变量之间的关系，以匹配最优的网络结构，局限性在于实际操作过程中，节点数量会影响算法计算的难度。

4.3.5.2　确定网络结构参数

网络结构中的各节点参数，即各节点的概率分布表，包括根节点的先验概率分布和非根节点的条件概率分布。节点类型不同，节点参数的构造方法也不同。对于根节点的先验概率分布，一般可以通过已有的理论知识或数据分析获得，重要的是如何获得非根节点的条件概率分布。目前关于贝叶斯网络中条件概率分布表的确定方法大致分为两种：第一种是通过专家经验直接输入节点的条件概率分布表；第二种是基于样本数据进行参数学习。

参数学习主要是对包含网络结构中所有随机变量的样本数据进行学习，主要是通过最大似然估计和贝叶斯估计方法分析处理数据，从而获得节点的条件概率分布表。本文主要是基于软件 Netica 进行贝叶斯网络模型分析，该软件中关于参数学习的算法包括样本数据统计、期望最大和梯度下降三种，可供使用者进行选择。三种算法对于导入软件中的样本数据的格式、节点的排列顺序等要求很简单，其中期望最大算法，又称 EM 算法，其实用性最广，可处理不完整数据样本，梯度下降算法相比较其他两种算法而言具有较快的收敛速度，且不限制硬件环境。

4.3.5.3 网络推理

贝叶斯网络推理的实质就是概率计算,基于公式 3.5,将已知的信息或观测数据作为证据变量的内容输入模型中,对现有模型中目标变量的先验概率进行修正,得到目标变量的后验概率。假设证据变量为 Y,取值 $Y=Y_1$,需要查验的目标变量为 X,基于条件概率公式可以计算得到目标变量 X 的后验概率分布 。由于需要查验的目标变量与证据变量在网络结构图中的位置不同会导致因果关系不同,因此贝叶斯网络的推理过程包括以下三种:

(1) 由原因推理结果。已知根节点的观测数据或信息,将其作为证据变量的内容输入贝叶斯网络模型中,推理计算需要查验的目标变量的后验概率分布,进而来预测该根节点的观测信息对需查验的目标节点产生的影响,称为预测推理。

(2) 由结果推理原因。已知非根节点或叶节点的观测数据或信息,基于贝叶斯网络查询导致该节点出现这种现象的原因,多用于对实际工程中某种现象或信息出现的原因进行推理,又称为诊断推理。

(3) 原因关联性推理。在贝叶斯网络结构中,一个子节点可能会有多个父节点,比如汇连结构。在这种情况下,当该子节点出现某种现象时,对可能导致该现象出现的多个原因进行关联性分析,判断出与该子节点关联性最大的原因,即对导致结果产生的原因进行影响程度分析,又称为支持推理。

综上所述,贝叶斯网络的推理过程,就是依据网络结构中所表示的各节点之间的关联或独立关系以及网络结构中的各节点参数,来推理计算考虑证据信息输入后所要查验的目标节点的后验概率分布。

4.4 证据理论融合

4.4.1 隶属度函数

若对论域(研究的范围)U 中的任一元素 x,都有一个数 $A(x) \in [0,1]$ 与之对应,则称 A 为 U 上的模糊集,$A(x)$ 称为 x 对 A 的隶属度。当 x 在 U 中变动时,$A(x)$ 就是一个函数,称为 A 的隶属函数。隶属度 $A(x)$ 越接近于 1,表示 x 属于 A 的程度越高,$A(x)$ 越接近于 0 表示 x 属于 A 的程度越低。用取值位于区间 $(0,1)$ 的隶属函数 $A(x)$ 表征 x 属于 A 的程度高低。隶属度属于模糊评价函数里的概念;模糊综合评价是对受多种因素影响的事物做出全面评价的一种十分有效的多因素决策方法,其特点是评价结果不是绝对的肯定或否定,而是以一个模糊集合来表示。隶属度函数的类型有以下几种。

(1) 三角形隶属函数:由三个参数 a,b,c 确定,表达式为

$$\mu(u)=\begin{cases} 0 & u\leqslant a \\ \dfrac{u-a}{b-a} & a<u\leqslant b \\ \dfrac{c-u}{c-b} & b<u\leqslant c \\ 0 & u>c \end{cases} \tag{4.4-1}$$

图形如图 4-5 所示。

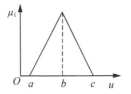

图 4-5 三角形隶属函数

（2）梯形隶属函数：由四个参数 a,b,c,d 确定，表达式为

$$\mu(u)=\begin{cases} 0 & u\leqslant a \\ \dfrac{u-a}{b-a} & a<u\leqslant b \\ 1 & b<u\leqslant c \\ \dfrac{d-u}{d-c} & c<u\leqslant d \\ 0 & u>d \end{cases} \tag{4.4-2}$$

图形如图 4-6 所示。

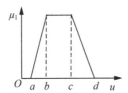

图 4-6 梯形隶属函数

（3）高斯型隶属函数：由两个参数 σ,c 确定，表达式为

$$\mu(u)=\mathrm{e}^{-\frac{(u-c)^2}{2\sigma^2}} \qquad \sigma>0 \tag{4.4-3}$$

图形如图 4-7 所示。

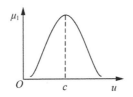

图 4-7 高斯型隶属函数

（4）广义钟形隶属函数：由三个参数 a,b,c 确定，表达式为

$$\mu(u) = \frac{1}{l + |\frac{u-c}{a}|^{2b}} \qquad a,b > 0 \qquad (4.4\text{-}4)$$

图形如图 4-8 所示。

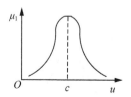

图 4-8　广义钟形隶属函数

（5）S 形隶属函数：由两个参数 a,c 确定，表达式为

$$\mu(u) = \frac{1}{1 + e^{-a(u-c)}} \qquad (4.4\text{-}5)$$

图形如图 4-9 所示。

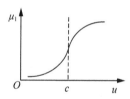

图 4-9　S 形隶属函数

4.4.2　证据理论基本原理

D-S 证据理论，即 Dempster-Shafer 证据理论，是处理不确定性问题的一个重要工具，其主要特点是不需要先验信息，对不确定信息采用"区间"描述，在区分"不知道"与"不确定"以及准确反映证据融合方面显示出很大的灵活性。

4.4.2.1　识别框架

在 D-S 证据论证中，一般采用集合的形式对命题进行表征，比如用 $\Theta = \{\theta_1,\theta_2,\cdots,\theta_i,\cdots,\theta_n\}$ 表示集合，θ_i 表示某一命题。

定义：假设对某一问题进行判决，对该问题可能存在的所有可能判决结果用 Θ 表示，且集合中的所有元素必须满足两两互斥；在任何情况下，问题的答案只能取集合 Θ 中的某一元素，那么称这些互不相容事件的完备集合 Θ 为识别框架，可以表示为 $\Theta = \{\theta_1,\theta_2,\cdots,\theta_i,\cdots,\theta_n\}$，$\theta_i$ 为识别框架 Θ 的一个命题或元素，n 是命题或元素的个数。

4.4.2.2　基本概率赋值

定义:设Θ表示一识别框架,基本概率赋值 m 是一个从集合 2^Θ 到$[0,1]$的映射(2^Θ 为Θ的幂集),A 表示识别框架的任一子集,如果函数 m: $2^\Theta \rightarrow [0,1]$满足以下条件,

(1) $m(\varnothing) = 0$,

(2) $\sum_{A \subseteq \Theta} m(A) = 1$,

那么 $m(A)$ 就表示 A 的基本概率赋值,也可用 BPA(Basic Probability Assignment Function)表示,在一些论文中也称之为基本概率分配函数或质量函数等。$m(A)$反映了对命题 A 的支持程度,即分配到命题 A 上的概率大小。条件(1)表明空集对命题 A 不产生任何信任;条件(2)表示识别框架下命题的基本概率赋值相加的和为 1。$m(A)$是由相应的数学方法或者人们根据自身专业知识和经验对事物进行评判得到的。

在识别框架Θ中,对于一个子集 A,如果 $m(A)>0$,那么 A 就被称为焦元。焦元中包含的识别框架元素的个数称为焦元的基。当子集 A 中只有一个元素时,称为单元素焦元;当子集 A 中有 i 个元素时,称为 i 元素焦元。

4.4.2.3　信任与似然函数

(1) 信任函数:D-S 证据理论的融合结果需要通过区间来表达对任意一个假设的支持力度,这个区间的下限称为信任函数。集合 A 是识别框架 Θ 的任一子集,将 A 中全部子集对应的基本置信度之和称为信任函数 $\mathrm{Bel}(A)$,即 Bel: $2^\Theta \rightarrow [0,1]$,

$$\mathrm{Bel}(A) = \sum_{B \subseteq A} m(B) \tag{4.4-6}$$

(2) 似然函数:设识别框架 Θ,幂集 $2^\Theta \rightarrow [0,1]$ 映射,A 为识别框架内的任一子集,似然函数(似真度函数)$\mathrm{Pl}(A)$定义为对 A 的非假信任度,即对 A 似乎可能成立的不确定性度,此时有:

$$\mathrm{Pl}(A) = \sum_{B \cap A \neq \Phi} m(B) = 1 - \mathrm{Bel}(\overline{A}) \tag{4.4-7}$$

式中:$\mathrm{Pl}(A)$ 表示 A 为非假的信任程度,A 的上限概率;$\mathrm{Bel}(\overline{A})$ 表示对 A 为假的信任程度,即对 A 的怀疑程度。

4.4.3　证据融合规则及其基本性质

合成规则是反映不同证据融合过程的数学法则。只要给定几个识别框架下的不同证据的信任函数,并且这些证据不完全冲突,那么就能够利用合成规则计算出一个函数,作为这些证据融合后的信任函数。

4.4.3.1　Dempster 合成规则

对于任意 A Θ,Θ 上的两个 mass 函数 m_1,m_2 的 Dempster 合成规则为:

$$m_1 \bigoplus m_2(A) = \frac{1}{K} \sum_{B \cap C = A} m_1(B) \cdot m_2(C) \qquad (4.4-8)$$

其中，K 为归一化常数：

$$K = \sum_{B \cap C \neq \varnothing} m_1(B) \cdot m_2(C) = 1 - \sum_{B \cap C = \varnothing} m_1(B) \cdot m_2(C)$$

4.4.3.2　两个证据的合成

定义：同一识别框架 Θ 上的两个独立证据 E_1, E_2，其基本概率赋值函数分别为 m_1 和 m_2，m_1 和 m_2 的焦元分别为 $\{A_1, A_2, \cdots, A_p\}$ 和 $\{B_1, B_2, \cdots, B_q\}$，则合成证据 m_1 和 m_2 的 D-S 证据理论的融合规则为：

$$m(A) = \begin{cases} 0, & A = \varnothing \\ \dfrac{1}{1-k} \sum_{\substack{A_1, B_j \subseteq \Theta \\ A_1 \cap B_j = A}} m_1(A_1) \cdots m_n(A_n), & A \neq \varnothing \end{cases} \qquad (4.4-9)$$

上式中：

$$k = \sum_{A_i \cap B_j = \varnothing} m_1(A_i) m_2(B_j)$$

式中：k 表示冲突系数，$k \in [0,1]$，反映了两个证据间的冲突程度。k 越接近 1，冲突越大；反之 k 越接近 0，冲突越小。式（4.4-9）中的 $1/(1-k)$ 称为归一化因子，它的目的是避免融合过程中将非零的概率赋给空集 $\varnothing$。

4.4.3.3　多个证据的合成规则

D-S 证据理论融合规则不仅可以实现两个证据的融合，还可以实现多个证据的融合。

定义：设同一识别框架 Θ 上的 n 个独立证据 $E_1, E_2, \cdots, E_n$，其基本概率赋值分别为 $m_1, m_2, \cdots, m_n$，那么合成这些证据的 D-S 融合规则为

$$m(A) = \begin{cases} 0, & A = \varnothing \\ \dfrac{1}{1-k} \sum_{\substack{A_1 \cdots A_n \subseteq \Theta \\ A_1 \cap \cdots \cap A_n = A}} m_1(A_1) \cdots mn(A_n), & A \neq \varnothing \end{cases} \qquad (4.4-10)$$

其中：

$$K = \left(\sum_{\substack{A_1 \cdots A_n \subseteq \Theta \\ A_1 \cap \cdots \cap A_n = A}} m_1(A_1) \cdots m_n(A_n) \right)^{-1}$$

当然,该公式也可以实现两两证据的融合。

4.5　层次分析-云模型融合理论

4.5.1　层次分析法基本原理

层次分析法(Analytic Hierarchy Process,AHP)是由美国运筹学家匹茨堡大学教授萨蒂于 20 世纪 70 年代初应用网络系统理论和多目标综合评价方法为美国国防部研究"根据各个工业部门对国家福利的贡献大小而进行电力分配"课题时提出的一种层次权重决策分析方法,可以实现定性问题的定量化分析。

层次分析法的基本原理是:首先,根据待决策系统的基本性质筛选出若干评价因素,并按照一定逻辑关系将这些评价因素建立若干层次;其次,对同一层次评价因素的重要程度进行逐个两两对比打分,构建该层次判别矩阵计算其每个评价因素的重要性权重排序;最后,综合各层次评价指标权重以确定各评价因素相对重要性总排序,把对评价对象有不同影响程度的评价因素形成顺序化、层次化、系统化的评价体系。所构建的 AHP 层次分析体系可以辅助评价者做出系统、正确的判断和评价。

常见的层次分析法形式为三层,即目标层、准则层、指标层,其各自的含义如下。

目标层:评价体系中的最高层,一般情况下即为评价的目标或者待评价的对象。

准则层:评价体系中的中间层,一般由若干具有逻辑关系的评价因素或者子准则层构成;同一准则层一般包括两个或两个以上评价指标或准则。

指标层:评价体系中的最底层,一般是评价体系中的每一个具体的评价因素;每个评价指标是层次分析体系中的最基本元素。

层次分析法适用于受多方面影响因素并且评价因素中包含难以量化描述的评价问题。倒虹吸安全状态综合评价恰好是一个涉及因素广泛的复杂评价问题,因此 AHP 基本原理为倒虹吸安全综合评价提供了便利的条件,为指标层监测、检测、勘测设计等多元信息的指标层融合创造了先天的优势。因此我们可以将 AHP 应用于倒虹吸安全综合评价中,依此原理构建的评价体系可以辅助解决倒虹吸的实时安全综合评价问题。

4.5.2　熵权法理论

熵权法指根据各指标的变异程度,利用信息熵计算各指标的熵权。根据信息论的基本原理,信息是系统有序程度的一个度量,而熵是系统无序程度的一个度量。当评价对象在某项指标上的值相差较大时,熵值较小,说明该指标提供的有效信息量较大,权重也应较大;反之,若某项指标的值相差越小,熵值较大,说明该指标提供的信息量较小,权重也应较小。计算步骤如下。

设 n 个待评价样本,m 项评价指标,则有评价样本实测矩阵 $X = [x_{ij}]_{nm}$,即:

$$X = \begin{bmatrix} x_{11} & x_{12} & \cdots & x_{1m} \\ x_{21} & x_{22} & \cdots & x_{2m} \\ \vdots & \vdots & & \vdots \\ x_{n1} & x_{n2} & \cdots & x_{nm} \end{bmatrix}_{nm} \tag{4.5-1}$$

对该矩阵进行归一化,得到标准矩阵 $V = [v_{ij}]_{nm}$,其中,对于大者为优的指标而言,有:

$$v_{ij} = \frac{x_{ij} - \min\limits_i(x_{ij})}{\max\limits_i(x_{ij}) - \min\limits_i(x_{ij})} \tag{4.5-2}$$

而对于小者为优的指标而言,有:

$$v_{ij} = \frac{\max\limits_i(x_{ij}) - x_{ij}}{\max\limits_i(x_{ij}) - \min\limits_i(x_{ij})} \tag{4.5-3}$$

第 j 个指标熵 H_j 定义为:

$$H_j = -t \sum_{i=1}^n f_{ij} \ln f_{ij} \tag{4.5-4}$$

$$f_{ij} = \frac{V_{ij}}{\sum\limits_{i=1}^n V_{ij}}$$

式中:t 取 $1/\ln n$,当 $\max\limits_i(x_{ij}) = \min\limits_i(x_{ij})$ 时,即 n 个样本在指标 j 上的值完全相等时, $H_j = 1$;当 $f_{ij} = 0$ 时,$f_{ij} \ln f_{ij} = 0$;从而可以得到熵权 $W = (w_j)1xm$ 为:

$$w_j = \frac{1 - H_j}{\sum\limits_{j=1}^m 1 - H_j} \tag{4.5-5}$$

其中,H_j 是第 j 个指标的差异系数。

4.5.3 云模型理论

4.5.3.1 云模型基本概念

云模型理论是中国工程院院士李德毅教授于 1995 年基于概率论和模糊数学对模糊性和随机性两者之间的关联性进行研究后提出的概念。云模型理论的提出较好解决了概率论和模糊数学在处理不确定性问题方面的不足,在众多的不确定性中,随机性和模糊性是最基本的。自提出以来,云模型理论已在决策分析、数据挖掘、图像处理等众多领域得以成功运用。

定义:设 X 是一个普通集合,$X = \{x\}$,称为论域。关于论域 X 中的模糊集合 A,是指

对于任意元素 x 都存在一个有稳定倾向的随机数 $\mu_A(x)$,叫做 x 对 A 的隶属度。如果论域中的元素是简单有序的,则 X 可以看作是基础变量,隶属度在 X 上的分布叫做隶属云;如果论域中的元素不是简单有序的,而根据某个法则 f,可将 X 映射到另一个有序的论域 X' 上,X' 中有且只有一个 x' 和 x 对应,则 X' 为基础变量,隶属度在 X' 上的分布叫做隶属云。

云模型运用期望 Ex(Expect value)、熵 En(Entropy)和超熵 He(Hyper entropy)反映评判对象的随机性和关联性,Ex 表示论域的中心,在云图中表现为云滴的重心;En 是对不确定性定性概念的度量,表示云滴的离散程度;He 为熵的熵,反映云层的厚度及波动程度。图 4-10 表示一个具体的云模型示意图。

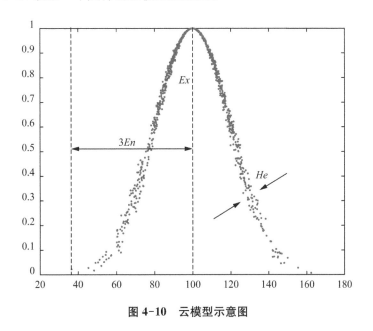

图 4-10　云模型示意图

期望 Ex(Expect value):描述云滴在论域空间分布的期望,即云模型图中中心位置,是这个概念量化的最典型样本,是最能够代表定性概念的点。

熵 En(Entropy):描述定性概念的模糊程度,反映了云滴的取值范围即云滴的离散程度。定性概念越模糊,云滴的取值范围越广、离散程度越大,En 则越大;定性概念越精准,云滴的取值范围越小、离散程度越小,En 则越小。

超熵 He(Hyper entropy):描述熵的不确定性度量,为二阶熵,反映云图中云滴的随机性和模糊性。即云滴的随机性和模糊性越强,He 则越大,云图中云的厚度越大;云滴的随机性和模糊性越弱,He 则越小,云图中云的厚度越小。

根据云模型的基本原理可知,定性概念最终将由 N 个云滴组成,云滴群将代表和反映定性概念。

4.5.3.2　云发生器

云模型可实现定性概念和定量数值之间相互转化,按照定性概念和定量数值的转化逻辑关系可分为正向云和逆向云两类基本算法。云发生器是实现云模型算法的具体计算工具,常见的云发生器有正向云发生器、逆向云发生器、X 条件云发生器和 Y 条件云发生器 4 种类型。

正态云是最为常见且重要的一种云模型,其建立在正态分布和钟形隶属函数的普遍适用性之上,定义如下。

定义:设 U 是一个用精确数值表示的定量论域,C 是 U 上的定性概念,若定量值 $x \in U$,且 x 是定性概念 C 的一次随机实验值,若 x 满足 $x \sim N(Ex, En'^2)$,其中,$En' \sim N(En, He^2)$,且 x 对 C 的确定度满足:

$$\mu(x) = \exp\left[-\frac{(x-Ex)^2}{2En'^2}\right] \tag{4.5-6}$$

则 x 在论域 U 上的分布为正态云。

正向云发生器:由云的数字特征 (Ex, En, He) 作为输入值,生成云滴 x_i 和其对应确定度作为输出值的云模型算法;是实现定性概念到定量数值的转换模型。

输入:云模型的数字特征 (Ex, En, He),所要生成的云滴个数 N。

输出:N 个云滴 x_i 及其确定度 μ_i。

其算法如下:

(1) 产生一个期望值为 En,标准差为 He 的正态随机数 $En'_i = \text{NORM}(En, He^2)$;

(2) 产生一个期望值为 Ex,标准差为 En' 的正态随机数 $x_i = \text{NORM}(Ex, En'^2)$;

(3) 利用 x_i 和期望值 Ex 计算隶属度:

$$\mu(x_i) = \exp\left[-\frac{(x_i-Ex)^2}{2En'^2}\right] \tag{4.5-7}$$

(4) 得到一个确定度为 $\mu(x_i)$ 的云滴 x_i,即云图中的一个云滴 $(x_i, \mu(x_i))$;

(5) 重复步骤(1)到(4)N 次,共得到 N 个云滴形成的正向正态云图。

➢逆向云发生器:由符合某一正态分布规律的样本数据点 x_i 及其确定度 μ_i 即定量数值作为输入值,生成反映定性概念的 3 个数字特征 (Ex, En, He) 作为输出值的云模型算法;逆向云发生器是实现定量数值到定性概念的转换模型。

·基于均值的逆向云发生器

输入:样本点 x_i,其中 $i = 1, 2, \cdots, n$;

输出:具有定性概念的云模型云数字特征 (Ex, En, He)。

其算法如下:

(1) 计算样本云滴 x_i 的样本均值:

$$Ex = \frac{1}{n}\sum_{i=1}^{n} x_i \tag{4.5-8}$$

(2) 计算样本方差:

$$S^2 = \frac{1}{n-1}\sum_{i=1}^{n} (x_i - Ex)^2 \tag{4.5-9}$$

（3）计算云模型云滴的熵：

$$En = \sqrt{\frac{\pi}{2}} \times \frac{1}{n} \sum_{i=1}^{n} |x_i - Ex| \qquad (4.5-10)$$

（4）计算云模型的超熵：

$$He = \sqrt{S^2 - En^2} \qquad (4.5-11)$$

・基于拟合的逆向云发生器

由已知的云滴信息，用云期望曲线：

$$C_T(l) = \frac{1}{\hat{f}(l)} \exp - \frac{[\hat{f}(l)(1-\hat{E}x)]^2}{2[En(l)]^2} \qquad (4.5-12)$$

拟合得 Ex 的估计值：

$$\hat{E}x(l) = \frac{\sum_{i=1}^{n} \hat{f}(l_i)l_i}{\sum_{i=1}^{n} \hat{f}(l_i)} \qquad (4.5-13)$$

输入：每个云滴在数域内的数值 l_i 及其与定性概念相对应的确定度 $C_T(l_i)$；

输出：云数字特征 (Ex, En, He)，云滴数量 N。

其具体步骤如下：

（1）将 $C_T(l) > 0.999$ 的点剔除，剩 m 个云滴；

（2）计算：

$$En(l_i) = \frac{|f(l_i)(l_i - \hat{E}x)|}{\sqrt{-2\ln(f(l_i)C_T(l_i))}} \qquad (4.5-14)$$

（3）计算 En 的估计值：

$$\hat{E}n(l) = \sqrt{\frac{\sum_{i=1}^{m} [\hat{f}(En(L_i)) \cdot En(l_i)]}{\sum_{i=1}^{m} \hat{f}(En(L_i))}} \qquad (4.5-15)$$

（4）计算 He 的估计值

$$\hat{H}e(l) = \sqrt{\frac{\sum_{i=1}^{n} [\hat{f}(En(l_i))En(l_i) - \hat{E}n(En(l_i))]^2}{\sum_{i=1}^{n} \hat{f}(En(l_i))}} \qquad (4.5-16)$$

➤ X 条件云发生器：由云的数字特征 (Ex, En, He) 和特定的初始数值 x_0 作为输入值，生成云滴 x_i 和其对应确定度 $\mu(x)$ 作为输出值的云模型算法。

输入：云数字特征 (Ex, En, He)，已知值 x_0；

输出：对应于已知值 x_0 的 N 个云滴 x_i 及其确定度 μ_i。

其算法如下：

（1）产生一个期望值为 En，标准差为 He 的正态随机数 $En'_i = \text{NORM}(En, He^2)$；

(2) 产生一个期望值为 Ex，标准差为 En' 的正态随机数 $x_i = \mathrm{NORM}(Ex, En'^2)$；

(3) 利用 x_i 和期望值 Ex 计算隶属度：

$$\mu(x_i) = \exp\left[-\frac{(x_i - Ex)^2}{2En'^2}\right] \tag{4.5-17}$$

(4) 得到一个关于已知值 x_0 确定度为 μ_i 的云滴 x_i，即云图中的一个云滴 $(x_i, \mu(x_i))$；

(5) 重复步骤(1)到(4)N 次，共得到 N 个云滴形成的正向正态云图。

➤ Y 条件云发生器：由云的数字特征 (Ex, En, He) 和特定的初始确定度值 μ_0，生成相对应的云滴 x_i 作为输出值的云模型算法。

输入：云数字特征 (Ex, En, He)，已知值 μ_0；

输出：与已知值 μ_0 相对应的云滴 x_0。

其算法如下：

(1) 产生一个期望值为 En，标准差为 He 的正态随机数 $En'_i = \mathrm{NORM}(En, He^2)$；

(2) 计算：

$$x_i = Ex \pm En'_i\sqrt{-2\ln\mu_i}$$

(3) 得到确定度为 μ_0 的 x_0，即 (x_0, μ_0) 成为一个云滴；

(4) 重复步骤(1)到(3)N 次，共得到 N 个云滴形成的正向正态云图。

4.6 基于神经网络的融合理论

人工神经网络是一种非线性动力学系统，具有较强的非线性动态处理能力，在不知道数据的具体分布形式和数据之间的制约关系的情况下也能进行非线性映射。人工神经网络可以基于现有的知识对现有的模式进行自我学习，并将学习的结果存储在神经元的阈值和神经元间的连接权值中，当有新的模式输入时，网络将其与网络中已存储的模式进行比较，获取最接近的模式，给出启发式的推断结果。近年来，随着人工智能和神经网络技术的发展，人工神经网络已越来越多地被用于岩土渠道边坡的稳定性分析。一般而言，采用神经网络对渠道边坡的稳定性进行分析可分为两个阶段：第一阶段为网络的学习阶段，网络对现有的工程实例进行学习，形成知识库，以阈值和连接权值的形式储存在网络中；第二阶段为回忆操作阶段，输入新的模式，网络基于自身储存的知识库给出启发式的推断结果。具体过程和系统模型如图 4-11 所示。

人工神经网络通过自我学习，把非线性信息分布存储在各节点的连接权值中，具有较好的容错和抗干扰能力。由于其具有记忆、联想、自适应及良好的鲁棒性等一系列优点，近年来在人工智能和专家系统中得到了广泛的应用。图 4-12 为神经网络的结构示意图。

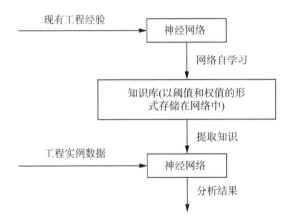

图 4-11　神经网络分析的系统模型

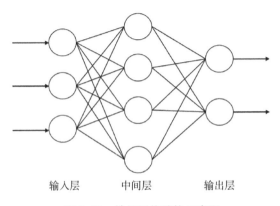

图 4-12　神经网络结构示意图

4.6.1　人工神经网络的基本结构与模型

4.6.1.1　人工神经网络基本类型

人工神经网络有很多种模型,根据不同的方法有不同的分类。常用的分类方法有:根据网络内部信息流分类和根据网络拓扑结构分类。根据网络内部信息流可将神经网络分为反馈型网络和前向型网络。

(1)反馈型网络

单纯反馈型网络的结构如图 4-13 所示,因其信息流向的特点而得名。反馈型网络中每个节点都可以处理信息,而且每个节点可以同时接收信息和输出信息。单纯全连接反馈网络是一种经典的反馈网络,其他反馈网络度可以从它的结构上演变得到。

网络的结构是神经网络三大要素之一,它的特点是分布式存储记忆和分布式处理信息、高度的互连性与并行性以及结构可塑性。

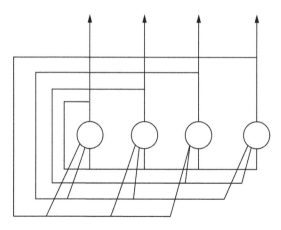

图 4-13　反馈网络模型

（2）前向型网络

前向型网络是指拓扑结构有向无环图的神经网络。它的信息处理方向是从输入层到各隐藏层再到输出层逐层传递，没有反馈。除输出层外，输入层和隐藏层神经元都要进行一定的计算，所以也叫计算节点。这类网络很容易串联起来建立多层前馈型网络，如图 4-14 所示的无隐层网络。当这种前馈网络的传递函数都采用 S 形函数时就变成了如图 4-15 所示的多层 BP 网络结构。

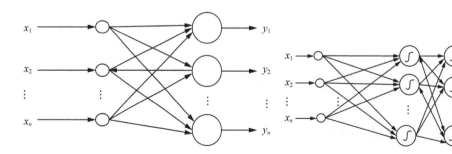

图 4-14　两层感知器网络　　　　　　　　图 4-15　BP 神经网络

人工神经网络（Artificial Neural Network，ANN)是一种由大量神经元、神经节点组成的复杂非线性系统，它模拟了人脑工作的特性，但并不能反映大脑的真实工作状况，而是对人脑的一种简化和模拟。神经元是 ANN 的基本单元，每个神经元由输入要素、激活函数和输出要素组成，神经元结构简单，可以由图 4-16 表示，神经元之间依靠权重、阈值进行联

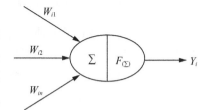

图 4-16　神经元示意图

系，大量神经元之间产生的多种关系以及非线性的激活函数形式使 ANN 具有了处理复杂非线性问题的能力。ANN 所谓的样本学习能力，即是 ANN 能够按照一定的计算规则，不断改变神经元之间权重和阈值，来降低模型输出和真实值之间的误差。

目前，根据不同的科研和应用需求，世界上已经开发了很多 ANN，例如用于图像处理的卷积神经网络(CNN),用于进行时间序列数据预测的递归神经网络(RNN),用于生成样本数据并进行识别的生成式对抗神经网络(GAN),能够高效解决分类问题的径向基神经网络(RBF),以及模糊神经网络、小波神经网络、混沌神经网络和各种耦合神经网络模型。针对一类问题,可以直接应用一种适用的神经网络,也可以根据问题的特性来改造、优化神经网络,目前大多数的神经网络都是以误差反向传播(Back Propagation, BP)神经网络为基础发展而来的。BP神经网络算法简单,结构明确,有助于科研人员对问题的理解,对于BP神经网络的研究是ANN算法的重要基础,因此本节重点对BP神经网络的相关概念和原理进行探讨和分析。

4.6.1.2　BP神经网络

（1）基本内涵

BP神经网络指的是由误差反向传播的BP算法训练的前馈型神经网络,是目前应用最多并且发展也较为完善的一种人工神经网络,它是人工神经网络最精华的部分。

其主要思想是从后向前地反向传播输出层的误差,来间接地算出隐层误差,算法由正反两个传播阶段组成,第一阶段将学习样本输入网络里,通过设定的网络拓扑结构和权值、阈值,根据传输函数从网络的输入层到隐层逐层逐步计算各个神经元的实际输出值;在第二阶段通过对权值和阈值调整,输出误差从最后一层逐层向前计算各层权值、阈值对总误差的影响大小,据此对网络各层的权值、阈值进行修正。通过以上两个阶段的反复交替运行,直至网络达到收敛。

它的基本结构由输入层、隐含层、输出层组成,如图4-17所示。它的中间隐含层可通过具体问题扩展到多个。一般三层BP神经网络在隐含层神经元节点数足够多的情况下,都可以实现任意复杂函数的非线性映射。BP神经网络因其数学含义明确、步骤分明,故其在函数逼近、模式识别与分类等领域有着广泛的应用。

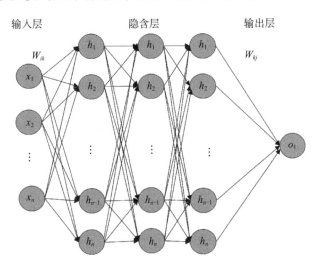

图 4-17　BP 神经网络结构示意图

BP算法的核心过程是信号的正向传播和误差的反向传播,即初始信号由输入层向输出层传递,产生误差后,误差从输出层向输入层传递,权重和阈值的改变也相应地从输出层向输入层逐层改变。

正向传播时,数据信号从输入层开始,经过第一次权重和阈值的运算,到达隐含层,在隐含层中发生非线性变换,产生隐含层的输出,再经过第二次权重和阈值的运算,最终到达输出层,形成实际输出值,若实际输出值与期望输出值之间存在误差,则该误差将从输出层反向传播到隐含层,误差在隐含层被分摊到各个节点,然后再反向传播到输入层的每个节点,各节点通过调节权重和阈值以达到误差按梯度方向下降的目的。BP 神经网络中不断重复上述过程,即为训练学习过程,最终确定了网络的全局最小误差以及各层节点的权重和阈值,训练过程停止。训练完毕的 BP 神经网络,可以根据输入因素,直接计算输出结果,网络内部从输入层到隐含层、从隐含层再到输出层之间各节点的综合关系,就是输入因子和输出结果之间的非线性关系。

（2）算法的不足

➢ 算法稳定性和学习率之间的矛盾。

神经网络的梯度算法对网络的稳定训练,要求学习率较小,所以一般训练过程的收敛速度会较慢。如果问题过于复杂,BP 算法的训练时间可能会很长。

➢ 缺乏合理有效的学习率选择方法。

对于非线性网络,至今还没有找到一种简单易行的方法,以解决非线性网络学习率的选择问题。

➢ 训练学习过程有可能陷于局部极值。

BP 算法可以使网络权值收敛到一个解,但并不能保证所求的为误差超平面的全局最小解,很有可能是一个局部极小解。

➢ 没有确定隐层神经元数的有效手段。

在进行多层神经网络隐层神经元数的选择时,隐层神经元取得太少的会导致网络"欠适配",而隐层神经元取得太多的又会导致"过适配"。

（3）求解设计

①选取输入、输出样本集合

为测试网络训练的实际效果,一般需要先将样本数据进行分类。若样本数据比较充足,可考虑将样本数据分为训练样本、测试样本、评价样本三组,常取训练样本为 1/2、取测试样本和评价样本均为 1/4,若样本数据不充足,可考虑留少部分样本用作测试,其余样本用作网络训练。

②确定 BP 网络结构层数

理论上讲,当隐含层节点数无限制时,仅含有一个隐含层的 BP 网络可以实现任意非线性映射。考虑到网络的收敛速度及避免陷入局部极小等问题,BP 网络的隐含层数一般不超过两层。隐含层节点数有不同的确定方法,主要与问题的要求、输入输出个数有关,常按以下几种方法确定：

$$n_h = \sqrt{n+m} + a$$
$$n_h \leqslant [n \times (m+3)]^{1/2} + 1$$

$$n_h = \text{int}(\sqrt{n+1} + 6)$$

式中：n_h 为隐含层节点个数；m 为输出神经元数；a 为 1 到 10 之间的常数。

③初始归一化 BP 网络样本数据

往往需要先对训练样本做归一化处理，由于样本数据单位量级不统一容易引起网络陷入局部极值，通常用 MATLAB 自带的函数对样本进行归一化，将处理数据的取值范围进行限定。

④非线性拟合实现函数

选定适当的传递函数、训练函数，创建 BP 神经网络，随机或合理给定输入层、隐含层与输出层间的初始传递权值和阈值，设定训练参数训练 BP 网络。训练参数一般包括训练要求精度（常取 0.001，缺省为 0）、学习速度（常取 0.05，缺省为 0.01）、最大训练次数（常取 500，缺省为 100）和动量系数（常取为 0.9）等。

⑤提高 BP 网络的泛化能力

在 BP 神经网络的训练过程中往往会出现所谓的"过适配"问题，即对于训练集的样本其预测误差可以很小，但对于训练集以外的新样本其预测误差会很大。在 MATLAB 神经网络自带的工具箱中，可通过提前终止法和归一化法这两种方法来提高网络的泛化能力。归一化法是根据调整网络的性能函数来实现网络的泛化能力增强，用于函数逼近时性能较好；而提前终止法是通过将训练样本划分，进行网络训练不断地更新权值、阈值来增强网络的泛化能力，用于模式识别时的性能较好。

⑥神经网络模型仿真及结果分析

BP 神经网络的仿真使用函数 sim0，可以使用该函数方便地得到网络的仿真结果。通过调用 Postreg 函数来计算相关系数、调用 MSE 函数来计算拟合误差，对输出结果进行评价。基于 BP 神经网络算法参数反演计算流程如图 4-18 所示。

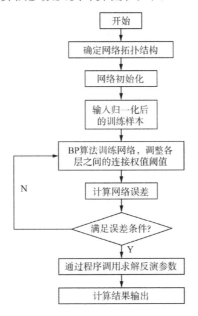

图 4-18 BP 神经网络反演分析程序流程图

4.6.1.3 深度神经网络(DNN)

深度学习可以更加深层次地学习数据之间的特征,提取每一层的特征,很好地建立起从底层信号到高层信号的映射关系。深度神经网络(DNN)和传统的浅层神经网络的不同点是,深度神经网络的分层训练算法可以形成"特征层",可以从低到高提取特征,越到高层的特征的抽象性就越强。深度神经网络的强大之处在于,这些特征不是人类规定或告诉机器的,而都是它自己通过训练得到的。由于深度神经网络能通过深度非线性结构逼近复杂函数,因此它可以从少量数据中学习到更为深层的特征,这是浅层神经网络所不具备的特点。与传统浅层神经网络相比,深度神经网络更向上提高了一个层次,处理数据的能力更强,更能提取数据之间的特征信息,这样的处理方式更接近人类大脑。因此,深度神经网络只靠着自身的训练算法就能实现复杂的模式识别。深度神经网络只包含多层非线性特性,这样的单元结构使得网络可以将输入数据转换到特定的问题中。由于深度神经网络具有"深度学习"的特点,它可以表达更为复杂的函数。

以往的研究员由于受到一些因素的限制多使用单隐藏层的多层感知器(MLP),深度神经网络从实质上讲也是一个 MLP。深度神经网络和传统的 MLP 的区别是:传统的MLP 包含的隐藏层很少(1 个或 2 个),而 DNN 包含了多个隐藏层(一般 4 个以上)。在深度神经网络中,当前隐藏层可以作为下一层的输入和上一个隐藏层的输出,层层叠加。更值得注意的是,DNN 之所以能够快速有效地训练并获得优秀的性能,是因为它通常会借助一些有效的预训练方法来对网络参数进行初始化。在 DNN 的结构中,属于同一层的神经元之间不存在连接,而相邻两层之间的神经元两两相互连接,上一层的神经元与下一层的每个神经元进行连接,是一种一对多的状态。

DNN 的隐藏层节点一般采用激活函数来建模,常用的激活函数有 S 形(Sigmoid)函数、双曲正切(Tanh)函数、ReLU 函数和 ELU 函数,此外还有 Leaky ReLU、PReLU、Softmax 等函数。具体来说,Sigmoid 和 Tanh 函数能将输入的线性组合转化为非线性输出,但存在梯度消失的问题;ReLU 及其变体(如 Leaky ReLU、PReLU、ELU)能够解决梯度消失问题,同时保持非线性;Softmax 函数则通常用于多分类问题的输出层,它能将多个神经元的输出转化为概率分布。

深度神经网络通常包含一个输入层、一个输出层,但是它拥有更多的隐藏层,每一层又包含多个神经元,由每层的神经元堆叠而成,如图 4-19 所示。深度神经网络的运行模式和浅层神经网络一样,输入数据到输入层,在输入层训练然后传递给第二层,这样一次次进行,最后在输出层输出。与传统浅层神经网络(如 BP 神经网络)相比,深度神经网络可以通过预训练获得较为合适的权重初值,避免随机设置初始化参数选择导致陷入局部最优。因此,深度神经网络训练的结果也比传统神经网络更优。

(1)深度神经网络的训练过程

深度神经网络的训练过程可以分为以下两步:

• 神经网络经过一层一层的训练,提取的特征向量由低到高,每个高层特征空间都包含底层神经网络的特征向量,并且在此过程中保留了尽量多的特征信息。

• 整体神经网络可以自行进行参数优化,通过算法对整个网络的权值进行细微的调

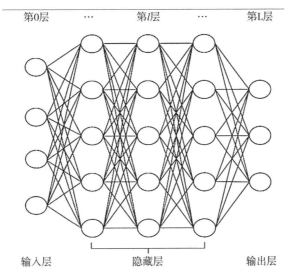

第0层　…　第l层　…　第L层

输入层　　　　隐藏层　　　　输出层

图 4-19　深度神经网络结构图

整,由此完成对整个网络的权值训练。

(2) 参数选择

建模选择的参数主要有 batch_size、input_size、LR、hidden_size 以及在深度神经网络下的 time_step。batch_size 是数据训练样本批量大小,通过训练过程来进行优化靠拢损失函数值域中的最优解。input_size 是模型输入数据的维度,是影响滑坡的因子个数。LR 是深度神经网络的学习率,可以表示为深度学习的迭代步长。LR 越小,深度神经网络训练就会越可靠,但是耗费的时间也会更多。隐藏层神经元数 hidden_size 和时间步长 time_step 可以通过提取输入数据样本的特征来改善模型。

(3) 确定隐藏层层数

相较于 BP 神经网络只有一层隐藏层,DNN 网络有多层隐藏层。为了得到 DNN 网络预测的最好结果,研究者须对 DNN 网络隐藏层的神经元数进行择优增加或减少来进行观测。通过依次增加隐藏层层数观测网络的效果,确定一个最优的隐藏层层数,并且在每次程序运行时都记录下时间,观测一些层数的增加对程序运行时间的影响。也可以依据纳什系数确定隐藏层层数。

(4) 损失函数

DNN 网络同 BP-ANN 一样,其损失函数作为调参的一个过程体现,可以看出网络的训练效果。随着网络对训练集的学习,网络参数得到优化,网络的损失函数会越来越小。同样的,在 DNN 中损失函数也不是越小越好,如果损失过小,可能会出现过拟合现象。

(5) 深度全连接神经网络

深度学习,作为机器学习的一种方法,其核心结构源于人工神经网络的研究。早在 1943 年,心理学家 McCulloch 和数学家 Pitts 就提出了形式神经元模型,标志着神经科学计算时代的到来。然而,直到 1986 年,Rumelhart 等人提出了多层感知器,人们才开始重新关注神经网络。进入 20 世纪 90 年代,由于计算能力的限制以及算法的局限性,神经网络研究进入了瓶颈期。

然而,随着计算机硬件的发展和算法的改进,神经网络研究在 2006 年再度焕发生机。Hinton 等人于此时提出了深度学习的概念,标志着现代深度学习时代的开启。自那时起,深度学习的发展速度迅猛。深度神经网络和卷积神经网络等模型不断被提出并优化。特别是随着数据量的逐渐增长、并行计算能力的提升、分布式系统的发展以及硬件(如 GPU)等的飞速进步,深度学习的效果越来越好,超越了前期主流的机器学习模型(如 SVM)。如今,深度学习已经在语音识别、自然语言处理、计算机视觉等多个领域取得了显著的成果,并在谷歌 AlphaGo 等人工智能应用中发挥了关键作用。

深度全连接神经网络是一种重要的前馈神经网络,可以实现无监督学习,从而以更快的收敛速度和更高的拟合精度来逼近现实。同时来自不同样本的梯度产生相干性,使得深度全连接神经网络具有良好泛化性。

深度全连接神经网络结构如图 4-20 所示,由 3 部分组成:输入层、隐含层、输出层。

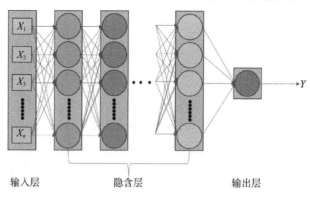

图 4-20　深度全连接神经网络结构

【案例分析】

对输入层,选取与泥石流易发相关程度较高的流域面积、流域高差、平均坡度等共 14 个因子作为模型的输入;隐含层由多层构成,隐含层通过引入激活函数,将非线性因素引入神经元,使其逼近任何非线性函数,从而可以对输入数据进行特征提取;输出层可以看作对模型提取的特征进行特征转换,结果表示泥石流发生的概率。

与传统神经网络相比,深度全连接神经网络的节点之间为全连接并且更强调网络的深度。全连接指的是每个节点与下一层的节点之间均有运算关系。深度指的是输出层和隐含层的层数之和。

一般可采用试错法以及参数网格搜索,使用均方根误差的负数作为得分,确定隐含层数量、各隐含层神经元数量。选用合适的激活函数可以使得模型获得数值间的非线性关系并且加快收敛,对模型具有重要作用。ReLU 函数是非零为中心的输出函数,具有稀疏表达能力。Logistic 函数具有在数据在传递的过程中不容易发散的优点。

$$\text{ReLU}(x) = \begin{cases} \max(0, x), & x \geqslant 0 \\ 0, & x < 0 \end{cases} \tag{4.6-1}$$

式中:x 表示输入值。

模型采用交叉熵损失函数,通过表示已知数据值的真实分布与预测分布之间的差异,使得预测值逐渐逼近输入真实值,从而提高模型的预测精度。

$$\text{Loss}(\hat{y}_i, y_i) = -\frac{1}{n}\sum_{i=1}^{n}\left[y_i\ln(\hat{y}_i) - (1-y_i)\ln(1-\hat{y}_i)\right] \tag{4.6-2}$$

式中:n 表示样本个数,y_i 表示第 i 个样本标签值,$\hat{y}_i$ 表示第 i 个样本预测值。

深度全连接神经网络的建模步骤如下:

①数据预处理

训练样本和测试样本的划分及数据标准化处理。

②网络构建

确定网络结构,激活函数和损失函数的选取。

③优化算法的选取

将经过标准化处理的训练样本数据输入步骤②的网络模型,经过多轮调试,设置 MBDG、mome 法、RMSprop 算法和 Adam 算法的相关参数,利用设置好的 4 种深度优化学习算法对网络模型进行优化训练,通过观察训练损失函数值的变化曲线,选取最合适的优化学习算法,得到基于最优学习算法的预测模型。

④模型预测

将测试样本数据中各影响因子输入步骤③的网络模型,对结果进行预测。

⑤模型评价

通过 MAE、MAPE 和 RMSE 三种评价指标对预测模型进行评价。

4.6.1.4　卷积神经网络(CNN)

卷积神经网络(CNN)由输入层、卷积层、池化层、全连接层和 Softmax 层组成。CNN 具有层次结构,底层收集低级特征,而高级层提取更复杂的特征,包含更多抽象信息。而 CNN 的底层包含多个卷积层,可以从输入中收集局部信息,并将局部信息映射到不同特征图中的下一层。卷积神经网络结构图如图 4-21 所示。CNN 使用许多称为内核 W 的共享权重,将输入映射到特征图。假设第 l 层中有多个特征图,式(4.6-3)可以用来计算第 l 层中第 i 个特征图的活动。

$$y_i^l = f(w_{i,j}^l * y_j^{l-1} + b_i^l) \tag{4.6-3}$$

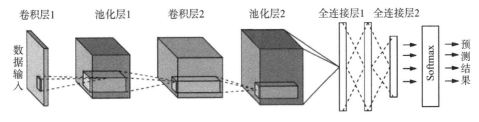

图 4-21　卷积神经网络结构图

其中,$w_{i,j}^l$ 是用于将第 $(l-1)$ 层中的第 j 个特征图映射到第 l 层中的第 i 个特征图的卷积核，b_i^l 是与第 l 层中的第 i 个特征图相关的偏差。在卷积层中使用整流线性单元(Re-LU)函数或 Sigmoid 函数 $f(\cdot)$，"$*$"是卷积运算符号。每个卷积层之后使用一个最大池化层，并在局部窗口中传递最大值。池化层通过减少特征数量来降低计算成本。全连接层与前面的卷积层相邻。从卷积层提取的特征被展开并反馈到全连接层：

$$\boldsymbol{F}^l = f(\boldsymbol{W}^l (\boldsymbol{F}^{l-1})^{\mathrm{T}} + b^l) \tag{4.6-4}$$

其中，$\boldsymbol{F}^l$ 是第 l 个隐藏层的输出；$\boldsymbol{W}^l$ 是连接第 l 个隐藏层和前一层的权重矩阵；b^l 是与第 l 隐藏层相关的偏差。$f(\cdot)$ 是一个非线性函数，在应用于下一个全连接层之前，最后一个卷积层的输出被展平为向量。

逻辑回归模型放在前面的层之上以构建分类输出。Softmax 函数用于将回归模型的输出转换为各个类别的概率分布，如式(4.6-5)所示：

$$\boldsymbol{Z} = \mathrm{Softmax}(\boldsymbol{W}^{\circ}(\boldsymbol{F}^{l\cdot})^{\mathrm{T}} + b^o) \tag{4.6-5}$$

其中，$\boldsymbol{Z}$ 是网络的输出向量，每个类都有一个元素；$\boldsymbol{W}^o$ 是最后一个全连接层的输出连接到输出层的权重矩阵；$\boldsymbol{F}^l$ 是上一个全连接层的输出；l 代表输出神经元的数量；b^o 是与输出层相关的偏差。CNN 通过反向传播学习算法进行训练。交叉熵用于计算学习算法中的误差。每个样本都有一个权重 d_i，样本权重被引入误差函数中，如式(4.6-6)所示：

$$E_i = -\sum_{c=1}^{L} t_i^c \log(z_i^c) d_i \tag{4.6-6}$$

其中，E_i 是与第 i 个样本相关的误差；t_i^c 是第 i 个样本对应向量的第 c 个元素；z_i^c 是第 i 个样本的输出向量的第 c 个元素；d_i 是第 i 个输入样本对应的样本权重。

【案例分析——基于卷积神经网络的识别】

(1) 监测数据异常识别

①总体框架

基于 CNN 提出一种监测数据异常识别模型，以单个及多个突跳点、震荡段、台阶、台坎为监测数据异常模式，以原始监测数据绘制的过程线图像为输入数据，提取图像特征，同时识别异常类型和异常位置。

CNN 用于过程线图像分类，将其分为无异常过程线、1 个突跳点过程线、3 个突跳点过程线、震荡段过程线、台阶过程线、台坎过程线 6 种类别；若存在异常，则调用原始输入数据搜索异常位置，模型的识别过程见图 4-22。由于异常监测数据不足，采用 MatLab 模拟生成的过程线图像作为试验数据。

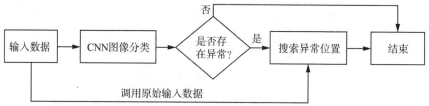

图 4-22 CNN 模型数据异常识别过程

上述方法的实现步骤为：

a. 采用 MatLab 模拟生成训练、测试数据；

b. 利用训练数据训练 CNN 模型；

c. 利用测试数据检验 CNN 模型的分类性能。步骤 b 和步骤 c 均采用图 4-22 所示识别过程，区别在于试验数据不同，且步骤 b 不断调整 CNN 网络参数。

②CNN 图像分类

将数据异常识别问题转化为图像分类问题，使用 CNN 作为特征提取器和分类器对监测数据过程线图像进行分类，将属于同一监测点的监测数据按相同时间长度划分为若干段，并分别生成监测数据过程线，若过程线存在突跳点、震荡段、台阶、台坎，则认为数据异常。设置过程线图像类别如下。

- 第 1 类：有 1 个突跳点（1 个突跳点过程线）。
- 第 2 类：无异常点（无异常过程线）。
- 第 3 类：有 1 个震荡段（震荡段过程线）。
- 第 4 类：存在台阶（台阶过程线）。
- 第 5 类：有 3 个突跳点（3 个突跳点过程线）。
- 第 6 类：存在台坎（台坎过程线）。

CNN 模型的输入数据为监测数据过程线图像；输出数据为图像编号、图像类别及异常位置。

③Momentum 权值调整

采用反向传播算法 mini batch 方案训练 CNN，每 10 个数据为一组（batch size＝10），采用 Momentum 方法调整网络参数。这意味着训练 CNN 时每输入 10 个数据，层间权值及卷积核就从输出层到输入层反方向地更新一次。以层间权值为例，采用 Momentum 方法的优点是使权值调整有方向性，能够提高训练的稳定性和训练速度。

$$\begin{cases} \Delta w = \alpha\delta x \\ m = \Delta w + \beta m^- \\ w = w + m \end{cases} \tag{4.6-7}$$

式中：Δw 为权值改变量；α 为学习率；$\delta = \phi'(v)e$，ϕ' 为当前节点激励函数的导数，v 为当前节点输出的加权和，e 为当前节点的误差；x 若在中间层，为上一神经元节点输出，若在输入层，为神经网络输入；β 为动量参数；m^- 为上一步的 Momentum（动量）；m 为 Momentum；w 为权值。

式（4.6-7）是 Momentum 方法的实现过程，可见每次的权值更新都包含之前的更新量，使得之前的更新量总是对新的权值调整产生影响，保证了权值调整的方向性，由于 $\beta < 1$，这种影响随步骤推移而减弱。

④ReLU 与 Softmax 激励函数

激励函数是神经网络的重要组成部分，它将网络从线性映射转化为非线性映射，从而提高神经网络的表达能力。Sigmoid 函数见式（4.6-8），图像见图 4-23。

$$\varphi(x) = \frac{1}{1+e^{-x}} \tag{4.6-8}$$

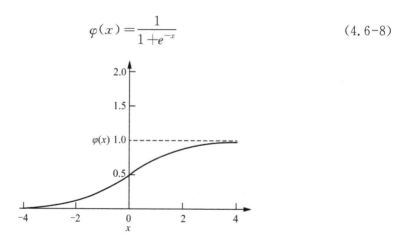

图 4-23   Sigmoid 激励函数

Sigmoid 函数导数易于计算且输出在 0~1 之间,被广泛用作激励函数,但当其输出接近 0 或 1 时,梯度总是接近 0,即"梯度消失",导致权值更新无法从输出端向输入端传递,使深度神经网络训练停滞。为克服 Sigmoid 函数的缺点,CNN 隐藏层采用 ReLU 激励函数,见式(4.6-9),图像见图 4-24,当输入为负时输出 0,输入为正时输出原数。在函数右侧梯度不会消失,这一优点使神经网络的训练速度高于使用 Sigmoid 函数,且 ReLU 函数形式简单,降低了计算负荷。

$$\varphi(x) = \max(0,x) = \begin{cases} x, & x > 0 \\ 0, & x \leqslant 0 \end{cases} \tag{4.6-9}$$

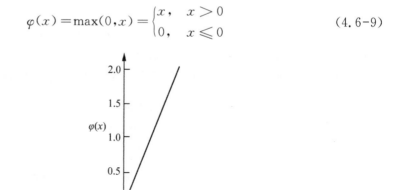

图 4-24   ReLU 激励函数

利用 CNN 解决六元分类问题,分类器应存在 6 个输出节点,输出层采用 Softmax 激励函数,如下:

$$\varphi(v) = \begin{bmatrix} \dfrac{e^{v(1)}}{e^{v(1)}+e^{v(2)}+e^{v(3)}+e^{v(4)}+e^{v(5)}+e^{v(6)}} \\[3mm] \dfrac{e^{v(2)}}{e^{v(1)}+e^{v(2)}+e^{v(3)}+e^{v(4)}+e^{v(5)}+e^{v(6)}} \\[3mm] \dfrac{e^{v(3)}}{e^{v(1)}+e^{v(2)}+e^{v(3)}+e^{v(4)}+e^{v(5)}+e^{v(6)}} \\[3mm] \dfrac{e^{v(4)}}{e^{v(1)}+e^{v(2)}+e^{v(3)}+e^{v(4)}+e^{v(5)}+e^{v(6)}} \\[3mm] \dfrac{e^{v(5)}}{e^{v(1)}+e^{v(2)}+e^{v(3)}+e^{v(4)}+e^{v(5)}+e^{v(6)}} \\[3mm] \dfrac{e^{v(6)}}{e^{v(1)}+e^{v(2)}+e^{v(3)}+e^{v(4)}+e^{v(5)}+e^{v(6)}} \end{bmatrix} \tag{4.6-10}$$

式中，$v(i)$（$i=1$、2、3、4、5、6）表示第 i 个输出节点的加权和。Softmax 函数将加权和转化为输出向量，向量元素 $y(i)$ 表示图像为第 i 类的概率，$0 \leqslant y(i) \leqslant 1$，且 $\sum\limits_{i=1}^{6} y(i)=1$。例如输出向量为 $(0.02,\ 0.80,\ 0.08,\ 0.02,\ 0.03,\ 0.05)^{\mathrm{T}}$，说明 CNN 认为图像为第 $1\sim$ 第 6 类的概率分别是 0.02、0.80、0.08、0.02、0.03、0.05，因此 CNN 最终输出图像类别为第 2 类。由于存在 6 类图像，同时将图像标签转化为包含 6 个元素的标签向量，各元素值，元素 $d(i)$ 等于 0 或 1（i 表示图像为第 i 类的概率），且 $\sum\limits_{i=1}^{6} d(i)=1$，，如第 2 类图像的标签向量为 $(0,1,0,0,0,0)^{\mathrm{T}}$。

文章使用的训练数据和测试数据都包含图像标签，统计 CNN 输出类别与标签一致的图像占所有图像的百分比，可以检验 CNN 的分类性能。

⑤交叉熵函数

损失函数是对神经网络误差的度量方式，以式（4.6-11）表示的交叉熵函数作为损失函数，d 等于 0 或 1，则表达式转化为式（4.6-12）。

$$E = -d\ln y - (1-d)\ln(1-y) \tag{4.6-11}$$

$$E = \begin{cases} -\ln y, & d=1 \\ -\ln(1-y), & d=0 \end{cases} \tag{4.6-12}$$

式中：d 为标签向量的元素；y 为输出向量的元素；E 为交叉熵函数计算值。函数图像见图 4-25，可见当 y 与 d 足够接近时函数输出趋近于 0，而 y 与 d 的差异增大时，函数输出以几何增量增长，说明交叉熵函数对误差敏感，因此由交叉熵函数导出的学习规则通常能获得好的性能。

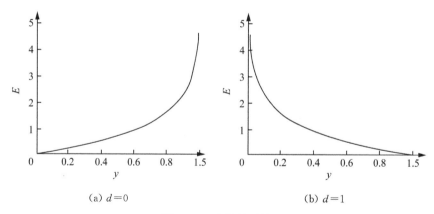

(a) $d=0$ (b) $d=1$

图 4-25　交叉熵函数

⑥数据异常位置搜索

为了识别异常点所在位置,对 CNN 进行改进,增加异常位置搜索功能,搜索结果是用区间表示的异常位置范围。图 4-26 为搜索过程,每张图像(28 像素×28 像素)完成分类后,再调用原始输入数据进入异常搜索区块,为了尽量缩小异常位置范围,选择搜索步长为 1 像素。搜索块高度为 28 像素,宽度根据各类图像异常区域占图像面积大小选择,如图 4-26,第 1、第 4、第 5 类图像的搜索块采用 1 像素宽度,而第 3、第 6 类图像的搜索块采用 4 像素宽度。

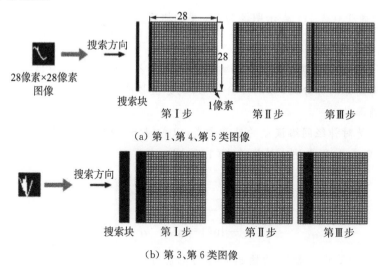

(a) 第 1、第 4、第 5 类图像

(b) 第 3、第 6 类图像

图 4-26　数据异常位置搜索过程

若分类结果为第 1、第 3、第 4 类图像,搜索块以 1 像素步长从左至右计算搜索块覆盖范围的图像像素强度平均值,遍历图像一次;若为第 2 类,输出异常位置为"0",表示无异常;若为第 5 类,搜索块同上述操作遍历图像 3 次,以便搜索到 3 个突跳点;若为第 6 类,遍历图像 2 次,以便搜索到台坎左右两端。待识别图像中过程线是白色而背景是黑色,使得图像过程线区域的像素强度很大(200 左右),而背景区域的像素强度为 0,因此像素强度平均值最大的区域为数据异常段。每对一张图像完成分类,就识别此图像的异常位置,用区间(m,n)表示图像异常位置范围,第5类图像的异常位置包含3个区间,分别表示3个突跳点,其余5类分别包含1个区间;m、n分别表示异常范围的左、右像素坐标,且m、n均为整数。在实际应用中,CNN得到的异常区间(m,n)可以根据横坐标数值转化为具体时间段。

鉴于运行期的安全监测数据过程线通常具有周期性,以正弦函数为基础用 MatLab 软件模拟生成6类28像素×28像素图像及每张图像对应的类别标签,分别为:存在一个突跳点的正弦图像(突跳点过程线,第1类)、无异常的正弦图像(无异常过程线,第2类)、存在1个震荡段的正弦图像(震荡段过程线,第3类)、存在台阶的正弦图像(台阶过程线,第4类)、存在3个突跳点的正弦图像(3个突跳点过程线,第5类)、存在台坎的正弦图像(台坎过程线,第6类)。以65 000张图像组成训练数据集,6 500张图像组成测试数据集,训练数据集和测试数据集都混合了6类过程线图像,且6类的数量比为第1类:第2类:第3类:第4类:第5类:第6类=1:1.5:1:1:1:1。随机选取绘图参数,生成形态各不相同的大量过程线图像。图 4-27 为部分示例,曲线存在凹状和凸状,异常段的最值不一定是整条曲线的最值,如图 4-27(a)左侧2张图像的突跳点既不是最大值也不是最小值,而图 4-27(a) 右侧2张图像的突跳点分别为最大值、最小值,控制图像生成过程使第1、第3、第5类图像中"异常段包含最值"的概率为50%;异常点随机出现在整条曲线的任何位置,且生成图像的数量足够多,充分完整地模拟异常数据及出现时间的多种可能性。

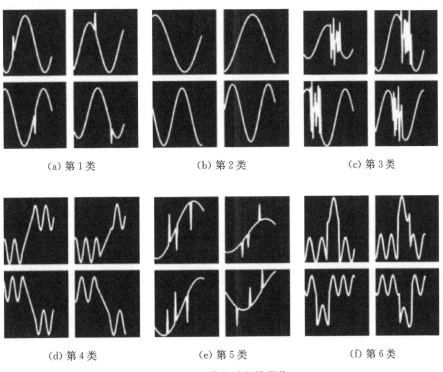

(a) 第1类   (b) 第2类   (c) 第3类

(d) 第4类   (e) 第5类   (f) 第6类

图 4-27 模拟过程线图像

⑦模型结构

构建的 CNN 模型包含分类区块和异常搜索区块,结构如图 4-28 所示,其中分类区块即为常规 CNN,由一个特征提取器和一个分类器组成。CNN 模型的输入数据为监测数据过程线图像;输出数据为图像编号、图像类别及异常位置。

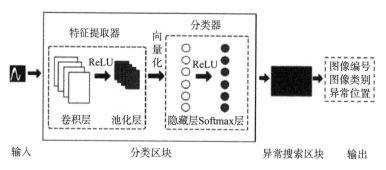

图 4-28　CNN 模型结构

数据异常识别过程如下:

监测数据过程线图像进入特征提取器,输入卷积层,通过卷积运算提取图像特征,一个图像输入卷积层后输出多个携带不同特征的图像;随后经 ReLU 激励函数进入池化层,将相邻像素合并为单个像素,以降低数据维数和运算负荷,并防止发生过拟合;池化后的二维图像经过向量化输入分类器,通过隐藏层再经 ReLU 激励函数进入 Softmax 层进行分类;最后由异常搜索区块搜索异常位置。图像编号、图像类别和异常位置储存在同一向量中输出神经网络。

由于输入 28 像素×28 像素的灰度图像,允许 784(28×28)个输入神经元节点。卷积层包含 20 个 9×9 维的卷积滤波器,池化层使用 1 个 2×2 维的平均池化器,隐藏层由 100 个神经元节点组成;由于图像存在 6 个类别,构造有 6 个神经元节点的 Softmax 层,即分类器的 6 个输出节点。

4.6.1.5　循环神经网络(RNN)

(1) 循环神经网络简介

循环神经网络(Recurrent Neural Network,RNN)是一类以序列数据为输入,在序列的演进方向进行递归且所有节点(循环单元)按链式连接的递归神经网络。RNN 由具有时间序列建模特点的神经元构成,包括输入层、隐藏层和输出层,并通过层之间的神经元建立权连接。

循环神经网络在数据传递上具有额外的权重,表示关于此神经元之前输入对当前神经元影响的程度。在每个神经元更新时,会把先前的值与其他权重一起输入到激活函数中。所以此刻的状态不仅包含了新的输入数据,还包含了之前输入数据的历史影响,因此具有一定的预测能力。RNN 展开后由多个相同的单元连续连接,是一个自我不断循环的结构,见图 4-29。随着输入信息的不断增加,自我循环结构中的上一状态传递给自我作为输入,一起作为新的输入信息进行当前批次的训练和学习,一直到训练结束,最终达到信息预测的效果。

然而,在 RNN 的训练过程中,先前数据中的信息对后续数据的影响逐渐减少,信息的保存率较低,难以控制对先前数据中信息的利用程度。长短时记忆网络(Long Short-Term Memory,LSTM)是 RNN 的一种特殊网络,是在计算机内存单元设计灵感下诞生的。通过在算法中加入判断先前数据信息是否有用的门单元,能够有效解决长序依赖问题。因此,可以利用长短时记忆网络来创建大型的循环神经网络,用于解决机器学习中比较复杂的序列问题,并且长短时记忆网络对序列问题的处理具有很高的效率。

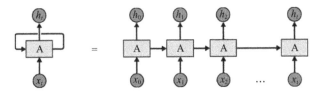

图 4-29　RNN 基本结构

(2) 循环神经网络方法

水文数据通常都带有时间属性,具有明显的时间序列特征,因此循环神经网络的结构非常适合水文领域的数据预测任务。循环神经网络的参数则是拟合 x 到 y 的映射关系,这些参数可通过最优化方法求解得到。

(3) 单层循环神经网络

图 4-30 展示了单层循环神经网络结构,其中 W 和 U 是网络参数,h 是相应节点的隐藏状态,x 是输入向量,下标 t 表示时刻。它的计算顺序遵从时间的先后顺序,从左至右逐步合成特征向量的信息,完成特征的提取过程。其中每个矩形代表一个计算节点,常用的计算节点有传统节点、LSTM(Long Short Term Memory)节点和 GRU(Gate Recurrent Unit)节点,具体计算方式如下。

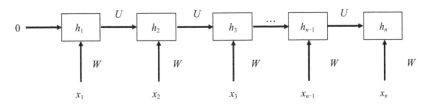

图 4-30　单层循环神经网络结构

传统计算节点公式为:

$$h_t = \sigma(Wx_t + Uh_{t-1} + b) \tag{4.6-13}$$

式中,b 是偏置项参数。

LSTM 计算节点公式为:

$$\begin{cases} i_t = \sigma(W_i x_t + U_i h_{t-1} + b_i) \\ f_t = \sigma(W_f x_t + U_f h_{t-1} + b_f) \\ o_t = \sigma(W_o x_t + U_o h_{t-1} + b_o) \\ \bar{c}_t = \tanh(W_e x_t + U_c h_{t-1} + b_c) \\ c_t = f_t \odot c_{t-1} + i_t \odot \tilde{c}_t \\ h_t = o_t \odot \tanh(c_t) \end{cases} \tag{4.6-14}$$

式中:i_t 是输入门,控制当前信息的吸收量;f_t 是遗忘门,控制上一个计算节点信息的吸收量;o_t 是输出门,控制当前计算节点向下一个节点输出信息的比例;$\bar{c}_t$ 是当前细胞状态的更新量;c_t 是当前细胞状态量;h_t 是当前节点的隐藏状态,也是向下一个节点传送的信息;$\tanh$ 是双曲正切函数;$\odot$ 表示两个向量对应元素相乘。

GRU 计算节点公式为:

$$\begin{cases} z_t = \sigma(W_z x_t + U_z h_{t-1} + b_z), \\ r_t = \sigma(W_r x_t + U_r h_{t-1} + b_r), \\ \tilde{h}_t = \tanh(W x_t + U(r_t \odot h_{t-1}) + b) \\ h_t = (1 - z_t) \odot h_{t-1} + z_t \odot \tilde{h}_t \,。 \end{cases} \tag{4.6-15}$$

式中:z_t 是更新门;r_t 是重置门;$\tilde{h}_t$ 是隐藏状态更新量;h_t 是节点的隐藏状态。

与传统计算节点相比,LSTM 和 GRU 节点可以有效避免梯度爆炸或者梯度消失现象,能够处理更长序列的数据;LSTM 与 GRU 相比,前者的计算量较大,对数据量的要求较高,但是二者在许多任务上的效果近似。考虑到本文研究问题的数据规模,选择 GRU 节点进行实验。在预测任务中,将网络中最后一个计算节点的隐藏向量 h_n 看作模型的预测值,假设共有 N 个样本,$h_{n,i}$ 表示第 i 个样本的预测值,y_i 表示第 i 个样本的实测值,则定义目标函数为:

$$\min \frac{1}{2N} \sum_{i=1}^{N} \| h_{n,i} - y_i \|_2^2 + \lambda(\| W \|_2^2 + \| U \|_2^2 + \| b \|_2^2) \tag{4.6-16}$$

式中,λ 是系数,第一项是最小二乘项,使得预测值尽可能接近实测值;第二项是正则项,能有效防止模型过拟合。

(4)深层循环神经网络

对于复杂型数据,单层循环神经网络有时候难以学习数据之间的映射关系,需要加深网络层次。图 4-31 是深层循环神经网络结构图,深层循环神经网络是多个单层循环神经网络的叠加,下一层的输出是上一层的输入,先计算第一层,计算完毕后,第一层所有节点的隐藏状态作为第二层的输入,然后再计算第二层,依此类推,直到最后一层计算完毕。最后一层最后一个节点的输出是整个网络的输出,记为 $h_{m,n}$,表示第 m 层的第 n 个节点的输出。与式(4.6-16)相同,目标函数定义为:

$$\min \frac{1}{2N} \sum_{i=1}^{N} \| h_{m,n}^{i} - y_i \|_2^2 + \lambda(\| W \|_2^2 + \| U \|_2^2 + \| b \|_2^2)$$

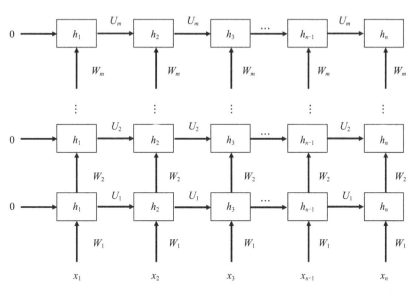

图 4-31　深层循环神经网络结构

4.6.1.6　长短时记忆神经网络(LSTM)

(1) LSTM 算法原理

LSTM 是循环神经网络(Recurrent Neural Network,RNN)的特殊形式,两者的区别在于普通的 RNN 单个循环结构内部只有一个状态,而 LSTM 的单个循环结构(又称为细胞)内部有四个状态。主要通过改进 RNN 网络隐含层作用机制得到 LSTM 网络,在隐含层加入记忆门限和参数共享机制,它实现了当前的信息学习,提取与数据相关的信息和规律,依次传输信息,获得可控的记忆能力。LSTM 通过设置门限机制解决了 RNN 存在的记忆短缺和梯度消散问题,使得模型能够捕捉长时间数据序列的非线性特征,有效地提高了模型的学习和预测性能。LSTM 模型沿用了 RNN 模型的重复模块链结构,主要包括数据样本输入层、内部计算隐含层和计算结果输出层,LSTM 模型结构见图 4-32。隐含层作为 LSTM 模型的核心计算区,主要由输入门、遗忘门和输出门组成,门控结构的设置使其不仅可以实现对历史输入信息的选择性记忆和控制,而且可以有效地提高模型的训练效率。

LSTM 模型的核心思想是借助隐含层的细胞状态对历史细胞状态、历史隐含状态信息和当前输入信息进行选择性地删除和更新,保证历史有效信息的持续作用和当前关键信息的有效提取,从而使得模型能够有效地挖掘长时间依赖数据的非线性特征。当 LSTM 模型在 t 时刻的输入信息为 x^t 时,模型参数更新过程如下:

①输入门更新

输入门的输入是当前输入信息 x^t 和历史隐含状态信息 h^{t-1},主要功能是将当前输入信息 x^t 和历史隐含状态信息 h^{t-1} 的部分信息保留到细胞状态 C^t,其主要功能是确定

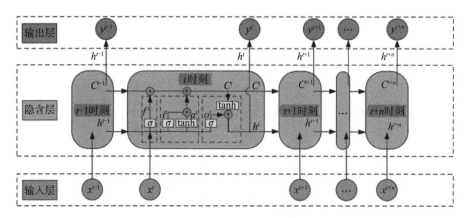

图 4-32　长短时记忆神经网络模型结构图

更新后的信息。长短时记忆网络输入门结构见图 4-33。

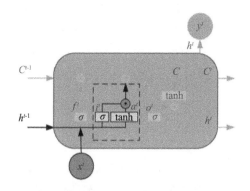

图 4-33　长短时记忆网络输入门结构图

通过分析图 4-33 可知:LSTM 模型输入门的第一部分激活函数为 Sigmoid,输出结果为 i^t,第二部分激活函数采用 tanh,输出结果为 a^t,将 i^t 与 a^t 的 Hadamard 乘积作为输入门输出结果。输入门信息传递更新过程为:

$$i^t = \sigma(W_i h^{t-1} + U_i x^t + b_i)$$
$$a^t = \tanh(W_a h^{t-1} + U_a x^t + b_a) \tag{4.6-17}$$

其中:W_i、U_i、b_i、W_a、U_a、b_a 为输入门线性关系的权重和偏置;σ 为 Sigmoid 激活函数。

②遗忘门更新

遗忘门以一定的概率控制历史细胞状态 C^{t-1},并将部分信息保留到当前细胞状态 C^t,该门的主要功能是在更新当前细胞状态的过程中确定历史细胞状态的丢弃信息,主要作用是决定丢弃的信息。长短时记忆网络遗忘门结构见图 4-34。

通过分析图 4-34 可知:LSTM 模型将历史隐含状态信息 h^{t-1} 和当前输入信息 x^t 作为遗忘门的输入,激活函数选取 Sigmoid,得到其输出为 f^t。遗忘门信息传递更新过程为:

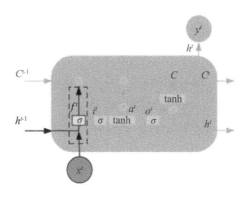

图 4-34 长短时记忆网络遗忘门结构图

$$f^t = \sigma(W_f h^{t-1} + U_f x^t + b_f) \tag{4.6-18}$$

其中，W_f、U_f、b_f 为遗忘门线性关系的权重和偏置。

③细胞状态更新

细胞状态用于存储要记住的信息，其主要功能是有选择地删除和保留历史细胞状态信息、历史隐含状态信息和当前输入信息，其主要功能是更新细胞状态。输入门和遗忘门的输出结果将作用于细胞状态，通过确定要丢弃的冗余信息，然后将结果添加到细胞状态更新以获得新信息进而更新细胞状态。长短时记忆网络细胞状态结构见图 4-35。

通过分析图 4-35 可知：LSTM 模型细胞状态 C^t 主要由历史细胞状态 C^{t-1}、输入门输出结果 a^t 和遗忘门输出结果 f^t 确定，细胞状态信息传递更新过程为：

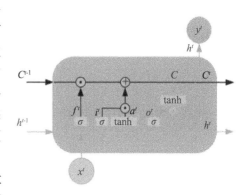

图 4-35 长短时记忆网络细胞状态结构图

$$C^t = C^{t-1} \odot f^t + i^t \odot a^t \tag{4.6-19}$$

其中，$\odot$ 为 Hadamard 积。

④输出门更新

历史隐含状态信息、当前输入信息和当前细胞状态共同构成输出门的输入，该门的主要功能是通过对历史隐含状态信息、当前输入信息和当前细胞状态中保留的有效信息进行非线性变换，获取当前隐含状态信息和输出门输出值，主要作用是确定最终输出信息。长短时记忆网络输出门结构见图 4-36。

通过分析图 4-36 可知：输出门的更新包括

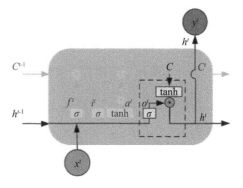

图 4-36 长短时记忆网络输出门结构图

o^t 和 h^t 两部分,第一部分 o^t 由历史隐含状态输出 h^{t-1} 和当前输入信息 x^t 输入到激活函数 Sigmoid 而得到,第二部分由当前细胞状态 C^t 输入到激活函数 tanh 而得到。输出门信息传递更新过程为:

$$o^t = \sigma(W_o h^{t-1} + U_o x^t + b_o)$$
$$h^t = o^t \odot \tanh(C^t)$$
(4.6-20)

其中,W_o、U_o、b_o 为输出门线性关系的权重和偏置。LSTM 模型前向传播更新当前序列索引的最终预测输出为:

$$\hat{y}^t = \sigma(Vh^t + c)$$
(4.6-21)

其中,V、c 为模型输出层线性关系的权重和偏置。

⑤参数更新优化

通过梯度下降算法和误差反向传播算法迭代更新模型隐含层两个状态 h^t、C^t 中的共享参数,据此训练模型并获取内部参数的最优解。选择残差平方和累计值作为目标损失函数 $L(t)$,根据信息在隐含层中不同状态中的传递方式的不同,可以将损失函数 $L(t)$ 分解成 t 时刻的损失 $l(t)$ 和 t 时刻之后的损失 $l(t+1)$,即 $L(t)$ 为分段函数,$L(t)$ 的表达式为:

$$L(t) = \begin{cases} l(t) + l(t+1), & t < \tau \\ l(t), & t = \tau \end{cases}$$
(4.6-22)

隐含状态 $h^{(t)}$ 和细胞状态 $C^{(t)}$ 的梯度分别定义为:$\delta_h^{(t)}$、$\delta_C^{(t)}$,那么位置 τ 处的梯度分别为:

$$\delta_h^{(\tau)} \& = \frac{\partial L(\tau)}{\partial h^{(\tau)}} = \frac{\partial L(\tau) \partial O(\tau)}{\partial O(\tau) \partial h^{(\tau)}} = V^{\mathrm{T}}(\hat{y}^{(\tau)} - y^{(\tau)})$$
(4.6-23)

$$\delta_C^{(\tau)} \& = \frac{\partial L(\tau)}{\partial C^{(\tau)}} = \frac{\partial L(\tau) \partial h(\tau)}{\partial h(\tau) \partial C(\tau)} = \partial h(\tau) \odot o^{(\tau)} \odot (1 - \tanh^2(C^{(\tau)}))$$
(4.6-24)

由于 $\delta_h^{(t)}$、$\delta_C^{(t)}$ 由时刻 t 的输出梯度误差和大于 t 时刻的输出梯度误差两部分决定,因此根据式(4.6-23)、式(4.6-24)可得:

$$\delta_h^{(t)} = \frac{\partial L}{\partial h^{(t)}} = V^{\mathrm{T}}(\hat{y}^{(t)} - y^{(t)}) + \delta_h^{(t+1)} \partial h^{(t+1)} / \partial h^{(t)}$$
(4.6-25)

$$\delta_C^{(t)} = \frac{\partial L}{\partial C^{(t)}} = \delta_C(t+1) f^{(t+1)} + \delta_h^{(t)} \odot o^{(t)} \odot (1 - \tanh^2(C^{(t)}))$$
(4.6-26)

根据式(4.6-25)、式(4.6-26)可得:

$$\frac{\partial L}{\partial W_f} = \sum_{t=1}^{\tau} \frac{\partial L}{\partial C^{(t)}} \frac{\partial C^{(t)}}{\partial f^{(t)}} \frac{\partial f^{(t)}}{\partial W_f} = \sum_{t=1}^{\tau} [\delta_c^{(t)} \odot C^{(t-1)} \odot f^{(t)} \odot (1 - f^{(t)})] (h^{(t-1)})^{\mathrm{T}}$$
(4.6-27)

LSTM 模型中其他内部参数梯度公式推导过程与上述 W_f 的推导过程类似。获取模型各内部参数的梯度之后,设定模型中每个内部参数的更新学习率为α,采用误差反向传播算法对模型中的参数进行迭代更新,更新计算公式如下:

$$\beta_{t+1}=\beta_t-\alpha\frac{\partial L}{\partial \beta} \tag{4.6-28}$$

其中,β为模型参数,$\partial L/\partial \beta$为参数$\beta$的梯度。

综上所述,采用初始化方法对模型内部参数进行初始化之后,借助误差反向传播算法和梯度下降算法对模型内部参数进行优化,选取模型目标损失函数趋于收敛时的内部参数为最优参数,具备最优参数的模型即为最优参数模型。为了避免 LSTM 模型在训练过程中出现过拟合现象,在训练过程中加入了节点弃置算法,借此提高了模型的预测性能。

(2)模型建立

基于 LSTM 的预测模型包括 5 个模块:数据获取、数据预处理、模型构建、训练与优化、模型预测。模型通过数据库获取渗压计历史监测数据,数据间隔为一天,并通过一定步长的时间序列数据预测后一天的渗透压力值;考虑到自动化监测设备存在数据采集异常等情况,将时间序列数据中的异常值、缺失值等进行补全;通过经验法和逐步试错法确定最优的时间步长和隐含层神经元个数;最后,对模型进行训练、验证和测试,并预测大坝坝体渗透压力值。具体的 LSTM 预测模型结构见图 4-37。

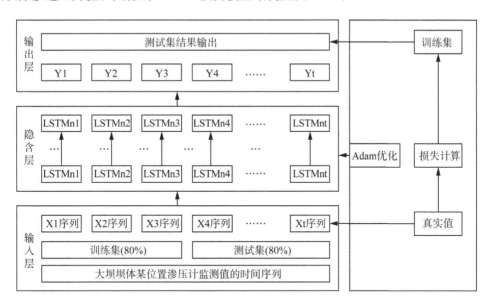

图 4-37 LSTM 预测模型结构

【**案例分析-基于 LSTM 模型的水库监测预警与风险评估**】

通过对数据进行平稳性监测后完成数据的相关分析,分析数据之间的耦合关系,完成数据预处理和预分析后构建训练数据集,设置隐藏节点,分析模拟预测结果,实现模型多步预测和长时间趋势分析与风险评估,技术路线如图 4-38 所示。

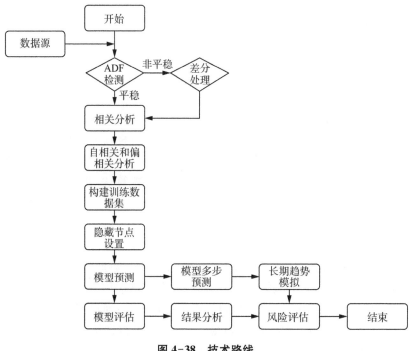

图 4-38　技术路线

针对 LSTM 模型的隐藏层中不同数量的节点计算训练集的统计误差,模型训练时设置隐藏层节点的数量从 1 逐渐增加到 100 来进行尝试。LSTM 模型训练步骤如下。

①将数据集分为训练集合 80%、测试集合 20%。

②将数据归一化为 $[0,1]$ 之间。

③隐含节点数量 n 取值从 3 到 100,分别用 10 个数;

④构建 LSTM 模型结构(in,n,out),in:LSTM 神经网络的输入样本的纬度(in＝6);out:LSTM 神经网络的输出样本的纬度(out＝1),n 是神经网络的隐含节点数量。据训练子集进行模型训练,并计算最终的模型评估指标 RSME、R^2、NSE。

⑤平稳性检测

对于输入量序列进行 ADF 检验,检验序列是否平稳。ADF 检验结果若皆小于 1% 水平,且假设检验结果趋近于 0,显示极显著的拒绝原假设,则认为输入量序列是平稳的。

⑥数据间相关分析

对输入数据序列与输出数据序列进行相关性分析,确定输入数据对于输出的影响程度,表征分析的可靠性。

（3）长短时记忆网络的改进

为了降低因参数设置不合理导致误差增大以及反向传递算法在推导过程中导致"梯度消失"和"梯度爆炸"等问题,研究中采用阿基米德优化算法（AOA）将权值迭代更新转化为求解最优来优化 LSTM 内部参数,AOA 算法在平衡局部搜索能力和全局搜索能力方面表现突出,适用于解决多目标约束的复杂问题,且收敛速度突出。在调试阶段,采用 LSTM 的预测误差作为适应度函数,若连续 5 次迭代停滞,则采用高斯随机游走策略跳出停滞,步骤为:

$$G(t+1) = \text{Gaussian}(x(t), v_1) \qquad (4.6\text{-}29)$$

$$\kappa_1 = \sin(\pi \cdot t/(2 \cdot t_{\max})) \cdot (x_t - x_r^*(t))$$

式中:$x_r^*(t)$ 表示群体中最好的个体;$\sin(\pi \cdot t/(2 \cdot t_{\max}))$ 表示调整行走步长的正弦函数。过程中,采用数据共享将第二次的预测结果设置为阿基米德算法的初始对象位置,降低搜索时间。各流程具体内容为:

①获取输入数据,采用数据共享。从第二次预测过程开始,将 AOA 的初始种群设置改为第一次预测的最优对象,并初始化种群参数。

②LSTM 的预测误差用于计算对象的适应度。比较局部解和全局最优解,判断算法是否停滞(陷入局部最优)。

③若落入局部最优,则采用随机游走策略跳出局部最优;若未出现局部最优,则直接使用适应度函数更新对象的速度和位置来提高预测精度。

④判断权重值和偏差是否满足最优解条件,若不满足,返回步骤②循环;若满足,则将所获结果作为 LSTM 的内部参数进行预测。

⑤输出预测结果。

(4) ConvLSTM

由于 CNN 具有优越的空间特征提取能力,Shi 等将卷积运算应用于全连接 LSTM 网络(fully connected LSTM,FC-LSTM)的输入到状态和状态到状态两部分,提出了 LSTM 的变体 ConvLSTM,从而很好地去除空间冗余特征,便于进行时空序列预测,并在降水预报中取得了良好效果。图 4-39 为 ConvLSTM 的网络结构,它和 LSTM 一样具有门控机制,改进点在于将 LSTM 中的 Hadamard 积替换成卷积操作。图中权重 W 是二维卷积核,细胞状态 C_t、隐藏层状态 H_t、输入门状态 t_i、遗忘门状态 t_f、输出门状态 o_t 均为三维张量。ConvLSTM 的计算过程可用以下公式来表示:

$$i_t = \sigma(W_i * [H_{t-1}, X_t] + b_i)$$

$$f_t = \sigma(W_f * [H_{t-1}, X_t] + b_f)$$

$$C_t = f_t C_{t-1} + i_t \tanh(W_c * [H_{t-1}, X_t] + b_c) \qquad (4.6\text{-}30)$$

$$o_t = \sigma(W_o * [H_{t-1}, X_t] + b_o)$$

$$H_t = o_t \tanh(C_t)$$

式中:$*$ 表示卷积计算;W 为待学习的参数;b 为偏置项,均为可训练得到的参数。

注意力机制的思路来源于人类观察图片或阅读一段话时的注意力分配。例如人在观察一张图片时,通常是有选择性地关注图片中的某一部分内容而忽略其他部分,那么这种根据重要程度对图片各个区域分配权重的方式就叫注意力机制。它能够把每一个隐藏状态保留下来,在训练时自适应地关注对输出有重要贡献的信息,从而提高模型的

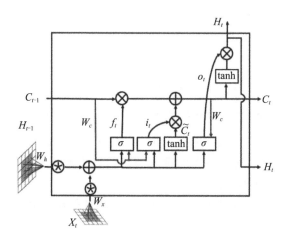

图 4-39 ConvLSTM 的网络结构

效率与预测精度,目前注意力机制的应用已经扩展到各个领域。注意力机制的示意图如图 4-40 所示,其表达式如下:

$$e_t^k = \mathbf{V} \tanh\left(\mathbf{W}[h_{t-1}; X_{t-1}] + b_w\right) \tag{4.6-31}$$

$$\beta_t^k = \frac{\exp(e_t^k)}{\sum\limits_{i=1}^{n} \exp(e_t^i)}$$

$$\widetilde{x}_t = (\beta_t^1 x_t^1, \beta_t^2 x_t^2, \cdots, \beta_t^2 x_t^2)^{\mathrm{T}}$$

式中:$\mathbf{V}$、$\mathbf{W}$ 为注意力机制权重矩阵;h_{t-1} 为前一时刻隐藏单元输出;X_{t-1} 为前一时刻记忆信息;b_w 为偏置量;e_t^k 为注意力评分;β_t^k 为注意力权重值。首先基于隐藏状态 h_{t-1},求得特征序列对应的注意力评分;再通过 Softmax 函数对其进行标准化处理,获得注意力权重;最后特征向量与对应的注意力权重相乘,生成新的特征序列。

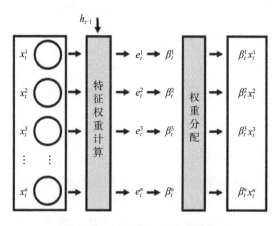

图 4-40 注意力机制的示意图

4.6.1.7　深度信念网络(DBN)

(1) DBN 模型

DBN 是一种基于概率的典型深度学习网络模型,相比浅层网络其具有更强的数据挖掘和预测能力。在结构上,DBN 由数个仅含可视层和隐含层的受限玻尔兹曼机(RBM)堆叠而成,下层 RBM 隐藏层和上层 RBM 可视层共用相同神经元,并经单层 BP神经网络输出。

DBN 是一个双向深度网络,是由 RBM 组成的概率生成模型。RBM 由输入数据层(可视层 v)和隐藏层 h 组成,各层神经元之间不存在连接(图 4-41)。

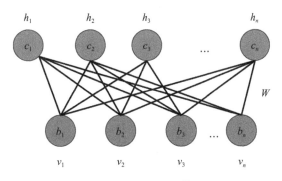

图 4-41　RBM 网络

将若干个 RBM 连接起来则构成了一个 DBN,其中,上一个 RBM 的隐层即为下一个RBM 的显层,上一个 RBM 的输出即为下一个 RBM 的输入。训练过程中,需要充分训练上一层的 RBM 后才能训练当前层的 RBM,直至最后一层(图 4-42)。

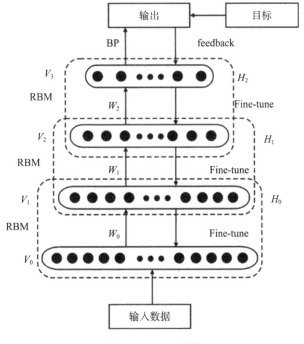

图 4-42　DBN 网络

（2）模型训练

若选取典型的 4 层 DBN,包含 3 个 RBM 和一个输出层来对已有数据进行训练,整个训练过程分为两步:

首先是对 RBM 进行预训练,神经元数量、学习率和批次更新数量等参数需要在训练过程中根据研究需要不断调整;最终确定 RBM 的三层神经元数量分别为 100、50 和 20,训练方法为 SGD,学习率为 1,每批次更新数量为 100,采用适用于概率预测的性能函数 MSE 和激活函数 Sigmoid。

在对前三层 RBM 训练之后,对整个网络进行训练,输入层节点选择 7 个,代表 7 个致灾因子,最后一层网络节点数为 1,表示单元预测值;优化函数使用 Adam,损失函数采用 MSE,学习率为 0.01,迭代次数为 1 000 次,以 70% 的数据（4 474 个单元）为训练集,30% 的数据（1 917 个单元）为测试集,整个网络准确率为 83%。利用训练好的 DBN,对其进行预测,预测范围为 0～0.990 5。根据自然断点法将其分为几个等级。

含 3 个 RBM 单元的 DBN 基本结构如图 4-43 所示。DBN 先通过底层 RBM1 的可视层读取数据;再采用对比散度算法（Contrastive Divergence Algorithm,CD）由下到上对 RBM 进行逐层无监督训练,求解各层权重矩阵和偏置系数初值;然后采用梯度下降算法或反向传播算法由上向下对训练过程得到的权重矩阵和偏置系数进行微调,得到最优网络参数;最后,通过顶层 BP 神经网络输出预测结果。

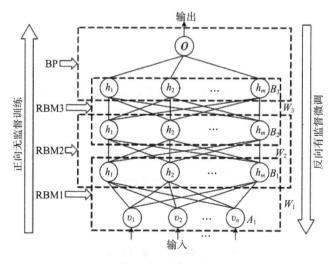

图 4-43　DBN 结构

（3）门控深度循环信念网络基本模型

传统 DBN 模型虽具有较强的数据挖掘能力,但不能很好地提取数据信息中隐含的时序关系。GRU 通过重置门、更新门和隐藏层神经元全连接的特殊结构,实现了对历史数据的记忆功能,能较好地反映信息中的时序关系,但其浅层结构限制了预测精度的提升。因此,提出一种兼顾 GRU 时序处理能力和 DBN 数据预测能力的混合预测网络模型——GDRBN。

先将 GRU 蕴含的时序信息替换 RBM 的隐含层信息,组成 GRU-RBM 单元,然后,堆叠数个 GRU-RBM 单元形成 GDRBN。假设 K 层 GDRBN 模型的输入信息为 $\{v_1,\cdots,$ $v_t,\cdots,v_T\}$（T 为输入数量），k 层 GRU 在 t 时段的隐藏层状态为 $g_{k,t}$，k 层 RBM 在 t 时段的可视层和隐藏层状态为 $v_{k,t}$ 和 $h_{k,t}$，且 $v_{k,t}$、$h_{k-1,t}$ 为同一神经元在相邻两层 GRU-RBM 的不同表示方式，模型输出层为 Y_t，最终输出预测数据为 Y；记第 k 层中相邻时刻 GRU 的连接权重矩阵为 $\boldsymbol{W}_k^{gh}$，第 k 层中 GRU 与其隐藏层神经元间的连接权重矩阵为 $\boldsymbol{W}_{ghk}$，第 k 层中 GRU 与其可视层神经元间的连接权重矩阵为 $\boldsymbol{W}_{gvk}$，第 k 层中隐藏层神经元与可视层神经元间的连接权重矩阵为 $\boldsymbol{W}_{hvk}$，第 k 层中可视层神经元与 GRU 间的反馈权重矩阵为 $\boldsymbol{W}_{vgk}$，RBM 可视层和隐藏层的偏置矩阵为 $\boldsymbol{A}_k$、$\boldsymbol{B}_k$，最后一层隐含层与输出层的连接权重为 O_t，则 k 层 GDRBN 的基本结构如图 4-44 所示。

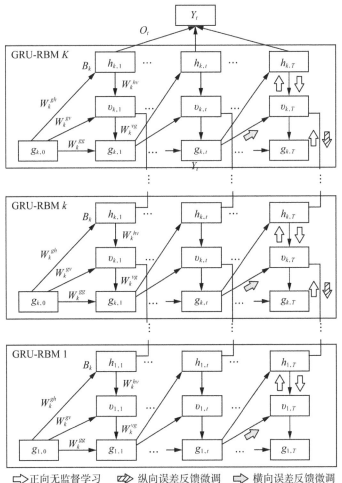

图 4-44　GDRBN 结构与信息传递过程

GDRBN 在训练时包括正向无监督学习、纵向误差反馈微调和横向误差反馈微调 3 个过程。正向无监督学习通过底层 GRU-RBM 可视层输入信息，并由下向上逐层优化权重矩阵与偏置矩阵，如图 4-44 中白色箭头所示。纵向误差反馈微调在各层 GRU-

RBM 内进行误差传递,以保证 GDRBN 向最优方向修正参数,如图 4-44 中阴影箭头所示。横向误差反馈微调在时间轴上进行误差传递,以保证 GDRBN 有效保留数据中的时序信息,如图 4-44 中灰色箭头所示。通过这 3 个过程的协调,使 GDRBN 在保留数据中时序信息的基础上提高了预测精度。

【案例分析——基于门控深度循环信念网络的边坡沉降预测】

门控深度循环信念网络(Gated Deep Recurrent Belief Network,GDRBN)利用 GRU 替代 RBM 中的隐含层信息,有效融合了 GRU 的时序处理能力和 DBN 的数据挖掘能力。

(1) 正向无监督学习过程

正向无监督学习的目的是生成各层 GRU-RBM 权重矩阵和偏置矩阵,通常采用 CD 算法。但该算法往往需要多次迭代且每次参数更新方向均有所不同,若训练过程中保持学习率为定值,可能导致算法不收敛或效率低下,所以制定合适的学习率是无监督学习过程的关键。

基于相邻参数更新过程中迭代方向,设计自适应学习率方法。考虑自适应学习率,则 t 时刻的可视层与隐藏层间的权重参数 $W_{k,t}^{hv}$ 更新方式为:

$$W_{k,t}^{hv} = W_{k,(t-1)}^{hv} + \eta_{k,t} \frac{\partial \ln P(v)}{\partial W_{k,t}^{hv}} \tag{4.6-32}$$

$$\eta_{k,t} = \begin{cases} U\eta_{k,(t-1)}, & \Delta_{k,t} \times \Delta_{k,(t-1)} > 0 \\ D\eta_{k,(t-1)}, & \Delta_{k,t} \times \Delta_{k,(t-1)} < 0 \\ \eta_{k,(t-1)}, & \Delta_{k,t} \times \Delta_{k,(t-1)} = 0 \end{cases}$$

$$\Delta_{k,t} = v_{k,t} h_{k,t} - v_{k,(t-1)} h_{k,(t-1)}$$

式中:$P(v)$ 为可视层神经元被激活的概率函数,可由文献获得;$\eta_{k,t}$ 为 t 时刻的学习率;U、D 分别为自适应学习率增加、减小系数,且满足 $0 < D < 1 < U$;$\Delta_{k,t}$ 为 t 时刻参数的更新方向,由 t 和 $(t-1)$ 时刻可视层与隐藏层的神经元概率共同决定。

t 时刻 GRU-RBM 单元内偏置矩阵参数 $A_{k,t}$、$B_{k,t}$ 和 GRU 隐藏层输出 $g_{k,t}$ 不仅与初始输入数据相关,还与上一时刻历史数据相关,其参数更新方式为:

$$A_{k,t} = A_{k,0} + W_{k,t}^{gv} g_{k,(t-1)}$$
$$B_{k,t} = B_{k,0} + W_{k,t}^{gh} g_{k,(t-1)}$$
$$g_{k,t} = \sigma[g_{k,t} + W_{k,t}^{gg} g_{k,(t-1)} + W_{k,t}^{vg} g_{k,(t-1)}] \tag{4.6-33}$$

式中:$A_{k,0}$,$B_{k,0}$,$g_{k,0}$ 分别为随机初始参数;$W_{k,t}^{gv}$,$W_{k,t}^{gh}$ 分别为 t 时段第 k 层 GRU 与其可视层神经元、GRU 与其隐藏层神经元的连接权重矩阵,$W_{k,t}^{gg}$ 为 t 时段第 k 层 GRU 间的连接权重矩阵,$W_{k,t}^{vg}$ 为 t 时段第 k 层可视层神经元与 GRU 间的反馈权重矩阵;$\sigma[\cdot]$ 为 Sigmoid 函数。在获得各层权重矩阵与偏置矩阵的参数更新方式后,GDRBN 的正向无监督学习过程可写为:

$$S_{k,t,i} = \begin{cases} \sigma\left[W_{k,t,i}^{vg}v_{k,t} + b_{k,t,i}\right], & k=1 \\ \sigma\left[W_{k,t,i}^{vg}S_{k,t,(i-1)} + b_{k,t,i}\right], & k\in[2,\cdots,K-1] \\ \sigma\left[W_{k,t,i}^{vg}S_{k,t,(i-1)} + W_{k,t,i}^{gs}S_{k,t,i} + b_{k,t,i}\right], & k=K \end{cases} \quad (4.6\text{-}34)$$

$$\hat{Y}(t) = f\left[O, S_{K,t,i} + b_{K,t,i}\right]$$

（2）纵横误差反馈微调过程

GDRBN 模型 t 时段的预测误差 E_t 为

$$E_t = \hat{Y}_t - Y_t$$

由式可知，预测误差仅和 RBM 可视层与 GRU 隐含层间的权重系数 $W_{k,t,i}^{vg}$ 有关，引入中间变量函数 $\psi_{k,t,i}$ 描述隐藏层输出与权重 $W_{k,t,i}^{vg}$ 的关系，其表达式为：

$$\psi_{k,t,i} = W_{k,t,i}^{vg}S_{k,t,(i-1)} + b_{k,t,i} \quad (4.6\text{-}35)$$

GDRBN 纵向误差为预测误差关于中间变量的一阶偏导数，其值在各层 GRU-RBM 之间反馈传导。由链式求导法可得纵向误差：

$$\bar{E}_{k,(i-1)} = \frac{\partial E_t}{\partial \psi_{k,t,(i-1)}} = \frac{\partial E_t}{\partial \psi_{k,t,(i-1)}} \prod_{m=1}^{i} \frac{\partial \psi_{k,m,(i-1)}}{\partial \psi_{k,m,(i-1)}} \quad (4.6\text{-}36)$$

GDRBN 横向误差为预测误差关于中间变量的二阶偏导数，其值沿时间轴反馈传导。由链式求导法可得横向误差：

$$\underline{E}_{k,(i-1)} = \frac{\partial^2 E_t}{\partial \psi_{k,(t-1),(i-1)}^2} = \frac{\partial E_t}{\partial \psi_{k,(t-1),i}} \frac{\partial \psi_{k,(t-1),i}}{\partial \psi_{k,(t-1),(i-1)}} \quad (4.6\text{-}37)$$

（3）基于 CNN 和 GRU 的混合预测模型

为了进行精准预测，将卷积神经网络与门控循环单元相结合，建立基于 CNN-GRU 的监测模型。

①确定各层参数

旨在利用 CNN 提取监测数据的空间相关特征，再送入 GRU 层进一步挖掘数据序列变化趋势，因此使用一维卷积神经网络。

a. 输入层。为了耦合造成影响的特征信息，充分挖掘这些特征的时间、空间特征规律，将历史数据和相关的特征数据构成一个新的时间序列特征向量，作为 CNN-GRU 变形预测模型的输入数据。

b. CNN 层。CNN 层主要对历史数据进行特征提取，使用一维卷积神经网络挖掘空间相关特征，再送入 GRU 层进一步提取变形序列变化趋势。选择最大池化法对提取的高维特征进行降维，将提取的特征作为 GRU 层的输入。

c. GRU 层。主要负责从 CNN 层所提取的特征中学习变形的变化规律，激活函数采用 tanh，最后通过全连接层处理，反归一化后得到预测值。

②激活函数的选择

混凝土坝变形量与变形因子之间具有复杂的非线性关系，需要在神经网络模型中添加激活函数引入非线性,使神经网络模型能够更好地学习变化量与因子之间的非线性关系。常用的激活函数主要有 Sigmoid 函数、tanh 函数、ReLU 函数等。

Sigmoid 函数是在神经网络模型中最常用的激活函数,函数输出值(0,1),函数图像斜率大的地方类似神经元的敏感区,函数图像两侧的平缓区类似神经元的抑制区。Sigmoid 函数由于涉及很多幂运算,所以计算时较烦琐,会增加模型的训练时间。同时,在深度神经网络结构中,涉及的参数较复杂,容易造成梯度消失和梯度爆炸问题。ReLU 函数在近几年使用比较普遍,在正区间内有效地解决了梯度消失问题。而且 ReLU 函数没有指数运算,可极大地提高计算速度。但 ReLU 函数在反向传播过程中,如果输入为负时,梯度完全为 0。且 ReLU 函数不是以 0 为中心的函数,在使用时,容易导致权重更新缓慢。tanh 函数,也叫双曲正切函数,函数以 0 为中心,输出值(-1,1)。tanh 函数相较于 Sigmoid 函数收敛速度较快,在本文中,采用 tanh 函数作为激活函数。

4.6.1.8 深度残差收缩网络(DRSN)

(1) 深度残差收缩网络结构

近年来新提出的深度残差收缩网络(DRSN)能有效解决 CNN 存在的不足,该网络的注意力机制和子通道阈值机制能够针对多维输入单独设定阈值,而且,特征工程的注意力机制可以结合数据领域的知识使模型获取更好的计算效果并增强对数据特征的敏感度,避免了高维数据给模型带来的困扰,网络中的软阈值结构可以实现自主的滤波学习,相比于传统的小波阈值更为高效、准确,不需要专家经验和繁杂的专业知识来设置滤波器。更重要的是,网络的去噪机制能够抑制由噪声干扰或水文数据测绘误差带来的影响。将最新的深度残差收缩网络与长短时记忆网络组合进行水位预测,通过将输入数据拟合为特征图的相似结构进而将原始水文数据转换为特定形式输入模型,目的是将敏感度预测任务转化为数值预测,并引入可变权重函数根据网络预测误差进行自修正,确保水位预测模型在面对多种影响因子时能从多角度完成分析并实现水位的精准预测。最终,利用该模型进行多时间尺度预测,为工程提供参考依据。

深度残差收缩网络中的跨层连接能实现数据特征的正向传递和反向回溯,可提高模型的训练效率并避免梯度爆炸等问题,其结构如图 4-45 所示。数据在输入层被降维整合后输入卷积层,卷积核提取到有用的特征信息并将其传递给残差收缩层,每一个特征图均可以有一个及以上的特征通道,该特点能满足将上游水库水位、电站出力、下游支流流量等多个水位影响因子设为特征图中特征通道的需求。经过激活函数、批量规范处理(BN)、软阈值操作、全局平均池化层(GAP)以及交叉熵评价后获取最终水位输出。因不同通道对目标的影响权重不同,模型中的注意力机制和完全 GAP 层将对每一个通道设置权重并输出,从大量输入信息中捕捉关键内容并提取重要特征,删除不重要特征或降低其权重值,同时,网络的间隙层可以减少连接层的权重数量维持网络稳定。而上游电站水位、电站出力、流量等因素在目标水位的变化中有着不同的影响权重,因此,注意力机制配合子通道阈值功能协助网络捕捉水位变化过程中的空间特征和时序特征。

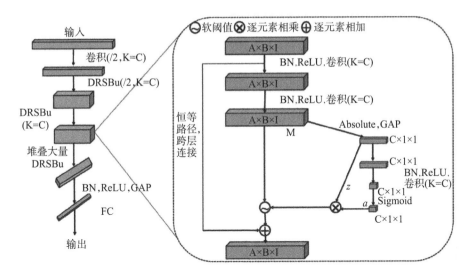

图 4-45　深度残差收缩网络的构建单元和整体结构

（2）模型改进

①拥有可变软阈值的深度残差收缩网络

深度残差收缩网络中软阈值函数由于渐进性不佳，在设置阈值时易将区间范围内的数值强制置"0"或"1"，增大特征阈值的偏差。例如，若流量在某一数值范围内不会导致水位变化（或水位波动在可接受范围内），而软阈值函数会忽略该数值区间并强制判定，致使模型捕捉到错误的特征进而影响最终结果的精度。因此构建精度更高的可变软阈值函数对其进行替换，该函数结构为：

$$
Y = \begin{cases} (1-\beta)x + \beta \cdot \mathrm{sgn}\left(\dfrac{(xe^{|x|-\lambda} - \lambda)}{(e^{|x|-\lambda})x \cdot \lambda} \right), & x \geqslant \lambda \\ 0, & x < \lambda \end{cases} \tag{4.6-38}
$$

②误差损失纠正的可变权重交叉熵函数

若网络对水位影响因子进行权重赋值时出现误差，该误差会在网络传递中被放大并影响最终预测结果。构建新的可变权重交叉熵函数使模型能根据预测误差的评价结果对影响因子的权重进行动态修正，当网络提取到水位影响因子的特征并进行赋值后，可变权重交叉熵评价函数会根据预测误差重新对水位影响因子权重值进行修改，使模型始终处于动态调整中，以适应不断输入的数据特征和真实工况。

令 (m_i, n_i) 为状态样本，模型将该样本判定为其真实状态且正确率越高的情况下，交叉熵损失越低，模型整体精度更高。在新函数中，特征捕捉错误时的损失权重为

$$
\eta_i^s = \begin{cases} \dfrac{e \mid 1 - p_i^s \mid}{e \mid 1 - p_i^s \mid}, & s = n_i \\ 1 - \dfrac{e \mid 1 - p_i^s \mid}{\mid 1 - p_i^s \mid}, & s = 1, 2, 3, \cdots, S, s \neq n_i \end{cases} \tag{4.6-39}
$$

式中：p_i^s 代表将样本特征识别为第 s 种状态的概率。

构建该函数的另一目的是提高模型对目标特征的区分度，尤其是在样本数据较少的情况下，避免模型在初始训练阶段出现大误差累积。损失函数的表达式由交叉熵损失和误判损失组成，其表达式为：

$$L_{al} = E_{al} + \sum_{s=1, s \neq n_i}^{S} \eta_i^s F_i^s$$

$$F_i^s = -\log(1 - p_i^s) \tag{4.6-40}$$

式中：E_{al} 代表交叉熵损失；F_i^s 代表错误判定目标损失（误将样本识别为 $s, s \neq n_i$）。根据公式可知，特征识别准确率越高，损失权重值越小，模型整体交叉熵损失越小。

4.6.1.9 ANN、RNN 与 LSTM

一些模型存在的主要问题是没有很好地考虑问题的动态特性。支持向量机模型（SVM）以及神经网络模型（NN）都属于静态模型，均将预测视为静态回归问题而忽略了其动态系统本质，从而制约了预测精度的提升。因此，为了实现准确预测，需要建立能够更好地模拟过程的动态预测模型。

目前，动态预测模型的建立主要基于递归神经网络（Recursive Neural Network，RNN）。不同于传统神经网络（Artificial Neural Network，ANN），递归神经网络（RNN）的内部节点采用递归连接，使得前一时刻的状态能够对后一时刻的状态造成影响，实现了网络的状态反馈。长短时记忆网络（Long Short-Term Memory，LSTM）是一种特殊的 RNN 网络，在处理长序列数据预测问题上具有明显优势。LSTM 在自然语言处理方面取得了惊人的成就。

传统神经网络（ANN）中，不同层（输入层、隐藏层和输出层）之间的节点互相连接，每层之间的节点互相独立。而在递归神经网络（RNN）中，隐藏层相邻的节点之间互相连接，每个隐藏层的节点同时接收当前时间点输入层传递的信息和上一时间点隐藏层传递的信息。即 RNN 构建的网络会对历史时间点的信息进行记忆，将记忆留下的信息应用到当前神经元的输出计算中，并随着新数据的输入而不断更新（见图 4-46）。基于这种特殊的设计，RNN 在时间序列预测方面显示出一定的优势。

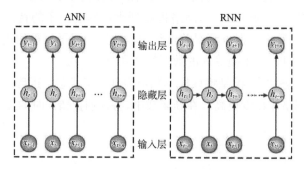

图 4-46 ANN 与 RNN 对比示意图

在理论上,RNN 可以处理任意长度的时间序列。而实际上,RNN 对于距离较近的信息,具有良好的学习能力;对距离较远的信息,其学习能力会减弱,存在所谓的"梯度消失或爆炸"问题,从而难以捕捉长期时间关联。为了解决这一问题,Hochreiter 和Schmidhuber 在 1997 年提出了长短时记忆网络(LSTM)。LSTM 是一种新型深度机器学习神经网络,该模型在 RNN 的基础上增加了记忆单元(Memory Cell)、输入门(Input Gate)、遗忘门(Forget Gate)及输出门(Output Gate)等机制,用来控制信息在不同时刻的传递,从而大大提升了 RNN 处理长序列数据的能力。LSTM 模型结构示意图如图 4-47 所示。

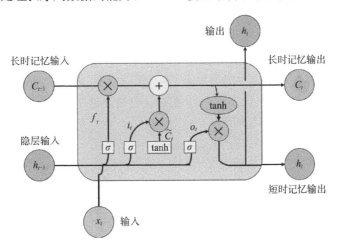

图 4-47　LSTM 结构示意图

在 LSTM 模型中,输入门控制着新的输入进入记忆单元的强度,即决定有多少新记忆将和老记忆进行合并。遗忘门控制着记忆单元维持上一时刻值的强度,即对历史信息进行取舍,如果遗忘门关闭,任何历史记忆无法通过;反之,如果遗忘门完全打开,则所有的历史记忆都将通过。输出门控制着输出记忆单元的强度,决定着 LSTM 单元对外界的响应。各门结构相应的函数如下:

$$I_t = \sigma(W_{i1}x_t + W_{i2}h_{t-1} + b_i)$$
$$f_t = \sigma(W_{f1}x_t + W_{f2}h_{t-1} + b_f)$$
$$O_t = \sigma(W_{o1}x_t + W_{o2}h_{t-1} + b_o) \tag{4.6-41}$$

式中:I_t、f_t 和 O_t 分别为 LSTM 神经网络某节点在 t 时刻输入门、遗忘门和输出门的向量值;b_i、b_f、b_o 分别为各结构对应的偏置项;x_t 为 t 时刻的输入;W_1 为输入节点与隐藏节点的连接权值;W_2 为隐藏节点与输出节点的连接权值;h_{t-1} 为 $(t-1)$ 时刻的输出,代表了 LSTM 的隐藏状态(Hidden state),可表示为:

$$h_{t-1} = O_{t-1}\tanh(c_{t-1}) \tag{4.6-42}$$

其中:c_{t-1} 为 $t-1$ 时刻记忆单元的向量值,tanh 为双曲正切函数,可将实数映射到 $[-1,1]$;σ 为 Sigmoid 激活函数,能够将实数映射到 $[0,1]$,1 表示上一时刻单元的信息全部保留,0 表示上一时刻单元的信息全部丢弃。

3 种门的计算方式类似,但有着完全不同的参数,各自以不同的方式控制着记忆单元。在该模型中,对于每个存储单元,连接权值 W 从输入训练中通过不断迭代得到;隐藏状态 h_t 依据当前输入 x_t 和前一时刻隐藏状态 h_{t-1} 来改变,不断循环这一过程直至处理完毕。

4.6.2　优化学习算法

梯度下降法是目前使用最为广泛的优化算法,也是传统神经网络和机器学习最常用的优化方法,主要包括批量梯度下降法(BGD)和随机梯度下降法(SGD)。其中,BGD 的每步迭代使用全部的训练数据,所以参数更新方向比较稳定,但收敛速度较慢,比较耗时;而 SGD 的每步迭代随机选取训练样本,收敛速度较快,但由于训练样本的随机性,参数更新不稳定,因此二者都存在比较大的缺陷。随着深度学习的兴起,很多深度优化算法被提出并用于对网络的优化训练。

(1)小批量梯度下降法(MBGD)

MBGD 是 BGD 和 SGD 两种梯度下降法的综合体现,在每步迭代过程中从 n 个训练样本随机抽取 $m(m < n)$ 个样本。该方法结合了 BGD 和 SGD 各自的优点,相对于 BGD,每次学习的速率得到提升;相对于 SGD,降低了收敛波动性,参数更新方向更加稳定。

(2)动量法(Momentum)

动量法是为解决 SGD 更新方向完全依赖当前 batch 从而使更新十分不稳定而提出的。在更新时通过动量因子保留之前的更新方向,并加入该轮的梯度,从而提高学习效率,增加稳定性,能有效避免模型陷入局部最优。具体迭代更新公式为:

$$g \leftarrow \frac{1}{m} \nabla_\theta \sum_{i=1}^{m} L(f(x^{(i)}; \theta), y^{(i)})$$

$$v \leftarrow \gamma v + \eta g \tag{4.6-43}$$

式中:γ 为动量因子,一般设置为 0.9;η 为学习率;θ 为初始参数;v 为下降动量。

(3)自适应学习率的优化算法(AdaGrad)

AdaGrad 算法是借鉴模型引入正则化项以缓解过拟合现象的思路提出的,该算法可以解决梯度消失的问题。参数更新的迭代过程为:

$$g \leftarrow \frac{1}{m} \nabla_\theta \sum_{i=1}^{m} L(f(x^{(i)}; \theta), y^{(i)})$$

$$r \leftarrow r + g \odot g$$

$$\Delta\theta \leftarrow -\frac{\eta}{\sqrt{r} + \delta} \odot g \tag{4.6-44}$$

$$\theta \leftarrow \theta + \Delta\theta$$

式中:η 为全局学习率,δ 为数值稳定量,θ 为初始参数,r 为梯度累计量。

RMSProp 算法是 AdaGrad 算法的扩展算法,能有效克服 AdaGrad 算法梯度急剧减小的问题。

（4）自适应矩估计优化算法（Adam）

Adam算法是利用梯度的一阶矩估计和二阶矩估计动态调整每个参数的学习率，将Momentum法和RMSprop算法的优势相结合。参数更新的迭代过程为：

$$g \leftarrow \frac{1}{m} \nabla_\theta \sum_{i=1}^{m} L(f(x^{(i)};\theta),y^{(i)})$$

$$m \leftarrow p_1 m + (1-p_1)g$$

$$v \leftarrow p_2 v + (1-p_2)g \odot g \tag{4.6-45}$$

由于 m 和 v 的初始值取 0，所以需要对 m 和 v 进行纠正：

$$\hat{m} \leftarrow \frac{m}{1-p_1^t}$$

$$\hat{v} \leftarrow \frac{v}{1-p_2^t} \tag{4.6-46}$$

$$\Delta\theta \leftarrow -\eta \frac{\hat{m}}{\sqrt{\hat{v}}+\delta}$$

$$\theta \leftarrow \theta + \Delta\theta$$

式中：m 和 v 分别为对梯度的一阶矩估计和二阶矩估计，$\hat{m}$ 和 $\hat{v}$ 分别为对 m、v 的修正，η 为学习率，δ 为数值稳定量，θ 为初始参数，p_1 为一阶矩估计的指数衰减率，p_2 为二阶矩估计的指数衰减率。

4.6.3 耦合模型

4.6.3.1 GA-BP 遗传神经网络

尽管迄今为止研究者们已提出并采用过多种神经网络学习算法，但这些算法大多数都是基于梯度下降算法的，因此可能会出现局部极值问题；同时，由于梯度下降算法收敛速度较慢，这样就会导致网络的学习时间过长；而且，梯度下降算法具有初值相关性，如果初值选取不当，将会导致学习时收敛速度较慢，有时还会出现发散和振荡。

目前使用较多的人工智能方法是BP神经网络，标准BP神经网络具有复杂的非线性映射规律，能建立起边坡稳定性预测模型，实现边坡安全系数预测。将遗传算法GA与BP算法互相结合起来（GA-BP），实现对神经网络全局的优化，具有良好的全局优化能力和自适应能力。

同经典的优化算法相比，遗传算法具有全局收敛性和初值无关性，并具有较快的收敛速度，而且，遗传算法不要求其目标函数连续、可微。正是因为这些优点，近年来将遗传算法和人工神经网络相结合，建立遗传神经网络并将其用于解决工程实际问题是一种新的研究趋势。

（1）遗传算法（GA）

遗传算法（Genetic Algorithm，GA）是根据达尔文生物进化论的自然选择和遗传学机理，模拟生物进化过程的一种随机搜索最优解的计算模型，是一种生物全局优化概率搜索算法。GA算法计算优化主要有三个基本操作：选择、交叉和变异。

1960年，遗传算法被工程师们所提出，之后由当时美国密歇根大学的J. H. Holland教授在自然和人工自适应系统的研究中引用了生物自然进化中的相关基本原理，最终取得模拟进化的效果。随后在1975年出版了第一本关于遗传算法基本方法和思想的专著，该书对遗传算法理论的发展和优化起到了十分宝贵的作用。D. E. Goldberg在二十世纪九十年代初期系统论述了遗传算法及其相关理论，为其应用奠定了扎实基础。目前遗传算法发展也极为迅速，吸引了众多学者，被广泛应用在不同领域当中。

GA算法主要是将遗传学理论中的生物进化同生物进化论中的自然选择两个理论进行相互结合，最后得以形成的一种计算模型，其实质就是首先将"适者生存"的生物进化原则应用于该算法设计中进行选择，在种群中产生一个近似最优解，此时该操作当中已经表现出能够模拟随机和自适应的特点，然后在遗传过程中需要个体再对"染色体"进行复制、交叉或者变异的操作完成不断进化过程，逐步得到适应度最佳的群体，即最优解。

①GA算法流程

GA算法流程如图4-48所示，其步骤如下：

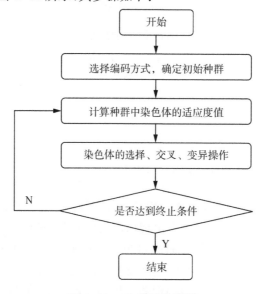

图4-48　GA算法流程图

· 选择合适且准确的编码方式；

· 产生并确定初始种群；

· 计算并记录适应度值；

· 根据合适的条件对相应的染色体执行选择、交叉及变异操作；

· 假设没能满足终止条件，那就返回步骤3重新更新适应度值，反之结束算法。

在其发展和研究过程中,任何一个算法都不是一成不变的,以生命起源和进化论二者为依据,从该层面上可以说遗传算法属于一个类似仿生型的算法。

②GA算法优缺点

GA算法优点有以下几点:

· 使对象能直接处理,不限制于函数连续性以及求导等约束,能增强全局搜索能力和算法在运行时特有的隐含并行性;

· 基于概率化寻优,能主动获取并优化自身搜索空间,不限制于特定的某种规则,能够自适应地调节和控制搜索方向,体现出简单方便、不受其他条件约束的特点;

· 拓展可行性高,易与其他算法结合。

遗传算法是通过自适应的搜索求得最优解,它是基于遗传学说和进化论模仿自生物进化机制的一种随机性全局搜索方法。遗传算法通过逐次运用遗传算子来操作方案里的所有种群,来产生一个相近的最优方案。在其每一代的个体中,根据个体在不同问题中的适应度值进行个体选择操作,得到一个新的近似解。整个过程是不断进化种群中的每个个体,相比于原个体,获得的新个体具有很强的环境适应能力,能更好地遗传下去。

大量的实践表明,遗传算法也有一些不足之处,主要表现为:

· 算法易早熟。当群体规模较小时,在进化初期易出现适应度较高的个体,出现的早熟收敛现象是由于群体多样性受到破坏。

· 算法缺乏产生最优个体的能力,局部寻优能力不足。遗传算法能很快搜索到最优解的 85 %～90 %,但是达到最优解却需要很长的时间。

· 由于交叉与变异操作随机性较强造成遗传操作搜索效率较低,具体表现为父代与子代之间在进化过程中出现最优个体退化现象。

③求解设计

遗传算法结构的设计包括种群规模的确定、编码的设计、遗传算子的设定、适应度函数的设计以及相关参数的选择等五个要素,它们构成了遗传算法的核心内容。而遗传算法的四个基本操作具有遗传算法自身的特性。

a. 编码设计

遗传算法设计的关键步骤就是编码。遗传算法在执行的过程中,交叉、变异和选择这三个遗传算子的优劣直接受到编码的影响。遗传算法的编码是指把一个问题的可行解转换到遗传算法所能处理的搜索空间,这个搜索空间是从其解空间的转换而来的。而解码是指遗传算法从解空间向问题空间的转换过程,这是编码的相反过程。一般的编码方式包括二进制编码、十进制编码、浮点数编码以及符号编码等。

b. 种群规模的设定

种群规模是算法是否陷入局部解的主要控制因素。种群规模必须保持种群的多样性,种群规模过大或过小都会对接下来的操作带来影响。一般来说,种群规模越大,种群中个体的多样性越高,算法陷入局部解的危险性就越小。但是,种群规模太大会使得适应度评估次数增加,影响算法性能;当种群中个体较少时,能生存下来的自然是少量适应度较高的个体,通过自然界的生存法则,将会淘汰大多数适应度较低的个体并且对配对库的构成将产生一定的影响。种群的规模一般取 20～100。

c. 设计算法中的适应度函数

遗传算法的适应度是量测群体中各个个体在算子的计算过程中所能达到最优可行解程度的大小。适应度函数就是度量个体适应度值的函数,适应度函数又称为评价函数,区分群体中个体优劣时可用它作为一个标准,它一般是根据目标函数转换确定的。它们服从以下规律:适应度高的个体将会以较高的概率存活到下一代,而适应度低的个体将会以较低的概率存活到下一代。适应度函数要求是非负并且其值越大越好,说明个体的优势比较明显。目标函数则可能有正有负,一般选用误差函数作为目标函数,误差越小,说明个体越优,其适应度就越大,所以需要在目标函数与适应度函数之间进行简单的数学变换。

d. 相关参数的选择

遗传算法的相关参数选择很重要,不同参数的选取会对遗传算法的性能产生比较大的影响,甚至整个算法的收敛性都会受到直接的影响。有关参数的设计主要包括变异概率、交叉概率以及进化终止代数等。变异概率通过使用的频度用以控制变异操作。较大的变异概率能够增加种群的多样性,并且能够产生较多的个体,但很多好的模式也就很可能遭受破坏;而较小的变异概率表现为产生较差的新个体和抑制早熟现象的能力。故变异概率一般建议取值范围是 0.000 1～0.1。交叉概率通过使用的频度用以控制交叉操作。较大的交叉概率可使各代充分交叉,但群体中的优良模式遭到破坏的可能性增大,以致产生较大的代沟,从而使搜索走向随机化;若交叉概率太低,就会使得更多的个体直接复制到下一代,遗传搜索可能陷入停滞状态。故交叉概率一般建议取值范围是 0.2～0.5。进化终止代数是遗传算法迭代到设定的进化代数后,就停止运行,输出当前群体中的最优个体就是所求问题的最优可行解。其一般建议取值区间是 100～1 000。一般情况下,若所求问题的目标函数越复杂,参数选择就会变得越困难。根据问题特征性的变化,参数的差异对结果的影响往往是非常显著的。如何设定遗传算法的相关参数以使遗传算法的性能能够获得较大的提高,还需要结合实际问题进行更加深入合理的研究。

（2）GA-BP 混合算法

① 遗传算法与神经网络的融合

遗传算法通过利用群体搜索技术,将种群代表一组问题解,通过对当前种群施加遗传算子的基本操作,从而产生新一代的种群并逐步使种群进化到一个好的状态,它包含近似最优解的情况。遗传算法是一种高度并行、自适应搜索和适应性强的算法。神经网络算法采用误差梯度指导学习过程,从本质上来说属于局部寻优算法,在多维解空间情况下很容易陷入局部极小值,且不可避免地存在收敛精度和学习速度之间的矛盾:当学习速度较快时,训练过程容易产生网络震荡,难以得到精确的输出结果;而当学习速度较慢时,虽然可以得到较高的输出精度,但学习周期过长,也不太实用。

② 遗传算法与神经网络融合的方式

人工神经网络和遗传算法相结合,用遗传算法优化 BP 神经网络的初值和阈值,从而形成新的算法,即遗传算法优化的 BP 神经网络算法（GA-BP）,其重点是在网络权重的训练,不断改善 BP 的初始化权重。通过 GA 的优化得到更好的网络初始权值或阈值,从而能更好地预测输出函数。

遗传算法与神经网络主要有两种融合方式:一种是用遗传算法优化神经网络权值和阈值;另一种是用遗传算法优化神经网络的拓扑结构。

理论上来讲,将遗传算法和 BP 神经网络相融合,形成 GA-BP 方法,可以更好地解决 BP 算法方法所能解决的问题,以及一些 BP 算法不好解决、甚至无法解决的问题。特别是近几年来,遗传算法与神经网络相结合的应用日趋广泛,GA-BP 方法在诸多研究领域以及工程实践领域发挥了极其重要的作用。

③基于遗传算法优化的 BP 神经网络算法流程

由于二进制编码比十进制编码的搜索能力强,而十进制编码产生的变异比二进制小很多,可采用混合编码的方式,即交叉算子采用二进制编码,以提高产生新种群个体的能力,而变异算子采用十进制编码,以使种群能够稳定地延续下去。采用遗传算法来优化 BP 网络的权值、阈值,网络所有的权值、阈值都包含在种群中的每个个体当中,个体适应度值可通过适应度函数计算得到,遗传算法通过选择操作、交叉操作和变异操作找到最优适应度值所对应的个体。将遗传算法搜索得到最优的个体,赋值给网络的初始权值、阈值,网络经训练学习后预测岩土体力学参数的输出。其具体的实现步骤如下:

- 初始化种群及参数。确定种群数、染色体编码长度、遗传进化代数、期望输出误差限值等参数,以十进制方式产生 N 个个体,组成初始群体。
- 确定适应度函数。按预测输出值和期望输出值之间误差平方和的倒数作为每个个体的适应度值 F。
- 选择操作。根据适应度值,采取轮盘赌法从种群中选择适应度好的个体组成新的种群。
- 交叉操作。将要进行交叉操作的个体进行二进制编码,随机选择交叉位置,通过两点交叉操作产生子代后,再转变成十进制交叉子代。
- 变异操作。
- 评价个体的适应度,并进行迭代寻优。
- 判断是否满足终止准则,如果是则确定结果转至 Step9。
- 如果否,则世代数增加 1,转至 Step3。
- 获取最优权值阈值。
- BP 算法训练网络,调整各层之间的权值和阈值。
- 计算各层网络间的误差。
- 若检验误差小于容许误差,则满足结束条件,否则转至 Step10。
- 输出优化后的预测值,对程序的工作空间进行保存,即对网络中已形成的输入—输出的非线性映射关系进行保存。
- 调用 Step13 中的非线性映射关系程序,通过输入实测位移值,从而得到相应的模型待反演参数值。

操作基本过程是:

- 用个体代表网络的初始权值和阈值;

• 用个体初始化的预测误差作为该个体的适应度值；

• 不断选择、交叉、变异等操作，找出最优个体，即得到最优的 BP 神经网络初始权值。

遗传算法优化 BP 神经网络的流程如图 4-49 所示。

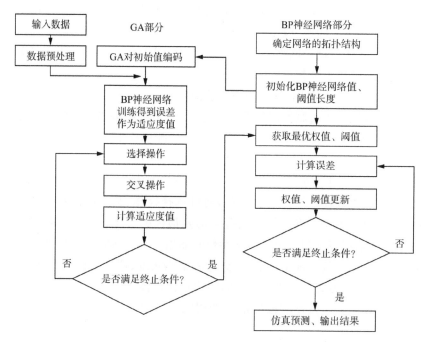

图 4-49　遗传算法优化 BP 神经网络的流程

由图 4-49 可知，遗传算法优化 BP 神经网络一般是三部分，BP 神经网络结构的确定、网络训练和 BP 神经网络预测。其中 BP 神经网络结构是根据影响边坡稳定性主要因素作为输入参数来构建的，输出节点和稳定安全系数相对应。BP 神经网络训练是用设计样本输入值和输出值来进行网络的训练，使网络具有特定的映射关系。把测试的样本数据输入到训练好的网络，对此组数据进行预测验证，得到训练后可预测函数的输出。

与标准 BP 神经网络相比，GA 优化的 BP 神经网络可以通过改善网络的权值和阈值，从而避免陷入局部极小值，可以提高网络的收敛速度和避免算法陷入局部极小值。

4.6.3.2　GA-PSO-RBF 神经网络

（1）径向基（RBF）神经网络

RBF 神经网络是一类性能表现较为优异的前馈型神经网络，可以以任意精度逼近大量的非线性函数，具体表现有较为良好的全局逼近能力、足够高效率的收敛速度，而且在本质上能够有效且成功地克服了 BP 网络存在的局部最优现象。

如图 4-50 所示其结构大致包括三层：一为输入层；二为隐含层，其主要功能是把输入层传送来的所有 X 进行非线性转换；三为输出层，也被称为线性层，其功能是把隐含层

输送来的 R 实现线性转换,并获得整体结果的输出。

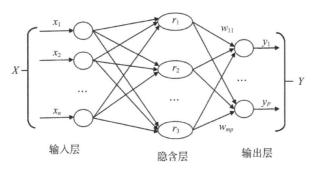

图 4-50 RBF 神经网络结构

【案例分析-径向基(RBF)神经网络在边坡工程中的应用】

径向基神经网络最开始是应用在生物学领域中的一种人工神经网络,近些年来在边坡工程中也逐渐被推广与研究。陈华明建立了 RBF 神经网络模型,对岩质边坡实际工程稳定性进行评价,取得了较为满意的效果;李昆仲利用训练好的 RBF 神经网络对夏比公路 K85 段边坡的稳定性进行评价,且从精度来看预测结果是可靠的;舒苏荀提出了一种改进的基于 RBF 神经网络的土质边坡的随机可靠度分析方法,并通过与传统方法计算结果的比较验证了该方法的可行性;舒苏荀和龚文惠提出一种神经网络的改进模糊点估计法,即选用 RBF 神经网络模型对边坡安全系数进行预测,然后以统计矩点估计法为手段计算得出边坡的模糊随机可靠度;胡勇军等将模糊相似聚类模型引入 RBF 神经网络,建立了公路边坡稳定性模糊相似聚类 RBF 神经网络模型,并应用于稳定性评价与预测;韩亮等建立了基于粒子群算法的 RBF 神经网络下的关于露天矿边坡稳定系数的预测模型;何永波等提出一种基于 ABAQUS 和粒子优化径向基神经网络的可靠度分析方法;朱禹等结合了主成分分析(PCA)和 RBF 神经网络建立了可用于对水利工程边坡稳定性分析的 PCA-RBF 模型;王鹏飞将 GM(1,N)结合进 RBF 神经网络模型,创建了一种基于 GM-RBF 组合的高路堑边坡变形预测分析模型。

目前径向基神经网络在边坡工程的应用越来越受到学者们的青睐,此外利用该神经网络代替 BP 网络进行的研究也成了一种趋势。所以本文也将选用该神经网络进行对边坡稳定性可靠度方面的研究,并且针对网络结构中参数选取不合理的弊端,拟用遗传算法与粒子群算法对其网络结构参数进行最大限度优化,来提高模型的学习能力和记忆能力,有可能推进其在边坡工程的应用以及相关领域的研究。

(2)遗传粒子群算法

比较粒子群算法(PSO)与遗传算法的优缺点,可知前者操作过程更加简单,收敛速度更加迅速,后者则具有比较强大的全局寻优搜索能力,主要表现在一方面交叉操作能够使种群间信息实现共享与交换,另一方面变异操作能够在一定程度保证种群的多样性,甚至可以避免迭代过程中早熟情况的出现。因此,两种算法之间的优势进行互补(具体是指在粒子群算法当中嵌入遗传算法中的交叉和变异操作)能够获得一种搜索能力表现更优的 GA-PSO 算法。为保证 GA-PSO 算法的优化性能，首先对于 GA-PSO 算法中的交叉操作，随机选择该种群中的粒子实行相互配对，给定以概率 p_c 实现交叉。

4.6.3.3 GA-LSTM 神经网络

（1）GA 算法对 LSTM 的改进

LSTM 神经网络是一种特殊的循环神经网络（Recurrent Neural Network，RNN）。由于 RNN 的内部单元可以通过时间间隔进行连接，因此适用于处理序列数据。LSTM 网络采用巧妙的门设计，避开了梯度爆炸和长期依赖问题。

遗传算法（GA）是一种全局搜索算法，能较好地解决参数优化问题。在 LSTM 模型的参数优化方面，主要是用来优化 LSTM 模型的超参数组合，比如时间步、神经网络隐藏层层数、每层 LSTM 神经元个数以及优化器种类等。建立备选超参数库，经过 GA 算法得到最优的超参数组合，用最优超参数组合建立最终模型。具体步骤如下：

①确定参数空间

待优化的 LSTM 模型参数的空间，主要包括每层 LSTM 的节点数、隐藏单元数、激活函数种类以及优化器种类等。参数空间的确定需要根据具体问题，保证足够客观，其中时间步为时间位移及模型输入，隐藏单元数为中间隐藏层 LSTM 单元个数。

②初始化种群

在确定参数空间后，需要对种群进行初始化操作。在遗传算法中种群是指问题可行解的集合。在初始化种群时，不但要避免组合的重复性还要注意初始化的随机性。

③计算适应度

在种群经过随机初始化后，依据定义好的适应值函数计算个体的适应度。适应度是指个体适应环境的能力，也就是在解决该问题上效果更优，对于 LSTM 模型，使用交叉验证的方法来计算每个个体的适应度。

④选择优秀个体

依据个体的适应度值的大小来选择优秀个体，对优秀个体进行繁殖。

⑤交叉繁殖

选择优秀个体的后代，进行交叉繁殖操作。在 LSTM 模型的参数优化中，可以使用单点、多点或均匀交叉繁殖等方法。

⑥变异操作

完成交叉繁殖后，需对新生成的个体进行变异操作。在 LSTM 模型的参数优化中，可以使用插入、删除或替换等变异操作。

⑦重复迭代

完成上述步骤后，须重复迭代上述交叉变异繁殖等步骤，在每一次迭代中不断优化超参数组合，直到达到预定的停止条件为止，比如设置好迭代次数、适应度大小或达到最优解等。

（2）模型训练

通过 GA 算法对 LSTM 模型超参数进行选择，找到全局最优解。依据最优超参数组合，构建预测模型，将监测数据前 80% 作为训练数据集，剩余 20% 作为测试集，用划分好的训练集对模型进行训练,训练好模型后对测试集进行预测,并记录模型的损失值(Loss),用均方误差(Mean Square Error,MSE)表示。

在 GA 算法优化超参数时,个体的适应值是通过计算测试集的均方根误差(Root Mean Square Error,RMSE)获得。RMSE 也作为模型精度评价指标,RMSE 值越小,表明预测位移值与真实位移值之间的误差越小,预测结果越准确。其中 RMSE 的单位为 mm,从 RMSE 的大小可以直观地看出模型的整体误差大小,从而确定模型对应的精度情况。

4.6.3.4　AdaBoost-CNN 算法

AdaBoost-CNN 是由 Taherkani 等基于多类 AdaBoost 方法提出来的一种新的机器学习算法。它将 AdaBoost 算法与多个 CNN 算法相结合,形成单个强分类器,对一组弱分类器进行顺序训练。其中每个 CNN 都是根据上一个的误差进行训练,并为每个样本统一分配权重,以表明在弱分类器下样本没有得到正确训练的程度。假如用之前的弱分类器训练正确,样本的权值将按指数降低。

在顺序学习法的第一次迭代中,首先随机初始化第一个 CNN 的权重 $d_i=1/n$ 并对所有样本进行训练,第一个 CNN 的输出为下一个 CNN 的训练样本。在更新与当前 CNN 的所有训练样本相关的权重之后,进行归一化。对于后续的 CNN,将迭代中训练的 CNN 的学习参数传递给后续的 CNN,以便它使用所传递的参数进行学习。在转移阶段之后,对新的 CNN 重复前面的过程,为每个训练样本提取训练后的 CNN 输出向量,并使用输出向量更新数据权重 $D=\{d_i\}$。对 AdaBoost 中的所有 CNN 重复此过程,图 4-51 显示了 AdaBoost-CNN 算法的示意图。

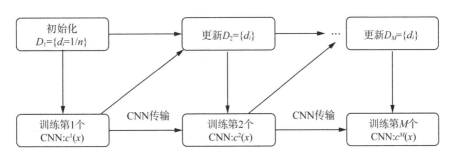

图 4-51　AdaBoost-CNN 算法的示意图

在 AdaBoost-CNN 中,CNN 的输出是输入样本的一维输出向量。该向量包含 K 个类别的预测值。输出向量中的每个元素都是与类相关的实值置信度预测。输入样本 x_i 的输出向量为:

$$\boldsymbol{P}(\mathrm{x}_i)=[\mathrm{p}_\mathrm{k}(\mathrm{x}_i)],\mathrm{k}=1,2,\cdots,\mathrm{K} \tag{4.6-47}$$

并显示应用的输入属于 K 类的概率。在测试输入期间,输入被分配给概率最高的类。第一个 CNN 的输出为:

$$\boldsymbol{P}^{\mathrm{m}=1}(\mathrm{x}_i)=[\mathrm{p}_\mathrm{k}^{\mathrm{m}=1}(\mathrm{x}_i)] \tag{4.6-48}$$

用于更新数据权重。$D=\{d_i\}$ 由下式得出:

$$d_i^{m+1} = d_i^m \exp\left(-\alpha \frac{K-1}{K} \boldsymbol{Y}_i^{\mathrm{T}} \log\left(\boldsymbol{P}^m(\mathrm{x}_i)\right)\right)$$

$$i = 1, 2, \cdots, \mathrm{n} \tag{4.6-49}$$

其中：d_i^{m+1} 是第 m 个 CNN 使用的第 i 个样本的权重；α 是学习率；Y_i 是对应于第 i 个训练样本的标签向量；$P^m(x_i)$ 是第 m 个 CNN 响应于第 i 个训练样本的输出向量。上式是由 SAMME.R 算法得到的，用于更新 CNN 的样本权重。

$$c(x) = \mathrm{argmax} \sum_{m=1}^{M} h_k^m(x) \tag{4.6-50}$$

其中，$h_k^m(x)$ 由下式计算：

$$h_k^m(x) = (K-1)\left(\log\left(p_k^m(x)\right)\right) - \frac{1}{K} \sum_{k=1}^{K} \log\left(p_k^m(x)\right)$$

其中，当 x 用作其输入时 p_k^m 是第 m 个 CNN 输出向量的第 k 个元素。上式是通过在约束问题上使用拉格朗日优化在 AdaBoost 中找到改进的估计器而获得的。

4.6.3.5 Mask R-CNN 架构

Mask R-CNN 在物体检测与识别方面应用十分广泛，自从 2017 年问世以来，Mask R-CNN 在短时间内就应用于无人驾驶领域的研究中。根据 MaskR-CNN 相关论文所得的结果，Mask R-CNN 对小汽车、公交车、货车、行人等 80 种目标物均有非常好的检测效果。由于自动驾驶技术需要较高的安全系数，因此 Mask R-CNN 成为自动驾驶技术研究的热点。此外，Mask R-CNN 也应用于空中敌机侦察系统、航拍灾害检测系统、卫星影像船舶检测系统以及医学研究中。Mask R-CNN 的识别能力在实际应用中得到很好的结果，特别是对于小汽车、公交车、货车、行人等经常出现在公路环境中的目标物有着很好的工程应用效果。

（1）R-CNN 系列主要架构

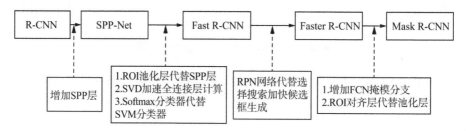

图 4-52　R-CNN 系列主要架构内容

①R-CNN 架构

R-CNN 首次提出了深度学习的概念，给物体检测与目标识别领域开创了新的天地。在 AlexNet 模型（简称 AlexNet）的基础上，R-CNN 解决了图像中物体检测的定位问题和识别问题。AlexNet 是由 Alex Krizhevsky、Ilya Sutskever 和 Geoffrey Hinton 于

2012 年提出的神经网络。他们在 ILSVRC－2012 竞赛中使用 AlexNet 的变种，并且测试误差率仅有 15.3％，远超误差率为 26.2％的第二名。受 AlexNet 的启发，Ross Girshick 等人尝试将 AlexNet 在图像分类上的能力迁移到 PASCAL VOC 的目标检测上，便由此产生了 R-CNN。R-CNN 的整体架构如图 4-53 所示。

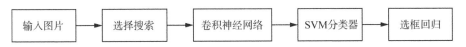

图 4-53　R-CNN 系列主要架构

生成大量候选区域的方法使用的是选择搜索算法。该方法的思想是先将图像分割成许多的小区域，然后利用颜色相似度、纹理相似度等方法合并可能性最高的两个区域框，获得新的区域框。最后输出在算法中出现过的所有区域框。选择搜索算法使用了参考多样性的区域合并策略，提升了区域合并的精准度。多样性策略包含颜色空间等多种相似度度量。使用选择搜索算法所得的候选区域数量远低于穷尽式搜索，这对于控制后续神经网络检测过程中产生的数据量和花费的时间有着重要的意义。

②SPP-net 架构

由于 R-CNN 在识别过程中会采用尺寸变换的方式将每一张由选择搜索算法选出的图像变换成固定大小的输入图片。其处理情况大致分为如图 4-54 所示的两种可能。

(a) 裁剪　　　　　　　　　　　　　　　　(b) 形变

图 4-54　图像预处理操作

如图 4-54 所示，图像在预处理操作过程中会有裁剪与形变发生，裁剪如图 4-54(a)所示，形变如图 4-54(b)所示。前者包含物体部分信息，后者虽然包含整个物体，但是物体图像却产生形变。这两种情况都易使后期的分类结果变差，并且选择搜索算法所提取的大约 2 000 张框选图在卷积神经网络中的计算量十分庞大，且其中含有很多的重复运算。SPP-net 利用空间金字塔池化结构，对整张图片只进行一次特征提取，加快运算速度，并且实现任意大小图片输入。SPP-net 架构图如图 4-55 所示。

图 4-55　SPP-net 架构

如图 4-55 所示,SPP-net 采用将整张图片通过卷积运算提取特征,并且使用选择搜索算法提取该输入图片的候选框区域信息,然后对候选框信息采用尺度变换的方式契合到卷积输出特征上。接着将每个候选框内的特征通过 SPP 层进行处理,输出统一大小的特征到全连接层,然后再进行后续的分类操作与选框回归操作。由 R-CNN 的研究部分可知,AlexNet 的图片输入大小是受限的。SPP-net 为解决该问题,在 R-CNN 卷积神经网络的第五层卷积输出之后使用 SPP 层替换掉原先结构中的最大池化层。相比于 R-CNN 对图片的每一个候选框图进行特征提取,SPP-net 只需要对图片进行一次特征提取,且两者其余部分算法大致相同,因此 SPP-net 大幅度提升了物体检测的运算速度,文献数据表明单尺寸金字塔池化的 SPP-net 相比于 R-CNN 在图片检测方面能有 102 倍的提速。但是 SPP-net 检测一张图的速度依然很慢,且 SPP-net 需要存储大量特征数据,在训练该神经网络时需要复杂的微调过程、SVM 训练过程以及边框回归训练过程。

③Fast R-CNN 架构

Fast R-CNN 弥补了 R-CNN 与 SPP-net 的不足之处,在同等条件下提升了它们的训练、测试速度和准确率。根据研究数据所得,基于 VGG16 的 Fast R-CNN 在训练速度上比 R-CNN 快 9 倍,比 SPP-net 快 3 倍;在测试速度上比 R-CNN 快 213 倍,比 SPP-net 快 10 倍,并且在 PASCAL VOC 2012 数据集上取得了更高的精准度。

Fast R-CNN 系统的主要组成部分有:

· 用于提取特征的深度卷积网络;

· 候选框提取部分;

· ROI 池化层;

· 分类器;

· 回归器。

Fast R-CNN 的算法是对深度卷积网络提取的特征图中的候选框区域逐一使用 ROI 池化层提取固定大小的特征,并且将全连接层输出的特征向量分别进行分类和选框回归。其架构图如图 4-56 所示。

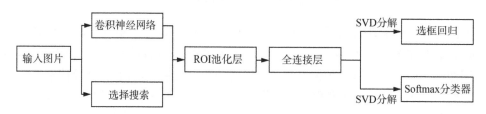

图 4-56　Fast R-CNN 架构

由 Fast R-CNN 架构图可知,与 SPP-net 相比,其使用 ROI 池化层代替了 SPP-net 中的 SPP 层,并且将分类操作和选框回归操作融入神经网络。Fast R-CNN 在候选框信息提取部分以及卷积神经网络提取图像特征部分与 SPP-net 完全一致。其使用卷积神经网络提取一整张图像的特征,同时使用选择搜索算法提取图像的候选框信息。在 ROI 池化层之前,将候选框信息与图像特征进行信息融合,得到候选框特征图。

其主要改动处有三点:

• 使用 ROI 池化层进行特征尺度的固定输出；

• 使用 SVD 分解法加速全连接层运算；

• 使用 Softmax 代替 SVM 进行分类操作，并将选框回归和分类操作融入神经网络中。以下对这三处改动进行分析。

ROI 池化层可以理解为 SPP 层的一个变种。SPP 层实现的是多尺度分割图像做最大池化操作，ROI 池化层是将每个尺寸为 $h \times w$ 的候选特征图均分成大小为 $H \times W$ 的图片，得到该尺寸图片数为 $h/H \times w/W$。而后对每一张分割后的图片进行最大池化操作，得到固定大小的输出特征。使用 SPP 层进行多尺度的特征提取，识别精准度提升微乎其微，而计算量却成倍增加。因此提出的 ROI 池化层能够取得更加快速的计算效果。在 Fast R-CNN 中使用 SVD 分解可加速全连接层计算。假设全连接层参数尺寸为 $m \times n$，则不使用 SVD 分解的情况下，其计算复杂度为 $m \times n$。若使用 SVD 分解法，并且将二维尺寸的每个维度都使用前 t 个特征值近似代替，有全连接层参数量如下式所示：

$$M \cdot \sum t \cdot N^{\mathrm{T}}$$

其中：M 是由包含前 t 个特征值的左奇异向量组合而成的特征矩阵，大小为 $m \times t$；$\sum t$ 是大小为 $t \times t$ 的对角矩阵；N 是由包含前 t 个特征值的右奇异向量组合而成的特征矩阵，大小为 $n \times t$。现在，计算复杂度大小变成了 $t \times (m+n)$。由于 t 可以选择远比 m 与 n 的最小值要小的值，因此计算复杂度降低。根据实验数据所示，在使用 PASCAL VOC 2007 数据集进行大样本测试时，使用 SVD 分解法所得的精准度下降仅有 0.3%，而整体运算速度提高了 30%。通过 Fast R-CNN 相关文献可知，无论数据集的规模如何，使用 Softmax 分类器均能比使用 SVM 分类器取得更高的精准度，并且 Softmax 分类器的计算复杂度低于 SVM 分类器的计算复杂度。因此使用 Softmax 分类器能在更短时间内获得更好的效果。Fast R-CNN 的多任务损失函数使得网络训练的分类与边框回归部分不需要分步训练。

④Faster R-CNN 架构

Fast R-CNN 实现了除候选框选定以外过程的端到端的网络结构。但同时也使研究遇到一个瓶颈：对于候选框选定过程消耗大量时间的问题未能得到解决。基于该问题，研究人员提出使用 RPN 网络生成候选框区域建议的网络，并将其命名为 Faster R-CNN。Faster R-CNN 整体架构图如图 4-57 所示。

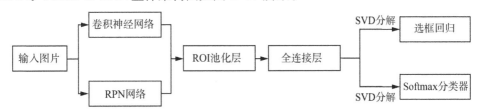

图 4-57　Faster R-CNN 架构

由图 4-57 我们可知，Faster R-CNN 与 Fast R-CNN 的架构除了候选框生成模块以外全部相同。Faster R-CNN 没有采用选择搜索算法，取而代之的是使用一个可以生成候选框的 RPN 来完成该功能。由论文的数据可知,候选框生成的时间从之前的 1.5 秒缩短为 10 毫秒;处理一张图片的时间由原来的 1 830 毫秒缩短为 198 毫秒。这一数据证明 RPN 大大降低了检测目标物体的整体时间。并且,根据论文中提供的精准度数据可知,使用 RPN 提取候选框与原先使用选择搜索算法提取候选框相比,对 PASCAL VOC 2012 数据集的检测精准度上升了 1.3%,对 PASCAL VOC 2007 和 2012 数据集的检测精准度上升了 2.0%。Faster R-CNN 能有更快的检测速度和更精准的检测能力,当归功于其中的 RPN。RPN 使用滑动窗口在卷积输出的特征图上滑动,采用锚框生成的方法以及边框回归算法得到适应多尺度的候选框。采用大小为 $n \times n$ 的卷积核在特征图上滑动,滑窗与覆盖区域做卷积运算,生成该感知区域内对应的感知数据,并由感知数据生成对应的类别概率以及对应边框位置。RPN 中,生成锚框方法十分出彩。设定卷积核大小为 3×3,设定卷积核中心位置所对应的尺度为 $(128, 256, 512)$。以这三种尺度而生成的候选框长宽比例为 $(1 : 1, 1 : 2, 2 : 1)$,在大小为 3×3 的特征区域对应的图像区域内共可以产生 9 个候选框。如果特征图像大小为 $h \times w$,则一张图像共可产生候选框 $h \times w \times 9$ 个。在 RPN 训练前,需要给每个生成的候选框进行类标签分配。对于每个候选框,选择与图片标准之间的 IOU 值大于 0.7 作为正样本,小于 0.3 作为负样本。IOU 值在 0.3 到 0.7 之间的候选框废弃。RPN 的选框回归训练所用到的数据全部来自正样本。RPN 对正样本进行位置修正,得到建议选框。此后,RPN 生成的建议选框作为候选框与特征图信息融合,得到对应的候选特征图。

⑤Mask R-CNN 架构

对于目标检测算法而言,输出的是每个检测目标的类别信息与标定框;对于实例分割算法而言,输出除类别信息与标定框之外,还要输出每个检测物的像素级掩膜。研究人员将深度学习应用于目标物体的实例分割,并提出了 Mask R-CNN。Mask R-CNN 的提出具有一定的先进性,相比之前所有的网络架构,Mask R-CNN 都有着更加精准的预测能力,并且只需要在 Faster R-CNN 的基础之上增加一小段开销。Mask R-CNN 是基于 Faster R-CNN 的,其继承了 Faster R-CNN 的两阶段检测的思想:

· 生成特征图并提取感兴趣区域;

· 生成物体检测结果。

Mask R-CNN 架构图如图 4-58 所示。

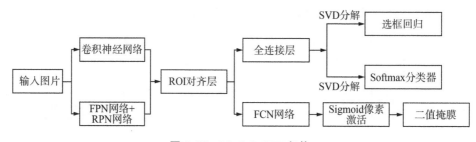

图 4-58 Mask R-CNN 架构

相比于 Faster R-CNN,Mask R-CNN 的改进之处主要有两点:

· 使用 ROI 对齐层代替了原先的 ROI 池化层;

· 增加了一个生成掩膜的分支,使用 FCN 实现。

以下对这两点进行具体的分析。由 RPN 计算所得的建议选框坐标是经过一次回归计算的,因此该输入坐标是浮点数。当特征图信息与建议选框的坐标信息融合时,特征选框的矩形坐标必须保留整数。因此该浮点数坐标经过向下取整操作,得到整数坐标的特征图选框。其过程如图 4-59 所示。

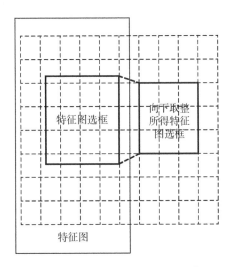

图 4-59　特征图选框向下取整示意图

由图 4-59 不难发现,经过向下取整操作,特征图选框不免会丢失掉一些信息。这些信息也许在特征图层面看起来很少,但是由于特征图本身是对图像信息的高度浓缩,每个特征图矩阵内的值都覆盖了原图像很大的感知野。因此 ROI 池化操作的向下取整过程势必会造成神经网络在精准度方面的整体性能下降。特别是对于小目标的检测而言,1 个像素偏差都会导致小目标检测出现很大偏差。

ROI 对齐的提出,弥补了 ROI 池化存在的不足。ROI 对齐保留浮点数边界不做量化;将候选区域分割若干块,同样保留每一块的浮点数边界。使用双线性插值法计算边界坐标位置,然后进行最大池化操作。ROI 对齐操作同样得到固定尺寸的特征图,相比于 ROI 池化操作,其在 COCO 数据集的验证结果显示 AP50 指数提高了 2.2%,AP75 指数提高了 5.4%。

Mask R-CNN 中引入了处理掩膜的分支,其主要是使用 FCN 进行实例分割。FCN 根据 ROI 特征图,对其中所包含的类别物进行像素级的掩膜预测。设定待检测的物体类别为 k,则对每个 ROI 特征图进行 k 个掩膜的预测。每个类别的掩膜预测仅影响该类的掩膜的损失值,起到对分割任务类别竞争的抑制作用。将每一个像素使用 Sigmoid 函数激活,输出最终的二值化掩膜。其过程如图 4-60 所示。

图 4-60　二值化掩膜生成过程

Mask R-CNN 为了解决小目标检测问题,采用了 FPN 与 RPN 融合的方式提取浅层特征图与深层特征图。其使用多层金字塔网络结构框定浅层特征图与深层特征图的锚框坐标,而后由 RPN 对锚框信息进行处理,提取出建议选框。其结构如图 4-61 所示。

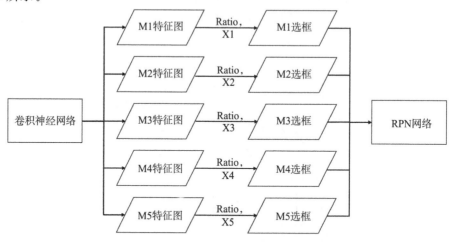

图 4-61　FPN＋RPN 中多层特征图选框提取图

图 4-61 中的锚框大小为$[X1\times X1,X2\times X2,X3\times X3,X4\times X4,X5\times X5]$,Ratio 为生成锚框的比率,一般为$[1:1,1:2,2:1]$。如果根据该参数,则在多层特征图上一共有15 个选框。Mask R-CNN 的损失函数为分类损失、边框回归损失和生成掩膜的损失和。其定义如下式所示:

$$L =L_{cls}(P,m)+\lambda[m\geqslant 1]L_{loc}(t^{m},n)+L_{mask} \tag{4.6-51}$$

式中:$L_{cls}(P,m)$ 是分类损失函数,其表达式为:

$$L_{cls}(P,m)=-\log P_{m} \tag{4.6-52}$$

其中,P_{m} 为第 m 类的预测概率值。$L_{loc}(t^{m},n)$ 是边框回归损失函数,其定义如下式所示:

$$L_{loc}(t^{m},n)=\sum_{i\in\{x,y,w,h\}}\text{smoot }h_{L1}(t_{i}^{m}-n_{i}) \tag{4.6-53}$$

其中,$\text{smoot }h_{L1}(x)=\begin{cases}0.5x^{2}, & |x|<1 \\ |x|-0.5, & |x|\geqslant 1\end{cases}$,$n$ 是真实值,t^{m} 是边框预测输出。

L_{mask} 为平均二值交叉熵损失,即为所有像素的交叉熵平均值,其公式如下所示:

$$L_{mask}(GU,PRE)=-\frac{1}{n}\sum_{i=1}^{n}GU_{i}\log(PRE_{i}) \tag{4.6-54}$$

其中,GU 表示真实掩膜,PRE 表示预测掩膜,n 表示共有的像素个数。

（2）残差神经网络

研究 Mask R-CNN 的运算效率提升是着眼于 Mask R-CNN 中的基础网络-残差神

经网络。由于图像监测系统对于实时性的要求较高，需要每一帧图片处理的速度较快。而在 Mask R-CNN 中残差神经网络的运算量往往占有很高的比例。因此在保证识别精准度满足工程要求的情况下，将残差神经网络进行参数剪枝处理，以提升 Mask R-CNN 整体的运算速度，从而更好地适应工程的实际需要。

传统深度学习神经网络结构在训练过程中会发生梯度消失的问题。梯度消失问题，也就意味着模型过拟合，泛化能力太差而不可用。而引发梯度消失问题的原因，则是不断加深的神经网络结构。随着神经网络结构的不断加深，梯度发散问题也越来越容易发生。理论上来说，神经网络层数越深，表征能力越强，误差应当越小。因为总能够根据浅层网络的结构造出深层网络的解，使得这个深层网络误差不大于浅层网络误差。但实际情况是，当误差无法避免时，由浅层网络产生的误差会逐层传递下去，传统深度学习神经网络的深层误差会比浅层误差大。因此为解决该问题，残差神经网络（ResNet）诞生。

相比于普通卷积神经网络，ResNet 有很多旁路的支线将输入直接连到后面的层，使得后面的层直接学习残差，这种结构被称为 shortcut。传统卷积层或者全连接层在信息传递时，或多或少会存在信息损耗及丢失问题。ResNet 通过将输入信息传到输出，保证了输出信息的完整性。在 ResNet 的网络图中，可见实线 shortcut 以及虚线 shortcut 部分。

实线部分的上下特征图大小相同，通道个数也相同，因此采用计算方式如下式所示：

$$y = F(x) + x$$

而虚线部分的特征图大小与通道个数不同，因此采用计算方式如下式所示：

$$y = F(x) + Wx$$

其中，W 是输入卷积操作，其作用是调整通道个数，使之与 $F(x)$ 的通道个数相同。

（3）ResNet101 参数剪枝

传统的速度提升思路大多是直接减少网络层数，但是这样的做法会导致精准度大幅度下降，对于工程运用而言，显然不是一个切合实际需求的方法。因此，基于 ResNet101，对其进行参数剪枝，并且将神经网络的所有 ReLU 激活函数全部替换为 Swish 激活函数，得到了一个更加高效的网络结构。将参数剪枝后的 ResNet101 应用于 Mask R-CNN 中，相比于应用未经参数剪枝的 ResNet101，Mask R-CNN 在精准度基本不变的基础上，得到了更快的运算速度。

①Swish 激活函数

ReLU 函数作为激活函数，可能会导致训练过程中神经元坏死过多，从而引发梯度爆炸的问题。在学术论文 Searching for Activation Functions 中提出了一种更加完美的激活函数 Swish 函数，如下式所示：

$$f(x) = x \times \mathrm{Sigmoid}(a \times x)$$

式中，a 是常数或者可训练参数。仅仅使用 Swish 激活函数替换 ReLU 而不改变其他结构就能把 Mobile NASNet-A 的分类准确率提高 0.9%，把 Inception-ResNet-v2 在 ImageNet 上的 top-1 的分类准确率提高 0.6%。采用 $a=1$ 时的 Swish 函数代替原残差神经网络的 ReLU 激活函数。相比于 ReLU,该函数更加平滑,不会使得训练过程中神经元过多坏死。它不会将数值输出直接置 0,从而可以保证神经元的活性。

②ResNet101 参数剪枝

由于 Swish 函数采用指数运算,在计算机中指数运算花费的时间要高于线性运算花费的时间。考虑到计算效率问题,一般建议深度网络的激活函数用线性函数。激活函数层在残差神经网络中应用广泛,即使其性能有微小的提升也会使得残差神经网络整体有大幅度改善。同理,激活函数运算效率有少许下降也会导致残差神经网络整体的运算效率大幅降低。为了减少使用 Mask R-CNN 神经网络进行预测的时间,采用模型压缩技术中的参数剪枝压缩法。深度神经网络中有着非常多的参数冗余,这些冗余参数通常会增加神经网络的计算量以及整体模型的体量。参数剪枝法是通过研究模型整体结构,从而找出对于该模型不重要的参数并予以剔除,从而实现减少网络参数、提升网络预算效率的目的。网络结构对比如图 4-62 所示。

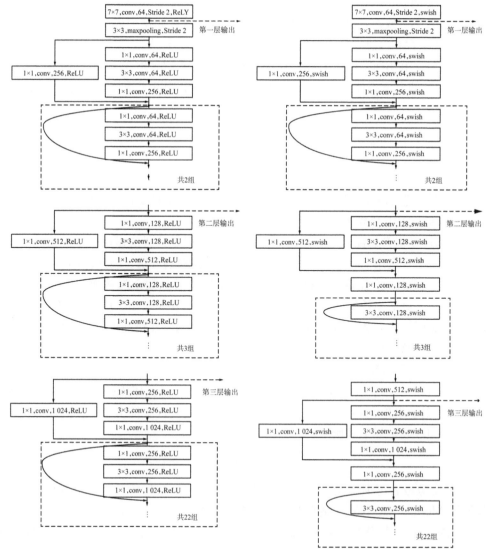

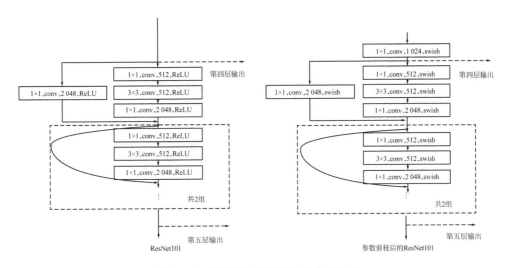

图 4-62　参数剪枝前后网络结构对比图

在 ResNet101 中,残差结构的学习模块组成了第三部分和第四部分。由于这两个部分是基于图片深层特征的提取,可看到卷积层数量增长很多。之所以考虑剪枝 ResNet101 的深层特征提取部分,是因为相比于浅层特征提取,深层特征提取部分的运算量更大。参数剪枝的重点便由此落到了深层网络结构的学习模块中。为了更加直观地说明问题,列举残差结构的学习单元模块,如图 4-63 所示。

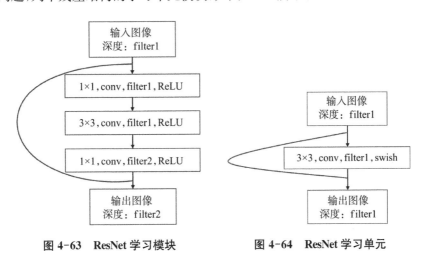

图 4-63　ResNet 学习模块　　**图 4-64　ResNet 学习单元**

该模块中,只有中间的卷积操作是提取图像特征的。之所以会有前后卷积操作,是为了维护输出卷积图像的深度,使得输出的卷积图像深度为预设值。虽然前后卷积操作对于维护神经网络的输出有着重要的意义,但是其本身并不具有特征提取的能力。卷积输出图像的深度仅在层与层衔接过程中会发生变化,由此本文提出一种 ResNet 学习单元并应用于网络结构的第三层与第四层,如图 4-64 所示。

相比于之前的 ResNet 学习模块,该 ResNet 学习单元取消了卷积过程中不断进行的维护输出图像深度的操作。整个神经网络的第三层与第四层,仅在层与层衔接处使用了卷积核来维护图像深度,中间部分使用的是 ResNet 学习单元。对于 ResNet 学习模块的参数计算而言,参数数目计算满足下式:

$$SUM = 1 \times 1 \times filter2 \times filter1 + 3 \times 3 \times filter1 \times filter1 + 1 \times 1 \times filter1 \times filter2$$

$$(4.6-58)$$

对于 ResNet 学习单元而言,同样实现特征提取功能的卷积层参数数目计算满足下式:

$$SUM = 3 \times 3 \times filter1 \times filter1 \qquad (4.6-59)$$

【案例分析——基于改进 Mask R-CNN 混凝土坝裂缝像素级检测方法】

(1) Mask R-CNN 基本原理

实例分割是一种兼具目标分类、目标检测和像素级分割的图像识别任务,在目标检测的基础上进行图像掩码的分割以达到实例分割的效果,可以看作语义分割与目标检测的结合。Mask R-CNN 是一种通用实例分割模型,在 Faster R-CNN 网络的基础上引入了掩码预测分支,并以 ROI Align 层替换 Faster R-CNN 网络中的 ROI Polling 层,避免了 RPN 网络输出的特征图不是按照像素对齐影响掩码预测分支精度的问题。Mask R-CNN 网络基本流程(图 4-65)为:

①将原始图像传入主干网络中获取特征图,对特征图中的每一点设定 ROI,获得多个 ROI 候选框;将 ROI 候选框输入区域生成网络(RPN)进行前景或后景的二值分类候选框回归,以获得目标的候选框。

②获得特征图和候选框后,传入 ROI Align 层将特征图与目标的候选框进行匹配,并池化为固定大小,借助全连接层将特征图输入目标检测网络,利用分类分支对每个 ROI 区域输出对应的最大置信度标签。

③检测分支预测并获得每个 ROI 区域的边界框。

④掩码预测分支预测每个 ROI 最大置信度的分割掩码,将各分支输出进行汇总,得到包含目标类别、分类框和分割掩码的图像,完成像素级实例分割。

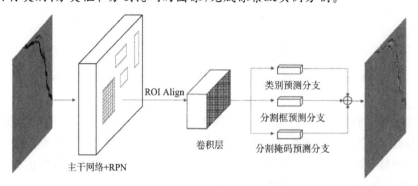

图 4-65 Mask R-CNN 网络结构

（2）Mask R-CNN 的改进

神经网络的深度是影响模型训练效果的重要因素，网络层数增加，意味着提取到的目标特征更丰富。但训练很深的神经网络是一件比较难的事情。随着神经网络层数的增加，网络学习的效果反而比层数较少的神经网络更差，这不仅是模型过拟合的原因，梯度爆炸或梯度消失成为训练更深的神经网络的阻碍，导致训练无法收敛。

He 等提出了深度残差网络（Deep Residual Networks，ResNet），在不增加网络计算复杂度的前提下，解决了训练深层次神经网络梯度弥散而导致无法收敛的问题。通过多次训练对比发现，对于混凝土坝裂缝的目标特征，Mask R-CNN 骨干网络选取 ResNet101 时的识别效果比 ResNet50 更好。因为混凝土大坝裂缝属于精细的图像特征，更深层次的神经网络有利于进行精细识别，提高网络的特征抽象能力。但直接使用 ResNet101 的最后一层全连接层作为特征输出，对微小裂缝的特征检测效果较差。这是因为对于目标检测网络，浅层次网络提取的特征语义信息较少但目标位置准确；深层次网络提取特征的语义信息丰富，但目标位置不够精准。

特征金字塔网络（Feature Pyramid Networks，FPN）设计了上采样与侧向连接结合的结构，上采样可以获取语义更丰富的信息，侧向连接可以获得更准确的目标位置信息。特征金字塔网络结构兼顾了底层特征和语义信息，不同尺度提取的特征都具有丰富的语义信息。因此选取 ResNet101＋FPN 作为 Mask R-CNN 的骨干网络对图像进行特征提取。

4.6.3.6　CNN-LSTM 模型

（1）卷积神经网络与长短时记忆网络的耦合

为了耦合特征数据，要将某一天的特征数据构成向量表示，从而形成一个新的时间序列，然后使用固定大小的滑动窗口，步长为 1，依次将输入的观测日当天、前 1 d、前 2 d、…、前 n d 的时间序列生成输入矩阵 $\boldsymbol{X}$，该矩阵作为 CNN-LSTM 预测模型的输入数据。

模型结构主要由一维 CNN 和 LSTM 两部分组成。前半部分使用的一维卷积神经网络主要负责捕获实测数据的空间特征和减少冗余数据，后半部分使用的 LSTM 主要负责提取数据的顺序时间特征（图 4-66）。CNN 层可通过改变卷积核数量来提取更多的时间特征。以增加 LSTM 网络层数来增加网络的深度，有助于提高模型的预测能力。为防止训练过拟合的出现，可在 LSTM 网络中采用 Dropout 正则化方法，即训练中有一定的概率忽略部分神经元。LSTM 的输出向量通过全连接层的处理后，最终产生预测值。

为进一步了解所建模型对实测资料的分析结果，不仅需要对模型的拟合效果做出评价，还需要对模型的预测外延性，即未来一段时间内的预测能力进行评价。

（2）卷积神经网络和双向长短时记忆网络（BiLSTM）耦合

BiLSTM 是 LSTM 的变体，它通过添加反向传播层次，改善对序列上下文的理解和表达。它以"门"形式存储细胞状态并更新，通过控制信息流动，捕捉长期依赖关系。其具体公式如下：

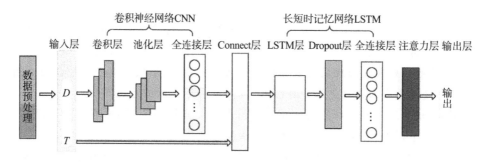

图 4-66 CNN-LSTM 模型结构

首先,定义一组门控单元,它们的值在 0 到 1 之间,用于控制信息流通。正向传播:设给定输入序列 $\boldsymbol{X}=[\boldsymbol{x}_1,\boldsymbol{x}_2,\cdots\cdots,\boldsymbol{x}_n]$,其中 $\boldsymbol{x}_i$ 是输入向量。正向量 $\boldsymbol{h}_t$ 的计算:

$$f_t=\sigma(\boldsymbol{W}_f\times[ht-1,\boldsymbol{x}_t]+b_f)$$

$$i_t=\sigma(\boldsymbol{W}_i\times[\boldsymbol{h}_{t-1},\boldsymbol{x}_t]+b_i)$$

$$o_t=\sigma(\boldsymbol{W}_o\times[\boldsymbol{h}_{t-1},\boldsymbol{x}_t]+b_o) \tag{4.6-60}$$

$$c_t=f_t\odot c_{t-1}+i_t\odot\tanh(\boldsymbol{W}_c*[\boldsymbol{h}_{t-1},\boldsymbol{x}_t]+b_c)$$

隐藏状态更新:

$$\boldsymbol{h}_t=o_t\odot\tanh(\boldsymbol{c}_t) \tag{4.6-61}$$

上式中,f_t 表示遗忘门、i_t 表示输入门,o_t 表示输出门,σ 表示 Sigmoid 函数,表示逐元素乘法,b 表示可学习的偏置参数,$\boldsymbol{W}$ 表示权重矩阵,$[h_{t-1},x_t]$ 表示将上一个时间步的隐藏状态 $\boldsymbol{h}_{t-1}$ 和当前输入 $\boldsymbol{x}_t$ 进行拼接。c_t 表示细胞状态反向量 $\boldsymbol{h}_t$ 的计算:

$$\widetilde{f}_t=\sigma(\widetilde{\boldsymbol{W}}_f\times[\widetilde{\boldsymbol{h}}_{t-1},\boldsymbol{x}_t]+\tilde{b}_f)$$

$$\tilde{i}_t=\sigma(\widetilde{\boldsymbol{W}}_i\times[\widetilde{\boldsymbol{h}}_{t-1},\boldsymbol{x}_t]+\tilde{b}_i) \tag{4.6-62}$$

$$\tilde{o}_t=\sigma(\widetilde{\boldsymbol{W}}_o\times[\widetilde{\boldsymbol{h}}_{t-1},\boldsymbol{x}_t]+\tilde{b}_o)$$

用卷积神经网络(CNN)和双向长短时记忆网络(BiLSTM)相结合的方法构建预测模型。具体建模流程如下所示。

Step1,初始化:对监测数据进行归一化处理,以便于模型更好地处理数据。

Step2,划分训练集和测试集:创建向量长度分别为训练集长度和测试集长度,以便于模型在训练和测试时的输入输出。

Step3,特征提取:将处理好的监测数据输入至 CNN(卷积神经网络),利用其卷积层提取空间特征。

Step4,时序特征提取:将 CNN 处理后的数据输入到 BiLSTM 层,通过训练前向网络和后向网络,拟合数据并提取时间特征。

Step5,预测输出:将 BiLSTM 网络的输出作为全连接层的输入数据,最终输出得到预测值。

Step6,分析讨论:对预测结果进行分析讨论,以验证模型的准确性和可靠性。

4.6.3.7 CTSA-ConvLSTM

ConvLSTM 不仅继承了 LSTM 强大的时间序列相关性捕捉能力,还能提取面板数据的空间特征,为构建时空预测模型提供了可能。因此,在预测任务中,在时间维度上,可能某些时刻的特征对输出时刻结果影响较大;同样,在空间维度上,也仅有某些测点对预测结果影响较大。而 ConvLSTM 不能反映这种影响,注意力机制是解决这种问题的新方法,因此可结合注意力机制对 ConvLSTM 进行改进。

结合卷积神经网络、注意力机制和长短时记忆神经网络可建立基于 CTSA-ConvLSTM 的预测模型。

CTSA-ConvLSTM 模型框架如图 4-67 所示。模型思路是在编码器端将监测断面的变形时空序列数据作为输入,首先通过 CNN 网络获取全局空间特征,再引入时间和空间注意力机制进一步捕捉变形序列在时间和空间上的特征,最后采用 ConvLSTM 作为解码端映射预测结果,来对断面上所有测点进行同时预测。具体步骤如下:

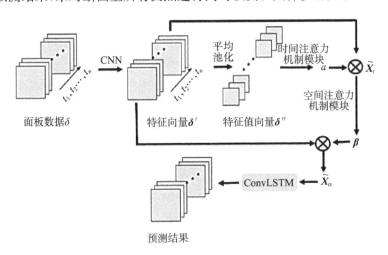

图 4-67 CTSA-ConvLSTM 结构示意图

(1) CNN 模块。将面板数据通过卷积层提取局部特征,卷积核设置为 3×3,以 1×1 的步长进行滑动,获得特征向量 $\boldsymbol{\delta}'$,矩阵大小为:

$$\boldsymbol{\delta}' \in \boldsymbol{R}^{(M-2) \times (N-2) \times T} \tag{4.6-63}$$

(2) 时空注意力机制模块。将 $\boldsymbol{\delta}''$ 作为时间注意力模块的输入,得到时间注意力权重 α,并与 $\boldsymbol{\delta}'$ 相乘得到加权特征向量 $\boldsymbol{X}_t$,空间注意力机制训练得到空间注意力评分,并通过 Softmax 函数映射输出注意力权重矩阵 $\boldsymbol{\beta}$,再与 $\boldsymbol{X}_t$ 相乘,得到最终的时空注意力加权特征矩阵向量 $\widetilde{\boldsymbol{X}}_{ts}$。

(3) 解码器端。将 $\widetilde{\boldsymbol{X}}_{ts}$ 作为 ConvLSTM 的输入,主要负责提取数据的时空特征,并得到最终的预测结果。

4.6.4　模型评价

4.6.4.1　模型评价指标

（1）精确性

预测模型精确性指其预测值和实测值的一致程度。模型的精确性评价指标是应用最为广泛的评价指标，实际工程中通常选取平均百分比误差（Mean Absolute Percentage Error，MAPE）、均方误差（Mean Square Error，MSE）、均方根误差（Root Mean Square Error，RMSE）等指标对模型精确性进行评价。

（2）鲁棒性

在实际应用过程中，监测数据中不可避免地产生不符合效应量与环境量之间特定物理力学关系模式的异质性监测数据，这些数据中的异常奇异测值往往会对预测模型的性能产生一定的影响，致使原来表现优秀的预测模型在实际应用中性能降低，甚至预测结果时好时坏。因此，评价预测模型在各种数据中性能表现的稳定性或鲁棒性就成为评价模型方法优劣的重要指标依据。

预测模型鲁棒性指其对训练样本中粗差数据的抵抗能力，模型鲁棒性强代表模型预测性能受训练样本中粗差数据影响较小，模型鲁棒性弱代表模型预测性能受训练样本中粗差数据影响较大。通过设置正常训练样本和加入少量粗差数据的训练样本分别进行模型训练和预测，检测模型在训练数据中存在少量粗差时学习出真实非线性映射关系的能力。未加入粗差的模型预测结果均方根误差为 $RMSE_O$，加入少量粗差的训练模型预测结果均方根误差为 $RMSE_R$，选取两种均方根误差的比值作为模型的鲁棒性评价指标（Robustness Evaluation Index，REI），具体计算公式为：

$$REI = \frac{RMSE_O}{RMSE_R}$$

（4.6-64）

（3）外延性

预测模型训练集中的监测数据均小于测试集中的监测数据，模型在训练过程中仅仅从训练样本中进行规律挖掘，而据此学习到的相互作用关系可能不够全面，对于训练集以外新鲜外延样本进行预测时可能会产生偏差。因此，评价预测模型对训练样本以外新鲜样本的适应性也成为其预测性能好坏的重要指标依据。

预测模型外延性指模型对与训练样本具有相同映射关系的新鲜外延样本的适应能力。高外延性的模型可以通过训练数据学习到隐含在数据背后的映射关系，即使面对具有相同映射关系的训练集外新鲜样本，仍旧能够实现精确的预测。在测试样本中融合训练集以外的新鲜样本，测试模型在具有相同映射关系的训练集外延样本下的预测性能，测试集样本中不含外延样本时模型的精确性指标为 $RMSE_O$，测试集样本中含少量外延样本时模型的精确性指标为 $RMSE_E$，选取两种均方根误差的比值作为模型的外延性评价指标（Externality Evaluation Index，EEI），具体计算公式为：

$$EEI = \frac{RMSE_O}{RMSE_E} \qquad (4.6\text{-}65)$$

（4）泛化性

预测模型在训练样本中通过模型训练获得模型最优参数后，采用最优参数模型进行测试样本应用时，其性能表现可能与其在训练样本上的表现相差较大，有可能会出现欠拟合、过拟合、不收敛等问题。

因此，对预测模型训练性能和预测性能进行综合分析也是评价其预测性能好坏的重要指标依据。预测模型泛化性指其对与训练样本具有相同映射关系的新鲜样本的适应能力。泛化能力差的模型在训练集和具有相同分布规律的测试集中的表现性能相差较大，有可能是训练误差明显大于预测误差，也有可能是训练误差明显小于预测误差。通过采取增加训练样本、正则化处理、Dropout 等方法对模型进行优化，从而提高其泛化性能，使其在测试时模型表现更好。模型采取相同的泛化性评价方法，模型在训练集样本上的精确性指标为 $RMSE_T$，模型在测试集样本上的精确性指标为 $RMSE_P$，选取两种均方根误差的比值作为模型的泛化性评价指标（Generalization Evaluation Index，GEI），具体计算公式为：

$$GEI = \frac{RMSE_P}{RMSE_T}$$

4.6.4.2　模型精确性评价

（1）一般方法

运用 Acc、Recall、MAE、AUC 这 4 个统计指标对模型精度进行评价。其中，Acc 值表示预测正确的样本在所有样本中的比例，可以反映出易发性预测的正确率；Recall 值表示预测样本在实际样本中的比例；MAE（平均绝对误差）用来衡量预测值与真实值之间的平均绝对误差，MAE 越小表示模型越优秀；AUC 值指 ROC 曲线下面积，是衡量评价结果精度的一个标准，AUC 值介于 0～1 之间，越高表示评价结果越精确。

$$Acc = \frac{TP + TN}{TP + TN + FP + FN}$$

$$Recall = \frac{TP}{TP + FN} \qquad (4.6\text{-}66)$$

$$MAE = \frac{1}{n}\sum_{i=1}^{n} |\hat{y}_i - y_i|, \in [0, +\infty]$$

式中：TP 表示该小流域单元被正确分类为发生了；TN 表示被正确分类为未发生；FP 表示分类为发生了，实际为未发生；FN 表示分类为未发生，实际为发生了。$\hat{y}_i$ 表示模型的预测值，y_i 表示实际值。

（2）OOD 泛化性验证

OOD（Out-of-Distribution）指的是模型在训练集和验证集中的数据分布与实际运用过程中的数据分布并不相同。

$$P_{tr,te}(X,Y) \neq P_f(X,Y) \tag{4.6-67}$$

式中，$P_{tr,te}(X,Y)$ 与 $P_f(X,Y)$ 分别表示模型的训练、验证与实际使用数据分布。

OOD 泛化性验证研究的是模型对于实测数据的预测性能。

在精确性评价的基础上进行 OOD 泛化性验证的必要性有以下几点：

· 部分模型虽然在测试集与验证集上表现良好，但是在运用过程中对于不符合当前数据分布特征的数据集预测精度较差。因此可以通过 OOD 泛化性验证，筛选出高泛化性模型。

· 用于 OOD 泛化性验证的数据独立于模型训练和验证的数据，因此 OOD 泛化性验证能够对模型进行客观评价。

· 评价的准确性以更为直观的形式表现出来，增加了评价的可信度。OOD 泛化性验证，即将模型的预测结果与实际发生情况作对比，统计实际发生的事件分布，以此计算模型的 OOD 泛化性。

参考文献

［1］ PENG M, ZHANG L M. Analysis of human risks due to dam break floods—part 2：Application to Tangjiashan landslide dam failure[J]. Natural Hazards, 2012, 64(2)：1899-1923.

［2］ STRAUB D, DER KIUREGHIAN A. Bayesian network enhanced with structural reliability methods：Methodology[J]. Journal of Engineering Mechanics, 2010, 136(10)：1248-1258.

［3］ STRAUB D, DER KIUREGHIAN A. Bayesian network enhanced with structural reliability methods：Application[J]. Journal of Engineering Mechanics, 2010, 136(10)：1259-1270.

［4］ 刘明贵, 杨永波. 信息融合技术在边坡监测与预报系统中的应用[J]. 岩土工程学报, 2005, 27(5)：607-610.

［5］ 彭鹏, 单治钢, 董育烦, 等. 多传感器估值融合理论在滑坡动态变形监测中的应用研究 [J]. 工程地质学报, 2011, 19(6)：928-934.

［6］ 郭科, 彭继兵, 许强, 等. 滑坡多点数据融合中的多传感器目标跟踪技术应用 [J]. 岩土力学, 2006, 27(3)：479-481.

［7］ PEARL J. Probabilistic reasoning in intelligent system：Networks of plausible inference[M]. San Francisco：Morgan Kaufmann, 1988.

［8］ JENSEN F V, NIELSEN T D. Bayesian networks and decision graphs[M]. New York：Springer, 2007.

［9］ 范璐洋. 基于贝叶斯网络的车辆运行风险评估[D]. 哈尔滨：哈尔滨工业大学, 2018.

［10］ 熊雄. 基于有限元模拟和贝叶斯网络的隧道开挖风险分析[D]. 北京：清华大学, 2008.

［11］ 莫定源. 基于贝叶斯网络的生态环境脆弱性评估模型与应用[D]. 北京：中国科学

院大学，2017.

[12] 景海涛. 基于贝叶斯网络的岩石隧道风险分析[D]. 南京：南京理工大学，2012.

[13] 张亚茹. 基于贝叶斯网络的输电线路故障诊断[D]. 淮南：安徽理工大学，2018.

[14] 丁敏. 基于贝叶斯网络法的厦门地铁 3 号线过海通道盾构法施工风险评价[D]. 厦门：厦门大学，2018.

[15] PILLA R S, LINDSAY B G. Alternative EM methods for nonparametric finite mixture models[J]. Biometrika, 2001, 88(2): 535-550.

[16] CHENG J, GREINER R, KELLY J, et al. Learning Bayesian networks from data: An information-theory based approach department of computing sciences [M]//University of Alberta, Faculty of Informatics. University of Ulster, 2001.

[17] SATTY T L. The analytic hierarchy process[M]. New York: Mc Graw-hill, 1980.

[18] 朱建军. 层次分析法的若干问题研究及应用[D]. 沈阳：东北大学，2005.

[19] 许树柏. 实用决策方法层次分析法原理[M]. 天津：天津大学出版社，1988.

[20] 苏为华. 多指标综合评价理论与方法问题研究[D]. 厦门：厦门大学，2000.

[21] 李德毅，孟海军，史雪梅. 隶属云和隶属云发生器[J]. 计算机研究与发展，1995(6)：15-20.

[22] 叶琼，李绍稳，张友华，等. 云模型及应用综述[J]. 计算机工程与设计，2011，32(12)：4198-4201.

[23] TASSA A, DI MICHELE S, MUGNAI A, et al. Cloud model-based Bayesian technique for precipitation profile retrieval from the Tropical Rainfall Measuring Mission microwave imager[J]. Radio Science, 2003, 38(4): 1-13.

[24] CHOI C, CHOI J, KIM P. Ontology-based access control model for security policy reasoning in cloud computing[J]. The Journal of Supercomputing, 2014, 67(3): 711-722.

[25] LI D. Knowledge representation in KDD based on linguistic atoms[J]. Journal of Computer Science and Technology, 1997, 12(6): 481-496.

[26] LI D, LIU C Y, LIU L Y. Study on the universality of the normal cloud model [J]. Engineering Science, 2004, 6(8): 28-34.

[27] 石晓静，查小春，刘嘉慧，等. 基于云模型的汉江上游安康市洪水灾害风险评价[J]. 水利水电科技进展，2017，37(3)：29-34＋48.

[28] 范鹏飞. 大坝工作性态监测评估的云模型及其应用[J]. 中国水利水电科学研究院学报，2017，15(3)：227-233.

[29] 高蔺云，黄晓荣，奚圆圆，等. 基于云模型的四川盆地气候变化时空分布特征分析[J]. 华北水利水电大学学报（自然科学版），2017，38(1)：1-7.

[30] 高玉琴，陈鸿玉，刘云苹. 基于云模型的自然灾害灾情等级评估[J]. 水利水电科技进展，2018，38(6)：38-43＋60.

[31] 王丹丹，李美花，崔家佐. 基于逆向条件云发生器的评价模型研究[J]. 信息与电

脑，2017(23)：49-50.

［32］徐波，战晓苏，靳立忠. 基于重心云推理的战略方向军事安全威胁评估方法［J］. 军事运筹与系统工程，2019，33(1)：15-20.

［33］黄显峰，刘展志，方国华. 基于云模型的水利现代化评价方法与应用［J］. 水利水电科技进展，2017，37(6)：52-61.

［34］KHORSHIDI H A，AICKELIN U. Multicriteria group decision-making under uncertainty using interval data and cloud models［J］. Journal of the Operational Research Society，2021，72(11)：2542-2556.

［35］王佟童. 基于云理论的土石坝坝料参数反演研究［D］. 郑州：华北水利水电大学，2020.

［36］DZIEKAN P，WARUSZEWSKI M，PAWLOWSKA H. University of Warsaw Lagrangian Cloud Model（UWLCM）1.0：A modern large-eddy simulation tool for warm cloud modeling with Lagrangian microphysics［J］. Geoscientific Model Development，2019，12(6)：2587-2606.

［37］SCHWENKEL J，MARONGA B. Towards a better representation of fog microphysics in large-eddy simulations based on an embedded Lagrangian cloud model［J］. Atmosphere，2020，11(5)：466.

［38］屈旭东. 基于智能算法的混凝土坝变形奇异测值诊断与安全监控方法研究［D］. 西安：西安理工大学，2022.

［39］肖海平，王顺辉，陈兰兰，等. 一种融合 GA 和 LSTM 的边坡变形预测优化网络模型及其应用［J］. 大地测量与地球动力学，2024，44(15)：491-496.

［40］戴妙林，屈佳乐，刘晓青，等. 基于 GA-BP 算法的岩质边坡稳定性和加固效应预测模型及其应用研究［J］. 水利水电技术，2018，49(5)：165-171.

［41］何翔，李守巨，刘迎曦，等. 基于遗传神经网络的边坡稳定性智能分析方法［J］. 湘潭矿业学院学报，2002(4)：67-71.

［42］朱崇浩. 基于 BP 神经网络及其优化算法的四川省区域滑坡危险性评价方法研究［D］. 成都：西南交通大学，2021.

［43］俞社鑫. 基于 GA-PSO-RBF 模型的均质土坡稳定性及可靠度预测［D］. 赣州：江西理工大学，2022.

［44］闵江涛. 基于 GA-BP 网络算法的高边坡力学参数反演及稳定性分析研究［D］. 西安：西安理工大学，2013.

［45］胡泽涛. BP 神经网络模型的改进及其在边坡稳定性评价中的应用［D］. 湘潭：湖南科技大学，2013.

［46］刘闻通. 基于 Mask R-CNN 的危岩图像干扰物识别技术研究［D］. 重庆：重庆大学，2020.

［47］胡昊，马鑫，徐杨，等. 基于权重修正和 DRSN-LSTM 模型的向家坝下游水位多时间尺度预测［J］. 水利水电技术（中英文），2022，53(7)：46-57.

第 5 章

长距离调水工程安全监测与检测融合方法

5.1　概述

数据融合这一概念最早是由美国研究者于 20 世纪中期提出,并应用于军事领域中指挥自动化技术系统的开发。在 1998 年以前,数据融合技术的发展比较缓慢,主要集中在军事领域中,其中宾夕法尼亚州立大学 Hall 教授在这一时期发表的书籍《多传感器数据融合中的数学技术》以及《多传感器数据融合简介》为后续其他领域学者开展数据融合方面的研究提供了极大的指导。随后,数据融合开始在各个领域被广泛应用,Ginn 等于 2000 年将数据融合方法应用于化学分子的相似性测量中;HERT 等于 2006 年将数据融合和机器学习相结合,应用于虚拟配体的筛选中;Hilker 等于 2009 年将数据融合引入环境科学和生态学领域,基于数据融合方法进行遥感影像方面的研究。数据融合的本质就是将来自多个传感器的大量复杂数据进行处理、分析,挖掘出不同类别数据之间的关联信息,融合成为一系列可视化的指标信息,为各个领域的决策提供证据和建议。

5.2　基于贝叶斯理论的安全监测与检测数据级融合

5.2.1　贝叶斯网络融合流程

工程结构的安全系数、监测信息等都是荷载和材料力学参数的表现指标,工程结构材料力学参数的改变会引起安全系数和监测点信息的相应改变。基于这一原理,我们可以利用监测信息更新材料的力学参数,然后根据更新后的材料力学参数通过力学模型计算新的安全系数和破坏概率。

贝叶斯网络的应用流程包括四个组成部分:

①构建贝叶斯网络结构图

首先确定目标变量(如安全系数),然后选取影响目标变量的重要因素,通过分析各因素到目标变量的直接或间接关系,建立具有因果关系的有向无环网络图。然后对各参数赋予连续或者离散的状态值。

②定量分析贝叶斯网络先验概率

通过统计数据、经验模型或者机理分析,获取节点参数的先验概率和条件概率分布。先验概率反映因素对目标影响的一般性的规律。

③获取具体案例的已知证据(参数数值)

通过勘察资料、已有检测数据或监测数据等获取具体案例的证据用于更新先验概率。

④基于已知证据更新先验概率得到符合具体案例实际情况的后验概率值。

贝叶斯网络具有很强的灵活性,理论上与工程有关的证据都可以用于更新先验概率值,而且证据越详细、越准确,得到的后验概率值越符合实际情况。

5.2.2 贝叶斯网络构建

以一个典型的引调水工程渠道边坡破坏问题来详细介绍贝叶斯网络的建立。如图 5-1 所示渠道边坡,其安全系数、监测点 A 和 B 的位移或者应力依赖于渠道边坡的强度参数:黏聚力 c 和内摩擦角 φ;同时渠道边坡的安全状态 S/F 完全依赖于渠道边坡的安全系数 F_S,如果 $F_S>1$ 那么渠道边坡是安全的,如果 $F_S<1$ 则渠道边坡不安全。根据以上渠道边坡破坏的逻辑关系我们可以建立如图 5-1 右边所示的贝叶斯网络结构。其原理是考虑渠道边坡参数对安全系数和监测数据的定量影响建立贝叶斯网络,通过输入 A、B 点的变形或应力监测值来更新黏聚力和内摩擦角的分布,然后推导更新的安全系数分布函数,最后通过安全系数的分布推导更新渠道边坡状态的概率分布。

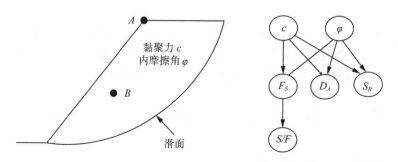

图 5-1 渠道边坡破坏问题的贝叶斯网络模型

5.2.3 贝叶斯网络节点参数先验概率分布

建立图 5-1 所示渠道边坡破坏的贝叶斯网络结构模型以后,为了计算各个参数或节点之间的内部影响,更新各个节点的概率分布,我们还需要给出贝叶斯网络中各个节点的先验概率分布。一般来说,黏聚力 c 和内摩擦角 φ 的先验分布可以由地质资料或者检测数据获得。确定黏聚力 c 和内摩擦角 φ 的先验分布后我们需要用渠道边坡的力学分析模型或者相应的响应面模型来计算安全系数 F_S、D_A、和 S_B 的条件概率分布表。这一过程中使用蒙特卡罗算法计算条件概率分布表,计算量非常大,如果使用有限元力学分析模型,耗时将非常巨大。为了加快计算速度,本项目采用有限次有限元模拟的结果来训练响应面函数,在蒙特卡罗算法计算条件概率分布表的过程中使用响应面函数求解。响应面法的基本思想是通过近似构造一个具有明确表达形式的多项式来表达隐式功能函数。例如采用三次多项式来表示安全系数和三个监测数据关于渠道边坡材料力学参数(黏聚力 c 和内摩擦角 φ)的函数:

$$g(c,\phi) = \sum_{i=1}^{n} \alpha_{3i} x_i{}^3 + \sum_{i=1}^{n} \alpha_{2i} x_i{}^2 + \sum_{i=1}^{n} \alpha_{1i} x_i + \alpha_0 \qquad (5.2\text{-}1)$$

其中:g 为待定目标参数(安全系数和监测数据);α 为待定系数;x_1,x_2 分别为黏聚力 c 和内摩擦角 φ,$n=2$ 代表有两个变量。通过有限元计算模型训练得到响应面的待定系数后,即可用响应面函数计算安全系数和监测值的条件概率分布表。

得到响应函数后,采用蒙特卡罗方法对材料力学参数 c 和 φ 的离散分布组合进行计算,得到安全系数 F_S、D_A 和 S_B 关于各个区间的条件概率(等效正态分布)密度函数。假设黏聚力 c 和内摩擦角 φ 服从正态分布,μ 和 σ 分别为其均值和方差,用蒙特卡罗法计算,得到安全系数 F_S、D_A 和 S_B 关于各个区间的条件概率密度函数。最后,结合基本节点(无父节点)的分布函数,即得到贝叶斯网络的先验分布。

5.2.4　安全监测与检测融合

得到先验概率后贝叶斯网络即建立完成。可以通过输入监测数据更新网络参数分布,进而得到安全系数的分布函数及破坏概率的分布。同时也可以融合检测数据,即依据检测数据更新材料力学参数黏聚力 c 和内摩擦角 φ 的先验分布,进而更新网络参数分布,得到安全系数的分布函数和破坏概率的分布。

5.2.5　算例分析

上述部分简单介绍了贝叶斯网络的理论以及如何构造一个贝叶斯网络模型,接下来本小节以渠道边坡为例,构造一个关于渠道边坡安全分析的简单贝叶斯网络模型,并对比分析两种确定贝叶斯网络结构参数(节点条件概率分布表)的方法的优点和不足。

5.2.5.1　基于贝叶斯网络的简单渠道边坡安全分析模型

目前,国内外边坡安全分析方法一般主要包括有极限平衡法、极限分析法和有限元法。极限平衡方法最先应用于边坡稳定分析中,且该方法概念明确、计算简便。首先要假定存在若干条边坡破坏失稳时的潜在滑动面,之后把滑动面以上土体分割成若干土条,同时进行受力分析,当对条块间受力关系做若干合理的简化假设后,通常可得出整体高次的超静定均衡方程组(力或力矩平衡方程)。但由于其假设条件多种,故而形成了多种不一样的分类方式,通常依据此划分为严格和非严格条分法。前者因为它能够使全部的静力矩或力的平衡条件都得到保证,故而能获得更为准确的结论,主要有 Janbu 法、Morgenstern-Price 法、Spencer 法、Sarma 法等。后者一般仅仅是对条间力的方向做出了假设,对土条进行受力分析时只考虑力的平衡,计算过程会比较简单,但会导致结果相对粗糙,主要有简化毕肖普法、简化 Janbu 法、美国陆军工程师团法、不平衡推力法等。从理论方面来看严格条分法更应具有推广性,但后来的许多学者在实际分析应用中发现了诸多不足,比如 Janbu 法会出现不收敛情况;Morgenstern-Price 法的求解计算过程略显冗长烦琐;Spencer 法因其在假定条间作用力合力与水平方向夹角为 θ 值时存在盲目性与复杂性,不利于求解;Sarma 法公式烦琐,推导复杂求解难度大等。这些问题的发现在一定层面上不利于这些方法在实际工程中的应用与推广。因此,不少学者们对这些方法不断深入研究,做出了许多改进,也取得了实质性的成效。郑颖人和杨明成等经过深入的研究得出了基于严格力平衡下的安全系数值的计算表达式;Duncan 等进一步分析探讨了不同简化方法以及假设条件下对边坡极限平衡分析结果产生的影响;李志刚在前人研究的基础上对严格 Janbu 法公式和相关求解流程进行了进一步推导和改进,将求导化为积分,以此成功避开求导误差;赵成通过变化 Janbu 法公式,以递推求解的思想重新计算、分析验证,使结果得到了收敛;陈祖煜利用加以限定的假定条件为基础,改进了 Morgenstern-Price 方法,最大限度地使收敛性得到了保证;刘秀军从设定合理的土条内推力作用线位置出发求解,消除了 Spencer 法对假定的盲目性和复杂性,使得计算结果更接近于真实解;朱大勇利用改进后的 Sarma 法推导过程,进一步获得了简单明了的安全系数隐式表达式、以及包含有临界震动影响系数与临界加固力系数的显式表达式。改进后的极限平衡分析法也因其许多优点成了值得推广和应用的方法。极限分析法求解边坡稳定性系数的基本思路是首先对假定的滑裂面进行斜条分,然后基于变形协调基础建立协调的速度场,最后根据利用内能消散等于外力做功求解。我国的学者孙君实以潘家铮建立的极大极小原理为基础,提出了模糊极值理论,同时在后来的数值计算分析中把最优化双层复形法一起结合进来;Sloan 改进和优化了下限原理有限元法——与数学规划法相结合,以此来寻求边坡稳定安全系数值的下限解;王根龙等在非均质边坡的稳定性评价研究中将其结合,并在此基础上创建了分段对数螺旋线滑面旋转破坏机制。截至目前,极限分析法虽然已广泛应用于岩土工程中,但是对于一些复杂形状、非均质岩土体工程案例进行分析会比较困难,另外,由于极限分析法做出的主观假设,也对其更进一步的应用有很大的限制。有限元法作为数值分析法应用最为普遍的一种,其在不断发展过程中衍生出了两个研究方向:有限元强度折减法与有限元极限平衡法。其中,前者最早由 Zienkiewicz 提出,与传统的分析方法不同,该方法无须假设滑裂面的形状,中心思想是将强度参数(黏聚力 c、内摩擦角 φ)不断实行对应的折减,把位于临界状态时的强度参数的折减值称之为岩土体稳定性系数。进入计算机时代以来,越来越多的学者对其做了进一步研究;Dawson 通过利用边坡的坡脚等参数来研究边坡稳定分析中的精度影响问题;Matsui 则通过引用剪应变破坏准则得出土体的临界滑动面对土坡的稳定性加以评价;再后来如郑宏、赵尚毅、年廷凯、刘金龙等学者以相关不同屈服准则,计算结果是否受约束并以工程领域等方面为中心进行了深入的探讨与研究。而后一理论是由 Brown 和 King 两位外国学者提出,起先是利用有限元求得应力场,并在对边坡稳定性进行评价时采用了特定的滑动面搜索方法,后来 Wright 等在前者的基础上通过分析滑动面上的应力加以评价;此后,葛修润、刘艳章等针对相关边坡的稳定性最先阐述了矢量和分析这一以滑动面应力分析为基础的方法,极大促进了其理论进一步的发展;同时,Donald、Zou 等学者也为其应用和推广做出了巨大贡献。稳定性系数是评价边坡是否失稳的重要指标之一,选用各种不同的边坡稳定分析方法在各种不同的工况下所得出的稳定性系数值需要经过系统的验证,针对不同类型、不同条件下的边坡,则需要判断这些方法的实用性。

建立一个基于贝叶斯网络的简单渠道边坡安全分析模型,第一步是确定网络结构:土体的强度参数对渠道边坡的稳定性影响很大,因此本文选取渠道边坡的安全系数、土体黏聚力和内摩擦角三个变量作为贝叶斯网络结构的节点,其中安全系数作为目标变量,黏聚力和内摩擦角为影响变量,根据变量间影响关系建立一个简单的渠道边坡贝叶斯网络结构图。如图 5-2 所示:网络结构只有两层,安全系数为子节点,内摩擦角和黏聚力作为其父节点,也是根节点。

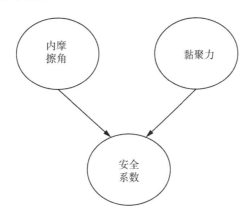

图 5-2 简单贝叶斯网络结构示例

第二步是确定网络的节点参数,本算例分别采用手工输入条件概率表和参数学习两种方法来构造。

5.2.5.2 数据来源

鉴于直接输入条件概率表和参数学习都是建立在样本数据基础之上的,因此本小节主要介绍样本数据的来源。由于已知的典型算例提供的样本数据较少,本文采用数值模拟和响应面法相结合的方法去构造样本数据。

对于如图 5-2 的简单渠道边坡贝叶斯网络结构,影响安全系数的因素只考虑黏聚力和内摩擦角,因此将黏聚力和内摩擦角作为有限元计算的部分输入参数,渠道安全系数作为输出值,计算得到的安全系数关于黏聚力、内摩擦角的 30 组数据,如表5-1 所示。

表 5-1　不同强度参数下渠道的安全系数

算例编号	黏聚力 c(kPa)	内摩擦角 φ(°)	安全系数 F_S
1	5.4	6.2	0.58
2	10.4	6.2	0.83
3	15.4	6.2	1.07
4	20.4	6.2	1.31
5	25.4	6.2	1.56
6	30.4	6.2	1.81
7	5.4	12.2	0.87
8	10.4	12.2	1.13
9	15.4	12.2	1.37
10	20.4	12.2	1.62
11	25.4	12.2	1.87
12	30.4	12.2	2.11
13	5.4	18.2	1.16
14	10.4	18.2	1.45
15	15.4	18.2	1.70
16	20.4	18.2	1.96
17	25.4	18.2	2.20
18	30.4	18.2	2.44
19	5.4	24.2	1.48
20	10.4	24.2	1.77
21	15.4	24.2	2.04
22	20.4	24.2	2.30
23	25.4	24.2	2.55
24	30.4	24.2	2.80
25	5.4	30.2	1.80
26	10.4	30.2	2.11
27	15.4	30.2	2.49
28	20.4	30.2	2.67
29	25.4	30.2	2.93
30	30.4	30.2	3.18

基于表 5-1 中渠道安全系数关于黏聚力和内摩擦角的样本数据,通过 Matlab 软件

拟合安全系数关于黏聚力、内摩擦角的响应面,来代替数值模拟中的极限状态曲面,响应面函数的表达式如下:

$$z = f(x,y) = 1.9540 + 0.2231x + 0.2541y + 0.0053x^2 - 0.0035y^2$$

$$(5.2-2)$$

式中:$z = f(x,y)$代表安全系数;x、y分别为按照式$x = \dfrac{\varphi - \mu_\varphi}{\sigma_\varphi}$和$y = \dfrac{c - \mu_c}{\sigma_c}$标准化的内摩擦角和黏聚力。

确定性系数R^2为0.99587,非常接近1,表明根据式(5.2-2)计算的安全系数和数值分析的计算结果非常接近,偏差极小。

安全系数关于黏聚力、内摩擦角的响应面如图5-3所示。

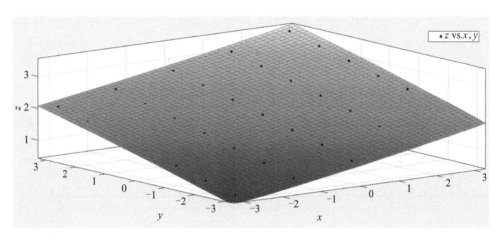

图5-3　安全系数F_S关于c和φ的响应面

5.2.5.3　基于手工输入条件概率表确定网络结构参数

(1)确定根节点的先验概率

根据所选渠段的勘探资料显示,该渠段渠道边坡土体的黏聚力和内摩擦角分别服从正态分布即$c \sim N(20.4,5)$;$\varphi \sim N(18.2,4)$。根据均值和方差,将黏聚力和内摩擦角的正态分布分成5个均匀的离散区间,两个变量在每个区间上的概率分布就是贝叶斯网络中该节点的先验概率分布,如表5-2所示。

表5-2　离散化的黏聚力和内摩擦角区间及其概率值

区间	$(\mu-2.5\sigma) \sim$ $(\mu-1.5\sigma)$	$(\mu-1.5\sigma) \sim$ $(\mu-0.5\sigma)$	$(\mu-0.5\sigma) \sim$ $(\mu+0.5\sigma)$	$(\mu+0.5\sigma) \sim$ $(\mu+1.5\sigma)$	$(\mu+1.5\sigma) \sim$ $(\mu+2.5\sigma)$
黏聚力c(kPa)	7.9~12.9	12.9~17.9	17.9~22.9	22.9~27.9	27.9~32.9
内摩擦角φ(°)	8.2~12.2	12.2~16.2	16.2~20.2	20.2~24.2	24.2~28.2
概率值	0.0668	0.2417	0.3830	0.2417	0.0668

（2）计算非根节点的条件概率

对于表 5-2 中的黏聚力和内摩擦角各离散为 5 个区间，相应就有 25 个 (c,φ) 区间组合，因此需要计算安全系数在 25 个不同 (c,φ) 区间组合下的条件概率，计算方法如下：

· 通过蒙特卡罗法，对每个变量的每个区间段随机抽取 100 组数据，然后基于响应面函数计算任一随机黏聚力、内摩擦角组合下的安全系数，一个 (c,φ) 区间组合可得到 10 000 组数据，25 个不同 (c,φ) 区间组合下，可计算得到 25 万组安全系数关于黏聚力、内摩擦角的样本数据。

· 然后对该大数据样本集进行统计分析，即可得到安全系数在每个 (c,φ) 区间组合下的分布概率。

· 将安全系数在 25 个不同 (c,φ) 区间组合下的概率分布输入 Netica 软件中，如表 5-3 所示，竖排第一列为内摩擦角、第二列为黏聚力，横排为安全系数，分布范围为 0.7～3.2，每隔 0.1 设置一个区间，共 25 个区间，由于数据量巨大，只展示了安全系数的部分区间段。

表 5-3　安全系数在不同 (c,φ) 区间组合下的条件概率

内摩擦角(°)	黏聚力(kPa)	0.7～0.8	0.8～0.9	0.9～1.0	1.0～1.1	1.1～1.2	1.2～1.3	1.3～1.4
8.2～12.2	7.9～12.9	0.83%	14.61%	31.98%	33.76%	17.05%	1.77%	1×10^{-5}%
8.2～12.2	12.9～17.9	1×10^{-5}%	1×10^{-5}%	1×10^{-5}%	3.60%	20.89%	36.26%	28.94%
8.2～12.2	17.9～22.9	1×10^{-5}%	1×10^{-5}%	1×10^{-5}%	1×10^{-5}%	1×10^{-5}%	1×10^{-5}%	9.79%
8.2～12.2	22.9～27.9	1×10^{-5}%	1×10^{-5}%	1×10^{-5}%	1×10^{-5}%	1×10^{-5}%	1×10^{-5}%	1×10^{-5}%
8.2～12.2	27.9～32.9	1×10^{-5}%	1×10^{-5}%	1×10^{-5}%	1×10^{-5}%	1×10^{-5}%	1×10^{-5}%	1×10^{-5}%
12.2～16.2	7.9～12.9	1×10^{-5}%	1×10^{-5}%	0.7%	13.57%	30.5%	34.11%	18.34%
12.2～16.2	12.9～17.9	1×10^{-5}%	1×10^{-5}%	1×10^{-5}%	1×10^{-5}%	1×10^{-5}%	3.23%	19.52%
12.2～16.2	17.9～22.9	1×10^{-5}%	1×10^{-5}%	1×10^{-5}%	1×10^{-5}%	1×10^{-5}%	1×10^{-5}%	1×10^{-5}%
12.2～16.2	22.9～27.9	1×10^{-5}%	1×10^{-5}%	1×10^{-5}%	1×10^{-5}%	1×10^{-5}%	1×10^{-5}%	1×10^{-5}%
12.2～16.2	27.9～32.9	1×10^{-5}%	1×10^{-5}%	1×10^{-5}%	1×10^{-5}%	1×10^{-5}%	1×10^{-5}%	1×10^{-5}%

将表 5-2 中黏聚力和内摩擦角的先验概率、表 5-3 中安全系数的条件概率分别输入图 5-2 中，得到贝叶斯网络如图 5-4 所示，安全系数的先验概率近似呈正态分布，均值为 1.96。

（3）基于参数学习确定网络结构参数

基于参数学习确定各节点的条件概率分布，需要构造包括贝叶斯网络结构中各节点的样本数据。因此，根据表 5-2 中黏聚力和内摩擦角的分布，直接从 $c=(7.9\sim32.9)$；$\varphi=(8.2\sim28.2)$ 范围内，针对每个变量通过蒙特卡罗法随机抽取 50 个样本点，然后结合式（5.2-2）中的响应面函数计算对应变量组合下的安全系数，得到 2 500 组安全系数关于黏聚力、内摩擦角的样本数据，并导入 Netica 软件中。由于此样本没有缺失数据，故

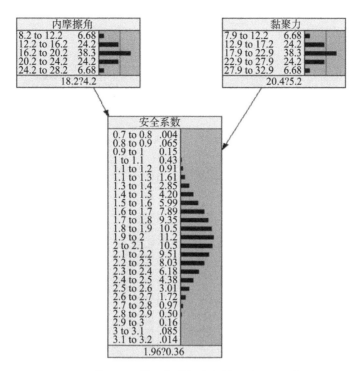

图 5-4　基于手工输入条件概率表的贝叶斯网络模型

采用最大似然估计法进行参数学习,计算得到安全系数的条件概率分布,如表 5-4 所示,第一列是内摩擦角,分布范围为 8.2~28.2,每隔 4 设置一个区间;第二列是黏聚力,分布范围为 7.9~32.9,每隔 5 设置一个区间段;第一行是安全系数,分布范围为 0.7~3.2,每隔 0.1 设置一个区间,共 25 个区间段,由于划分区间段数量较大,表中仅展示部分内容。

表 5-4　基于参数学习得到的安全系数在不同 (c, φ) 区间组合下的条件概率

内摩擦角(°)	黏聚力 (kPa)	0.7~0.8	0.8~0.9	0.9~1.0	1.0~1.1	1.1~1.2	1.2~1.3	1.3~1.4
8.2~12.2	7.9~12.9	1.42%	15.33%	32.08%	30.66%	14.86%	1.18%	0.24%
8.2~12.2	12.9~17.9	0.24%	0.24%	0.24%	4.47%	20.94%	34.82%	26.35%
8.2~12.2	17.9~22.9	0.24%	0.24%	0.24%	0.24%	0.24%	0.24%	10.12%
8.2~12.2	22.9~27.9	0.24%	0.24%	0.24%	0.24%	0.24%	0.24%	0.24%
8.2~12.2	27.9~32.9	0.24%	0.24%	0.24%	0.24%	0.24%	0.24%	0.24%
12.2~16.2	7.9~12.9	0.24%	0.24%	1.18%	14.35%	30.12%	31.53%	16.24%
12.2~16.2	12.9~17.9	0.24%	0.24%	0.24%	0.24%	0.24%	3.77%	19.3%
12.2~16.2	17.9~22.9	0.24%	0.24%	0.24%	0.24%	0.24%	0.24%	0.24%
12.2~16.2	22.9~27.9	0.24%	0.24%	0.24%	0.24%	0.24%	0.24%	0.24%
12.2~16.2	27.9~32.9	0.24%	0.24%	0.24%	0.24%	0.24%	0.24%	0.24%

基于参数学习计算得到安全系数的条件概率分布后,一个完整的简单渠道边坡贝叶斯网络结构模型就构造完成,各节点的先验概率如图 5-5 所示。

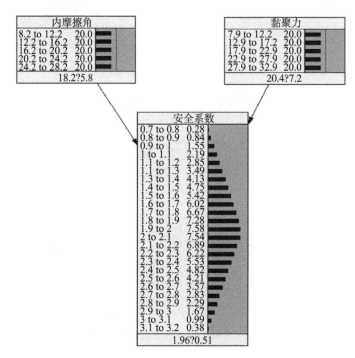

图 5-5　基于参数学习的贝叶斯网络模型

为了保证安全系数的分布范围尽可能覆盖实际工程中可能出现的情况,不会出现局部区间段集中现象,因此样本中黏聚力和内摩擦角的取值是在各自分布区间内进行均匀随机抽样得到的。从图中可以发现,该贝叶斯网络结构模型中黏聚力和内摩擦角的先验概率值在每个区间段相等,呈均匀分布,安全系数的先验概率近似呈正态分布,均值为 1.96,和图 5-4 中由直接输入条件概率表得到的安全系数先验概率分布的均值相等。

(4) 计算后验概率

将基于数值分析计算得到的一组样本点作为证据变量的内容分别输入图 5-4 和图 5-5 的贝叶斯模型中,计算安全系数的后验概率。

选取证据变量为:内摩擦角为 18.2°,黏聚力为 10.4 kPa,数值模拟得到的渠坡安全系数为 1.45。将 $\varphi=18.2°$,$c=10.4$ 分别输入图 5-4 和图 5-5 中的简单渠道边坡贝叶斯网络模型中,内摩擦角 $\varphi=18.2°$ 位于区间 16.2~20.2 内,则该区间的概率值变为 100%;相应地,对于黏聚力节点,区间 7.9~12.9 的概率值也变为 100%,在该证据变量下更新得到的渠坡安全系数的后验概率分布如图 5-6 所示。图 5-6(a) 为对应图 5-4 中贝叶斯网络模型更新得到的安全系数的后验概率分布,图 5-6(b) 为对应图 5-5 中贝叶斯网络模型更新得到的安全系数的后验概率分布。

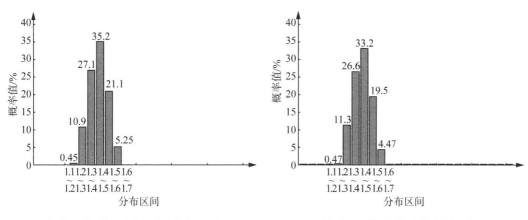

(a) 基于手工输入条件概率的贝叶斯网络　　　　(b) 基于参数学习构建的贝叶斯网络

图 5-6　输入 $\varphi=18.2, c=10.4$ 后更新得到的安全系数的后验概率分布

对比图 5-6(a) 和图 5-6(b) 发现，输入证据变量后，由两种方法更新得到的安全系数的后验概率都近似呈正态分布，安全系数有可能出现的范围都在区间 1.2～1.7 内，最大可能出现的区间段都为 1.4～1.5，其中图 5-6(a) 中安全系数落在区间 1.4～1.5 中的概率为 35.2%，图 5-6(b) 中安全系数落在区间 1.4～1.5 中的概率为 33.2%，概率值相差 2%。图 5-6(a) 中安全系数的均值为 1.43，与数值模拟的计算结果 $F_s=1.45$ 相差 0.02，相对误差为 1.4%；图 5-6(b) 中安全系数的均值为 1.46，与有限元模型计算值相差 0.01，相对误差为 0.7%。

以上分析表明，基于手工输入条件概率表和参数学习两种途径确定结构参数进而构造的两个简单渠道边坡贝叶斯网络结构模型在进行后验概率计算时，计算结果与数值分析结果的偏差都在 2% 内，表明两种方法构造的模型准确度都很高，可以用于渠道边坡安全性分析。但是，对于手工输入条件概率表的方法，一般先需要基于专家经验直接给定非根节点的条件概率，或者基于已有的数据来计算非根节点的条件概率，然后输入贝叶斯网络结构图中。对于图 5-2 中的贝叶斯网络结构，仅有一个非根节点，只需计算一个条件概率分布表，两个根节点的概率直接根据勘探资料给定。在该结构中，一方面对应安全系数再添加一个父节点，一个子节点对应三个父节点，图 5-4 中安全系数节点的条件概率表的大小将由 25×25 变为 125×25，计算量非常大；另一方面对于黏聚力和内摩擦角，每增加一个子节点，就需要计算一个同样大小的条件概率表。同时对于多层的贝叶斯网络结构，每个子节点同时又是下一层节点的父节点，节点之间的关系非常复杂，在这种情况下采用手工输入条件概率表的方法确定网络结构参数的计算难度和计算量都很大。因此，对于节点数目和节点状态都很少的贝叶斯网络结构图，可以通过手工输入条件概率表来确定网络结构参数；对于节点数目多、节点状态多、网络结构复杂的贝叶斯网络结构图，通过参数学习来确定网络结构参数则是比较适合的。

5.3　基于证据理论的安全监测与检测决策融合

对于以混凝土为主的主要输水建筑物（渡槽、倒虹吸等），其安全状态只取决于节点构筑物本身,依据建筑物自身监测与检测信息,引入模糊理论,构建典型现场监测信息的隶属度函数(数据属于某种分布的程度),将其作为证据,采用 D-S 证据理论对监测及检测的信息进行融合,最终实现综合反映输水建筑物的运行状态(融合框架如图 5-7 所示)。

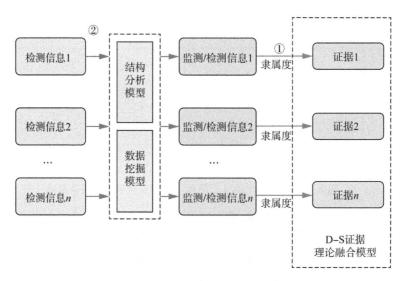

图 5-7 证据理论决策级融合方法的基本框架

5.3.1 评价指标选取方法

5.3.1.1 安全评价指标选取研究现状

安全评价指标选取是进行安全评价的基础。选取合理有效的安全评价指标是提高安全评价准确性的重要保障。由于工程的类型不同,其安全评价指标也存在差异。

通过对资料进行分析选取评价指标的方法主观性较强。故将数据挖掘方法应用到安全评价指标选取中,以减小主观经验对评价指标选取带来的影响。数据挖掘方法大大提高了评价指标选取的客观性,去掉了重叠或不重要的评价指标。

5.3.1.2 安全监测与检测评价指标初选

安全监测与检测评价指标初选的过程中,需要按照一定的规则进行选取。国内外有诸多文献介绍了引调水工程、边坡工程和大坝工程安全评价指标选取的原则,如下所示:

➢ 内涵明确

安全监测与检测评价指标应该具有明确的物理意义且内涵明确,能够度量和较真实地反映高填方渠道运行状态的特征。

➢ 代表性

引调水工程运行过程中涉及的安全监测与检测评价指标种类繁多,且这些评价指标在反映工程状态时具有一定的模糊性,在评价过程中应该避免选择过多评价指标,评价指标过多容易出现重叠且可能夸大某些评价指标的自身价值。因此,在保证重要评价指标不被遗漏的前提下,应尽可能选择有代表性的评价指标,所选择的评价指标应能相对独立地反映工程安全运行状态。

➤ 全面性

选取的安全监测与检测评价指标必须具有广泛的覆盖性,应能相对全面和完整地从时间和空间的角度反映高填方渠道的安全状态。

➤ 实用性

选取安全监测与检测评价指标是为了应用于具体工程实践,因而必须具有实用性,安全评价指标应该是在全面分析工程多年运行资料的基础上进行选取,这些评价指标要能反映工程安全运行状态,且能通过现有技术手段和方法进行度量,或能通过研究对其进行度量。同时,选取的评价指标在安全监测与检测的过程中应易于获取,具有较强的可操作性。

➤ 定性和定量相结合

在高填方渠道安全评价中,评价指标主要分为定量和定性指标。定量指标是指根据现场监测仪器或人工观测方式得到的实际数值;定性指标是指无法或难以完全量化,需要借助专家知识才能量化的指标,具有一定的模糊性和不确定性。安全评价中只有充分考虑定性与定量的评价指标,评价结果才更加可信与可靠。

5.3.1.3　评价指标挖掘

初选得到的工程安全监测与检测评价指标还需要进行更深层次的挖掘,以获得最终用于安全评价的指标。当前主要的挖掘方法有回归分析、判别分析、主成分分析、因子分析和灰色关联分析等方法。

【背景知识】

(1) 回归分析

回归分析是研究一个变量(因变量)对另一个或多个变量(自变量)的依赖关系。回归分析的目的是通过自变量的给定值来预测因变量的平均值或某个特定值。

回归分析的步骤如下:

• 确定因变量和自变量。

• 选择合适的回归模型。

• 估计回归模型的参数。

• 检验回归模型的显著性。

• 评价回归模型的拟合优度。

回归分析的应用案例:一家企业希望预测销售额,可以使用回归分析来了解销售额与广告费用、产品价格、经济状况等因素之间的关系。一家学校希望预测学生的成绩,可以使用回归分析来探究成绩与学生的智商、学习态度、家庭背景等因素之间的关系。

（2）判别分析

判别分析是用于分类变量的统计分析方法。判别分析的目的是根据一组变量来区分不同类别的样本。

判别分析的步骤如下：

- 收集样本数据。
- 选择合适的判别模型。
- 估计判别模型的参数。
- 使用判别模型进行分类。

判别分析的应用案例：一家银行希望根据客户的信用记录来判断其是否有偿还贷款的能力，可以使用判别分析来建立信用评分模型。一家医院希望根据患者的症状来判断其是否患有某种疾病，可以使用判别分析来建立疾病诊断模型。

（3）主成分分析

主成分分析是用于降维的统计分析方法。主成分分析的目的是将多个变量转换为少数几个主成分，主成分能够保留原始变量中大部分的变异量。

主成分分析的步骤如下：

- 计算原始变量的协方差矩阵。
- 求解协方差矩阵的特征值和特征向量。
- 从特征向量中选择主成分。

主成分分析的应用案例：一家企业希望将原始的多维数据进行降维，以便进行分析，可以使用主成分分析。研究人员希望从大量的生物数据中提取出重要的特征，可以使用主成分分析。

（4）因子分析

因子分析是用于探讨变量之间的潜在结构的统计分析方法。因子分析的目的是将多个变量归纳为少数几个因子，这些因子能够解释变量之间的相关性。

因子分析的步骤如下：

- 计算原始变量的相关系数矩阵。
- 求解相关系数矩阵的特征值和特征向量。
- 从特征向量中选择因子。

因子分析的应用案例：心理学家希望从大量的心理测量数据中提取出潜在的心理特征，可以使用因子分析。市场研究人员希望从消费者的购买行为数据中提取出潜在的消费需求，可以使用因子分析。

（5）灰色关联分析

灰色关联分析是一种适用于非线性、非平稳数据的统计分析方法。灰色关联分析的目的是探讨变量之间的关联性。

灰色关联分析的步骤如下：

- 对数据进行预处理。
- 选择合适的灰色模型。
- 估计灰色模型的参数。

• 计算灰色关联度。

灰色关联分析的应用案例：研究人员希望探讨经济指标之间的关联性，可以使用灰色关联分析。工程师希望探讨产品质量指标之间的关联性，可以使用灰色关联分析。

这几种方法相比较，灰色关联分析方法具有以下优势：在较少样本数据的情况下就能找到相应的统计规律；样本无须服从经典的概率分布；不会出现定性分析的结果和量化分析的结果相违背的问题。

灰色关联分析是通过分析系统中各因素之间的变化趋势来确定其关联度。当不同因素之间的变化趋势一致时，则表示它们具有较高的关联性，反之，则具有较低的关联性。基于灰色关联分析挖掘高填方渠道安全评价指标的基本原理是将获取的评价指标的数据矩阵分为参考数列和评价数列，在此基础上计算得到评价指标的关联度，关联度越大，则说明其与参考数列的变化趋势越相近，对系统的影响就越大，也就越重要。由此可见，获取评价数列和参考数列的样本是评价指标挖掘的关键。

5.3.2　评价指标基本概率赋值构造方法

5.3.2.1　基本概率赋值构造方法分类

在应用证据理论对研究问题进行决策之前，首先需要利用某种方式或方法将来自不同信息源的各种信息进行处理，然后以概率的形式表达它们对命题的支持程度，即构造基本概率赋值。目前基本概率赋值构造的方法主要分为以下几类：

➤ 基于专家知识构造基本概率赋值

根据领域内的专家知识和经验对实际问题进行判断决策，以此得到基本概率赋值。这种方法具有很好的灵活性和真实性，但由于专家在评判时受到自身专业知识和其他因素等的影响，得到的基本概率赋值往往带有很强的主观性，而且不同专家给出的基本概率赋值是不一致的，甚至可能是冲突的。

➤ 基于不确定性方法构造基本概率赋值

利用模糊数学的隶属函数构造基本概率赋值是一种常用的方法，隶属函数有多种形式，比如三角形隶属函数、梯形隶属函数、高斯隶属函数等。隶属函数可以按照其图形的变化形式对事物的发展规律进行描述。王云飞等利用模糊集理论中的高斯隶属度函数提出了一种基本概率赋值构造方法。邓勇等利用三角模糊数提出了一种基本概率赋值构造方法。肖建于等利用样本数据的最小值、平均值和最大值构造三角模糊数模型，以此提出了一种基于广义三角模糊数的基本概率赋值构造方法。基于三角模糊数构造基本概率赋值的方法简单实用，但是在实际应用中，数据的分布规律往往不符合三角模糊数的模型特点。

为了摆脱数据分布对基本概率赋值构造带来的影响，研究学者提出了基于粗糙集、集对分析、模糊物质元素和云模型等方法的基本概率赋值构造方法，并将这些方法应用到了实际工程中。贾义鹏等在处理岩爆预测问题时提出了一种基于粗糙集理论构造基本概率赋值的方法。Su 等利用集对分析理论来构造大坝安全等级的基本概率赋值。

Zhang 等利用模糊物质元素构造隧道在早期施工阶段引起建筑破坏的风险大小的基本概率赋值。Wu 等利用云模型构建大坝安全等级的基本概率赋值。这些方法能够考虑表征命题时的不确定性，但它们在表征对命题的支持度时，有时把更大的支持度赋给了未知命题，这会影响最终的决策分析。

还有研究学者利用区间理论来构造基本概率赋值，提出了基于区间数的基本概率赋值构造方法。该方法是通过计算不同区间之间的距离来求得区间之间的相似度，再将相似度进行归一化得到基本概率赋值。这种方法对数据服从何种分布没有要求，且计算简单，具有很好的推广价值和意义。但该方法也存在一些不足之处，例如，在相邻区间的长度相差较大时，其表征对命题的基本概率赋值可能不符合实际。

➤ 基于神经网络方法确定基本概率赋值

由于神经网络具有自组织和自学习的功能，以及其具有很强的泛化能力和较高的容错性等优点，可将其应用于基本概率赋值的生成。Denoeux 将证据理论和神经网络结合后，用于处理聚类问题。Zhang 等利用 BP 神经网络的自学习能力构造水工建筑物安全等级的基本概率赋值。神经网络方法为构造基本概率赋值提供了一个新的思路。然而利用 BP 神经网络方法构造基本概率赋值也有一定的缺点，利用该方法构造基本概率赋值需要有相当数量的样本数据，且 BP 神经网络在训练中容易陷入局部最优解。

目前，基本概率赋值的方法研究已经在多个领域得到应用研究，但是基本概率赋值的获取仍然没有统一的方法，大多都需要针对特定领域提出，即根据具体应用实际而提出相应的方法来构造基本概率赋值。

5.3.2.2　评价指标基本概率赋值构造方法

基本概率赋值的构造方法在很大程度上影响着决策层融合结果的合理性与准确性。由于信息融合应用场景的不同，基本概率赋值的构造方法也存在差异。因此，基本概率赋值构造方法随着应用场景、信息特点和决策目标的不同有所差异，至今也没有建立统一的基本概率赋值构造方法。在调水工程应用领域，构造基本概率赋值的本质仍然是用区间 $[0, 1]$ 之间的数字表示信息所反映工程的特征。

（1）基于隶属函数的基本概率赋值构造方法

基于隶属函数的基本概率赋值构造方法是指利用隶属函数来构造基本概率赋值的方法。隶属函数是一种表示模糊集合成员隶属程度的函数，它可以用来表示不确定信息。

基于隶属函数的基本概率赋值构造方法的基本思想是：将隶属函数的值作为基本概率赋值。具体来说，可以有以下几种方法。

· 均匀分配法：将隶属函数的值均匀分布到基本概率赋值中。

· 等距分配法：将隶属函数的值等距分布到基本概率赋值中。

· 加权分配法：根据隶属函数的值的大小，给予不同的权重，然后将这些权重相加作为基本概率赋值。

例如，对于一个二元隶属函数，其值域为 $[0, 1]$，则可以采用以下方法构造基本概率赋值。

· 均匀分配法：将隶属函数的值均匀分布到两个基本概率赋值中，每个基本概率赋值的值为 0.5。

·等距分配法：将隶属函数的值等距分布到两个基本概率赋值中，每个基本概率赋值的值为 0.25 和 0.75。

·加权分配法：根据隶属函数的值的大小，给予不同的权重，然后将这些权重相加作为基本概率赋值。例如，如果隶属函数的值为 0.6，则基本概率赋值为 0.6。

基于隶属函数的基本概率赋值构造方法是一种用于构造基本概率分配函数的方法，该方法利用隶属函数来描述证据的模糊性。

基本概率分配函数是描述证据的不确定性的一种数学模型，它可以表示证据的可能性和不可能性。在 D-S 证据理论中，基本概率分配函数是信息融合的关键，它决定了融合结果的准确性。

基于隶属函数的基本概率赋值构造方法的一般步骤如下：

·首先，确定证据的隶属函数。隶属函数可以是任意的模糊函数，但通常采用线性隶属函数、S 形隶属函数或高斯隶属函数等。

·其次，计算证据的模糊集合中的各个元素的基本概率。基本概率可以根据隶属函数的值来计算。

·最后，将各个元素的基本概率加权求和，得到基本概率分配函数。

【案例分析】

具体来说，对于一个模糊集合 A，其隶属函数为 $\mu_A(x)$，给定一个观测值 x_0，则 x_0 与隶属函数的交点为 x_1 和 x_2，其中 $\mu_A(x_1)=1$，$\mu_A(x_2)=0$。根据隶属度分布情况，可以将交点处的基本概率值设为：

$$P(A \mid x_0) = \frac{\mu_A(x_1) - \mu_A(x_2)}{1 - \mu_A(x_2)} \tag{5.3-1}$$

例如，对于一个模糊集合 A，其隶属函数为 $\mu_A(x) = x/10$，给定一个观测值 $x_0 = 6$，则 $x_1 = 6$，$x_2 = 0$，根据上述公式，可以得到交点处的基本概率值为：

$$P(A \mid x_0) = \frac{\mu_A(x_1) - \mu_A(x_2)}{1 - \mu_A(x_2)} = \frac{1 - 0}{1 - 0} = 1 \tag{5.3-2}$$

因此，基本概率分配函数为：

$$P(A) = \begin{cases} 1, & x < 6 \\ 0, & x \geq 6 \end{cases} \tag{5.3-3}$$

基于隶属函数的基本概率赋值构造方法在多源信息融合等领域具有广泛的应用。例如，在多源信息融合中，可以利用该方法来构造各个源的基本概率分配函数，然后进行融合。

基于隶属函数的基本概率赋值构造方法简单易行，可以有效地表示不确定信息，但是，这种方法可能会导致基本概率赋值不符合基本概率分配函数的性质，在实际应用中，隶属函数的值可能不唯一，因此需要对隶属函数进行归一化。

（2）基于区间数的基本概率赋值构造方法

①区间数的定义

定义：设 R 表示实数集，对于任意 a^L、$a^U \in R$ 且 $a^L \leqslant a^U$，记：

$$a = [a^L, a^U] \qquad (5.3-4)$$

那么称 $a = [a^L, a^U]$ 为一个标准的区间数，其中，a^L 表示区间数的下限，a^U 表示区间数的上限。全体区间数的集合表示为 $[R]$。

定义：设有区间数 $a = [a^L, a^U]$ 和 $b = [b^L, b^U]$，称 $d(a, b)$ 为两个区间数的距离，其中：

$$d(a, b) = \sqrt{(a^L - b^L)^2 + (a^U - b^U)^2} \qquad (5.3-5)$$

②相似度的定义

定义：设区间数 $a = [a^L, a^U]$ 和 $b = [b^L, b^U]$，那么区间数 a 和 b 之间距离的相似度表示为：

$$S(a, b) = \alpha^{d(a, b)}, 0 < \alpha < 1 \qquad (5.3-6)$$

其中，α 是支持系数，根据需要确定，它的主要作用是调整生成相似度值的离散程度，以此提高后续生成基本概率赋值的质量。$d(a, b)$ 为待识别区间与模型区间之间的距离。

③区间划分与转换

将原有的区间按照表 5-5 所示的方式进行转换。

表 5-5　不等宽度区间与等宽度区间的对应关系

名称	所属状态				
	1	2	…	$n-1$	n
不等宽度区间	$[0, x_1]$	$[x_1, x_2]$	…	$[x_{n-1}, x_n]$	$[x_n, 1]$
等宽度区间	$[0, y_1]$	$[y_1, y_2]$	…	$[y_{n-1}, y_n]$	$[y_n, 1]$

在区间转换中，采用以下公式计算：

$$b = y_{n-1} - \frac{y_n - y_{n-1}}{x_n - x_{n-1}} x_{n-1} \qquad (5.3-7)$$

④基本概率赋值构造

Step1：计算区间之间的距离。计算得到两两区间数之间的距离。

Step2：计算区间之间的相似度。计算两两区间数之间的相似度 $S(a, b)$。

Step3：基本概率赋值计算。将 Step3 中计算得到的相似度进行归一化得到基本概率赋值。由于评价指标安全状态的区间划分往往都带有一定的不确定性，由此引入一个系数用于考虑该不确定性，因此基本概率赋值的计算公式如下：

$$m(A_i) = \frac{S_i}{\sum_{i=1}^{n} S_i} \times (1 - \lambda) \qquad (5.3-8)$$

式中：λ 一般情况下取 0；当需要考虑构建区间的不确定性时取 0.1；$i = 1, 2, \cdots, n$；A_1，

$A_2, \cdots, A_n$ 是识别框架中工程所属的状态。$m(A_n)$ 表示工程属于 A_n 状态的可信度。

（3）基于层次分析的基本概率赋值构造方法

①建立标度表

建立表 5-6 所示的认知标度表用于描述专家对融合信息的某一决策结果的认知程度。其比对方法与层次分析法的比对有所区别，层次分析法是两两因素成对比较，而这里的比对方法是仅与未知命题进行比对。

表 5-6　认知标度表

数值表示	认知程度
2/(1/2)	可能/不可能
3/(1/3)	可能-强可能/不可能-强不可能
4/(1/4)	强可能/强不可能
5/(1/5)	强可能-极可能/强不可能-极不可能
6/(1/6)	极可能/极不可能

②构造认知判断矩阵

依据信息融合过程中专家对收集到的证据信息的认知程度和各证据信息自身权重系数，构造专家评价事物的认知判断矩阵 $\boldsymbol{J}_i$ 如下式所示：

$$\boldsymbol{J}_i = \begin{bmatrix} 1 & 0 & 0 & \cdots & w_i a_1^i \\ 0 & 1 & 0 & \cdots & w_i a_2^i \\ \vdots & \vdots & \vdots & & \vdots \\ 0 & \cdots & 0 & 1 & w_i a_d^i \\ \dfrac{1}{w_i a_1^i} & \dfrac{1}{w_i a_2^i} & \cdots & \dfrac{1}{w_i a_d^i} & 1 \end{bmatrix} \quad (5.3\text{-}9)$$

其中，$a_j^i (j=1,2,\cdots,d)$ 为专家对事物的认知程度，即表 5-6 标度表中的数值比例，令 $i=1,2,\cdots,n$ 及 $d=1,2,\cdots,N_{i-1}$，其中 N_i 为第 i 个证据提供的决策集中的命题的数目。

③计算特征值与特征向量

计算 $\boldsymbol{J}_i$ 的最大特征根及其对应的特征向量 $\boldsymbol{X} = (x_1, x_2, \cdots, x_d, x_{d+1})$。认知判断矩阵 $\boldsymbol{J}_i$ 的最大特征根为 $\lambda_{d+1}^{\max \sqrt{d}}$。由此行列式的性质计算得到最大特征根为：

$$x_j = \frac{w_i a_j^i}{\displaystyle\sum_{i=1}^{d} w_i a_k^i + \sqrt{d}}$$

$$x_{d+1} = \frac{\sqrt{d}}{\displaystyle\sum_{k=1}^{d} w_i a_k^i + \sqrt{d}} \quad (5.3\text{-}10)$$

④权重计算

认知判断矩阵中，由于涉及权重，因此还需要计算这些权重。可以采用层次分析法进行计算。其主要步骤如下：

a. 建立层次分析模型

层次分析法首先要求决策者将决策问题根据其性质和隶属关系分解成目标层、准则层和方案层，建立递阶层次结构。

目标层：位于层次结构的最高层，是分析问题想达到的结果或者目标；

准则层：位于整个层次结构的中间，一般是决策问题的准则或子准则；

方案层：位于整个层次结构的最底层，一般是决策问题的备选方案。

递阶层次结构中的层数与问题的复杂程度及需要分析的相近程度有关，一般层次数不受限制。但是单一因素支配下的下一层次元素一般不超过 9 个，过多的元素会给元素之间的两两比较带来困难。

b. 构造判断矩阵

以 A 表示目标，u_i 表示评价因素，$u_i \in U, i = 1, 2, \cdots, n$。$u_{ij}$ 表示因素 u_i 对因素 u_j 的相对重要性值，u_{ij} 取值如表 5-7 所示。

表 5-7　判断矩阵标度及其含义

标度	含义
1	表示因素 u_i 与 u_j 比较，具有同等重要性
3	表示因素 u_i 与 u_j 比较，u_i 稍微重要
5	表示因素 u_i 与 u_j 比较，u_i 明显重要
7	表示因素 u_i 与 u_j 比较，u_i 强烈重要
9	表示因素 u_i 与 u_j 比较，u_i 极端重要
2，4，6，8	2，4，6，8 分别表示介于 1~3，3~5，5~7，7~9 的中值
倒数	表示因 u_i 与 u_j 比较得到 u_{ij}，则 u_j 与 u_i 比较得到判断 $u_{ji} = \dfrac{1}{u_{ij}}$

根据两两比较可以得到以下判断矩阵，称之为 $\boldsymbol{A} - \boldsymbol{U}$ 矩阵。

$$\boldsymbol{P} = \begin{bmatrix} u_{11} & u_{12} & \cdots & u_{1n} \\ u_{21} & u_{22} & \cdots & u_{2n} \\ \vdots & \vdots & & \vdots \\ u_{n1} & u_{n2} & \cdots & u_{nn} \end{bmatrix} \tag{5.3-11}$$

c. 计算重要性排序

根据 $\boldsymbol{A} - \boldsymbol{U}$ 判断矩阵，求出最大特征值所对应的特征向量。所求特征向量即为各评价因素的重要性排序，也就是权重系数分配。

d. 层次单排序及一致性检验

层次单排序是确定某一层因素的权重系数的计算过程。对判断矩阵 $\boldsymbol{A}$ 求其最大特征根 $AW = \lambda_{max}$，所对应的特征向量 W 经过归一化处理后，即得到同一层次相应因素对于上一层次某因素相对重要性的排序权值，这一过程为层次单排序。

在实际应用中，需要对判断矩阵进行一致性检验，只有通过一致性检验，才能说明构造的两两判断矩阵是合理的,否则,就需要重新构造判断矩阵。判断矩阵的一致性检验的步骤如下。

・计算一致性指标 CI

$$CI = \frac{\lambda_{\max} - n}{n - 1} \qquad (5.3\text{-}12)$$

构造出 500 个样本矩阵,并从 1～9 及其倒数中抽取数字来构造正反矩阵,求出最大特征根的平均值 $\lambda'_{\max}$,就得到 RI 的值:

$$RI = \frac{\lambda'_{\max}}{n - 1} \qquad (5.3\text{-}13)$$

也可以查表得到相应的平均一致性指标 RI。对 $n = 1, 2, \cdots, 11$ 的 RI 的值如表 5-8 所示。

表 5-8　平均一致性指标 RI 的值

n	1	2	3	4	5	6	7	8	9	10	11
RI	0	0	0.58	0.90	1.12	1.24	1.32	1.41	1.45	1.49	1.51

・计算一致性比率 CR

$$CR = \frac{CI}{RI} \qquad (5.3\text{-}14)$$

当 $CR < 0.1$ 时,判断矩阵的一致性满足要求,否则要对判断矩阵做适当修改。

③进行层次总排序和一致性检验

层次总排序是指计算同一层次的所有因素对于最高层的相对重要性的排序权值,该过程是从最高层次到最低层次逐层进行的。

设 A 层次包含因素有 A_1,A_2,$\cdots$,A_m,各自对应的层次总排序权重分别为 a_1,a_2,$\cdots$,a_m。又假设 B 层次包含的因素有 B_1,B_2,$\cdots$,B_n,各自关于 A_j 的层次单排序权重分别为 b_{1j},b_{2j},$\cdots$,b_{nj}。现在求 B 层次中各个因素对于目标的权重,$b_i = b_{ij} a_j$ $(i = 1, 2, \cdots, n)$。

若 B 层次的某些因素对于 A_j 单排序的一致性指标为 CI_j,相应的平均一致性指标为 RI_j,那么 B 层次总排序一致性比例 CR 为:

$$CR = \frac{\sum_{j=1}^{m} CI_j a_j}{\sum_{j=1}^{m} RI_j a_j} \qquad (5.3\text{-}15)$$

当 $CR < 0.10$ 时,认为层次总排序结果具有较好的一致性,可以接受该分析结果。最终计算出的值即为各影响因素在安全评估中所占的权重大小。

专家根据获得的证据信息,依靠自身专业知识将证据信息反映的决策结果与未知命题成对比较,得到认知判断矩阵,利用以下公式便可计算各证据信息赋予各命题的基本概率赋值。

$$m_i(R_j) = \frac{w_i a_j^i}{\sum\limits_{k=1}^{d} w_i a_k^i + \sqrt{d}}$$

$$m_i(\Theta) = \frac{\sqrt{d}}{\sum\limits_{k=1}^{d} w_i a_k^i + \sqrt{d}}$$

(5.3-16)

式中，w 表示权重。

5.3.3 安全监测与检测融合

5.3.3.1 基于 D-S 证据理论的监测与检测融合

D-S 证据理论融合监测与检测信息，涉及选取影响工程安全性的主要指标，以及构建这些指标的隶属函数，并将隶属度函数值作为证据，最后基于 D-S 融合规则融合这些证据。具体计算步骤如下所示。

步骤一：基于现有力学理论、工程破坏模式和机理，找出影响工程安全性的主要因素，将这些因素作为融合指标。

步骤二：针对选取的指标，基于现有理论和方法，结合现场监测数据和仿真模拟计算，确定各指标判据。

步骤三：基于模糊理论，利用指标的判据构建隶属度函数，并将隶属度函数作为证据。

步骤四：基于 D-S 证据理论的融合规则，融合各个指标的证据，得出融合结果。

算例说明：在此对步骤一和步骤二不做说明，在南水北调工程中建议选取三角形隶属度函数，因为三角形隶属度函数刻画出的变形趋势更符合选取指标对工程安全性的影响规律，三角形隶属度函数中的参数 a、b、c 取值依据为南水北调工程安全监测工程典型效应量安全指标研究中拟定的典型效应量安全指标。

例：若有如下竖向位移和钢筋应力的隶属度函数，

竖向位移隶属度函数：

$$u_1 = \begin{cases} \dfrac{100-x}{50}, & 0 \leqslant x < 100 \\ 0, & x \geqslant 100 \end{cases}$$

(5.3-17)

$$u_2 = 1 - u_1$$

钢筋应力隶属度函数：

$$u_1 = \begin{cases} 1, & x < 0 \\ \dfrac{135-x}{135}, & 0 \leqslant x < 135 \\ 0, & x \geqslant 135 \end{cases}$$

(5.3-18)

$$u_2 = 1 - u_1$$

获得监测信息后,可以获得各指标证据,见表5-9。

表5-9　监测信息证据表(例)

序号	监测信息	无需预警	需要预警
1	表面竖向位移=49.1 mm	0.509	0.491
2	混凝土钢筋应力(部位1)=42.89 MPa	0.682 3	0.317 7
3	混凝土钢筋应力(部位2)=54.65 MPa	0.595 2	0.404 8
4	混凝土钢筋应力(部位3)=80.27 MPa	0.405 4	0.594 6
5	混凝土钢筋应力(部位4)=90.74 MPa	0.327 9	0.672 1

由于直接构建检测信息的隶属度函数比较困难,因此本节将检测信息作为网络输入,监测信息作为网络输出,构建GA-BP神经网络。并将输出结果代入上一节构建的隶属度函数求得检测信息的隶属度值。图5-8为构建的GA-BP网络模型。

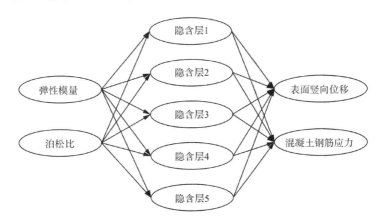

图5-8　渡槽检测信息转换的GA-BP神经网络模型

为了说明该方法,特给出一个算例作为参考。假设获得检测信息(弹性模量=2.79×10^{10},泊松比=0.29),输入构建的GA-BP神经网络,可以计算出表面竖向位移和混凝土钢筋应力,再计算出表面竖向位移和混凝土钢筋应力的隶属度函数,见表5-10。

表5-10　检测信息证据表(例)

序号	检测信息(弹性模量=2.79×10^{10},泊松比=0.29)	无需预警	需要预警
1	表面竖向位移=46.61 mm	0.533 9	0.466 1
2	混凝土钢筋应力(部位1)=42.14 MPa	0.687 9	0.312 1

基于Dempster合成规则,计算监测和检测信息各自的融合结果,如表5-11。

表 5-11　监测与检测信息各自融合结果(例)

信息	无需预警	需要预警
监测信息	0.521 3	0.478 7
检测信息	0.716 3	0.283 7

基于 D-S 证据理论,最后再基于 Dempster 合成规则将监测与检测信息进行融合,融合结果见表 5-12。

表 5-12　监测与检测信息融合结果(例)

项目	无需预警	需要预警
监测信息、检测信息融合结果	0.733 3	0.266 7

5.3.3.2　贝叶斯数据级-证据理论决策级多层次融合方法

(1) 数据级-决策级多层次融合方法的融合框架

除了常规的断面监测数据和检测信息可以作为 D-S 证据理论融合的证据之外,输水建筑物贝叶斯数据级的监测与检测融合还获取了两个相当重要的证据:即建筑物上最大的变形和应力值。本节提出将输水建筑物贝叶斯数据级的监测与检测融合获取的建筑物上最大变形和应力值作为新证据,利用证据理论建立输水建筑物贝叶斯数据级-证据理论决策级多层次一体融合方法(图 5-9)。

(2) 数据级-决策级多层次融合方法实施步骤

利用前文构建的贝叶斯网络渡槽模型,可以更新出其最大钢筋应力和位移,基于钢筋应力和位移隶属度函数求出对应证据,并与现有监测或检测获取的证据利用 D-S 证据理论进行融合,具体融合步骤可参考以下开展。

步骤一:基于现有力学理论、工程破坏模式和机理,找出响应输水渡槽安全性的主要监测指标(如最大钢筋应力或位移沉降等);

步骤二:基于贝叶斯理论的渡槽监测与检测体系数据级融合方法,获取监测指标最大值的概率分布;

步骤三:基于模糊理论,利用监测指标的判据构建监测指标最大值隶属度函数,并将隶属度函数作为证据;

步骤四:基于 D-S 证据理论的融合规则,融合各个指标的证据,得出决策级融合结果。

在此对步骤一和步骤二不做说明,在南水北调工程中建议选取三角形隶属度函数,因为三角形隶属度函数刻画出的变形趋势更符合选取指标对工程安全性的影响规律,三角形隶属度函数中的参数 a、b、c 取值依据为本项目专题二的相关指标(南水北调工程安全监测工程典型效应量安全指标研究中拟定的典型效应量安全指标)。

假设竖向位移和钢筋应力的隶属度函数分别如下。

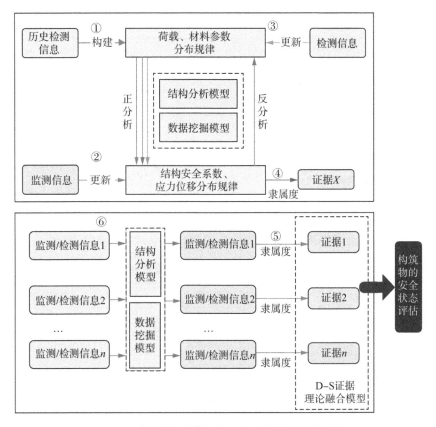

图 5-9 数据级-决策级多层次融合方法实施框架

竖向位移隶属度函数：

$$u_1 = \begin{cases} \dfrac{100-x}{50}, & 0 \leqslant x < 100 \\ 0, & x \geqslant 100 \end{cases} \tag{5.3-19}$$

$$u_2 = 1 - u_1$$

钢筋应力隶属度函数：

$$u_1 = \begin{cases} \dfrac{100-x}{50}, & 0 \leqslant x < 100 \\ 0, & x \geqslant 100 \end{cases} \tag{5.3-20}$$

$$u_2 = 1 - u_1$$

获得监测信息后，可以获得各指标证据，见表 5-13 序号 1～5。在此，取前述利用贝叶斯网络计算出的最大位移和钢筋应力作为此算例的计算数据，见表 5-13 序号 6～7。

表 5-13　监测信息与融合信息证据表(例)

序号	监测信息与融合信息	无需预警	需要预警
1	表面竖向位移＝49.1 mm	0.509	0.491
2	混凝土钢筋应力(部位 1)＝42.89 MPa	0.682 3	0.317 7
3	混凝土钢筋应力(部位 2)＝54.65 MPa	0.595 2	0.404 8
4	混凝土钢筋应力(部位 3)＝80.27 MPa	0.405 4	0.594 6
5	混凝土钢筋应力(部位 4)＝90.74 MPa	0.327 9	0.672 1
6	贝叶斯更新获得最大位移＝63.512 6 mm	0.364 9	0.635 1
7	贝叶斯更新获得最大钢筋应力＝89.91 MPa	0.334	0.666

基于 Dempster 合成规则,计算监测信息的融合结果,如表 5-14 所示。

表 5-14　监测与贝叶斯融合信息的证据理论融合结果(例)

信息	无需预警	需要预警
监测信息与融合信息	0.521 3	0.478 7

5.4　基于遗传神经网络的渠道边坡稳定性融合评价方法

近年来,随着水利工程建设条件的越趋复杂及不断朝高大型方向发展,高边坡安全稳定问题的研究也在不断深入,边坡在开挖过程中以及工程建成后的长期运行中,其安全稳定性对于水利水电工程建设及其效用发挥关系重大、影响深远。鉴于建筑物、岩土体等材料普遍存在的非线性特性给设计参数和计算精度所带来的影响,目前水工设计还难以做到完全与工程实际相吻合,有时所得结果往往与实际情况有较大出入。

从该角度出发,以高边坡工程为研究对象,建立高边坡工程的有限元正分析模型,在获得反演分析所需的样本对后,基于遗传算法优化 BP 神经网络反分析模型,反演得出边坡工程物理力学参数,再根据安全系数法对边坡体的安全稳定性作出分析评价。

5.4.1　基于 BP 神经网络的融合评价

引调水工程渠道边坡结构形态是一个动态开放、非线性和不确定的复杂系统,其物质和能量转换均属于开放体系,传统边坡预测建模方法难以确切描述其非线性特征。随着数学方法和计算机技术的发展,人工智能方法被越来越多地运用到边坡稳定性分析的预测建模中。

一般而言,影响渠道边坡稳定性的主要控制变量可分为 3 类:渠道边坡岩土体的物理力学性质、渠道边坡的几何形状和外部载荷。岩土体力学性质的主要控制指标为岩土体的黏聚力 c 和内摩擦角为 φ；渠道边坡几何形状的主要指标为渠道边坡的坡角 α 和渠道边坡高度 H；影响渠道边坡稳定的载荷因素主要包括自重、地下水和外部载荷等。可见，渠道边坡稳定性问题是一个受多变量控制的复杂非线性系统，采用传统的理论分析或数值计算方法对渠道边坡的稳定性进行分析时必须对这些控制因素进行大量的近似和简化，这样就导致理论计算的模型和渠道边坡的实际情况相去甚远，分析的结果也就难以切合实际。而岩土工程领域内的专家则可根据自己的经验，在不进行理论分析及数值计算的情况下，也能综合考虑影响渠道边坡稳定的因素，对渠道边坡的稳定性做出启发式的判断。

根据问题的特点，网络输入层节点数目 NI 即为影响渠道边坡稳定的因素的个数，综合考虑影响渠道边坡稳定的 7 个方面的因素，取 $NI=7$。这 7 个方面的因素可用一向量表示为：

$$\boldsymbol{X}=\{\gamma,c,\varphi,\alpha,H,\gamma_u,F\} \tag{5.4-1}$$

式中：$\boldsymbol{X}$ 为渠道边坡稳定性影响因素向量；γ 为渠道边坡岩土体的重度；c 为岩土体的黏聚力；φ 岩土体的内摩擦角；α 为渠道边坡的坡角；H 为渠道边坡高度；γ_u 为孔隙压力比；F 为根据极限平衡法计算出的渠道边坡的稳定系数。

输出层节点数 $NO=1$，网络的输出 $Y\in(0,1)$，即为渠道边坡是否稳定的判别结果。经验表明，具有一个隐含层神经网络在解决渠道边坡稳定性分析问题中具有良好的性能，隐含层节点数目 NH 一般可根据经验选为输入层节点数目的 1.5～2 倍。

BP 神经网络被广泛用于模式识别、分类等问题，而滑坡危险性评价本质上就是一种根据影响因子对其危险性进行分类的问题，因此使用 BP 神经网络来研究滑坡危险性评价是科学合理的，BP 神经网络与滑坡危险性评价相融合的技术流程如图 5-10 所示。

一般情况下，滑坡危险性评价体系决定了 BP 神经网络的结构，即 BP 神经网络的几何拓扑关系和节点数量设置，合理的隐含层数量和节点数量能有效提高滑坡危险性评价效率。随着隐含层以及隐含层内节点数量的改变，BP 神经网络理论上可以无限逼近任何非线性关系。一般情况下，越复杂的问题所需要的节点数量就越多。但是，研究表明，随着隐含层和节点数量的增多，BP 神经网络的计算速度会下降，并且网络的初始参数（初始权重和初始阈值）对结果影响增大，因此在应用 BP 神经网络时，应该根据具体问题的特点对 BP 神经网络进行相应的改进和优化。

BP 网络是一种应用广泛的前向型网络，它应用了成熟的 BP 算法，具有良好的性能，它的优点有以下 5 点：

- 在理论上它可以逼近任何复杂的函数；
- BP 网络的信息分布存储在各个神经元中，因而具备较强的容错能力；
- 可进行并行计算，计算速度比较快；
- 因为神经网络拥有自己的学习推理能力，可以解决具有不确定性或者是未知性的系统；

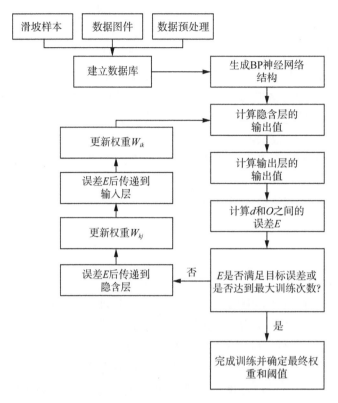

图 5-10　滑坡危险性在 BP 神经网络中实现的技术流程

· 具备很好的信息综合能力，可以同时处理定性和定量的信息，可以很好地协调多种信息输入关系。

和所有的方法一样，BP 网络也不是万能的，它也存在不足，主要表现在以下 4 点：

· 训练时间比较长。在处理一些特殊问题时，计算时间可能需要几个小时或者更长的时间，这是因为学习率选用太小，采用自适应学习率就可以改善这种情况。

· 训练无法顺利进行。训练过程中如果权值和阈值调整太大就会导致激活函数达到饱和，进而使网络权值的调节趋近停滞。可以通过选用较小的初始权值或者学习率来避免这种情况。

· 容易落入局部极小值。BP 算法能够使网络的权值和阈值收敛到一个最终解，但是它不能确保该最终解就是误差平面的最优解，有可能是局部最小解。这是因为 BP 算法的本质是梯度下降法，训练是从随机确定的一点沿着误差函数的斜面逐步到达误差的最小值，所以不同的起点就可能有不同的极小值出现，从而无法得到最优解。

· BP 网络"喜新厌旧"。在训练时，它有记住新样本而遗忘已经学习过的老样本的倾向。在有些文献中提到可以在每次训练时对训练样本随机排序来消除这种影响，但是通过计算实验发现效果并不明显。

BP 算法容易出现局部最小、收敛速度较慢、所设计的网络泛化能力不能保障等问题,已经有很多人对其进行了研究,例如:引入动量项、牛顿法、竞争 BP 算法、弹性 BP 算法等从算法上改进。另外可以从 BP 网络权值阈值优化角度对网络进行改进。这是因为 BP 神经网络是非线性的系统,初始值对学习训练能否达到全局最小、能否收敛以及训练时间长短有很大的影响。退火算法以及遗传算法是常见的优化初始权值的方法。本文用四阶差分 PSO 优化 BP 网络的初始权值阈值。

5.4.2　基于 BP 神经网络及其优化算法的融合评价

5.4.2.1　GA-BP 神经网络

BP 神经网络初始权重和阈值是随机生成的,在滑坡危险性评价问题中,随机生成的初始权重和阈值将导致 BP 神经网络精度下降、计算结果不稳定等严重问题,因此对 BP 神经网络的优化,最重要的就是优化初始权重和阈值的选择过程。遗传算法(Genetic Algorithm,GA)是一种通过模拟自然界中生物的遗传过程来寻找最优解的方法,是一种 BP 神经网络常用的优化手段。遗传算法是一种全局优化概率算法,它对所求解的优化问题没有太多的数学要求。它鲁棒性好、速度较快、效果明显,从而得到广泛的应用。

利用 GA 算法求解 BP 神经网络最优初始权重和阈值,将优化后的权重和阈值直接赋予 BP 神经网络,再进行样本的学习,这时 BP 神经网络的权重和阈值只需要自动进行细微调整即可获得最佳结果,这样能够提高网络结构的稳定性和计算精度。

5.4.2.2　PSO-BP 神经网络

粒子群优化算法是一种进化计算方法。该算法容易实现,参数少,收敛速度快,计算代价低,而且它不依靠目标函数的梯度信息,仅依靠函数值。此外,相对于遗传算法而言,它不需要复杂的编码、交叉和变异操作。与退火算法相比,粒子群算法收敛的速度较快。粒子群算法已经被证明是解决很多全局优化问题的有效方法,用它来修正权值向量,可以防止落入局部极小值,因此在粒子群算法研究和应用方面出现了很多的成果。本文采用四阶龙格-库塔差分形式的 PSO 算法对 BP 网络的初始权值和阈值进行优化,使 BP 网络的局部极小和泛化能力都得到改善。

除遗传算法外,粒子群法(Particle Swarm Optimization,PSO)也是一种目前比较常用的高效优化方法。粒子群算法是一种用于寻求最优解的手段,最初在 1995 年由 Kennedy 和 Eberhart 提出,粒子群算法模拟自然界中鸟群、鱼群等种族群体进行捕食活动的过程,将最优目标类比为食物,每个粒子代表种群中的个体,每次搜寻距离食物最近的个体,再将该个体的信息共享到种群中其余个体,其余个体则通过信息向该个体靠近,不断重复搜寻、靠近过程,直至最终捕获食物。

BP 神经网络的初始权重和阈值,可以被定义为粒子群算法中的单个粒子,所有的粒子组成了一个群体,粒子群算法的基本思想是通过粒子之间的合作和信息共享来寻找最佳解决方案,即获得目标误差,粒子群算法与 BP 神经网络的结合方案与 GA-BP 模型相

似,主要步骤如下:

· BP 神经网络参数初始化;

· 提取 BP 神经网络输入层到隐含层、隐含层到输出层的初始权重和阈值,将这 4 个值编码成粒子群算法种群(种群大小为 N)中的粒子,获得每个粒子的初始随机位置,获得每个粒子的初始随机速度,计算每个粒子的适应度;

· 对于每一个粒子,将它们当前的适应度与它自身的历史最大适应度(pbest)比较,如果当前适应度大于历史最大适应度,则以当前适应度更新历史最大适应度;

· 对于每一个粒子,将它们当前的适应度与它所在种群的历史最大适应度(gbest)比较,如果当前适应度大于种群历史最大适应度,则以当前适应度更新种群历史最大适应度;

· 根据公式,更新每个粒子的速度和位置;

$$v_{id}^{k+1} = \omega v_{id}^{k} + c_1 r_1 (pbest - x_{id}^{k}) + c_2 r_2 (gbest - x_{id}^{k})$$

$$x_{iD}^{k+1} = x_{iD}^{k} + v_{iD}^{k+1}$$

$$(5.4-2)$$

式中:c_1,c_2 为学习率;r_1,r_2 为 0 到 1 之间的随机数;ω 为惯性权重;$pbest$ 为粒子历史最大适应度;$gbest$ 为种群历史最大适应度。

· 当达到目标误差时,停止计算;

· 将粒子群算法计算的最优权重和阈值,替换 BP 神经网络中的初始权重和阈值。

粒子群算法优化 BP 神经网络的整个流程可以用图 5-11 表示。

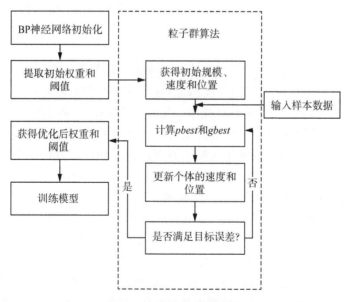

图 5-11　PSO-BP 模型原理

无论是遗传算法还是粒子群算法,它们对于 BP 神经网络的优化都是针对初始阈值和权重的,两种算法的功能是降低产生错误权重、阈值的可能性,图 5-12 直观表示了遗传算法和粒子群算法对初始权重和阈值优化的本质。

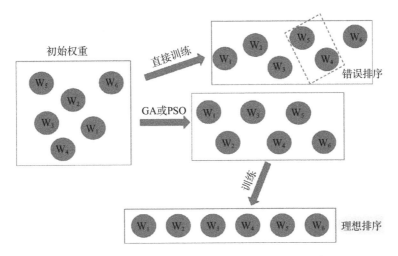

图 5-12　GA 和 PSO 算法对初始权重、阈值作用示意图

【案例分析——基于 BP 神经网络的融合评价】

根据 BP 神经网络原理,建立了 BP 神经网络模型、GA-BP 模型、PSO-BP 模型,将滑坡危险性评价体系与上述三种模型相结合,具体流程包括:建立 BP 神经网络逻辑拓扑结构、确定训练样本和测试样本、设置参数、确定模型适用性评价指标。本案例就上述流程进行详细的分析和说明。

(1) 建立 BP 神经网络逻辑拓扑结构

BP 神经网络的逻辑拓扑结构是其所有功能的重要基础,逻辑拓扑结构应该根据具体问题来建立。对于滑坡危险性评价研究,滑坡危险性评价体系直接决定了 BP 神经网络的逻辑拓扑结构。

BP 神经网络的逻辑拓扑结构,主要指输入层、隐含层和输出层的节点设置。对于输入层,将影响因子作为输入因子,如滑坡危险性评价体系中地表高程、植被指数、坡度、年均降雨量、地表切割密度、上覆土类型 6 个影响因子与 BP 神经网络输入层中 6 个节点一一对应。对于输出层,可将滑坡危险性评价值作为唯一的输出要素,设置为输出层的一个节点。

(2) 确定训练样本和测试样本

一般情况下,BP 神经网络建模过程所需要的样本分为两类:训练样本和测试样本。训练样本供 BP 神经网络进行自适应学习和数据挖掘,使 BP 神经网络中的权重和阈值发生改变,最终获得适用于训练样本的全局最优权重和阈值;测试样本用来检验训练完毕的 BP 神经网络对于一般数据(非训练数据)的预测结果是否符合预期。

对于训练样本和测试样本,通常按照以下原则进行确定:

·训练样本和测试样本的数量差距不宜过大,一般情况下训练样本数量与测试样本数量之比在 3∶1~4∶1 之间。

·训练样本和测试样本都能够全面反映数据特点,避免训练样本和测试样本出现本质差别。

·训练样本和测试样本数据尺度、质量、获取方式应该保持相同。

（3）模型适用性评价指标

使用 BP 神经网络进行滑坡危险性评价,对于模型的适用性评价主要考虑以下 4 方面:

· 整体数值精度,即滑坡危险性评价值与真实值的误差。

· 分级精度,即滑坡危险性评价等级与真实等级的误差。

· 权重排序,即模型最终给出的影响因子排序与真实影响因子排序的误差。

· 时间因素,即模型完成训练所消耗的时间。

从现有的文献研究中归纳总结了几种可以全面反映上述 4 方面的评价指标,其详细说明和计算方式如下。

①整体数值精度

a. 均方根误差值(RMSE)

均方根误差值(Root Mean Square Error,RMSE)是一种常用的数值精度评价指标,它是评价值与真实值误差的平方和与样本数量 n 比值的平方根。在模型的实际评价结果中,样本数量 n 总是有限的,每一个样本的评价值与真实值差值均可计算,均方根误差可以敏感地反映一组评价结果中特大或特小的误差,所以,均方根误差能够很好地反映出评价结果的精确度。均方根误差值越小,则说明模型评价结果的精确度越高。

b. 决定系数(R^2)

除均方根误差外,决定系数(R^2)也是一种非常有效的模型结果精度评价指标。决定系数是从统计学角度分析模型评价结果曲线与真实值曲线的相符程度,也可以叫作拟合度。

②分级精度

a. Kappa 系数

Kappa 系数是判断危险性评价等级与真实等级符合程度的常用系数,它是一种通过统计正确分级样本数量与错误分级样本数量来定量计算分级精度的方法。Kappa 系数的计算值在 0～1 之间,一般情况下,当 Kappa 系数在 0～0.4 时,分级精度较差;在 0.4～0.6 时,分级精度一般;在 0.6～0.75 时,分级精度较好;在 0.75～1.0 时,分级精度极好。

b. 受试者工作曲线(ROC)

受试者工作曲线(Receiver Operating Characteristic,ROC)是评价分类器精度的常用指标,ROC 曲线与 x 轴围成的面积(AUC)能够定量表示评价结果的分级精度。需要先将危险性等级简化为二分类问题,即 0 或 1。具体按照以下原则进行简化:

· 当危险性等级为"高"和"极高"时,定义为"1";当危险性等级为"中等"、"低"和"极低"时,定义为"0"。

· 对于某一滑坡样本,如果评价等级和真实等级均为"高"或"极高",定义该样本为真正类(True Positive,TP);如果评价等级和真实等级均为"中等"、"低"或"极低"时,定义该样本为真负类(True Negative,TN)。

· 对于某一滑坡样本,如果评价等级低于真实等级,定义该样本为假负类(False Negative,FN);如果评价等级高于真实等级,定义该样本为假正类(False Positive,FP)。

③权重排序

BP 神经网络完成训练后,可以输出节点之间的最终权重矩阵,根据权重矩阵可以定量计算输入层(影响因子)对输出层(如危险性)的权重,将 BP 神经网络计算的权重排序与专家经验得出的权重排序相比较,可以验证模型是否能够准确反映研究区域自然地理环境特点。

④时间因素

对于滑坡危险性评价工作,通常会面临样本量多、待评估区域面积大等问题,这些对危险性评价模型提出了更严格的时间成本要求,因此对于模型工作的耗时也是适用性的重要评价指标。记录模型完成训练以及获得测试样本评价结果的总时间,将其作为时间因素评价的重要参考依据。

参考文献

［ 1 ］邓俊军,成全. 国际数据融合研究的演化路径及热点挖掘［J］. 情报探索,2019
(9):111-121.

［ 2 ］HALL D L, MCMULLEN S A H. Mathematical techniques in multisensor data fusion［M］. London:Artech House, 2004.

［ 3 ］GINN C M R, WILLETT P, BRADSHAW J. Combination of molecular similarity measures using data fusion［J］. Perspectives in Drug Discovery and Design,2000,20(1):1-16.

［ 4 ］HERT J, WILLETT P, WILTON D J, et al. New methods for ligand-based virtual screening:Use of data fusion and machine learning to enhance the effectiveness of similarity searching［J］. Journal of Chemical Information and Modeling, 2006,46(2):462-470.

［ 5 ］HILKER T, WULDER M A, COOPS N C, et al. A new data fusion model for high spatial-and temporal-resolution mapping of forest disturbance based on Landsat and MODIS［J］. Remote Sensing of Environment, 2009,113(8):1613-1627.

［ 6 ］HILKER T, WULDER M A, COOPS N C, et al. Generation of dense time series synthetic Landsat data through data blending with MODIS using a spatial and temporal adaptive reflectance fusion model［J］. Remote Sensing of Environment,2009,113(9):1988-1999.

［ 7 ］DEMPSTER A P. Upper and lower probabilities induced by a multivalued mapping［M］// Classic works of the Dempster-Shafer theory of belief functions. New York:Springer, 2008:57-72.

［ 8 ］孙晓云,张涛,王明明,等. 基于修正 D-S 证据理论的锚杆承载力预测方法研究［J］.岩土力学,2015,36(12):3556-3566.

［ 9 ］王云飞,李辉,李云彬. 利用模糊推理的证据理论信息融合算法［J］. 计算机工程与应用, 2010,46(36):144-146.

［10］邓勇,韩德强. 广义证据理论中的基本概率指派生成方法［J］. 西安交通大学学报,2011,45(2):34-38.

［11］肖建于,童敏明,朱昌杰,等.基于广义三角模糊数的基本概率赋值构造方法［J］.仪器仪表学报,2012,33(2):429-434.

［12］贾义鹏,吕庆,尚岳全,等.基于证据理论的岩爆预测［J］.岩土工程学报,2014,36(6):1079-1086.

［13］SU H, WEN Z, SUN X, et al. Multisource information fusion-based approach diagnosing structural behavior of dam engineering［J］. Structural Control and Health Monitoring, 2018, 25(2): e2073.

［14］ZHANG L, DING L, WU X, et al. An improved Dempster-Shafer approach to construction safety risk perception［J］. Knowledge-Based Systems, 2017, 132: 30-46.

［15］WU X, DUAN J, ZHANG L, et al. A hybrid information fusion approach to safety risk perception using sensor data under uncertainty［J］. Stochastic Environmental Research and Risk Assessment, 2018, 32(1): 105-122.

［16］DENOEUX T. A neural network classifier based on Dempster-Shafer theory ［J］. IEEE Transactions on Systems, Man, and Cybernetics, Part A: Systems and Humans, 2000, 30(2): 131-150.

［17］DENOEUX T, MASSON M H. EVCLUS: Evidential clustering of proximity data ［J］. IEEE Transactions on Systems, Man, and Cybernetics, Part B: Cybernetics, 2004, 34(1): 95-109.

［18］ZHANG S, LIU T, WANG C. Multi-source data fusion method for structural safety assessment of water diversion structures［J］. Journal of hydroinformatics, 2021, 23(2): 249-266.

［19］邓雪,李家铭,曾浩健,等.层次分析法权重计算方法分析及其应用研究［J］.数学的实践与认识,2012,42(7):93-100.

［20］司春棣.引水工程安全保障体系研究［D］.天津:天津大学,2007.

［21］孙书伟,朱本珍,马惠民.一种基于模糊理论的区域性高边坡稳定性评价方法［J］.铁道学报,2010,32(3):77-83.

［22］张庭顺.基于证据推理的支挡型黄土高陡边坡安全评价方法研究［D］.西安:长安大学,2019.

［23］肖海平.中小型露天矿边坡稳定性动态评价方法及应用［D］.徐州:中国矿业大学,2019.

［24］梁跃强.基于地质数据挖掘和信息融合的煤与瓦斯突出预测方法［D］.北京:中国矿业大学(北京),2018.

［25］王俊卿,李靖,李琦,等.黄土高边坡稳定性影响因素分析——以宝鸡峡引水工程为例［J］.岩土力学,2009,30(7):2114-2118.

［26］李立云,刘政,王兆辉.基于灰色关联模型的改进型层次分析法与基坑风险评价［J］.北京工业大学学报,2018,44(6):889-896.